21世纪全国高职高专土建立体化系列规划教材
数字测图技术国家级精品课程配套教材
浙江省高校重点教材建设项目

数字测图技术

主　编　赵　红
副主编　钭祖民　黄伟朵　杨一挺
参　编　毛迎丹　江金霞
主　审　吕　慧

内 容 简 介

本书以数字测图工作过程为主线，系统介绍了数字测图的理论、技术和方法。其内容包括：测量基础知识、测量误差的基本知识、角度测量、距离测量、GPS 定位系统及其工作原理、导线测量、水准测量、三角高程测量、编制技术设计书、数字地形图测绘、成果检查验收和地形图的应用。本书基于工作过程，按照项目化、任务化的组织形式，优化了知识结构，突出了能力培养和技能训练的职业教育特点。本书共分为 12 个学习项目，每个项目后还附有习题。学生通过对本书的学习，能参与完成数字测图生产任务，并能在工作中解决出现的问题。

本书可作为高职高专院校测绘类和地理信息系统专业的教材，也可作为交通工程、水利工程、建筑工程等土建施工类专业及工程技术人员的学习参考书。

图书在版编目(CIP)数据

数字测图技术/赵红主编. —北京：北京大学出版社，2013.6
(21 世纪全国高职高专土建立体化系列规划教材)
ISBN 978-7-301-22656-8

Ⅰ. ①数… Ⅱ. ①赵… Ⅲ. ①数字化制图—高等职业教育—教材 Ⅳ. ①P283.7

中国版本图书馆 CIP 数据核字(2013)第 129277 号

书　　名：**数字测图技术**
著作责任者：赵　红　主编
策 划 编 辑：赖　青　王红樱
责 任 编 辑：王红樱
标 准 书 号：ISBN 978-7-301-22656-8/TU·0334
出 版 发 行：北京大学出版社
地　　址：北京市海淀区成府路 205 号　100871
网　　址：http://www.pup.cn　新浪官方微博：@北京大学出版社
电 子 信 箱：pup_6@163.com
电　　话：邮购部 62752015　发行部 62750672　编辑部 62750667　出版部 62754962
印　刷　者：北京虎彩文化传播有限公司
经　销　者：新华书店
787 毫米×1092 毫米　16 开本　18.25 印张　423 千字
2013 年 6 月第 1 版　2019 年12月第 2 次印刷
定　　价：36.00 元

北大版·高职高专土建系列规划教材

专家编审指导委员会

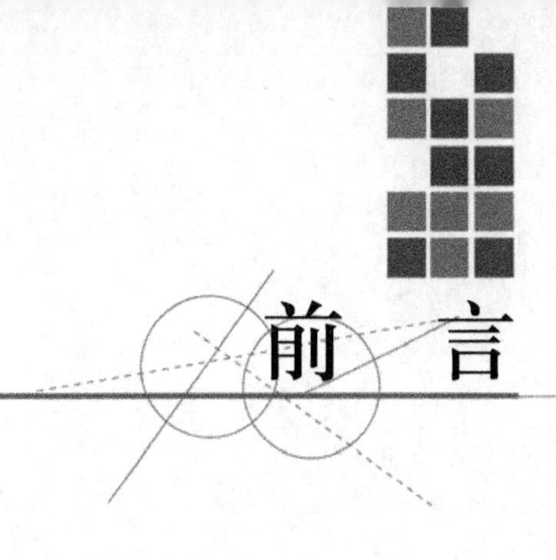

前言

本书为北京大学出版社《21世纪全国高职高专土建系列技能型规划教材》之一，也为浙江省重点建设教材。为适应21世纪职业技术教育发展需要，培养测绘行业具备数字测图理论、知识和技能的高等技术应用型人才，编者结合多年教学经验特编写了本书。

本书内容共分12个学习项目，主要包括：测量基础知识、测量误差的基本知识、角度测量、距离测量、GPS定位系统及其工作原理、导线测量、水准测量、三角高程测量、编制技术设计书、数字地形图测绘、成果检查验收和地形图的应用。

本书内容可按照120~140学时安排，推荐学时分配：项目1为8~10学时，项目2为4~6学时，项目3为18~20学时，项目4为6~8学时，项目5为4~6学时，项目6为16~18学时，项目7为22~24学时，项目8为2~4学时，项目9为28~30学时，项目10为2~4学时，项目11为10学时，项目12为10学时。教师可根据不同的专业灵活安排学时。

本书编写的主要技术依据有《城市测量规范》(CJJ/T 8—2011)，《工程测量规范》(GB 50026—2007)，《国家基本比例尺地图图式　第1部分：1∶500　1∶1000　1∶2000地形图图示》(GB/T 20257.1—2007)等。

本书既可作为高职高专院校测绘类相关专业的教材和指导书，也可以作为交通工程、水利工程、建筑工程等土建施工类及工程技术人员的学习参考书。

本书由浙江水利水电专科学校赵红担任主编；丽水职业技术学院钭祖民、浙江省第一测绘院总工杨一挺、浙江水利水电专科学校黄伟朵担任副主编；全书由浙江水利水电专科学校赵红负责统稿。本书具体章节编写分工为：项目1的任务1.1~任务1.4、项目7、项目8由浙江水利水电专科学校赵红编写；项目2、项目3由浙江水利水电专科学校黄伟朵编写；项目1的任务1.5、项目4由浙江水利水电专科学校毛迎丹编写；项目5、项目12由丽水职业技术学院江金霞编写；项目6由丽水职业技术学院钭祖民编写；项目9、项目10、项目11由浙江省第一测绘院总工杨一挺编写。浙江工业大学吕慧老师对本书进行了审读，并提出了很多宝贵意见，在此表示感谢!

由于编者水平有限，本书难免存在不足和疏漏之处，敬请各位读者批评指正。

编　者
2013年3月

目录

第一篇　基础篇 …… 1

项目1　测量基础知识 …… 3

任务1.1　测绘学的任务及作用 …… 5
任务1.2　测量基准面 …… 8
任务1.3　测量常用坐标系与地面点位的确定 …… 10
任务1.4　测量的基本工作与基本原则 …… 17
任务1.5　认识地形图 …… 20
项目小结 …… 40
习题 …… 40

项目2　测量误差的基本知识 …… 44

任务2.1　误差的基本概念 …… 45
任务2.2　评定精度的标准 …… 48
任务2.3　误差传播定律 …… 51
任务2.4　平差值的计算及精度评定 …… 53
项目小结 …… 59
习题 …… 59

第二篇　平面控制测量 …… 61

项目3　角度测量 …… 63

任务3.1　经纬仪角度测量 …… 65
任务3.2　经纬仪的检验和校正 …… 81
任务3.3　全站仪的测量原理 …… 85
任务3.4　全站仪角度测量 …… 88
任务3.5　角度测量误差来源及消减方法 …… 91
项目小结 …… 94
习题 …… 95

项目4　距离测量 …… 97

任务4.1　钢尺量距 …… 98
任务4.2　视距测量 …… 101
任务4.3　电磁波测距 …… 104
任务4.4　全站仪距离测量 …… 108
项目小结 …… 109
习题 …… 109

项目5　GPS定位系统及其工作原理 …… 111

任务5.1　GPS定位系统概述 …… 112
任务5.2　GPS定位的基本原理及定位方法 …… 117
任务5.3　GPS测量的实施 …… 123
项目小结 …… 127
习题 …… 127

项目6　导线测量 …… 128

任务6.1　全站仪导线测量 …… 129
任务6.2　交会测量 …… 150
项目小结 …… 154
习题 …… 154

第三篇　高程控制测量 …… 157

项目7　水准测量 …… 159

任务7.1　高程控制测量概述 …… 161
任务7.2　水准测量原理 …… 161
任务7.3　水准仪及其使用 …… 163
任务7.4　水准测量方法 …… 169
任务7.5　水准路线高差闭合差的调整与高程计算 …… 174
任务7.6　三、四等水准测量 …… 176
任务7.7　水准仪的检验与校正 …… 180
任务7.8　水准测量误差产生的原因及消减方法 …… 184
项目小结 …… 186

习题 ………………………………… 187

项目8 三角高程测量 ………………… 189

任务8.1 三角高程测量原理 ……… 190
任务8.2 三角高程测量的观测与计算 ……………………… 192
项目小结 ……………………………… 193
习题 ………………………………… 193

第四篇 数字地形图测绘及应用 …… 195

项目9 编制技术设计书 …………… 197

任务9.1 技术设计的目的和意义…… 198
任务9.2 技术设计的原则和要求…… 198
任务9.3 技术设计的依据 ………… 199
任务9.4 技术设计的过程 ………… 199
任务9.5 数字测图设计书的主要内容 ……………………… 200
项目小结 ……………………………… 202
习题 ………………………………… 202

项目10 数字地形图测绘 …………… 204

任务10.1 数字测图方法…………… 205
任务10.2 全站仪数据采集与数据通信 ……………………… 212
任务10.3 数字成图软件………… 230
项目小结 ……………………………… 246
习题 ………………………………… 246

项目11 成果检查验收 ……………… 247

任务11.1 成果验收的依据………… 248
任务11.2 成果检查验收制度 ……… 249
任务11.3 检查验收工作的实施 …… 250
任务11.4 数字地形图的质量评定 … 253
任务11.5 数字测图技术总结 ……… 255
项目小结 ……………………………… 257
习题 ………………………………… 257

项目12 地形图的应用 ……………… 259

任务12.1 纸质地形图的应用 ……… 260
任务12.2 数字地形图的应用 ……… 271
项目小结 ……………………………… 278
习题 ………………………………… 278

参考文献 …………………………… 280

第一篇

基　础　篇

项目1

测量基础知识

教学目标

通过对测绘学的任务及作用的学习，了解测绘学的任务及作用、测绘学科的分类及数字测图的历史发展，明确本课程的学习内容、学习方法及要求。通过对测量基准面、坐标系、测量工作内容及基本原则的学习，掌握测量工作的基准面、基准线；掌握测量坐标系及地面点的确定；掌握测量的三要素及基本工作的内容；掌握测量工作应遵循的程序、原则及地球曲率对测量工作的影响；掌握比例尺的概念和比例尺精度的意义；掌握地形图分幅与编号的方法；掌握地物、地貌概念与表示方法，以及等高线特性，能进行地形图的识读。

教学要求

能力目标	知识要点	权重
了解测绘学的任务、作用及分类	测绘学的任务、作用、分类	5%
了解数字测图发展概况	数字测图发展概况	5%
明确课程学习内容、目的、方法及要求	课程学习内容、目的、方法及要求	5%
掌握测量工作的基准面及基准线	大地水准面的定义、性质及作用，铅垂线(重力方向线)的定义及作用	10%
掌握测量坐标系的定义及应用	大地坐标系，高斯平面直角坐标系，独立平面直角坐标系，空间直角坐标系，我国的大地坐标系	10%
掌握高程及高差的定义	绝对高程，相对高程，高差，我国的高程基准	10%
掌握测量工作内容	测量的三要素，测量的三项基本工作	5%
掌握测量工作的基本原则	测量工作的基本原则	10%
熟悉地球曲率对测量工作的影响	地球曲率对水平距离、水平角及高差的影响	5%
掌握比例尺的概念和比例尺精度	比例尺概念、分类，比例尺精度	5%
熟悉地形图的分幅与编号	梯形分幅、矩形分幅	5%
掌握地物表示方法	地物概念、地物符号、地形图图示	10%
掌握地貌表示方法	地貌概念、等高线概念、种类、特性	10%
掌握地形图识读	图框外注记，如图号、图名、接图表、图廓、坐标格网、三北方向线和坡度尺	5%

项目导读

测绘学的研究对象是地球，人类对地球形状认识的逐步深化，要求对地球形状和大小进行精确的测定，因而促进了测绘学的发展。人类对地球形状的科学认识，是从公元前6世纪古希腊的毕达哥拉斯最早提出地球是球形的概念开始的。两个世纪后，亚里士多德作了进一步论证，支持这一学说，称之为地圆说。又一个世纪后，亚历山大的埃拉托斯特尼采用在两地观测日影的办法，首次推算出地球子午圈的周长和地球的半径，以此证实了地圆说。这也是测量地球大小的“弧度测量”方法的初始形式。世界上有记载的实测弧度测量，最早是公元8世纪南宫说在张遂(一行)的指导下在今河南省境内进行的，根据测量结果推算出了纬度1°的子午弧长。

17世纪末，英国的牛顿和荷兰的惠更斯首次从力学的观点探讨地球形状，提出地球是两极略扁的椭球体，称之为地扁说。1735—1741年间，法国科学院派遣测量队在南美洲的秘鲁和北欧的拉普兰进行弧度测量，证明牛顿等的地扁说是正确的。

1743年，法国A.C. 克莱洛证明了地球椭球的几何扁率同重力扁率之间存在着简单的关系。这一发现，使人们对地球形状的认识又进了一步，从而为根据重力数据研究地球形状奠定了基础。

19世纪初，随着测量精度的提高，通过对各处弧度测量结果的研究，发现测量所依据的垂线方向同地球椭球面的法线方向之间的差异不能忽略。因此法国的P.S. 拉普拉斯和德国的C.F. 高斯相继指出，地球形状不能用旋转椭球来代表，指出地球的非椭球性，现在的研究结果也证明地球总体是一个梨形。1849年英国的斯托克斯提出利用地面重力观测资料确定地球形状的理论。1873年，利斯廷创造出“大地水准面”一词，以该面代表地球形状。自那时起，弧度测量的任务，不仅是确定地球椭球的大小，而且还包括求出各处垂线方向相对于地球椭球面法线的偏差，用以研究大地水准面的形状。直到1945年，前苏联的莫洛坚斯基创立了用地面重力测量数据直接研究真实地球自然表面形状的理论。

人类对地球形状的认识和测定，经过了圆球—椭球—大地水准面—真实地球自然表面的过程，花去了约二千五六百年的时间。随着对地球形状和大小的认识和测定的愈益精确，测绘工作中精密计算地面点的平面坐标和高程逐步有了可靠的科学依据，同时也不断丰富了测绘学的理论。

知识点滴

测绘学的发展简史

测绘学有着悠久的历史。古代的测绘技术起源于水利和农业。古埃及尼罗河每年洪水泛滥，淹没了土地界线，水退以后需要重新划界，从而开始了测量工作。公元前2世纪，中国司马迁在《史记・夏本纪》中叙述了禹受命治理洪水的情况：“左准绳，右规矩，载四时，以开九州、通九道、陂九泽、度九山。”这些说明在公元前，中国人为了治水，已经会使用简单的测量工具了。

测绘学的研究成果是地图，地图的演变及其制作方法的进步是测绘学发展的重要标志。公元前25世纪至公元前3世纪开始出现画在或刻在陶片、铜板等材料上的地图，公元前168年之前，中国长沙马王堆汉墓出土了绘在帛上的地图。从20世纪50年代开始，地图制图方法出现了巨大的变革，开始了计算机辅助地图制图的研究，到70年代已由实验试用阶段发展到较为广泛的应用。进入80年代，开始研究机助制图软件，建立地图数据库。在此基础上，由单一的机助制图系统发展为多功能、多用途、综合性的地图信息系统或地理信息系统。

测绘学获取观测数据的工具是测量仪器，测绘学的形成和发展在很大程度上依赖测绘方法和测绘仪器的创造和变革。17世纪之前，人们使用简单的工具，例如中国的绳尺、步弓、矩尺和圭表等进行测量，以量距为主。17世纪初发明了望远镜。1617年，荷兰的斯涅耳为了进行弧度测量而首创三角测量法，以代替在地面上直接测量弧长，从此测绘工作不仅量测距离，而且开始了角度测量。约于1640年，英国的加斯科因在两片透镜之间设置十字丝，使望远镜能用于精确瞄准，这就是光学测绘仪器的开端。

约于1730年，英国的西森制成测角用的第一架经纬仪，大大促进了三角测量的发展，使它成为建立各种等级测量控制网的主要方法。在这一段时期里，由于欧洲又陆续出现小平板仪、大平板仪以及水准仪，地形测量和以实测资料为基础的地图制图工作也相应得到了发展。19世纪50年代，法国洛斯达首创摄影测量方法。随后，相继出现立体坐标量测仪、地面立体测图仪等。到20世纪初，则形成比较完备的地面立体摄影测量法。由于航空技术的发展，1915年出现了自动连续航空摄影机，因而可以将航摄像片在立体测图仪器上加工成地形图。从此，在地面立体摄影测量的基础上，发展了航空摄影测量方法。可以说，从17世纪末到20世纪中叶，测绘仪器主要在光学领域内发展，测绘学的传统理论和方法也已发展成熟。

从20世纪50年代起，测绘技术又朝着电子化和自动化方向发展。首先是测距仪器的变革。1948年起陆续发展起来的各种电磁波测距仪，由于可用来直接精密测量远达几十千米的距离，因而使得大地测量定位方法除了采用三角测量外，还可采用精密导线测量和三边测量。大约与此同时，电子计算机出现了，并很快应用到测绘学中。这不仅加快了测量计算的速度，而且还改变了测绘仪器和方法，使测绘工作更为简便和精确。例如具有电子设备和用电子计算机控制的摄影测量仪器的出现，促进了解析测图技术的发展，继而在60年代，又出现了计算机控制的自动绘图机，可用以实现地图制图的自动化。所以50年代以后，测绘仪器的电子化和自动化以及许多空间技术的出现，不仅实现了测绘作业的自动化，提高了测绘成果的质量，而且使传统的测绘学理论和技术发生了巨大的变革，测绘的对象也由地球扩展到月球和其他星球。

任务1.1 测绘学的任务及作用

1.1.1 测绘学的任务

测绘学是研究测定和推算地面的几何位置、地球形状及地球重力场，据此测量地球表面自然形态和人工设施的几何分布，并结合某些社会信息和自然信息的地理分布，编制全球和局部地区各种比例尺的地图和专题地图的理论和技术的学科，是地球科学的重要组成部分。

测绘学按照研究范围、研究对象及采取的技术手段的不同，分为大地测量学、摄影测量学、工程测量学、地图学、海洋测量学等分支学科。

1. 大地测量学

大地测量学是研究和确定地球的形状、大小和重力场，测定地面点几何位置和地球整体与局部运动的理论和技术的学科。它是测绘学各分支学科的理论基础，其基本任务是建立国家大地控制网、重力网，精确测定控制点的空间三维位置，为地形测图和各类工程施工提供测量依据，为研究地球形状、大小、重力场及其变化和地壳形变等提供信息。

2. 摄影测量学

摄影测量学是研究利用摄影或遥感的技术手段获取目标物的影像数据，从中提取几何或物理的信息，以确定被摄物体的形状、大小和空间位置，并用图形、图像和数字形式表达测绘成果的学科。

3. 工程测量学

工程测量学是研究工程建设在规划、勘测设计、施工和运行管理各个阶段进行的测量工作的理论、技术和方法的学科，进行的测量工作主要有控制测量、大比例尺地形测绘、施工放样、设备安装、变形监测等。

4. 地图学

地图学是研究地图的基础理论、设计、编绘、复制和应用的学科。它研究用地图图形信息反映自然界和人类社会各种现象的空间分布、相互联系及其动态变化。

5. 海洋测量学

海洋测量学是以海洋水体和海底为对象，研究海洋定位、测定海洋大地水准面和平均海面、海底和海面地形、海洋重力、海洋磁力、海洋环境等自然和社会信息的地理分布及编制各种海图的理论和技术的学科。

地形测量学是研究地球表面局部地区内测绘工作的基本理论、技术、方法及应用。由于地球半径很大，可以不考虑地球曲率的影响，把这块球面当做平面看待。20 世纪 80 年代，由于全站仪以及计算机软、硬件的迅速发展，大比例尺地形图测绘技术由传统的手工白纸测图向自动化、数字化方向迅猛发展。到 80 年代后期，出现了以全站仪为主体的地面数字测图系统。现在，地面数字测图技术已经取代了传统的白纸测图方法，广泛应用于大比例尺地形图、地籍图和房产图的测绘中。本书的目的就是阐述地形测量的理论、技术和方法，地面数字测图系统的构成以及大比例尺数字测图的原理、方法和过程。

1.1.2 测绘学的作用

测绘工作常被人们称作国家建设的尖兵，不论是国民经济建设还是国防建设，其勘测、设计、施工、竣工及保养维修等阶段都需要测绘工作，而且都要求测绘工作走在这类工作的前面。

在国民经济建设方面，测绘信息是国民经济和社会发展规划中最重要的基础信息之一，它为工业、农业、交通、水利、林业、通信、地矿、国土资源开发与利用等各部门提供地形图和测绘资料。

在工程建设方面，工程的勘测、规划、设计、施工、竣工及运营后的监测、维护都需要测量工作。

在国防建设方面，首先由测绘工作提供地形信息，在国防工程的规划、设计和施工，以及战略部署、战役指挥都离不开地形图。远程导弹、空间武器、人造地球卫星以及航天器的发射等，都要随时观测、校正飞行轨道，保证它精确入轨飞行。

在科学研究方面，如航天技术、地震预测预报、灾情监测、空间技术研究、海底资源探测等，以及其他科学研究方面，都需要测绘工作提供基础数据信息。

此外，建立各种地理信息系统(GIS)、数字城市、数字中国等，都需要现代测绘科学提供基础数据信息。

从以上测绘学在国民经济建设和国防建设中的应用可以看到，随着空间科学、信息科学的飞速发展，以及 3S 技术的应用，测绘学的服务范围和对象正在不断扩大，不再是原来单纯从控制到测图，为国家制作基本地形图，而是扩大到国民经济和国防建设中与地理空间数据有关的各个领域，测绘技术体系从模拟转向数字、从地面转向空间、从静态转向动态，并进一步向网络化和智能化方向发展；测绘成果已经从三维发展到四维、从静态发展到动态。测绘学为研究地球的自然和社会现象，解决人口、资源、环境和灾害等社会可持续发展中的重大问题，以及为国民经济和国防建设提供技术支撑和数据保障。

1.1.3 数字测图发展概况

传统的地形测量实质上是图解法测图，就是利用测量仪器对地球表面局部区域内的各种地物、地貌特征点的空间位置进行测定，然后以一定的比例尺按图示符号将其绘制在图纸上，通常称之为白纸测图。在测图过程中，点位的精度由于刺点、绘图及图纸伸缩变形等因素的影响会有较大的降低，而且工序多、劳动强度大。特别是在当今的信息时代，纸质地形图已难以承载更多的图形信息，图纸更新也极为不便，难以适应信息时代经济建设的需要。

随着科学技术的进步、计算机技术的迅猛发展及其向各个领域的渗透、制图自动化的发展，以及电子全站仪和GPS－RTK等先进测量仪器的广泛应用，使得数字测图技术得到了迅猛发展，并以高自动化、高精度、全数字化的显著优势逐步取代了传统的手工图解法测图的方法。

数字测图实质上是一种全解析机助测图方法。在地形测量发展过程中它是一次根本性的技术变革，这种变革主要体现在：图解法测图的最终目的是地形图，图纸是地形信息的唯一载体；数字测图地形信息的载体是计算机的存储介质(磁盘或光盘)，其提交的成果是可供计算机处理、远距离传输、多方共享的数字地形图数据文件，通过数控绘图仪可输出地形图。另外，利用数字地图可以生成电子地图和数字地面模型(DTM)，可实现对客观世界的三维描述。更具深远意义的是，数字地形信息作为空间数据的基本信息之一，已成为地理信息系统(GIS)的重要组成部分。

广义的数字测图包括地面数字测图、地图数字化和数字摄影测量等方法。本书仅介绍地面数字测图和地图数字化的内容。

地面数字测图是利用全站仪或其他测量仪器在野外进行数字化地形数据采集，在成图软件的支持下，通过计算机加工处理，获得数字地形图的方法。地面数字测图的成果是以数字形式储存在计算机存储介质上的数字地形图，它可供计算机处理、远距离传输、多方共享；需要时可通过数控绘图仪输出纸质地形图。

地图数字化方法是对已有的纸质地形图利用数字化仪或者扫描矢量化的方法将其数字化，转换成计算机能存储、处理的数字地形图。

数字化成图技术是由制图自动化开始的。20世纪50年代美国国防制图局开始研究制图自动化问题，1950年，世界上第一台图形显示器在美国麻省理工学院诞生，它可以显示一些简单的图形。1962年，麻省理工学院的I. E. 萨瑟兰德开发了SKETCHPAD图形系统。70年代初，制图自动化已形成规模生产，在美国、加拿大及欧洲各国，各相关重要部门都建立了自动制图系统。当时的自动制图系统主要包括数字化仪、扫描仪、计算机及显示系统四个部分。其成图过程是将地形图数字化，再由绘图仪在透明塑料片上回放地形图，并与原始地形图叠置以修正错误。

大比例尺地面数字测图是20世纪70年代电子速测仪问世后发展起来的，80年代初全站型电子速测仪的迅猛发展加速了数字测图技术的研究和应用。我国对数字测图技术的研究工作开始于1983年。90年代，我国的数字测图技术无论在理论上还是在实用系统开发上都得到了迅速发展。目前，数字测图技术在国内已经成熟，它已作为主要的成图方法取代了传统的图解法测图。其发展过程大体上可分为两个阶段。

第一阶段主要利用全站仪采集数据，电子手簿记录，同时人工绘制标注测点点号的草图，到室内将测量数据直接由电子手簿传输到计算机，再由人工按草图编辑图形文件，并键入计算机自动成图，经人机交互编辑修改，最终生成数字地形图，需要时由绘图仪绘制输出地形图。

第二阶段仍采用野外测记模式，但成图软件有了实质性的进展。一是开发了智能化的外业数据采集软件；二是计算机成图软件能直接对接收的地形信息数据进行处理。目前，国内已经广泛采用利用全站仪配合便携式计算机或掌上计算机，以及直接利用全站仪内存存储测量数据的大比例尺地面测图方法。

20 世纪 90 年代出现了载波相位差分技术，又称 RTK 实时动态定位技术，这种测量模式能够实时提供测点在指定坐标系的三维坐标成果，在 20km 测程内可达到厘米级的精度。随着 RTK 技术的不断完善和价格更低廉的轻小型 RTK 模式 GPS 接收机的出现，可以预料，GPS 数字测图系统将在开阔地区成为地面数字测图的主要方法。

1.1.4 本课程的内容及学习要求

1. 本课程的主要内容及与其他课程的关系

本书以大比例尺数字测图为主线，在阐述测量的基本原理、基本知识的基础上，按照数字测图的工作过程，基于项目化、任务化组织教材内容，对大比例尺数字测图的原理、方法及应用进行了全面介绍。

数字测图技术是测绘专业的一门重要的专业技术基础课程，也是一门实践性非常强的课程。它与其他课程，如计算机应用基础、CAD 技术、地籍测量等课程有着密切的联系，也是学好控制测量、工程测量等后续课程的基础。

2. 学习本课程的目的和方法

学习本课程的主要目的是：掌握测量的基本理论、基本知识和基本技能，具有使用常规测量仪器的操作技能，具有进行水准测量、距离测量、角度测量等基本测量工作的技能。学习大比例尺地形图测绘的原理和方法，掌握地面数字测图和地图数字化的全过程，具有进行大比例尺数字地形图测绘的技能。掌握处理测量数据的基本理论和方法，在工程建设中能正确应用地形图和测绘资料，完成规划、设计和施工各阶段中的量测、计算和绘图等工作。

要学好数字测图，首先在课堂上要认真听讲，课后按要求认真完成练习题，以加深对基本概念和理论的理解。其次，要注重实际操作能力的培养，认真参加实践课，按要求掌握每一个实践项目的操作技能，以巩固和验证所学理论。教学实习是巩固和深化课堂所学知识的一个重要的实践环节，是理论知识和实践技能的综合运用，对系统掌握测量基本理论、基本知识和基本技能具有非常重要的作用，因此要认真完成各项实习任务，通过实习培养理论联系实际、分析问题、解决问题的能力，以及团结协作、吃苦耐劳的精神，为今后从事测绘工作打下良好基础。

任务 1.2 测量基准面

测量工作的主要研究对象是地球的自然表面，即岩石圈的表面。地球自然表面是不规则的，世界第一高峰珠穆朗玛峰高达 8840 多 m，而太平洋西部的马里亚纳海沟深达

11022m。尽管有这样大的高低起伏，但相对于庞大的地球来说仍可忽略不计。地球的表面形状十分复杂，不便于用数学公式来表达。地球表面上的海洋面积约占61%，陆地面积约占29%，因此人们把地球总的形状看做是被海水包围的球体，也就是设想有一个静止的海水面，向陆地延伸而形成一个封闭的曲面，称为水准面。由于海水有潮汐，时高时低，所以水准面有无数个，其中与平均静止的海水面相吻合的水准面，称为大地水准面，如图 1.1 所示。它所包围的形体称为大地体。大地水准面是唯一的。在测量工作中，将大地水准面作为测量工作的基准面，用大地体代表地球的形状和大小。

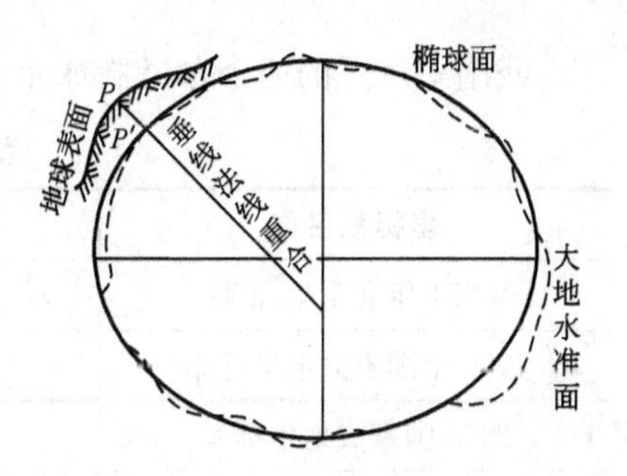

图 1.1　大地水准面

水准面的特性是处处与铅垂线垂直，即与重力方向垂直。重力的作用线又称为铅垂线，用细绳悬挂一个垂球，其静止时所指示的方向即为铅垂线方向，如图 1.2 所示。铅垂线是测量工作的基准线。重力是地球吸引力与离心力的合力，由于地球吸引力的大小与地球内部的质量有关，而地球内部的质量分布又不均匀，这就引起地面上各点的重力方向产生不规则的变化，因而与重力方向垂直的大地水准面也就成为一个无法用数学公式表达的不规则曲面。这给实际应用带来了困难。因此，人们采用一个与大地水准面非常接近的旋转椭球面所包围的形体作为地球形体。这个旋转椭球面是由长半轴为 a，短半轴为 b 的椭球绕其短轴 NS 旋转而成的，如图 1.3 所示。

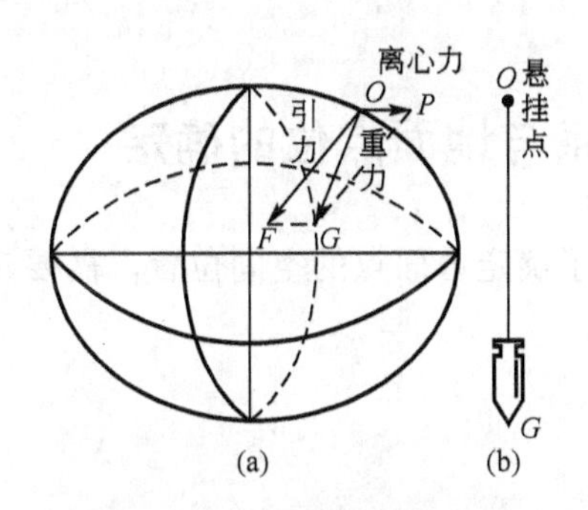

图 1.2　重力线方向

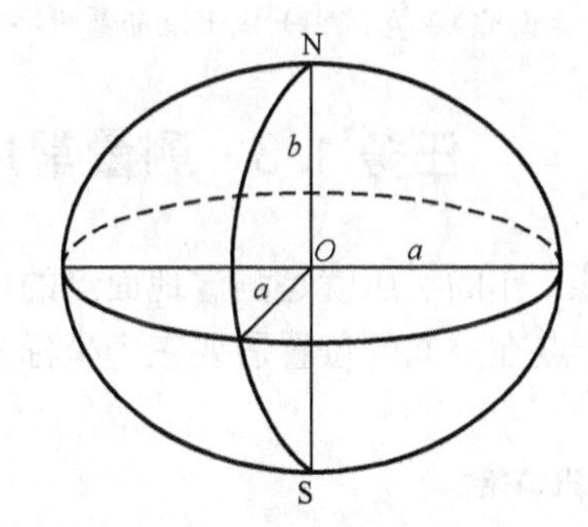

图 1.3　旋转椭球体

代表地球形状和大小的旋转椭球称为“地球椭球”。与大地水准面最接近的地球椭球称为总地球椭球；与某个区域如一个国家大地水准面最为密合的椭球称为参考椭球，其表面称为参考椭球面。由此可见，参考椭球面有许多个，而总地球椭球只有一个。参考椭球面可以用数学公式准确地表达，因此，在测量工作中，用参考椭球面代替大地水准面作为测量计算工作的基准面。

如图 1.1 所示，确定大地水准面与参考椭球面的相对关系，可在适当地点选择一点 P，设想把椭球体和大地体相切，切点 P' 位于 P 点的铅垂线方向上，这时，椭球面上 P' 的法线与该点大地水准面的铅垂线相重合，并使椭球的短袖与地球自转轴平行，且椭球面与这个国家范围内的大地水准面的差距尽量小。这项确定椭球体与大地体之间相互关系并固定下来的工作，称为参考椭球体的定位，P 点则称为大地原点。

椭球体的形状和大小通常用长半轴 a 和扁率 f 来表示：

$$f=\frac{a-b}{a} \tag{1-1}$$

我国采用过的两个参考椭球元素值及 GPS 测量使用的参考椭球元素值见表 1-1。

表 1-1　参考椭球元素值

坐标系名称	长半径 a(m)	扁　率
1954 年北京坐标系	6378245	1∶298.3
1980 年国家大地坐标系	6378140	1∶298.257
2000 国家大地坐标系	6378137	1∶298.257222101
WGS-84 坐标系(GPS 采用)	6378137	1∶298.257223563

由于参考椭球的扁率很小，当测区范围不大时，可以将地球近似看作圆球，其半径为：

$$R=\frac{1}{3}(a+a+b)\approx 6371\text{km}$$

特别提示

(1) 大地水准面和铅垂线是测量外业所依据的基准面和基准线。

(2) 大地水准面的主要特点是：①大地水准面是一个不规则的封闭曲面；②大地水准面上处处与铅垂线(重力方向线)垂直；③大地水准面是唯一的。

任务 1.3　测量常用坐标系与地面点位的确定

测量工作的实质就是测定地面点的位置。为了确定地面点的空间位置，需要建立坐标系。一个点在空间的位置需要三个坐标量来表示。

知识链接

在测量工作中，常将地面点的空间位置用平面位置(大地经纬度或高斯平面直角坐标系)和高程表示，它们分别属于大地坐标系(或高斯平面直角坐标系)和高程系统。

由于卫星大地测量的迅速发展，地面点的空间位置也可采用三维的空间直角坐标来表示。

1.3.1　测量常用坐标系

1. 大地坐标系

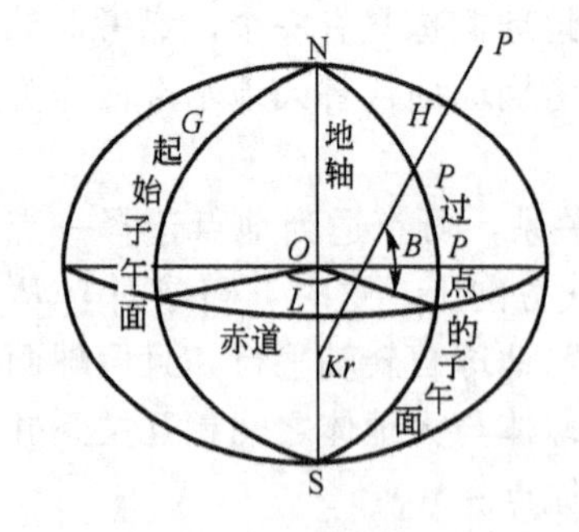

图 1.4　大地坐标系

地面上一点的空间位置可用大地坐标(B，L，H)表示。大地坐标系是以参考椭球面作为基准面，以法线作为基准线。L 称为大地经度，是指通过该点(图 1.4 中的 p 点)的子午面与起始子午面的夹角，规定从起始子午面起算，向东为正，由 0°～180°称为东经；向西为负，由 0°～180°称为西经。B 称为大地纬度，是指在椭球面上的 P 点作一与椭球体相切的平面，过 P 点作一垂直于此平面的直线，这条直线称为 P 点的法线(此法线不通过椭球中心点 O)，它与赤道面的交角就是 P 点的大地纬度。规定从赤道面起算，由赤道面向北为正，从 0°～90°称为北纬；由赤道面向南为负，从 0°～90°称为南纬。P 点沿椭球面法线到椭球面的距离 H，称为大地高，从椭球面起算，向外为正，向内为负。

2. 高斯平面直角坐标系

某点用大地坐标表示的位置，是该点在球面上的投影位置。而我们的地形图是平面的，工程建设规划和设计也都是在平面上进行的，因此需要将点的位置和地面图形表示在平面上。地球表面是一个曲面，当测区范围较小时，可以把地球表面当做平面看待，所测得的一系列地面点所构成的图形，可以采用正射投影的方法，缩绘在平面上。但测区范围较大时，将地球表面上的图形投影到平面上必然会产生变形，因此，这时就不能把地球表面当做平面，必须采用适当的投影方法解决这个问题，测量工作中通常采用高斯投影。

1）高斯投影的概念

高斯投影又称等角横切椭圆柱投影，它是一种正形投影。这种投影可以保持图上任意两个方向的夹角与实地相应的角度相等，在小范围内保持图上形状与实地相似。

高斯投影是德国测量学家高斯于 1825—1830 年首先提出的。但直到 1912 年，由德国的另一位测量学家克吕格推导出实用的坐标投影公式后，这种投影才得到推广，所以该投影又称为高斯-克吕格投影。

高斯投影具有等角投影的特点。等角投影又称为正形投影。地形图采用等角投影可以保证在有限的范围内使得地图上图形同椭球上的原图形保持相似。

如图 1.5(a)所示，设想用一个椭圆柱横套在参考椭球体的外面，并使椭圆柱与参考椭球体的某一根子午线相切，相切的子午线 NS 称为轴子午线或中央子午线；椭圆柱的中心轴 CC' 与赤道面相重合，并通过椭球中心 O。将中央子午线两侧一定经度范围内(如 6°或 3°)的点、线投影到椭圆柱面上。然后，沿过南北极的母线将椭圆柱面剪开，并将其展成一平面，便成为了投影面。如图 1.5(b)所示，相切的中央子午线投影后为直线，长度不变。它两边的子午线投影后凹向相切的子午线，长度变长，距离中央子午线越远则变形越大。为了限制长度变形在一定的范围内，通常采用分带投影。

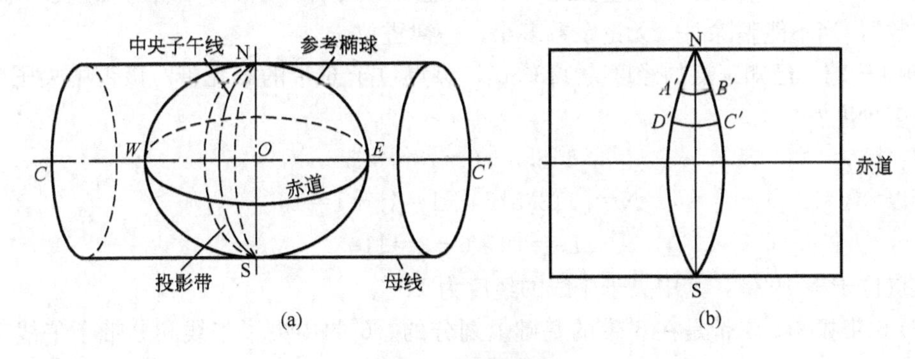

图 1.5 高斯投影

知识链接

在地图投影采用的正形投影中，除保证等角投影外，还要求长度和面积变形不大，并且对于长度变形，任一点在所有方向上的微分线段，投影前后长度之比为一常数，目的是减少投影计算工作，给识图用图带来便利。为了控制变形，测量上往往将大的区域按一定规律分成若干小区域(称为带)。每个带单独投影，并组成直角坐标系。然后，再将这些带用简单的数学方法连接在一起，从而组成统一的系统。

2) 分带投影

高斯投影中，除中央子午线外，各点均存在长度变形，并且距中央子午线越远，长度变形就越大。为了控制长度变形，将地球椭球面按一定的经度差分成若干范围不大的带进行投影，称为投影带。带的宽度一般分为经差 6°、3°和 1.5°，简称为 6°带、3°带和 1.5°带，如图 1.6 所示。

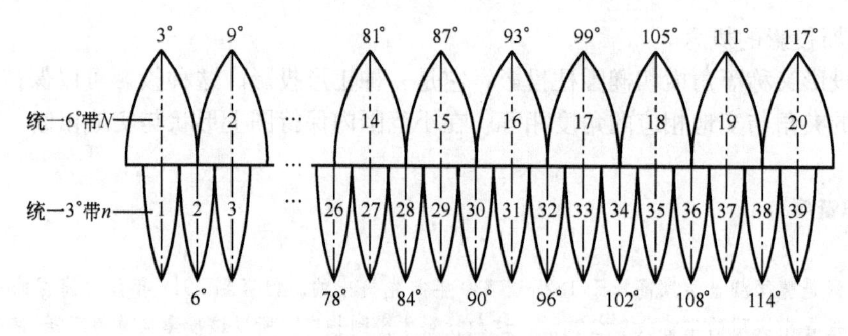

图 1.6 分带投影

(1) 6°带投影。6°带是从起始子午线开始，自西向东每隔经差 6°划分一带，可将地球分成 60 个带，每带的带号按 1～60 依次编号。第 N 带中央子午线的经度 L_0 与带号 N 的关系是

$$L_0=6N-3 \quad (N=1, 2, \cdots, 60) \tag{1-2}$$

如已知某点的经度为 L，则该点所在 6°带的带号为

$$N=[L/6]+\begin{cases}1, & \text{前项有余数时} \\ 0, & \text{前项无余数时}\end{cases} \tag{1-3}$$

这里的 [·/·] 表示“取整数运算”，不能整除时舍弃余数。式(1-3)表示取 $L\div 6$ 的“整数”，当不能整除时，无论余数多小，一律进位。

【例 1-1】 已知某点的经度为 113°30′，该点位于 6°带的第几带？该带中央子午线的经度是多少度？

解： 因为

$$113.5\div 6=18\cdots 5.5$$

所以

$$N=[113.5/6]+1=18+1=19$$

$$L_0=19\times 6-3=110°$$

该点位于第 19 带，其中央子午线的经度为 110°。

(2) 3°带投影。3°带是在 6°带的基础上划分的。6°的中央子午线和分带子午线都是 3°的中央子午线。

3°带是由东经 1.5°起算，自西向东每隔经差 3°划分，其带号按 1～120 依次编号。3°带

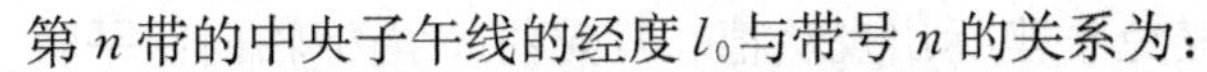

第 n 带的中央子午线的经度 l_0 与带号 n 的关系为：

$$l_0=3n \quad (n=1, 2, \cdots, 120) \tag{1-4}$$

如已知某点的经度为 L，则该点所在的3°带的带号为

$$n=[(L-1.5)/3]+\begin{cases}1, & \text{前项有余数时}\\0, & \text{前项无余数时}\end{cases} \tag{1-5}$$

因为3°带是从1.5°起，自西向东划分的，所以式(1-5)中要将 L 减去1.5°。

【例1-2】 已知某点的经度为113°30′，该点位于3°带的第几带？该带中央子午线的经度是多少度？

解：因为
$$(113.5-1.5)\div 3=37\cdots 1$$
所以
$$n=[(113.5-1.5)\div 3]+1=38$$
$$l_0=3\times 38=114$$

该点位于第38带，其中央子午线的经度为114°。

我国中央子午线的经度从75°到135°，6°带横跨11带(13带～23带)；3°带横跨21带(25带～45带)。因此，就我国而言，其6°带和3°带的带号是没有重复的，从带号本身，就能看出是3°带还是6°带。

(3) 1.5°带投影。1.5°带投影的中央子午线经度与带号的关系，国际上没有统一规定，通常是使1.5°带投影的中央子午线与统一的3°带投影的中央子午线或边缘子午线重合。

(4) 任意带投影。任意带投影通常用于建立城市独立坐标系。一般选择过城市中心某点的子午线为中央子午线进行投影，这样可以使整个城市范围内的距离投影变形都比较小。

特别提示

为了减少长度变形的影响，在1∶10000或更大比例尺测图时，必须采用3°带或1.5°带的投影。有时也用任意带投影计算，即选择测区中央的子午线为轴子午线。

3) 高斯平面直角坐标系

高斯投影后的中央子午线和赤道均为直线并保持相互垂直。以中央子午线为坐标纵轴，即 x 轴，向北为正；以赤道为坐标横轴，即 y 轴，向东为正；中央子午线与赤道的交点为坐标原点 O。这样便形成了高斯平面直角坐标系，如图1.7所示。

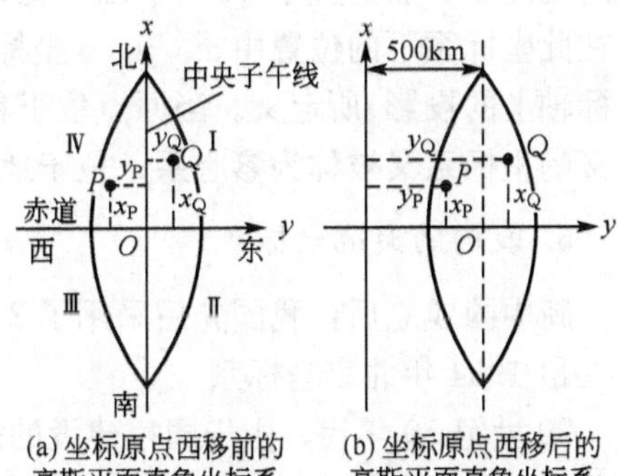

图1.7 高斯平面直角坐标系

与数学上的笛卡尔坐标系不同，在高斯平面直角坐标系中，为了定向方便，定义纵轴为 x 轴，向北为正；横轴为 y 轴，向东为正。将 x 轴与 y 轴互换了位置，并且规定象限按顺时针方向编号，这样做的目的是可以将数学上定义的各类三角函数在高斯平面直角坐标系中直接应用，不需要作任何变更。

我国位于北半球，在高斯平面直角坐标系内，x 坐标均为正值，而 y 坐标值有正有

负，这种坐标又称之为自然坐标。为了避免 y 坐标出现负值，规定将 x 坐标轴向西平移500km，即所有点的 y 坐标值均加上 500km，如图 1.7(b)所示。此外，为了区别某点位于哪一个投影带内，还应在横坐标值前冠以投影带带号。这种坐标称为国家统一坐标。

例如，P 点在第 18 带内，其自然坐标为 $x_P=3176532.165\text{m}$，$y_P=-132864.854\text{m}$，则 P 点的国家统一坐标为：

$$x_P = 3176532.165\text{m}, y_P = 18367136.146\text{m}$$

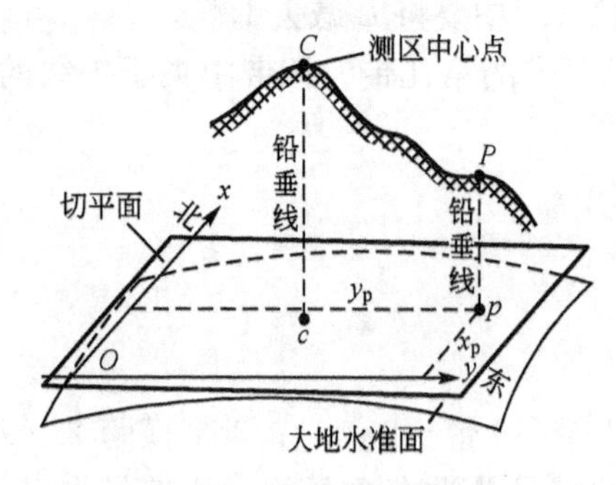

图 1.8　独立平面直角坐标系

3. 独立平面直角坐标系

当测区范围较小时(如小于 100km^2)，常把球面看做平面，建立独立平面直角坐标系。如图 1.8 所示将测区中心点 C 沿铅垂线投影到大地水准面上得 c 点，用 c 点的切平面代替大地水准面，在切平面上建立的测区平面直角坐标系 xOy 称为独立平面直角坐标系。坐标系的原点应选在测区西南角，以使测区内点的 x，y 坐标均为正值。

特别提示

测量平面直角坐标系与数学上的笛卡尔坐标系是不同的，不同点主要有以下两个方面：①坐标轴的定义不同。测量平面直角坐标系中，定义纵轴为 x 轴，向北为正；横轴为 y 轴，向东为正，将笛卡尔坐标系的 x 轴与 y 轴互换了位置。②象限的规定不同。测量平面直角坐标系中规定象限按顺时针方向编号，而笛卡尔坐标系按逆时针方向编号。

4. 空间直角坐标系

在测量应用中，常用空间直角坐标来表示空间点的位置。通常空间直角坐标系的原点设在参考椭球体中心 O，z 轴与椭球体旋转轴重合，向北为正；x 轴指向格林尼治子午面与地球赤道的交点，y 轴垂直于 xOz 平面，构成右手系如图 1.9 所示。点在此坐标系下的位置由 x、y、z 坐标(该点在此坐标系的各个坐标轴上的投影)所定义。当原点位于参考椭球体中心时，这样定义的坐标系又被称为参心系；位于地球质心时，称为地心系。

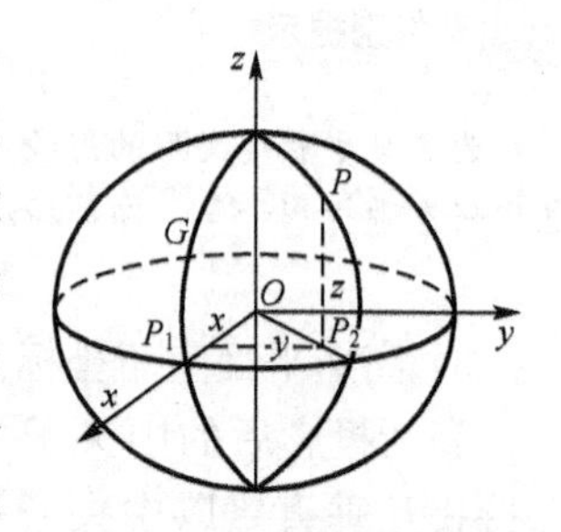

图 1.9　空间直角坐标系

5. 我国的大地坐标系

新中国成立后，我国先后采用了 3 套大地坐标系。

1) 1954 年北京坐标系

20 世纪 50 年代，由于国家建设的需要，我国地面点的大地坐标通过联测，从前苏联经我国东北传算过来，其坐标系定名为 1954 年北京坐标系。该坐标系采用克拉索夫斯基椭球，见表 1-2，大地原点位于前苏联的普尔科沃。由于该坐标系大地原点距我国甚远，在我国范围内该参考椭球面与大地水准面存在着明显的差距，在东部地区，差距更大。因此，1978 年全国天文大地网平差会议决定建立我国独立的大地坐标系。

2) 1980 年国家大地坐标系(1980 西安坐标系)

为了更好地适应我国经济建设和国防建设发展的需要，我国在 1972—1982 年期间进行天文大地网平差时，建立了新的大地基准，相应的大地坐标系称为1980年国家大地坐标系，又称为“1980西安坐标系”，大地原点位于陕西省泾阳县永乐镇，简称西安原点。椭球参数采用1975年国际大地测量与地球物理联合会第16届大会的推荐值。

两个系统的坐标可以转换，但不同地区坐标转换系数不一样。使用控制点成果时，一定要注意坐标系的统一性。

知识链接

大地原点，亦称大地基准点。大地原点是人为界定的一个点。我国的大地原点在陕西省泾阳县永乐镇北洪流村境内(图1.10)。大地原点的整个设施由中心标志、仪器台、主体建筑、投影台等几大部分组成。高出地面25m多的立体建筑共7层，顶层为观察室，内设仪器台；建筑的顶部是玻璃钢制成的整体半圆形屋顶，可用电控翻开以便观测天体；中心标志埋设于主体建筑的地下室中央。它在我国经济建设、国防建设和社会发展等方面发挥着重要作用。

图1.10 中华人民共和国大地原点

3) 2000国家大地坐标系

2000国家大地坐标系是一种地心坐标系，坐标原点在地球质心(包括海洋和大气的整个地球质量的中心)，z轴指向BIH1984.0定义的协议地极方向(BIH代表国际时间局)，x轴指向BIH1984.0定义的零子午面与协议赤道的交点，y轴按右手坐标系确定，椭球参数见表1-2。我国自2008年7月1日起启用2000国家大地坐标系。

随着GPS的普及，出现了WGS-84坐标系。WGS是World Geodetic System(世界大地坐标系)的缩写，它是美国国防制图局为进行GPS导航定位于20世纪80年代中期建立的一个地心坐标系。

特别提示

2008年3月，由国土资源部正式上报国务院《关于中国采用2000国家大地坐标系的请示》，并于2008年4月获得国务院批准。自2008年7月1日起，中国将全面启用2000国家大地坐标系，国家测绘局授权组织实施。

2000国家大地坐标系与现行国家大地坐标系转换、衔接的过渡期为8～10年。现有各类测绘成果，在过渡期内可沿用现行国家大地坐标系；2008年7月1日后新生产的各类测绘成果应采用2000国家大地坐标系。现有地理信息系统，在过渡期内应逐步转换到2000国家大地坐标系；2008年7月1日后新建设的地理信息系统应采用2000国家大地坐标系。

1.3.2 高程

大地坐标或平面直角坐标只能反映地面点在参考椭球面上或投影面上的位置，并不能反映其高低起伏的差别，为此需建立一个统一的高程系统。建立高程系统，首先要选择一个基准面。在一般测量工作中都以大地水准面作为高程基准面。

知识链接

大地水准面是高程的基准面，通常采用平均海水面作为大地水准面。平均海水面的确定是通过验潮站长期验潮求定的。在验潮站上长期观测潮位的升降，根据验潮记录求出该验潮站海面的平均位置。为了保持由验潮所确定的潮位面，在验潮站附近需要设置一系列水准点。从其中选定永久性和可靠性都是最佳的一个作为水准原点。我国的水准原点设在青岛市观象山上，如图1.11所示。

1. 绝对高程

地面上某点到大地水准面的铅垂距离称为该点的绝对高程或海拔，简称高程，用 H 表示。如图1.12所示地面点 A，B 的绝对高程分别为 H_A，H_B。

图1.11　我国的水准原点

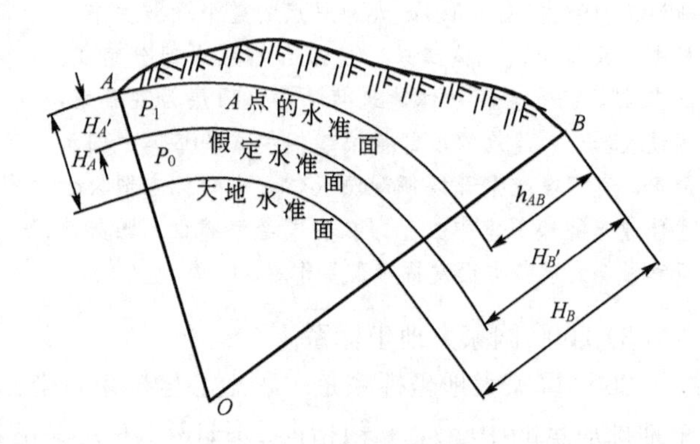

图1.12　高程与高差

一般地，一个国家只采用一个平均海水面作为统一的高程基准面(起算面)，由此高程基准面建立的高程系统称为国家高程系，否则称为地方高程系。我国是以青岛验潮站验潮结果推算的黄海平均海水面，以此作为我国高程起算的基准面。

2. 相对高程

地面上某点到任一假定水准面的垂直距离称为该点的相对高程或假定高程，如图1.12所示，地面点 A，B 的假定高程分别为 H'_A，H'_B。当测区附近无国家高程控制点时，可采用假定高程系统，即假设任意一个水准面作为高程起算面。将来如有需要，只需与国家高程控制点联测，再经换算成绝对高程就可以了。

3. 高差

地面上两点高程之差称为高差，用 h 表示。如图1.12所示 A、B 两点的高差为

$$h_{AB}=H_B-H_A=H'_B-H'_A \tag{1-6}$$

由此可见，地面两点之间的高差与采用的高程系统无关。

高差值有正有负。如果测量方向由 A 到 B，A 点高，B 点低，则高差 $h_{AB}=H_B-H_A$ 为负值；若测量方向由 B 到 A，即由低点测到高点，则高差 $h_{BA}=H_A-H_B$ 为正值。

4. 我国的高程系统

1) 1956年黄海高程系

我国过去是以青岛验潮站1950—1956年连续验潮的结果求得的平均海水面作为全国

统一的高程基准面，由此基准面起算所建立的高程系统，称为1956年黄海高程系。为了明显而稳固地表示高程基准面的位置，在山东省青岛市观象山上，建立了国家水准原点。用精密水准测量方法测出该水准原点高程为72.289m。全国各地的高程都以它为基准进行推算。

2) 1985国家高程基准

1985年，国家测绘局根据青岛验潮站1952—1979年间连续观测的潮汐资料，推算出青岛水准原点的高程为72.260m，于1987年5月正式通告启用，并以此定名为“1985国家高程基准”，同时“1956年黄海高程系”即相应废止。各部门各类水准点成果将逐步归算至“1985国家高程基准”上来。所以，在使用高程成果时，要特别注意使用的高程基准，防止错误。

任务1.4 测量的基本工作与基本原则

1.4.1 测量的基本工作

前面谈到，当测区范围较小(如小于100km²)时，常把投影面看做平面(即将大地水准面的一个小部分看做一个水平面)。如图1.13所示，设地面上有四个点A、B、C、D，投影到水平面上分别为a、b、c、d。如果丈量出各点间的水平距离D_1、D_2、D_3、D_4，测出水平角β_1、β_2、β_3、β_4及起始边ab与标准方向的夹角α，则a、b、c、d各点在图上的位置即可完全确定。因此，为了确定地面点的平面位置，则需要测定水平角和水平距离。为了确定地面点的空间位置，还需要知道点的高程，而高程是通过测定两点间的高差推算出来的。所以水平距离、水平角和高差称为确定地面点位置的三个基本元素，称之为测量三要素，距离测量、角度测量和高程测量是测量的三项基本工作。

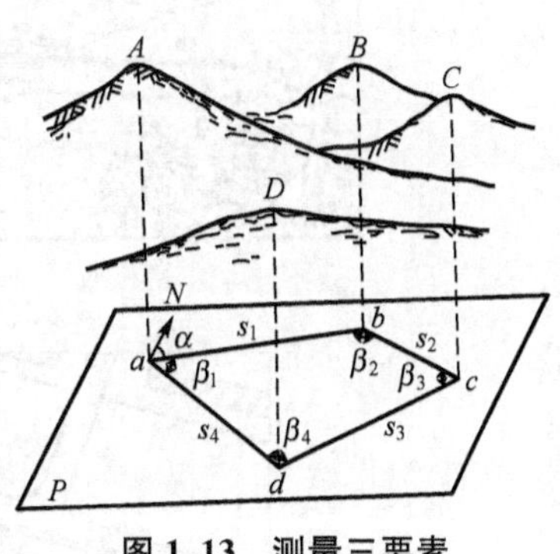

图1.13 测量三要素

1.4.2 测量的基本原则

测绘学将地表物体分为地物和地貌。地物是指地面上天然或人工的固定物体，它包括湖泊、河流、海洋、房屋、道路、桥梁等。地貌是指地表高低起伏的形态，它包括高山、峡谷、陡坎等。地物和地貌总称为地形。要把地形反映到图上，是通过测定地物和地貌的一些特征点(也称碎部点)的平面位置和高程来实现的。

进行测量工作时，如果从一个碎部点开始，逐点进行施测，最后虽可以得到欲测各点的位置，但由于测量工作中存在不可避免的误差，这些点的位置可能是不准确的，这样会导致前一点的测量误差传递到下一点，使误差累积起来，最后可能达到不可容许的程度。因此，测量工作必须按照一定的程序和方法进行。

在实际测量工作中是遵循“从整体到局部，由高级到低级，先控制后碎部”的原则，也就是首先在测区范围内选定若干具有控制意义的点组成控制网，这些点称为控制点，如图1.14(a)中的A、B、…、F点，通过精密的测量仪器，把这些控制点的平面位置和高程精确地测定出来，我们把这项工作称为控制测量；然后再根据这些控制点测定出附近碎部点的位置，如图1.14(b)所示。我们把这项工作称为碎部测量。虽然碎部测量的精度比控制测量的精度低，但由于控制点的位置比较准确，每个碎部点的位置都是从控制点测定的，所以误差就不会从一个碎部点传递到另一个碎部点，在一定的观测条件下，各个碎部点均能保证具有应有的精度。

综上所述，测量工作中，在布局上要“从整体到局部”，在精度控制上要“由高级到低级”，在工作步骤上要“先控制后碎部”。

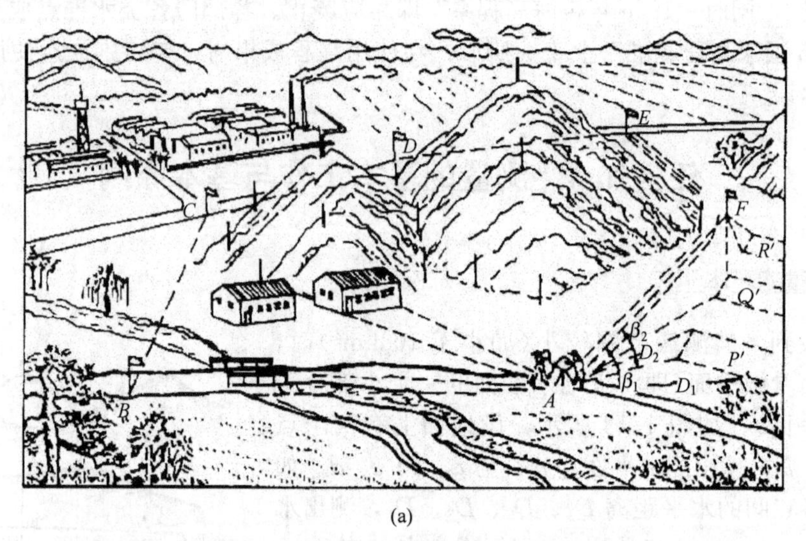

(a)

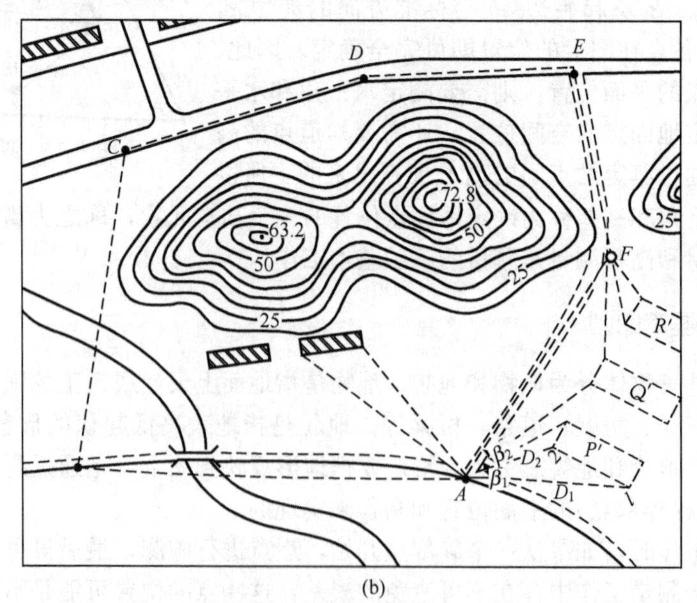

(b)

图 1.14　地形图测绘

1.4.3　地球曲率对测绘工作的影响

如前所述，水准面是一个曲面，在实际工作中，当测区面积不大时，可以用水平

面代替大地水准面，即在一定范围内把地球表面上的点直接投影到水平面上来决定其位置，但这样必然会产生误差。那么，究竟在多大范围内才能允许用水平面代替水准面呢？下面对用水平面代替水准面引起的距离、角度和高程等方面误差的大小做初步的分析。

1. 地球曲率对水平距离的影响

如在图 1.15 所示中，在地面上有 A'、B'两点，它们投影到球面的位置为 A、B，设 AB 弧长为 d，所对的圆心角为 α，地球半径为 R(6371km)。如果将切于 A 点的水平面代替水准面，即以相应的切线段 AC 代替圆弧$\widehat{AB}$，则在距离方面将产生误差 Δd。由图 1.15 可以看出

$$\Delta d=AC-\widehat{AB}=t-d=R\tan\alpha-R\alpha \qquad (1-7)$$

将 $\tan\alpha$ 用级数展开，并取级数前两项，得

$$\Delta d=R\alpha+\frac{1}{3}R\alpha^3-R\alpha=\frac{1}{3}R\alpha^3 \qquad (1-8)$$

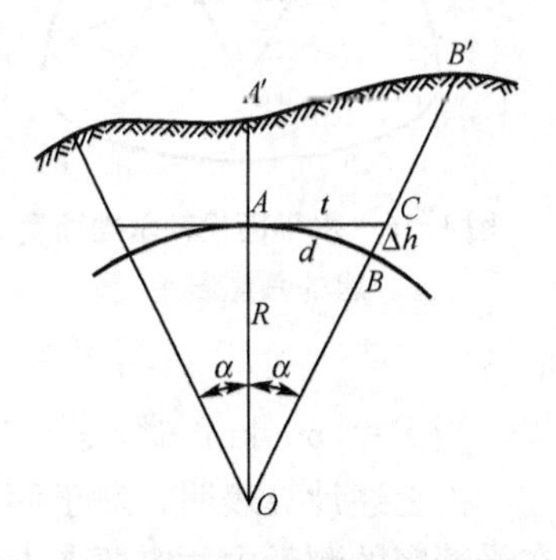

图 1.15 地球曲率对水平距离合高程的影响

因为 $\alpha=\dfrac{d}{R}$，故

$$\Delta d=\frac{d^3}{3R^2} \qquad (1-9)$$

或用相对误差表示为

$$\frac{\Delta d}{d}=\frac{1}{3}\left(\frac{d}{R}\right)^2 \qquad (1-10)$$

以不同的距离 d 代入式(1-9)和式(1-10)，求出的误差和相对误差列于表 1-2 中。

表 1-2 地球曲率对水平距离和高程的影响

距离 d(km)	距离误差 Δd(mm)	距离相对误差 $\Delta d/d$	高程误差 Δh(mm)
0.1	0.000008	1/12500000000	0.8
1	0.008	1/125000000	78.5
10	8.2	1/1200000	
25	128.3	1/200000	

从表 1-3 中可以看出，当地面距离为 10km 时，用水平面代替水准面所产生的距离误差仅为 0.82cm，其相对误差为$\dfrac{1}{1200000}$。而实际测量距离时，使用精密电磁波测距仪的测距精度为$\dfrac{1}{1000000}$。所以，在半径为 10km 的圆面积内进行距离测量时，可以用切平面代替大地水准面，而不必考虑地球曲率对水平距离的影响，也就是说可以把水准面当做水平面看待，认为地面上两点 A'、B'在水准面上的距离($\widehat{AB}$弧的长度)与它们在水平面上投影点之间的直线距离 AC 相同，其误差可忽略不计。

2. 地球曲率对水平角度的影响

由球面三角学知道，同一空间多边形在球面上投影 $A'B'C'$的各内角之和，较其在平

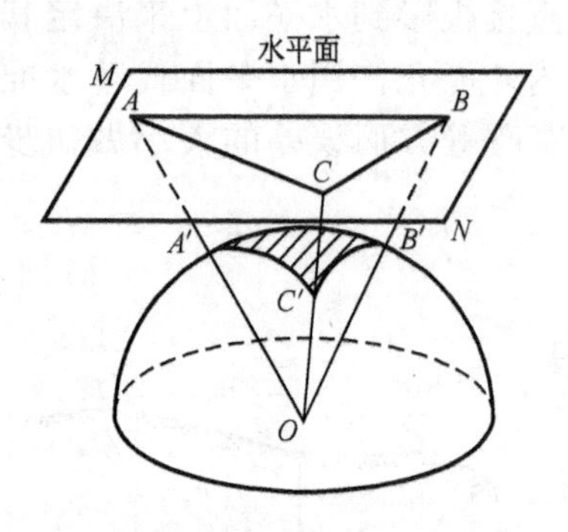

图 1.16　水平面代替水准面引起的角度误差

面上投影 ABC 的各内角之和大一个球面角超值 ε，如图 1.16 所示。其公式为：

$$\varepsilon'' = \rho'' \frac{P}{R^2} \tag{1-11}$$

式中：ρ''——1 弧度所对应的角值(以秒计)；

P——球面多边形面积；

R——地球半径。

在测量工作中实测的是球面面积，绘制成图时则绘成平面图形的面积。

当 $P=10\text{km}^2$ 时，$\varepsilon''=0.05''$；

当 $P=100\text{km}^2$ 时，$\varepsilon''=0.51''$；

当 $P=400\text{km}^2$ 时，$\varepsilon''=2.03''$；

当 $P=2500\text{km}^2$ 时，$\varepsilon''=12.70''$。

由上述计算表明，对于面积在 100km^2 以内的多边形，地球曲率对水平角的影响只有在最精密的测量中才需要考虑，一般的测量工作是不必考虑的。

3. 地球曲率对高程的影响

在图 1.15 中，B' 点的高程为 $B'B$，如用过 A 点的水平面代替水准面，则 B' 点的高程为 $B'C$，这时产生的高程误差为 Δh。从图中可以看出，$\angle CAB=\frac{\alpha}{2}$，因该角很小，以弧度表示，则

$$\Delta h = d \times \frac{\alpha}{2} \tag{1-12}$$

因 $\alpha=\frac{d}{R}$，故

$$\Delta h = \frac{d^2}{2R} \tag{1-13}$$

以不同的距离值代入式(1.13)，算得相应的 Δh 值列在表 1-3 中。从表中可以看出，当距离为 100m 时，产生的高程误差就接近 1mm，这对高程测量来说，其影响是很大的。因此，地球曲率对高差的影响，即使在很短的距离内也必须加以考虑。

综上所述，在面积为 100km^2 范围内，不论是进行水平距离或水平角测量，都可以不顾及地球曲率影响；在精度要求较低的情况下，这个范围还可以相应扩大。但是不论距离有多少，地球曲率对高差的影响是不能忽视的。

任务 1.5　认识地形图

地图就是按照一定的数学法则，运用符号系统和综合方法、以图形或数字的形式表示具有空间分布特性的自然与社会现象的载体。地形图，则是地图的一种。大比例尺地面数字地形图测绘是通过野外实地测绘，将地面上的各种地物、地貌按铅垂方向投影到同一水平面上，再按一定的比例缩小绘制成图。若在图上仅表示地物平面位置的图，称为平面图；如果既表示地物的平面位置，又表示地貌的起伏形态的图，称为地形图。

如图 1.17 所示是某幅 1∶500 比例尺地形图的一部分，图中主要表示了城市居民区、街道、植被等。

如图 1.18 所示是某幅 1∶2000 比例尺地形图的一部分，图中主要表示了山区地貌和农村居民地。

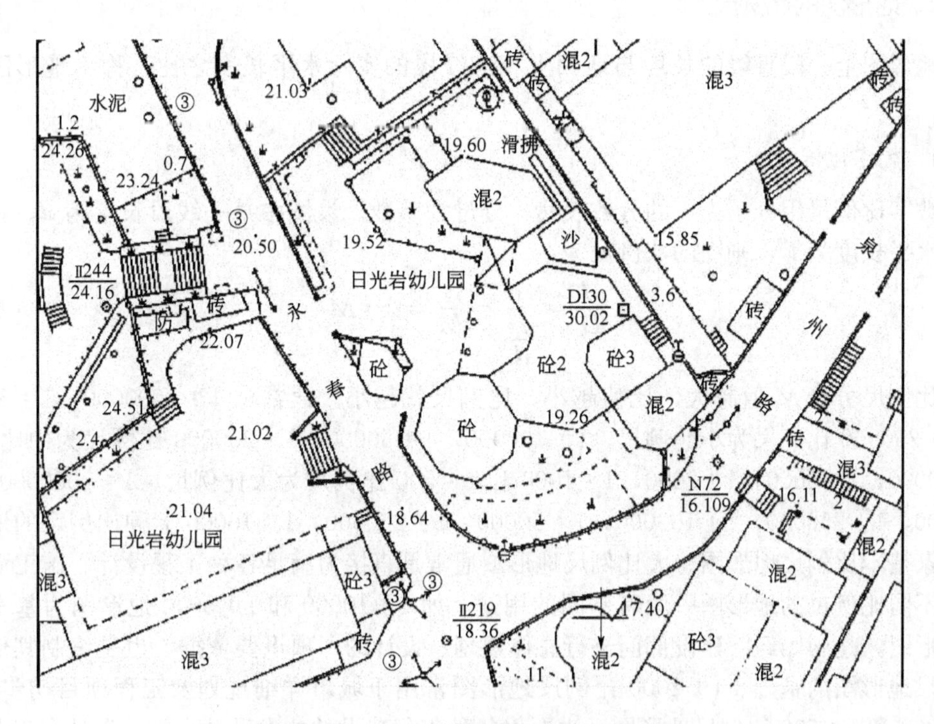

图 1.17　1∶500 城区居民地地形图示例

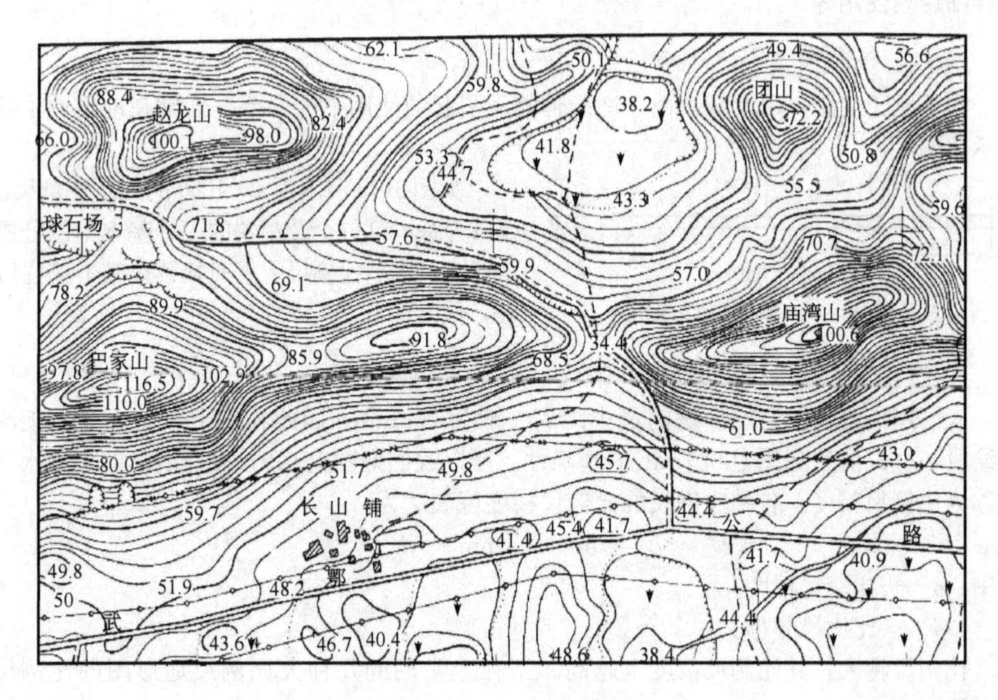

图 1.18　1∶5000 地形图示例

地形图的内容非常丰富，大致可分为3大类要素：①数学要素，如比例尺、坐标格网等；②地形要素，即各种地物、地貌；③注记和整饰要素，包括各类注记、说明资料和辅助图表。

1.5.1 地形图的比例尺

地形图上一段直线的长度与地面上相应线段的实际水平长度之比，称为地形图的比例尺。

1. 数字比例尺

数字比例尺用分子为1的分数表达，分母为整数。设图中某一线段长度为d，相应实地的水平长度为D，则图的比例尺为：

$$\frac{d}{D}=\frac{1}{\frac{D}{d}}=\frac{1}{M}=1:M \tag{1-14}$$

比例尺分母M值越大，比值越小，比例尺就越小。通常称1∶1000000，1∶500000和1∶250000比例尺为小比例尺；1∶100000，1∶50000，1∶250000比例尺为中比例尺；1∶10000，1∶5000，1∶2000，1∶1000和1∶500比例尺为大比例尺。1∶1000000，1∶500000，1∶250000，1∶100000，1∶50000，1∶250000，1∶10000七种比例尺的地形图为国家基本比例尺地形图。大比例尺地形图通常是直接为满足各种工程设计、施工而测绘的。不同比例尺的地形图一般有不同的用途。如1∶10000和1∶5000地形图为基本比例尺地形图，是国民经济建设部门进行总体规划、设计的一项重要依据，也是编制其他更小比例尺地形图的基础。1∶2000比例尺地形图常用于城市详细规划及工程项目初步设计。1∶1000和1∶500比例尺地形图，主要供各种工程建设的技术设计、施工设计和工业企业的详细规划使用等。

2. 图示比例尺

为了便于应用，以及减小由于图纸伸缩而引起的使用中的误差，通常在地形图上绘制图示比例尺。

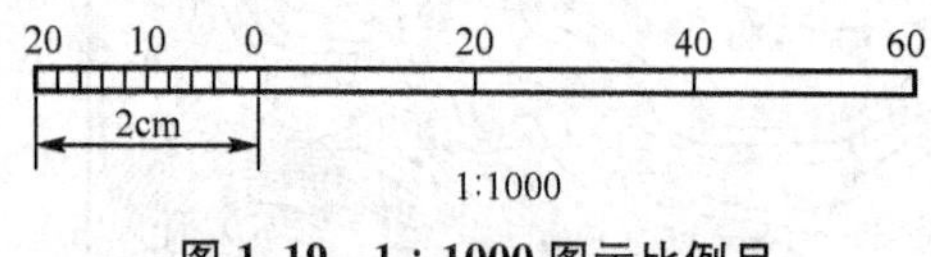

图1.19 1∶1000图示比例尺

如图1.19所示为1∶1000的图示比例尺，以2cm为基本单位，最左端的一个基本单位分成10等份。从图示比例尺上可直接读得基本单位得1/10，估读到1/100。

3. 比例尺精度

人们用肉眼在图上能分辨的最小距离一般为0.1mm，因此在图上量度或者实地测图描绘时，就只能达到图上0.1mm的精确性。所以我们把图上0.1mm所表示的实地水平长度称为比例尺精度。各种比例尺的比例尺精度可表达为

$$\delta=0.1\mathrm{mm}\times M \tag{1-15}$$

式中：δ——比例尺精度；

M——比例尺分母。

比例尺越大，其比例尺精度也越高。工程上常用的几种大比例尺地形图的比例尺精度，见表1-3。

表 1-3 比例尺精度表

比例尺	1∶500	1∶1000	1∶2000	1∶5000
比例尺精度(m)	0.05	0.1	0.2	0.5

比例尺精度的概念，对测图和设计都有重要的意义。根据比例尺的精度，可以确定在测图时量距应准确到什么程度。例如测 1∶1000 图时，实地量距只需取到 10cm，因为即使量得再精细，在图上也无法表示出来。同时，若设计规定需在地图上能量出的实地最短长度时，就可以根据比例尺精度定出测图比例尺。如一项工程设计用图，要求图上能反映 0.2m 的精度，则所选图的比例尺就不能小于 1∶2000。

特别提示

图的比例尺越大，其表示的地物、地貌就越详细，精度也越高。但比例尺越大，测图所耗费的人力、财力和时间也越多。因此，在各类工程中，究竟选用何种比例尺测图，应从实际情况出发，合理选择，而不要盲目追求大比例尺的地形图。

1.5.2 地形图的分幅和编号

为便于测绘、印刷、保管、检索和使用，所有的地形图均须按规定的大小进行统一分幅和编号。地形图的分幅方法有两种：一种是按经纬线分幅的梯形分幅法，它一般用于 1∶5000～1∶1000000 的中、小比例尺地形图的分幅，我国基本比例尺地形图(1∶5000～1∶1000000)采用的就是梯形分幅法；另一种是按坐标格网分幅的矩形分幅法，它一般用于城市和工程建设 1∶500～1∶2000 的大比例尺地形图的分幅。

地形图的梯形分幅又称国际分幅，由国际统一规定的经线为图的东西边界，统一规定的纬线为图的南北边界。由于子午线向南、北两极收敛，因此，整个图幅呈梯形。

知识链接

梯形分幅的主要优点是每个图幅都有明确的地理位置概念，适用于很大范围(如全国、大洲、全世界)的地图分幅。其缺点是图幅拼接不方便，随着纬度的升高，相同经纬度所限定的图幅面积不断缩小，不利于有效地利用纸张和印刷机版面；此外，经纬线分幅还会破坏重要地物(例如大城市)的完整性。

1. 旧的梯形分幅与编号

1) 1∶1000000 比例尺地形图的分幅和编号

1∶1000000 比例尺地形图的分幅是从赤道(纬度 0°)起，分别向南北两极，每个纬差 4°为一横行，依次以拉丁字母 A，B，C，D，…，V 表示；由经度 180°起，自西向东每隔经差 6°为一纵列，依次用数字 1，2，3，…，60 表示。如图 1.20 所示为东半球北纬 1∶1000000 地图的国际分幅和编号。如图 1.21 所示为我国领土的 1∶1000000 地图的分幅和编号，每幅图的编号，先写出横行的代号，中间绘一横线相隔，后面写出纵列的代号。如北京某处的地理位置为北纬 39°56′23″，东经 116°22′53″，则所在 1∶1000000 比例尺图幅号是 J-50；广东某处的地理位置为北纬 22°36′10″，东经 113°04′45″，其所在 1∶1000000 比例尺图的图幅号是 F-49。

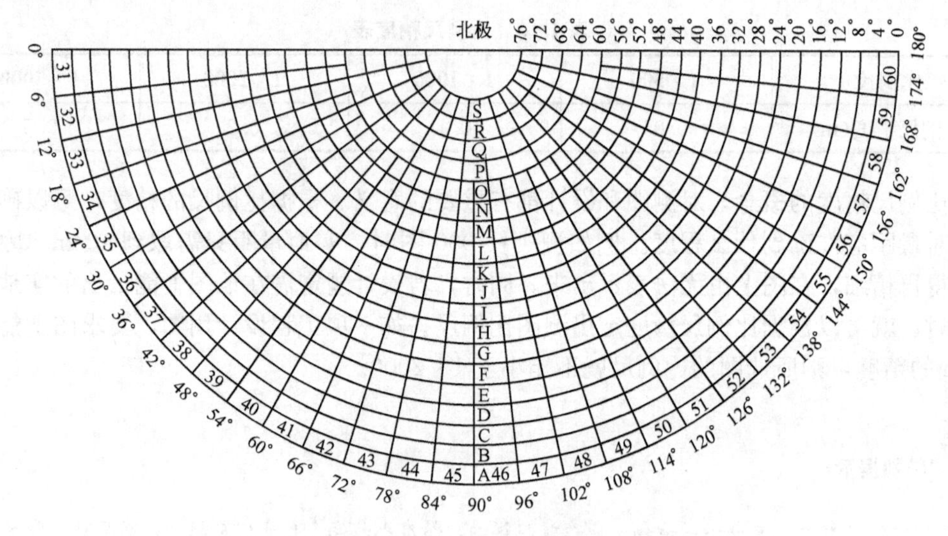

图 1.20　东半球北纬 1∶1000000 地图的国际分幅和编号

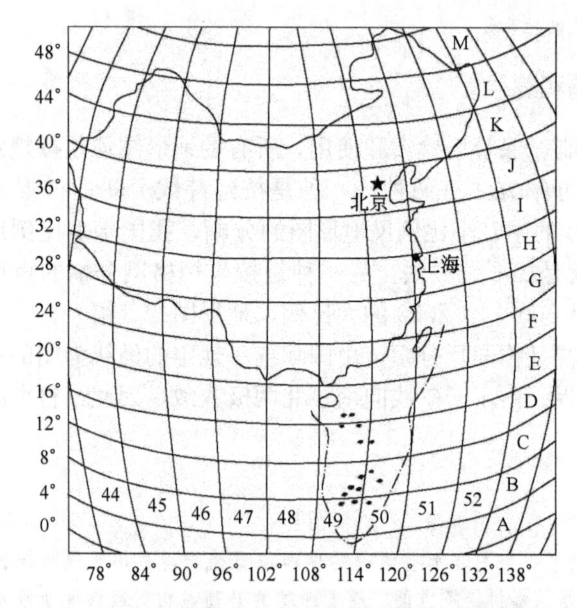

图 1.21　我国领土的 1∶1000000 地图的分幅和编号

2）1∶500000、1∶250000、1∶100000 比例尺地图的分幅和编号

这三种比例尺地图的分幅和编号，都是在 1∶1000000 比例尺地图分幅和编号的基础上，按表 1-4 中的相应纬差和经差划分。每幅 1∶1000000 的图，按经差 3°、纬差 2°可划分成 4 幅 1∶500000 的图，分别以 A，B，C，D 表示。如北京某处所在的 1∶500000 的图的编号为 J-50-A，如图 1.22 所示。

每幅 1∶1000000 的图又可按经差 1°30′、纬差 1°划分为 16 幅 1∶250000 的图，分别以［1］，［2］，…，［16］表示。如北京某处所在的 1∶250000 的图的编号为 J-50-［2］（图 1.20）中有阴影线的图幅。每幅 1∶1000000 的图按经差 30′、纬差 20′划分为 144 幅 1∶100000 的图，分别以 1，2，3，…，144 表示。如北京某处所在的 1∶100000 的图幅的编号为 J-50-5，如图 1.23 所示中有阴影线的图幅。

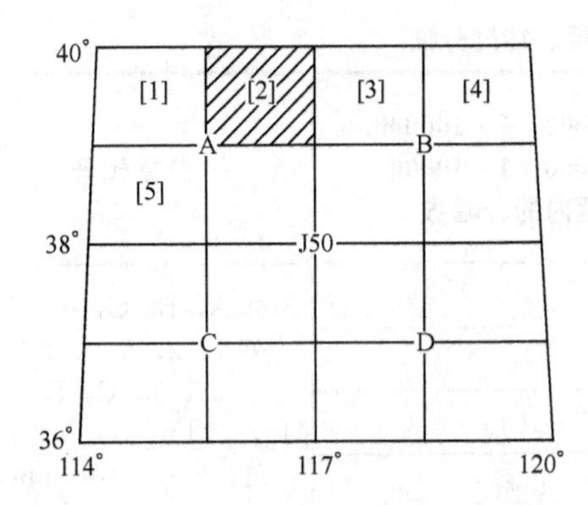

图 1.22 1∶500000 地图的分幅和编号

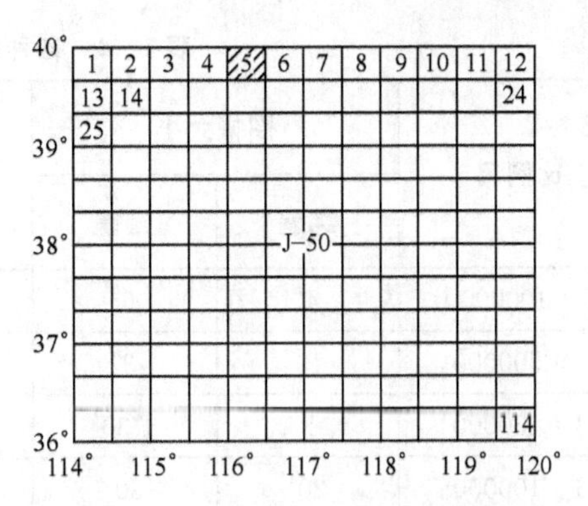

图 1.23 1∶100000 地图的分幅和编号

3) 1∶50000、1∶250000、1∶10000 比例尺地图的分幅和编号

这三种比例尺地图的分幅和编号都是在 1∶100000 比例尺图的基础上进行的，其划分的经差和纬差(表 1-5)。每幅 1∶100000 的图，可划分为 4 幅 1∶50000 的图，分别在 1∶100000 的图号后面写上各自的代号 A，B，C，D。如北京某处所在 1∶500000 的图幅为 J-50- 5 - B，如图 1.22 所示。再将每幅 1∶50000的图四等分，就得到1∶25000的图，分别以 1，2，3，4 编号，如北京某处所在 1∶25000的图幅编号为 J-50-5-B-2，如图 1.24 所示阴影线的图幅。

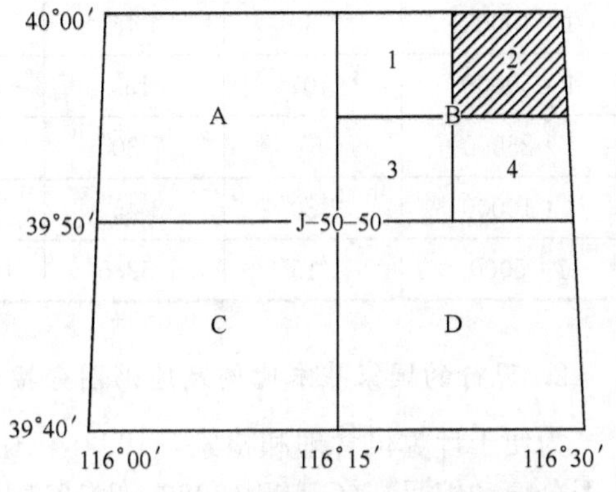

图 1.24 1∶50000 和 1∶25000 地图的分幅和编号

每幅 1∶100000 的图，按其经差和纬差作 8 等分，划分为 64 幅 1∶10000 的图，以(1)，(2)，(3)，…，(64)作编号，如北京某处所在的 1∶10000 的图幅为 J-50-5-(15)，如图 1.25 所示中有阴影线的图幅。

4) 1∶5000 比例尺地形图的分幅和编号(表 1-4)

按经纬线分幅的 1∶5000 比例尺地图，是在 1∶10000 的图的基础上进行分幅和编号的，每幅 1∶10000 的图分成四幅 1∶5000 的图，并分别在 1∶10000 图的图号后面写上各自的代号 a，b，c，d 作为编号。如北京某处所在的 1∶5000 梯形分幅图号为 J-50-5-(15)-a，如图 1.26 所示中有阴影线的图幅。

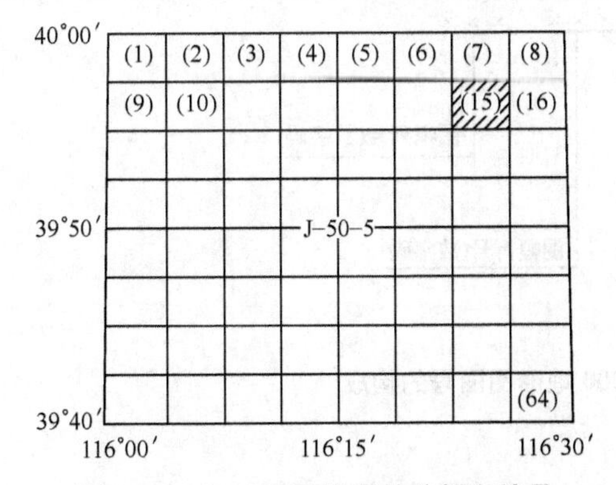

图 1.25 1∶10000 地图的分幅和编号

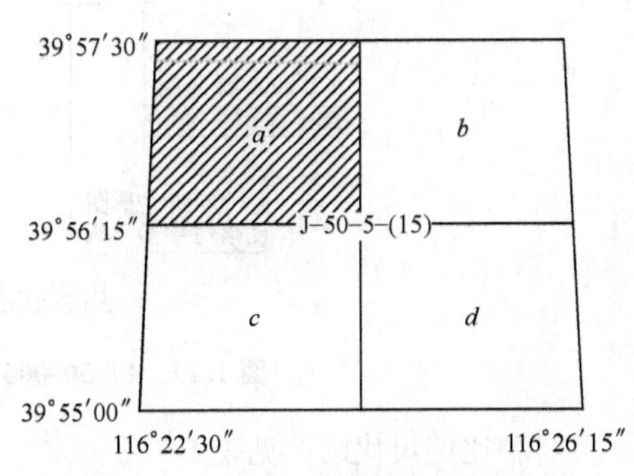

图 1.26 1∶5000 地图的分幅和编号

表 1-4　各种比例尺按经、纬度分幅

比例尺	图幅大小		1∶1000000、1∶100000、1∶50000、1∶10000图幅内的分幅数	分幅代号
	纬差	经差		
1∶1000000	4°	6°	1	行 A，B，C，…，V 列 1，2，3，…，60
1∶500000	2°	3°	4	A，B，C，D
1∶250000	1°	1°30′	16	[1]，[2]，[3]，…，[16]
1∶100000	20′	30′	144	1，2，3，…，144
1∶100000	20′	30′	1	
1∶50000	10′	15′	4	A，B，C，D
1∶10000	2′30″	3′45″	64	(1)，(2)，(3)，…，(64)
1∶50000	10′	15′	1	
1∶25000	5′	7′30″	4	1，2，3，4
1∶10000	2′30″	3′45″	1	
1∶5000	1′15″	1′52.5″	4	a，b，c，d

2. 现行的国家基本比例尺地形图分幅和编号

为便于计算机管理和检索，1992 年国家技术监督局发布了新的《国家基本比例尺地形图分幅和编号》(GB/T 13989—2012)国家标准，自 2012 年 10 月 1 日起实施。

(1) 1∶1000000～1∶5000 比例尺地形图分幅和编号。新标准仍以 1∶1000000 比例尺地形图为基础，1∶1000000 比例尺地形图的分幅经、纬差不变，但由过去的纵行、横列改为横行、纵列，它们的编号由其所在的行号(字符码)与列号(数字码)组合而成，如北京所在的 1∶1000000 地形图的图号为 J50。

(2) 1∶500000～1∶5000 地形图的分幅全部由 1∶1000000 地形图逐次加密划分而成，编号均以 1∶1000000 比例尺地形图为基础，采用行列编号方法，由其所在 1∶1000000 比例尺地形图的图号、比例尺代码和图幅的行列号共十位码组成。编码长度相同，编码系列统一为一个根部，便于计算机处理如图 1.27 所示。

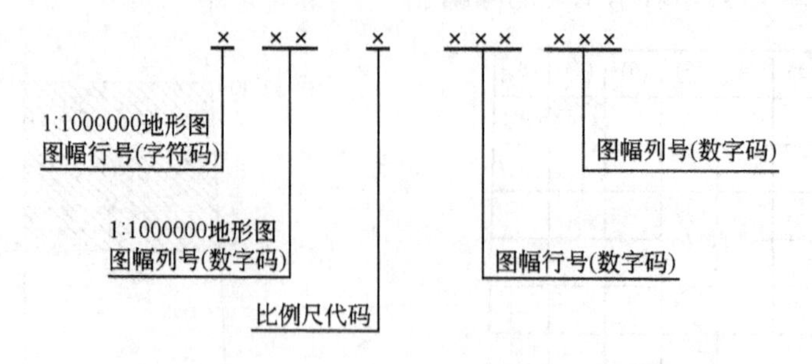

图 1.27　1∶500000～1∶5000 地形图图号的构成

各种比例尺代码，见表 1-5。

表1-5 各种比例尺代码

比例尺	1∶500000	1∶250000	1∶100000	1∶50000	1∶25000	1∶10000	1∶5000
代码	B	C	D	E	F	G	H

现行的国家基本比例尺地形图分幅编号关系，见表1-6。

表1-6 现行的国家基本比例尺地形图分幅编号关系

比例尺		1∶1000000	1∶500000	1∶250000	1∶100000	1∶50000	1∶25000	1∶10000	1∶5000
图幅范围	经差	6°	3°	1°30′	30′	15′	7′30″	3′45″	1′52.5″
	纬差	4°	2°	1°	20′	10′	5′	2′30″	1′15″
行列数量关系	行数	1	2	4	12	24	48	96	192
	列数	1	2	4	12	24	48	96	192
图幅数量关系		1	4	16	144	576	2304	9216	36864

如图1.28所示为1∶100000、1∶50000、1∶25000地形图的图幅编号。在图中，带单斜线的图幅为1∶100000的地形图，其图号为J50D002011；带网格的图幅为1∶50000的地形图，其图号为J50E023003；带阴影的图幅为1∶25000的地形图，其图号为J50F046046。

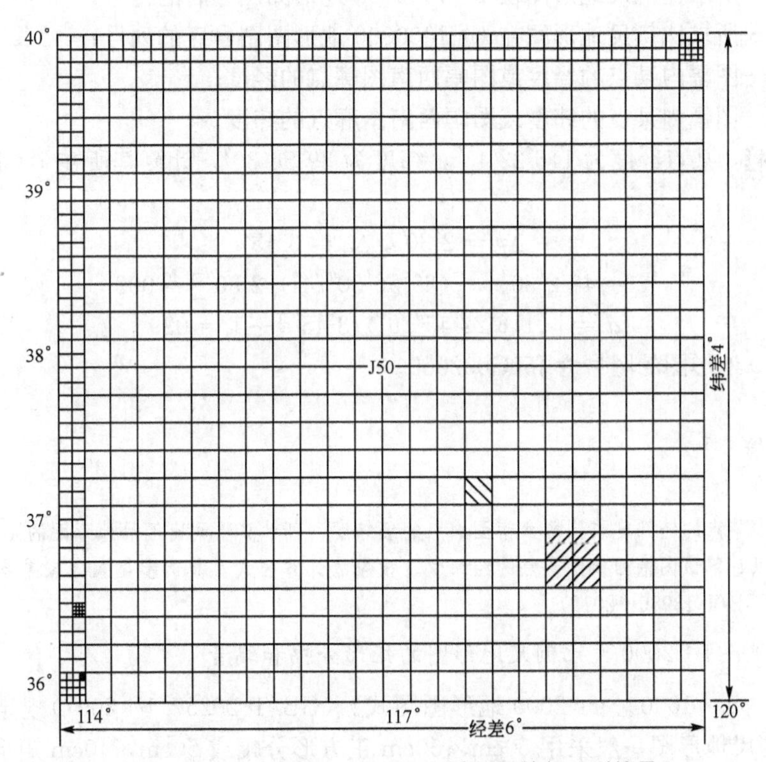

图1.28 1∶1000000～1∶5000地形图的行、列编号

(3) 编号的应用。已知图幅内某点的经纬度或图幅西南图廓点的经纬度，可按下式计算1∶1000000地形图的图幅编号：

$$a=[\phi/4^\circ]+1$$
$$b=[\lambda/6^\circ]+31 \tag{1-16}$$

式中：[ ]——商取整；

a——1∶1000000地形图图幅所在行号对应的数字码；

b——1∶1000000地形图图幅所在列号的数字码；

λ——图幅内某点的经度或图幅西南图廓点的经度；

ϕ——图幅内某点的纬度或图幅西南图廓点的纬度。

【例1-3】 某点经度为116°22′45″，纬度为39°56′30″，计算其所在1∶1000000图幅的编号。

$$a=[\phi/4^\circ]+1=[39^\circ56'30''/4^\circ]+1=10$$
$$b=[\lambda/6^\circ]+31=[116^\circ22'45''/6^\circ]+31=50$$

10对应的字符码为J，所以该点所在1∶1000000地形图图幅的图号为J50。

若已知图幅内某点的经纬度或图幅西南图廓点的经纬度，也可按下式计算所求比例尺地形图在1∶1000000地形图图号后面的行、列号：

$$c=4^\circ/\Delta\varphi-[(\varphi/4^\circ)/\Delta\varphi]$$
$$b=[(\lambda/6^\circ)/\Delta\lambda]+1 \tag{1-17}$$

式中：( )——表示商取余；

[ ]——表示商取整；

c——所求比例尺地形图在1∶1000000地形图图号后的行号；

d——所求比例尺地形图在1∶1000000地形图图号后的列号；

λ——图幅内某点的经度或图幅西南图廓点的经度；

φ——图幅内某点的纬度或图幅西南图廓点的纬度。

【例1-4】 某点经度为116°22′45″，纬度为39°56′30″，计算其所在1∶10000图幅的编号。

$$\Delta\phi=2'30'',\ \Delta\lambda=3'45''$$
$$c=4^\circ/2'30''-[(39^\circ56'30''/4^\circ)/2'30'']=002$$
$$d=[(116^\circ22'45''/6^\circ)/3'45'']+1=039$$

1∶10000地形图的图号为J50G002039。

已知图幅内某点的经纬度或图幅西南图廓点的经纬度，可计算不同比例尺地形图的图幅编号；同样，已知图号也可以计算该图幅西南图廓点的经纬度。相应的计算公式及算例参见《国家基本比例尺地形图分幅和编号》(GB/T 13989—2012)。

3. 1∶500～1∶2000大比例尺地形图的矩形分幅和编号

《1∶500 1∶1000 1∶2000地形图图式》(GB/T 20257.1—2007)规定，1∶500～1∶2000比例尺地形图一般采用50cm×50cm正方形分幅或50cm×40cm矩形分幅；根据需要，也可以采用其他规格的分幅；1∶2000地形图也可以采用经纬度统一分幅。地形图编号一般采用图廓西南角坐标公里数编号法，也可选用流水编号法或行列编号法等，带状测区或小面积测区，可按测区统一顺序进行编号。

采用图廓西南角坐标公里数编号法时，表示为“x－y”，1∶500的地形图取至0.01km(如10.40～21.75)，1∶1000，1∶2000地形图取至0.1km(如10.0～21.0)。带状测区或小面积测区，可按测区统一顺序进行编号，一般从左到右，从上到下用数字1，2，3，4，…编定，如图1.29(a)所示的“杜阮-7”其中“杜阮”为测区地名。

	杜阮-1	杜阮-2	杜阮-3	杜阮-4	
杜阮-5	杜阮-6	杜阮-7	杜阮-8	杜阮-9	杜阮-10
杜阮-11	杜阮-12	杜阮-13	杜阮-14	杜阮-15	杜阮-16

(a)

A-1	A-2	A-3	A-4	A-5	A-6
B-1	B-2	B-3	B-4		
	C-2	C-3	C-4	C-5	C-6

(b)

图1.29 大比例尺地形图的分幅和编号

行列编号法一般以代号(如A，B，C，D，…)为横行，由上到下排列，以数字1，2，3，4，…为代号的纵列，从左到右排列来编定，先行后列，如图1.29(b)中的A－4。采用国家统一坐标系时，图廓间的公里数应根据需要加注带号和百公里数，如X:^{43}27.8，Y:^{374}57.0。

1.5.3 地物符号与地形图图示

地物的种类繁多，形态复杂，一般可分为两类：一类是自然地物，如河流、湖泊等；另一类是为人工地物，如房屋、道路、管线等。地物的类别、大小、形状及其在图上的位置，都是按规定的地物符号和要求表示的。国家测绘总局颁发的《地形图图示》统一规定了地形图的规格要求、地物、地貌符号和注记，供测图和识图时使用。

表1－7是《1∶500，1∶1000，1∶2000地形图图示》(GB/T 20257.1—2007)所规定的部分地物符号，根据地物的大小和描绘的方法可分为三种类型。

1. 比例符号

比例符号是指地物的轮廓较大，能按比例尺将地物的形状、大小和位置缩小绘在图上以表达轮廓性的符号。这类符号一般是用实线或点线表示其外围轮廓，如房屋、湖泊、森林、农田等。如表1－7中的1～12号。

2. 非比例符号

一些具有特殊意义的地物，轮廓较小，不能按比例尺缩小绘在图上时，就采用统一尺寸，用规定的符号来表示，如三角点、水准点、烟囱、消火栓等。这类符号在图上只能表示地物的中心位置，不能表示其形状和大小。如表1－7中的27～40号。

非比例符号不仅其形状和大小不能按比例尺去描绘，而且符号的中心位置与该地物实地中心的位置关系也随着各类地物符号的不同而不同，其定位点规则如下。

(1) 圆形、正方形、三角形等几何图形的符号(如三角点等)的几何中心即代表对应地物的中心位置(如表1－7中的27～29号)。

(2) 符号(如水塔等)底线的中心，即为相应地物的中心位置(如表1－7中的31、32号)。

(3) 底部为直角形的符号(如独立树等)，其底部直角顶点，即为相应地物中心的位置(表1－7中的39号)。

(4) 几种几何图形组成的符号(如旗杆等)的下方图形的中心，即为相应地物的中心位置(表1－7中的30号)。

表 1-7 地形图图示(摘录)

编号	符号名称	图例
1	一般房屋 混——房屋结构 3——房屋层数 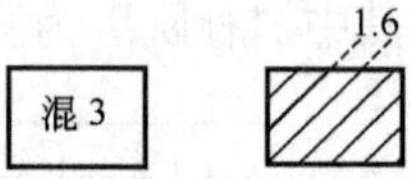 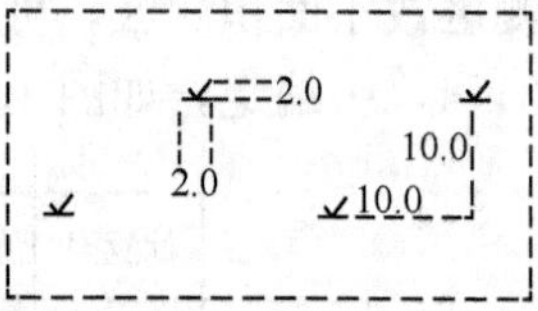	混 3　1.6
2	简单房屋 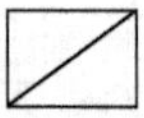 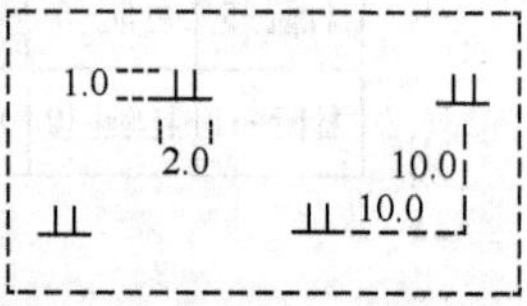	
3	窑洞 1. 依比例尺的 2. 不依比例尺的 3. 房屋式窑洞 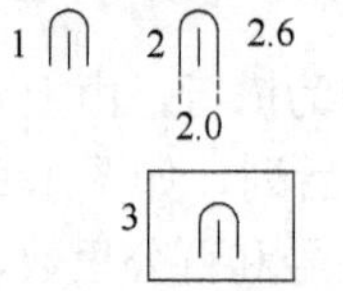 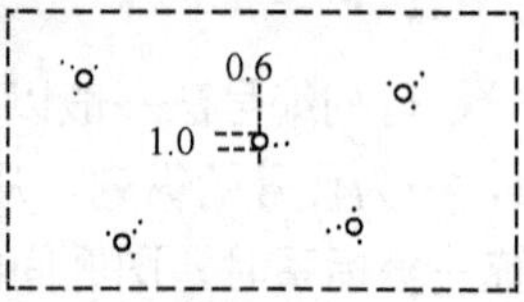	1　2　2.6　2.0　3
4	台阶 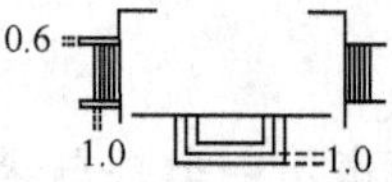 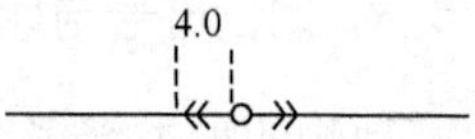	0.6　1.0　1.0
5	花圃 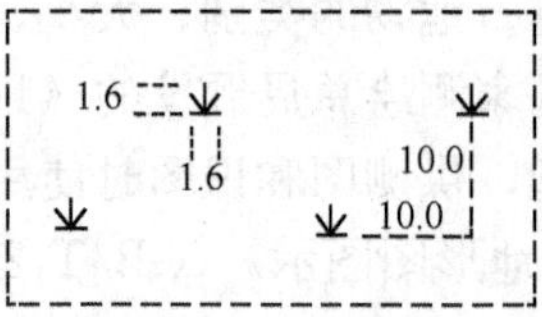 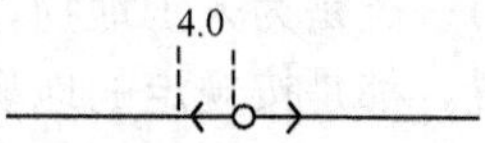	1.6　1.6　10.0　10.0
6	天然草地	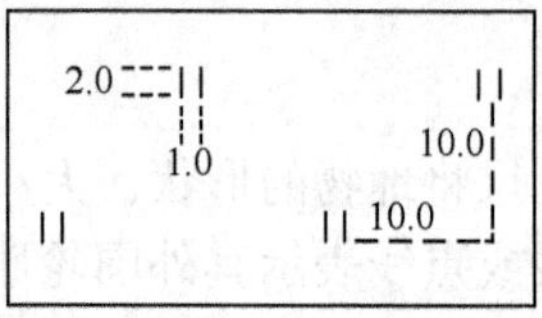 2.0　1.0　10.0　10.0 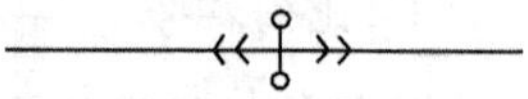
7	果园	1.6　3　10.0　10.0
8	水生经济作物地	10.0　3.0　藕　10.0　2.0
9	稻田	0.2　3.0　19　10.0　10.0
10	菜地	2.0　2.0　10.0　10.0
11	旱地	1.0　2.0　10.0　10.0
12	灌木林	0.6　1.0
13	高压线	4.0
14	低压线	4.0
15	电杆	1.0
16	电线架	
17	依比例尺的	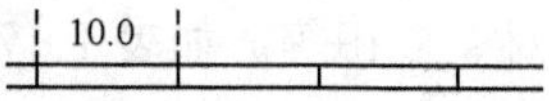 10.0
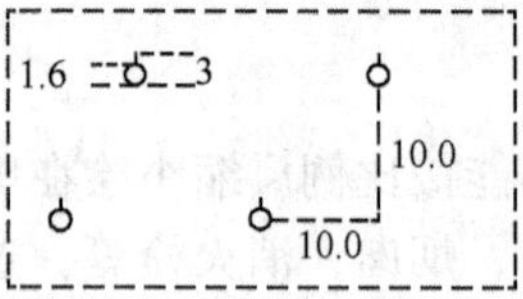 18	不依比例尺的	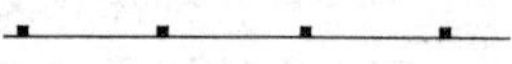
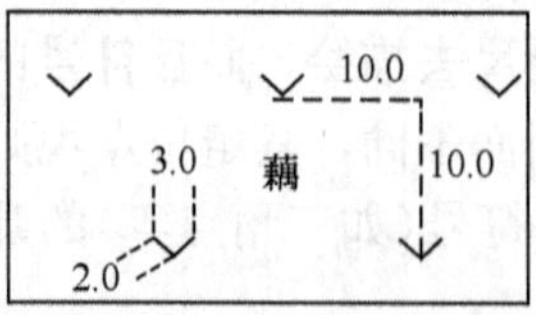 19	栅栏、栏杆	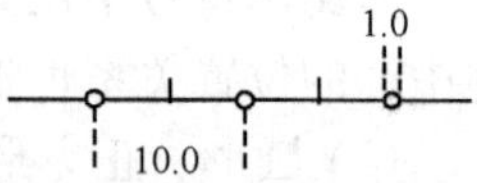 1.0　10.0
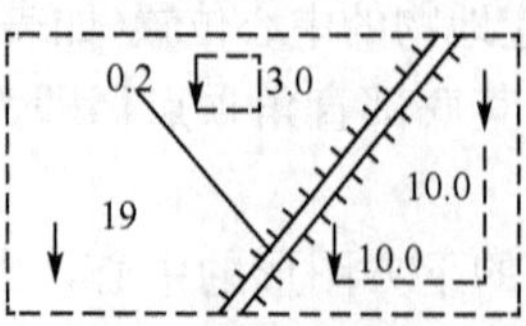 20	篱笆	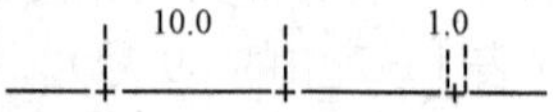 10.0　1.0

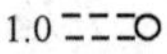

（续）

编号	符号名称	图例
21	活树篱笆 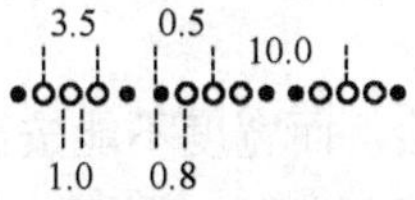 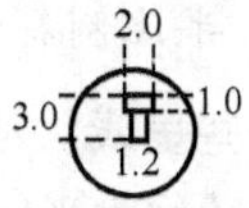	3.5 0.5 10.0 1.0 0.8
22	沟渠 1. 有堤岸的 2. 一般的 3. 有沟堑的 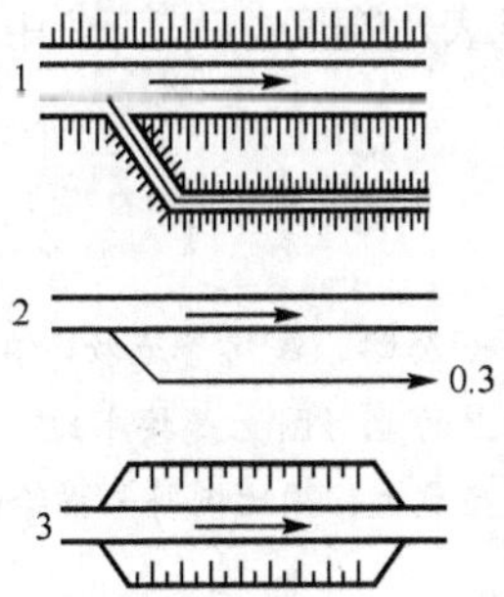 	1 2 0.3 3
23	公路 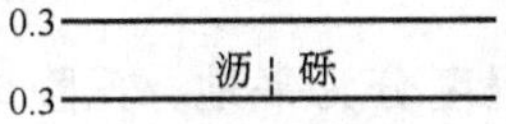 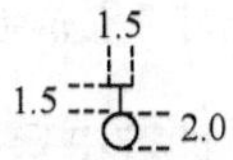	0.3 沥 砾 0.3
24	简易公路  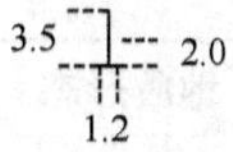	8.0 2.0
25	大车路 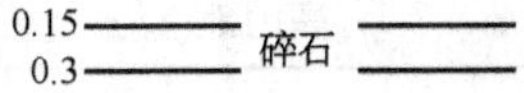 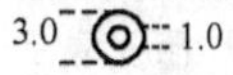	0.15 碎石 0.3
26	小路 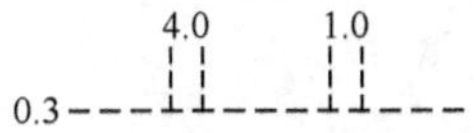 	4.0 1.0 0.3
27	三角点 凤凰山——点名 394，468——高程 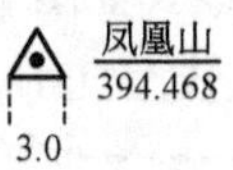 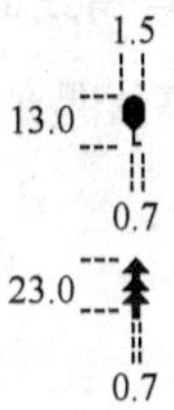	凤凰山 394.468 3.0
28	图根点 1. 埋石的 2. 不埋石的	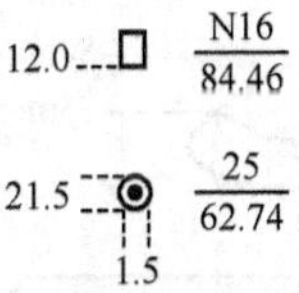 12.0 N16 84.46 21.5 25 62.74 1.5 
29	水准点	2.0 Ⅱ京石5 32.804
30	旗杆	1.5 1.0 4.0 1.0
31	水塔	2.0 3.0 1.0 1.2
32	烟囱	3.5 1.0
33	气象站(台)	3.0 4.0 1.2
34	消火栓	1.5 1.5 2.0
35	阀门	1.5 1.5 2.0
36	水龙头	3.5 2.0 1.2
37	钻孔	3.0 1.0
38	路灯	1.5 1.0
39	独立树 1. 阔叶 2. 针叶	1.5 13.0 0.7 23.0 0.7
40	岗亭、岗楼	90° 3.0 1.5
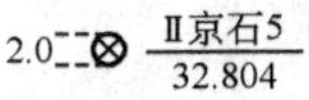 41	等高线 1. 首曲线 2. 计曲线 3. 间曲线	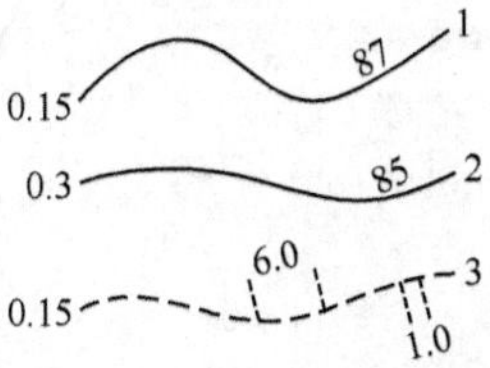 0.15 87 1 0.3 85 2 6.0 0.15 3 1.0

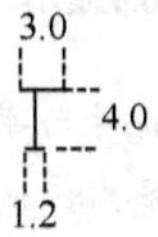

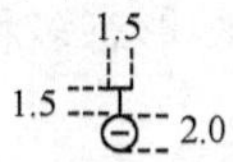

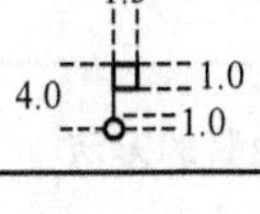

(5) 下方没有底线的符号(如窑洞等)的下方两端点的中心点，即为对应地物的中心位置(如表1-7中的3号)。

3. 半比例符号

一些呈线状延伸的地物，其长度能按比例缩绘，而宽度不能按比例缩绘，需用一定的符号表示的称为半比例符号，也称线状符号，如铁路、公路、围墙、通信线等。半比例符号只能表示地物的位置(符号的中心线)和长度，不能表示宽度。表1-7中26号及13～21号。

特别提示

比例符号与半比例符号的使用界限并不是绝对的。如公路、铁路等地物，在1∶500～1∶2000比例尺地形图上是用比例符号绘出的，但在1∶5000比例尺以上的地形图上是按半比例符号绘出的。比例符号与非比例符号之间也是同样的情况。一般来说，测图比例尺越大，用比例符号描绘的地物越多。比例尺越小，用非比例符号表示的地物越多。

1.5.4 地貌符号

地貌形态多种多样，可按其起伏的变化程度分为平地、丘陵地、山地、高山地，见表1-8。

表1-8 地貌分类

地貌形态	地面坡度	地貌形态	地面坡度
平地	2°以下	山地	6°～25°
丘陵地	2°～6°	高山地	25°以上

图上表示地貌的方法有多种，对于大、中比例尺主要采用等高线法，对于特殊地貌则采用特殊符号表示。

1. 等高线的定义

等高线是地面上高程相等的相邻点连成的闭合曲线。如图1.30所示设想有一座高出平

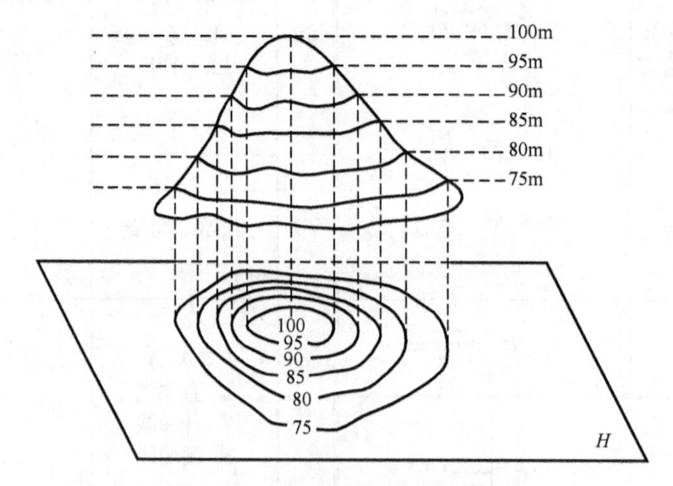

图1.30 用等高线表示地貌的方法

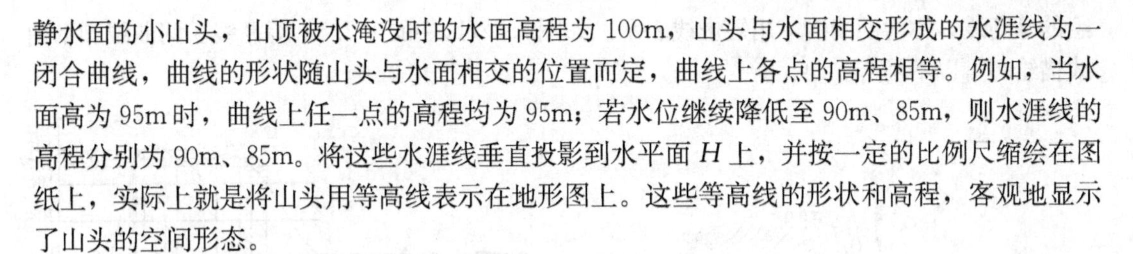

静水面的小山头，山顶被水淹没时的水面高程为100m，山头与水面相交形成的水涯线为一闭合曲线，曲线的形状随山头与水面相交的位置而定，曲线上各点的高程相等。例如，当水面高为95m时，曲线上任一点的高程均为95m；若水位继续降低至90m、85m，则水涯线的高程分别为90m、85m。将这些水涯线垂直投影到水平面H上，并按一定的比例尺缩绘在图纸上，实际上就是将山头用等高线表示在地形图上。这些等高线的形状和高程，客观地显示了山头的空间形态。

2. 等高距与等高线平距

相邻两高程不同的等高线之间的高差称为等高距，常以h表示。如图1.30中的等高距是5m。在同一幅地形图上，等高距是相同的。

相邻两高程不同的等高线之间的水平距离称为等高线平距，常以d表示。等高线平距d的大小与地面坡度有关。等高线平距越小，地面坡度越大；平距越大，坡度越小；坡度相等，平距相等。因此，可根据地形图上等高线的疏、密判定地面坡度的缓、陡，如图1.31所示。

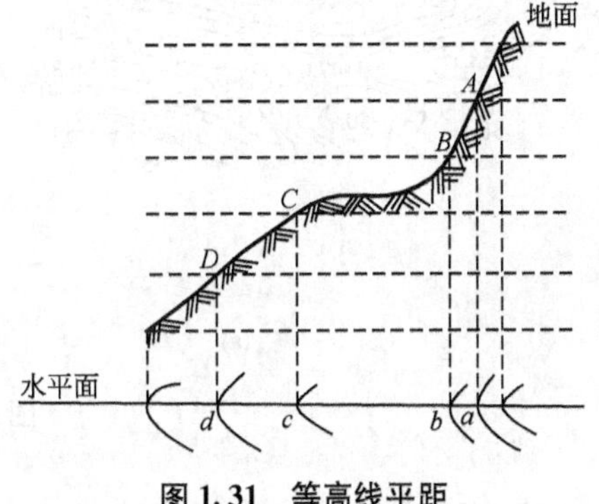

图1.31 等高线平距

等高距选择过小，会成倍地增加测绘工作量。对于山区，有时会因等高线过密而影响地形图的清晰度。等高距的选择，应该根据地形类型和比例尺大小，并按照相应的规范执行。表1-9是大比例尺地形图基本等高距参考值。

表1-9 大比例尺地形图的基本等高距 单位：m

地貌类别	比例尺			
	1∶500	1∶1000	1∶2000	1∶5000
平坦地	0.5	0.5	1	2
丘陵地	0.5	1	2	5
山地	1	1	2	5
高山地	1	2	2	5

3. 等高线的分类

等高线可分为首曲线、计曲线、间曲线和助曲线。

(1) 首曲线也称基本等高线，是指从高程基准面起算，按规定的基本等高距描绘的等高线，用宽度为0.1mm的细实线表示，如图1.32(b)中的102m、104m、106m、108m等各条等高线，图1.32(a)中的42m、44m、46m、48m等高线。

(2) 计曲线是指从高程基准面起算，每隔四条基本等高线有一条加粗的等高线。为了读图方便，计曲线上也注出高程。如图1.32(b)中的100m等高线，图1.32(a)中的30m、40m、50m等高线。

(3) 间曲线是当基本等高线不足以显示局部地貌特征时，按二分之一基本等高距加绘的等高线，用长虚线表示。如图1.32(b)中的101m、107m等高线。按四分之一基本等高距加绘的等高线，称为助曲线，用短虚线表示。如图 1.32(b)中的 107.5m 等高线。间曲线和助曲线描绘时可以不闭合。

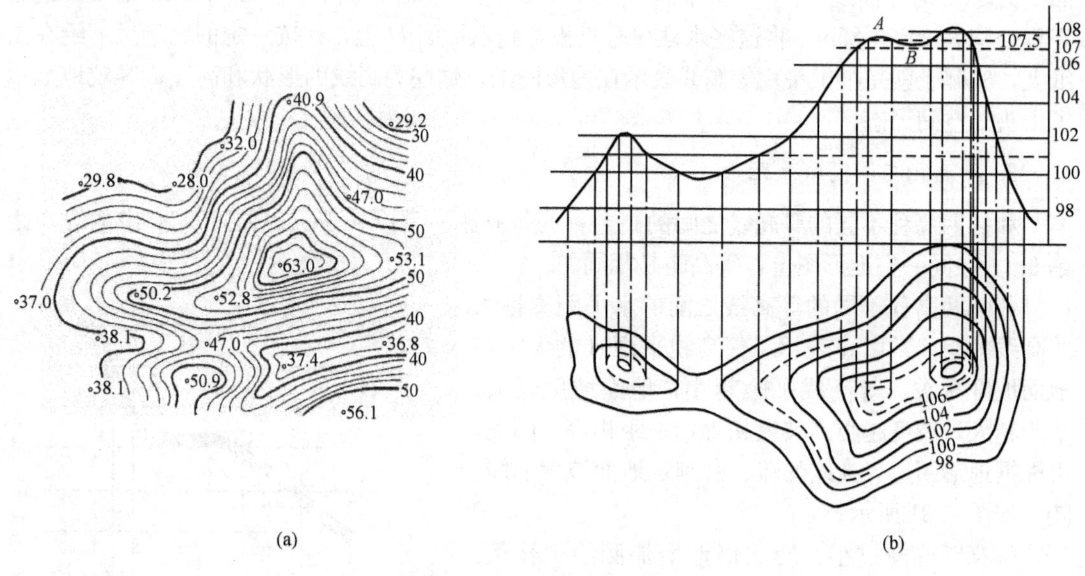

图 1.32　等高线的分类

4. 典型地貌的等高线

地貌的形态虽然纷繁复杂，但通过仔细研究和分析就会发现它们是由几种典型的地貌综合而成的。了解和熟悉典型地貌的等高线特性，对于提高我们识读、应用和测绘地形图的能力很有帮助。

(1) 山头和洼地。山头的等高线特征如图 1.33 所示，洼地的等高线特征如图 1.34 所示。山头和洼地的等高线都是一组闭合曲线，但它们的高程注记不同。内圈等高线的高程注记大于外圈者为山头；反之，小于外圈者为洼地。也可以用示坡线表示山头或洼地。示坡线是垂直于等高线的短线，用以指示坡度下降的方向，如图 1.33 和图 1.34 所示。

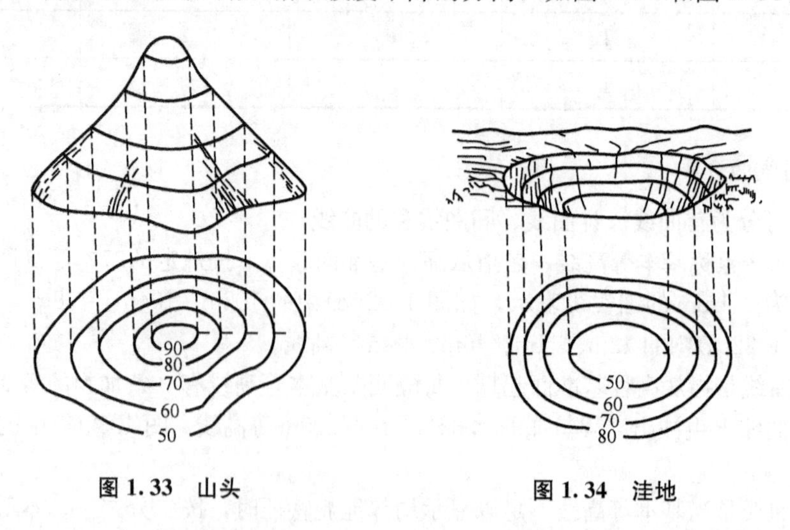

图 1.33　山头　　　　**图 1.34　洼地**

(2) 山脊和山谷。山的最高部分为山顶，从山顶向某个方向延伸的高地称为山脊。山脊的最高点连线称为山脊线。山脊等高线的特征表现为一组凸向低处的曲线，如图1.35所示。

相邻山脊之间的凹部称为山谷，它是沿着某个方向延伸的洼地。山谷中最低点的连线称为山谷线，如图1.36所示，山谷等高线的特征表现为一组凸向高处的曲线。因山脊上的雨水会以山脊线为分界线而流向山脊的两侧，所以山脊线又称为分水线。在山谷中的雨水由两侧山坡汇集到谷底，然后沿山谷线流出，所以山谷线又称集水线。山脊线和山谷线合称为地性线。

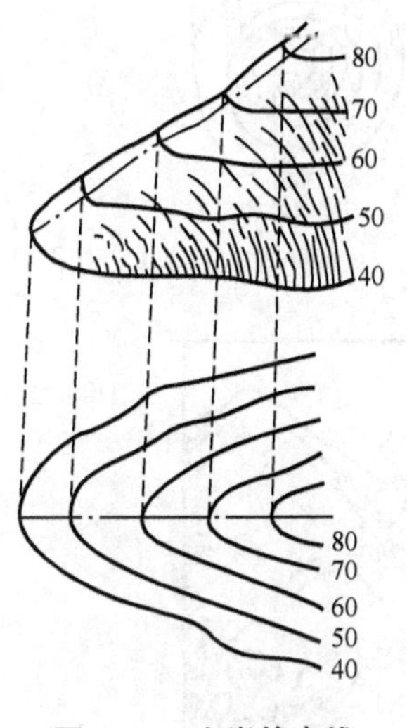

图1.35 山脊等高线

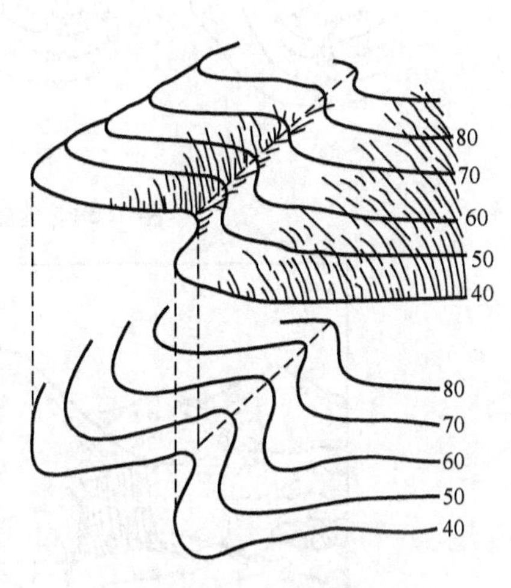

图1.36 山谷等高线

特别提示

地性线构成山地地貌的骨架，它在测图、识图和用图中具有重要意义。地形图上山地地貌显示是否真实、形象、逼真，主要看山脊线与山谷线表达得是否正确。

(3) 鞍部。鞍部是相邻两山头之间呈马鞍形的低凹部位(图1.37中的S)。鞍部等高线的特征是对称的两组山脊线和两组山谷线，即在一圈大的闭合曲线内，套有两组小的闭合曲线。

(4) 陡崖和悬崖。陡崖是坡度在70°以上或为90°的陡峭崖壁，因用等高线表示将非常密集或重合为一条线，故采用陡崖符号来表示，如图1.38(a)、(b)所示。悬崖是上部突出，下部凹进的陡崖。上部的等高线投影到水平面时，与下部的等高线相交，下部凹进的等高线用虚线表示，如图1.38(c)所示。

认识了典型地貌的等高线特征以后，进而就能够认识地形图上用等高线表示的各种复杂地貌。如图1.39所示为某一地区综合地貌。

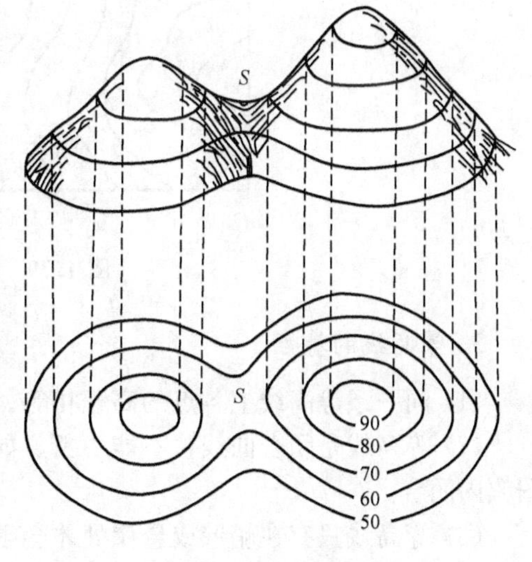

图1.37 鞍部

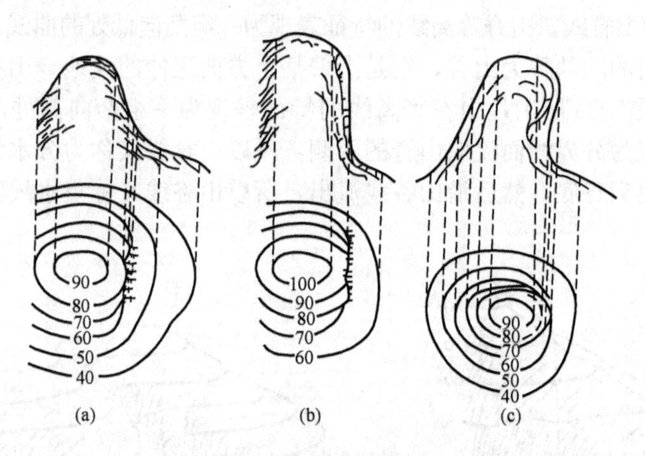

图 1.38　陡崖和悬崖

图 1.39　综合地貌等高线

5. 等高线的特性

(1) 同一条等高线上各点的高程相等。

(2) 等高线是闭合曲线，不能中断，如果不在同一幅图内闭合，则必定在相邻的其他图幅内闭合。

(3) 等高线只有在峭壁或悬崖处才会重合或相交。

(4) 同一幅地形图上等高距相等。等高线平距小，表示坡度陡；平距大，则坡度缓；

平距相等，则坡度相同。

(5) 等高线与山脊线、山谷线正交。

1.5.5 注记符号

地形图上对一些地物的性质、名称等加以注记和说明的文字、数字或特定的符号，称为地物注记，例如房屋的层数，河流的名称、流向、深度，工厂、村庄的名称，控制点的点号、高程，地面的植被种类等。

地图注记的构成元素包括：字体(形)、字级(尺寸)、字色(色彩)、字距等。

字体即字的形状，在地图上常用来表示制图对象的名称和类别、性质。

字级是指注记字的大小，常用来反映被注对象的等级和重要性。越是重要的事物，其注记越大，反之亦然。

字色和字体作用相同，常结合字体变化用于增强类别、性质差异。如水系注记用蓝色，等高注记用棕色，区域表面注记用红色，居民地注记用黑色等。

字距是指注记中间字的距离大小。字距大小以方便确定制图对象的分布范围为依据。

各种注记的配置应分别符合下列规定。

1. 文字注记

应使所指示的地物能明确判读(图 1.40)。一般情况下，字头应朝北。道路河流名称，可随现状弯曲的方向排列。各字侧边或底边，应垂直或平行于线状物体。各字间隔尺寸应在 0.5mm 以上；远间隔的也不宜超过字号的 8 倍。注字应避免遮断主要地物和地形的特征部分。

字体式样			用途
宋体	正宋	成都	居民地名称
	宋变	湖海　长江	水系名称
		淮南	图名、区划名
		江苏　杭州	
等线体	粗中细	北京　开封　青州	居民地名称细等作说明
	等变	太行山脉	山脉名称
		珠穆朗玛峰	山峰名称
		北京市	区域名称
仿宋体		信阳县　周口镇	居民地名称
隶体		中国　建元	图名、区域名
新魏体		浩陵旗	
美术体		台湾省图	名称

图 1.40　文字注记

2. 高程的注记

应注于点的右方，离点位的间隔应为 0.5mm。

3. 等高线的注记字头

应指向山顶或高地，字头不应朝向图纸的下方。

1.5.6 地形图的识读

为了图纸管理和使用的方便，在地形图的图框外有许多注记，如图号、图名、接图表、图廓、坐标格网、三北方向线和坡度尺等。

1. 图名和图号

图名就是本幅图的名称，常用本图幅内最著名的地名、最大的村庄或厂矿企业的名称来命名。图号即图的编号。图名和图号标在北图廓上方的中央，如图 1.41 所示。

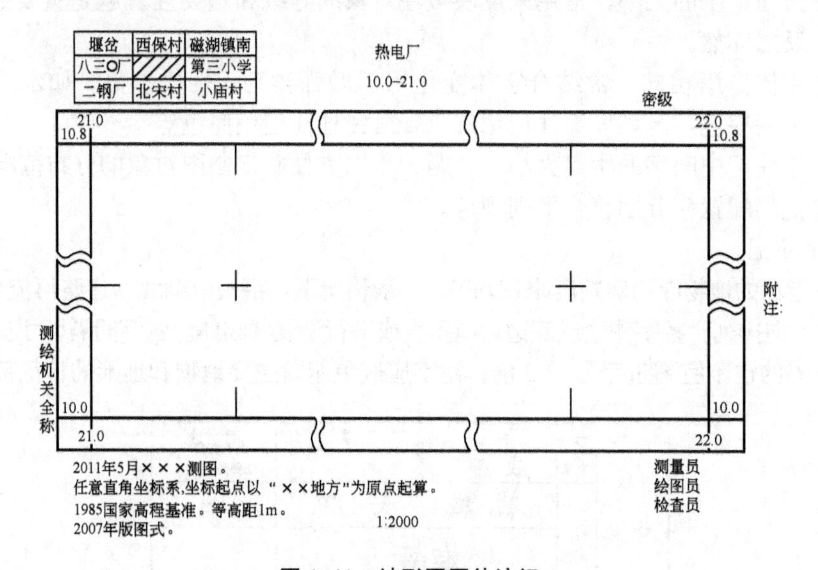

图 1.41 地形图图外注记

2. 接图表

说明本图幅与相邻图幅的关系，供索取相邻图幅时使用。通常是中间一格画有斜线的代表本图幅，四邻分别注明相应的图号或图名，并绘注在北图廓的左上方。如图 1.41 所示。

3. 图廓和坐标格网线

图廓是图幅四周的范围线。矩形图幅有内图廓和外图廓之分。内图廓是地形图分幅时的坐标格网线，也是图幅的边界线。外图廓是距内图廓以外一定距离绘制的加粗平行线，仅起装饰作用。在内图廓外四角处注有坐标值，并在内图廓线内侧，每隔 10cm 绘有 5mm 的短线，表示坐标格网线的位置。在图幅内每隔 10cm 绘有坐标格网交叉点，如图 1.41 所示。

梯形图幅的图廓有三层：内图廓、分图廓和外图廓。内图廓是经纬线，也是该图幅的边界线。如图 1.42 所示中西图廓经线是东经 128°45′，南图廓是北纬 46°50′。内、外图廓之间的黑白相间的线条是分图廓，每段黑线或白线的长度，表示实地经差或纬差为 1′。分图廓与内图廓之间，注记了以千米为单位的平面直角坐标值，如图 1.42 所示中的 5189 表示纵坐标为 5189km(从赤道算起)。其余 90、91 等，其千米的千百位的数都是 51，故省略。横坐标为 22482，22 为该图幅所在投影带的带号，482 表示该纵线的横公里数。外图廓以外还有图示比例尺、三北方向、坡度尺等，是为了便于在地形图上进行量算而设置的各种图解，称为量图图解。

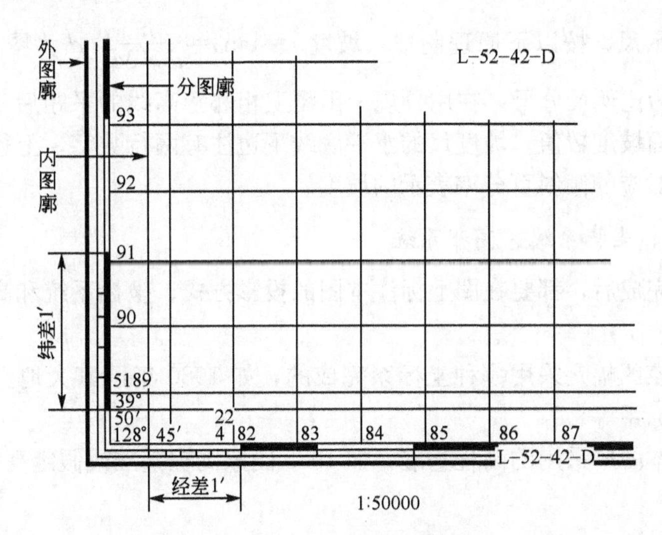

图 1.42　梯形图幅图廓

4. 三北方向线及坡度尺

在许多中、小比例尺的南图廓线的右下方，还绘有真子午线、磁子午线和坐标纵轴(中央子午线)三者之间的角度关系，常称为三北方向线，如图 1.43(a)所示。该图中，磁偏角为 9°50′(西偏)，子午线收敛角为 0°05′(西偏)。利用该关系图，可对图上任一方向的真方位角、磁方位角和坐标方位角三者间作相互换算。

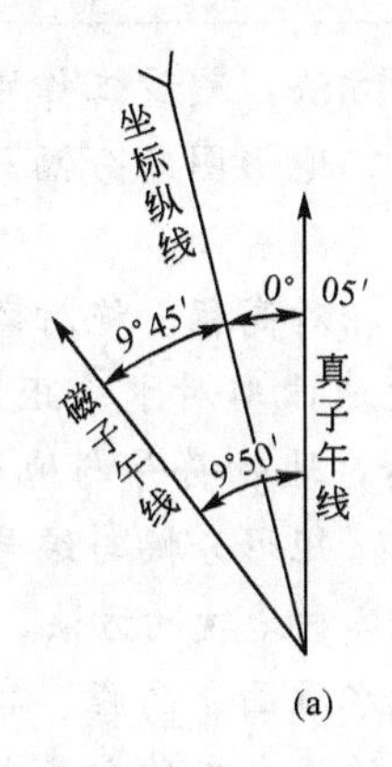

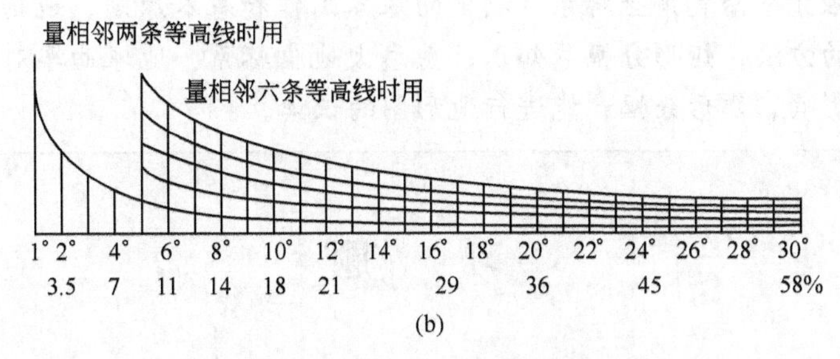

图 1.43　三北方向线及坡度尺

在中比例尺地形图的南图廓左下方还常绘有坡度比例尺，如图1.43(b)所示。它是一种量测坡度的图示尺，按以下原理制成：坡度 $i=\tan\alpha=\frac{h}{d\times M}$，$d$ 为图上等高线的平距，h 为等高距，M 为比例尺分母，在用分规卡出图上相邻等高线的平距后，可在坡度比例尺上读出相应的地面坡度数值。坡度尺的水平底线下边注有两行数字，上行是用坡度角表示的坡度，下行是对应的倾斜百分率表示的坡度。

5. 投影方式、坐标系统、高程系统

地形图测绘完成后，都要在图上标注本图的投影方式、坐标系统和高程系统，以备日后使用时参考。

坐标系统指该图幅是采用哪种坐标系完成的，如1980年国家大地坐标系，城市坐标系，独立直角坐标系等。

高程系统指本图所采用的高程基准，如1985国家高程基准或假定高程基准。

特别提示

地形图的阅读，可按先图外后图内、先地物后地貌、先主要后次要、先注记后符号的基本顺序，并依照相应的《地形图图示》逐一阅读。

项目小结

本项目主要介绍了地面点位置的表示方法，测量工作的基本概念和基本原则，地球曲率对观测量的影响；地形图的比例尺，地形图的分幅与编号，地物、地貌的表示方法，地形图的识读。

本项目的重点内容是：大地水准面、相对高程、绝对高程、高差，独立平面直角坐标系，测量的基本工作和基本原则，地球曲率对水平距离、高程和水平角的影响；比例尺及比例尺精度，地物、地貌的概念，地物符号与地形图图示，等高线的概念、分类、特性，等高线表示各种地貌的方法，矩形分幅与编号。本项目的难点是：高斯平面直角坐标，比例尺精度，等高线表示各种地貌的方法，梯形分幅。

本项目的教学目标是使学生掌握大地水准面、高程、高差、比例尺、等高线等基本概念；掌握独立平面直角坐标系、测量的基本工作和基本原则、地物符号、等高线表示各种地貌的方法、矩形分幅等知识；熟悉大地坐标系、地球曲率对水平距离、高程和水平角的影响、梯形分幅；能进行地形图的识读。

习　题

一、填空题

1. 水准面处处与__________垂直。

2. 水在静止时的表面叫做__________。

3. 由大地水准面所包围的形体叫做__________。

4. __________是测量工作的基准面，__________是测量工作的基准线。

5. 我国目前采用的大地坐标系是__________。

6. 高差是两点间的__________之差。

7. 地面点至任意水准面的铅垂距离叫做__________，地面点至大地水准面的__________叫做绝对高程。

8. 我国目前采用的高程系统是__________。

9. 高斯投影后，中央子午线即为__________。

10. 在测量直角坐标系中，纵轴为__________轴，向__________为正。

11. 在测量直角坐标系中，坐标系是__________时针的。

12. 等高线平距是相邻两等高线之间的__________。

13. __________是相邻两等高线之间的高差。

14. 地形图上某一线段的长度与地面上相应线段的水平距离之__________称为比例尺。

15. 地形图的主要内容包括__________、__________和__________三大部分。

16. 地形图上__________所代表的实地水平距离叫做比例尺精度。

17. 比例尺越__________，表示地表状况越详细。

18. 地形图的分幅可分为__________和__________。

19. 地形是__________和__________的总称。

20. 在同一幅地形图上，等高距是__________的。

21. 等高线与山脊线、山谷线__________。

22. 地物符号包括__________、__________和__________。

23. 等高距越小，显示地貌就越__________；等高距越大，显示地貌就越__________。

24. 等高线分为__________、__________、__________和__________。

二、选择题

1. 高程的基准面是(　　)。

A. 任意水准面　　B. 水平面

C. 大地水准面　　D. 地球自然表面

2. 大地水准面是(　　)。

A. 大地体的表面　　B. 地球的自然表面

C. 是一个旋转椭球体的表面　　D. 参考椭球的表面

3. 在测量平面直角坐标系中，横轴为(　　)。

A. x轴，向北为正　　B. y轴，向北为正

C. x轴，向东为正　　D. y轴，向东为正

4. 设有A、B两点，A点高程15.032m，B点高程为14.729m，则A、B两点间的高差h_{AB}为(　　)m。

A. 0.303　　B. −0.303

C. 29.761　　D. −29.761

5. 地理坐标可分为(　　)。

A. 天文坐标和大地坐标　　B. 天文坐标和参考坐标

C. 参考坐标和大地坐标　　D. 三维坐标和二维坐标

6. 测量工作中以极坐标表示点位时，其角值通常是从(　　)方向计算的。

A. 北方向为准按顺时针　　B. 北方向为准按逆时针

C. 东方向按顺时针　　D. 东方向为准按逆时针

7. 测量工作的基本任务是(　　)。

A. 确定地面点的位置　　B. 确定点的平面坐标

C. 确定地面点的高程　　D. 测绘地形图

8. 在(　　)的范围内，可以用水平面代替球面进行距离测量。

A. 以 20km 为半径　　B. 以 10km 为半径

C. 50km²　　D. 10km²

9. 对高程测量，用水平面代替水准面的限度是(　　)。

A. 在以 10km 为半径的范围内可以代替　　B. 在以 20km 为半径的范围内可以代替

C. 不论多大范围，都可代替　　D. 不得代替

10. 1∶2000 地形图的比例尺精度为(　　)。

A. 2m　　B. 0.2m

C. 1m　　D. 0.1m

11. 在地形图上有高程分别为 26m、27m、28m、29m、30m、31m、32m 的几条相邻的等高线，则需加粗的等高线为(　　)。

A. 26m、31m　　B. 27m、32m

C. 29m　　D. 30m

12. 在地形图上，长度依测图比例尺而宽度不依比例尺表示的地物符号是(　　)。

A. 依比例符号　　B. 不依比例符号

C. 半依比例符号　　D. 地物注记

13. 地形是(　　)的总称。

A. 地物与地貌　　B. 地貌与地理

C. 地理与地势　　D. 地物与地势

14. 在图上适当位置印出图内所使用的图式符号及说明通常叫做(　　)。

A. 图样　　B. 图注

C. 图例　　D. 图标

15. 下列说法正确的是(　　)。

A. 等高距越大，表示坡度越大　　B. 等高距越小，表示坡度越大

C. 等高线平距越大，表示坡度越小　　D. 等高线平距越小，表示坡度越小

16. 我国基本比例尺地形图的分幅是以(　　)地形图为基础，按规定的经差和纬差划分图幅的。

A. 1∶500　　B. 1∶100000

C. 1∶1000000　　D. 1∶10000

三、简答题

1. 测绘学主要包括哪些学科？它们的研究内容是什么？

2. 测绘学的任务及作用是什么？

3. 数字测图的实质是什么？什么是地面数字测图？

4. 数字测图发展经历了哪两个阶段？

5. 什么是参考椭球面？它在测量工作中的作用是什么？

6. 测量中常用坐标系有几种？测量中的平面直角坐标系与数学中的坐标系有什么区别？为什么要规定测量平面直角坐标系的象限按顺时针编号？

7. 什么是高斯投影？高斯平面直角坐标系是怎么建立的？

8. 北京某点的大地经度为 117°20′，杭州某地的大地经度是 120°10′，试计算它们所在 6°带和 3°带的带号及中央子午线的经度。

9. 测量的基本原则是什么？测量的三项基本工作是什么？

10. 用水平面代替水准面对距离、高程和水平角有什么影响？在多大范围内可以用水平面代替水准面？为什么？

11. 已知某点在 21 带，位于中央子午线以西 206564.31m 处，试写出该点高斯平面直角坐标 y 的自

然坐标和国家统一坐标。

12. 什么叫做地形图?
13. 什么叫做地形图比例尺?它有几种类型?
14. 什么是比例尺精度?它对测图和设计用图有什么意义?1∶5000地形图的比例尺精度是多少?
15. 什么是地物和地貌?地形图上的地物符号分为哪几类?并试举例说明。
16. 什么是等高线、等高距和等高线平距?它们与地面坡度有何关系?
17. 等高线有哪些特性?
18. 地形图的图外注记包括哪些内容?

项目2

测量误差的基本知识

教学目标

通过对一些外业观测值的分析，掌握测量误差的定义、误差的分类以及偶然误差的特性；了解测量误差对测量成果的影响，掌握评定测量成果的精度指标；通过数据计算求得观测值的最可靠值，并对观测值进行精度评定，以便判断成果是否满足工程建设的要求。

教学要求

能力目标	知识要点	权重
掌握测量误差的概念	测量误差的不可避免性，测量误差的定义	10%
熟悉系统误差的性质及削弱办法	同一性、单向性、累积性	5%
掌握偶然误差的特性	有限性、单峰性、对称性、抵偿性	10%
掌握评定精度的指标	中误差、相对误差、极限误差	10%
熟悉中误差的计算	用真误差及观测值改正数计算中误差	15%
掌握等精度观测平差值的计算	多次重复观测边长的平差值计算	10%
掌握误差传播定律	线性函数函数值的中误差计算	15%
熟悉误差传播定律的具体应用	平均值的中误差计算，利用三角形闭合差计算测角中误差	15%
了解不等精度观测平差值的计算	加权平均值的计算	5%
了解不等精度观测平差值的精度评定	单位权中误差、平差值中误差	5%

项目导读

在一定的外界条件下对某量进行多次观测，尽管观测者使用精密的仪器和工具，采用合理的观测方法，以及认真负责的工作态度，但观测结果之间往往还是存在着差异。这种差异说明了观测中存在误差，而且观测误差是不可避免的。那么如何对这些带有误差的观测数据进行处理，求得最可靠值，以及怎样判断最可靠值是否满足精度要求?

引例

水准测量闭合路线的高差总和往往不等于零；观测水平角两个半测回测得的角值不完全相等；距离往返丈量的结果总有差异，这些都说明观测值中有误差存在。

任务2.1 误差的基本概念

2.1.1 测量误差的来源

任何观测值都包含误差。观测对象客观存在的量，称为真值，通常用X表示。如三角形内角和的真值为180°。每次观测所得的数值，称为观测值，通常用$L_i(i=1, 2, \cdots, n)$表示。观测值与真值的差数，称为真误差，通常用Δ_i表示，有

$$\Delta_i = L_i - X \quad (i=1, 2, \cdots, n) \tag{2-1}$$

产生观测误差的因素是多方面的，概括起来有以下三个。

第一，观测时由于观测者的感觉器官的鉴别能力存在局限性，在仪器的对中、整平、照准、读数等方面都会产生误差。同时，观测者的技术熟练程度也会对观测结果产生一定影响。

第二，测量中使用的仪器和工具，在设计、制造、安装和校正等方面不可能十分完善，致使测量结果产生误差。

第三，观测过程中的外界条件，如温度、湿度、风力、阳光、大气折光、烟雾等时刻都在变化，必将对观测结果产生影响。

通常把上述的人、仪器、客观环境这三种因素综合起来称为观测条件。

因受上述因素的影响，测量中存在误差是不可避免的。误差与粗差是不同的，粗差是指观测结果中出现的错误，如测错、读错、记错等，通常所说的“测量误差”不包括粗差。

测量中，一般把观测条件相同的各次观测，称为等精度观测；观测条件不同的各次观测，称为非等精度观测。

2.1.2 测量误差的分类

根据观测误差的性质不同，观测误差可分为系统误差和偶然误差两类。

1. 系统误差

在相同观测条件下，对某量进行一系列观测，若出现的误差在数值、符号上保持不变或按一定的规律变化，这种误差称为系统误差。

它是由仪器制造或校正不完善，观测者生理习性及观测时的外界条件等引起的。如用

名义长度为30m而实际长度为29.99m的钢卷尺量距，每量一尺段就有将距离量长1cm的误差。这种量距误差，其数值和符号不变，且量的距离愈长，误差愈大。因此，系统误差在观测成果中具有累积性。

系统误差的特性：同一性、单向性和累积性。

系统误差在观测成果中的累积性，对成果质量影响显著。但它们的符号和大小又有一定的规律性，因此，可在观测中采取相应措施予以消除。

系统误差消除的方法有。

(1) 测定仪器误差，对观测结果加以改正。如进行钢尺检定，求出尺长改正数，对量取的距离进行尺长改正。

(2) 测前对仪器进行检校，以减少仪器校正不完善的影响。如水准仪的 i 角检校，使其影响减到最小限度。

(3) 采用合理观测方法，使误差自行抵消或削弱。如水平角观测中，采用盘左、盘右观测，可消除视准轴误差和横轴误差；如水准仪的 i 角可以通过前后视距相等来削弱。

2. 偶然误差

在相同观测条件下，对某量进行一系列观测，若出现的误差在数值、符号上有一定的随机性，从表面看并没有明显的规律性，但就大量误差的总体而言，具有一定的统计规律，这种误差称为偶然误差。

偶然误差是许多人们所不能控制的微小的偶然因素(如人眼的分辨能力、仪器的极限精度、外界条件的时刻变化等)共同影响的结果。如用经纬仪测角时的照准误差；水准测量中，在标尺上读数时的估读误差等。

在测量过程中，通常偶然误差和系统误差是同时出现的。由于系统误差具有一定的规律性，只要采取相应措施便可加以消除或削弱，偶然误差则不能完全消除。

除上述两类性质的误差外，还可能发生错误，例如，测错、记错、算错等。错误的发生是由于观测者在工作中粗心大意造成的，又称粗差。凡含有粗差的观测值应舍去不用，并需重测。

为了提高观测成果的质量，同时也为了发现和消除错误，在测量工作中，一般都要进行多于必要的观测，称多余观测。例如，测量一平面三角形的内角，只需要测得其中的任意两个角度，即可确定其形状，但实际上也测出第三个角，以便检校内角和，从而判断结果的正确性。

由于观测误差的存在，通过多余观测必然会发现观测结果之间不相一致或不符合应有关系而产生不符值，如三角形的内角和不等于180°，因此必须对这些带有偶然误差的观测值进行处理，消除这些不符值，得到观测值的最可靠值，同时还需要对观测结果进行精度评定，这就是平差要解决的问题。

2.1.3 偶然误差的特性

偶然误差产生的原因是随机的，只有通过大量观测才能揭示其内在的规律，这种规律具有重要的实用价值。现通过一个实例来阐述偶然误差的统计规律。

在相同的观测条件下，对358个三角形独立地观测了其三个内角，每个三角形其内角

之和应等于它的真值180°，由于观测值存在误差而往往不相等。根据式(2.1)可计算各三角形内角和真误差(在测量工作中称为三角形闭和差)。

$$\Delta_i = (L_1 + L_2 + L_3)_i - 180° \quad (i = 1, 2, \cdots, n) \tag{2-2}$$

式中：$(L_1+L_2+L_3)_i$——第i个三角形内角观测值之和。

现取误差区间的间隔$d\Delta=3''$，将这一组误差按其正负号与误差值的大小排列。出现在基本区间误差的个数称为频数，用K表示，频数除以误差的总个数n称为频率(K/n)，也称相对个数。统计结果列于表2-1。

表2-1　多次观测结果中偶然误差在区间出现个数统计表

误差区间 $d\Delta(3'')$	正误差		负误差		合计	
	个数K	相对个数 K/n(频率)	个数K	相对个数 K/n(频率)	个数K	相对个数 K/n(频率)
0～3	45	0.126	46	0.128	91	0.254
3～6	40	0.112	41	0.115	81	0.226
6～9	33	0.092	33	0.092	66	0.184
9～12	23	0.064	21	0.059	44	0.123
12～15	17	0.047	16	0.045	33	0.092
15～18	13	0.036	13	0.036	26	0.073
18～21	6	0.017	5	0.014	11	0.031
21～24	4	0.011	2	0.006	6	0.017
24以上	0	0	0	0	0	0
$\sum$	181	0.505	177	0.495	358	1.00

从表2-1中可以看出：小误差出现的频率较大，大误差出现的频率较小；绝对值相等的正负误差出现的频率相当；绝对值最大的误差不超过某一个定值。在其他测量结果中也显示出上述同样规律。通过大量实验统计结果表明，特别是当观测次数较多时，可以总结出偶然误差具有如下特性。

(1) 有限性。在一定的观测条件下，偶然误差的绝对值不会超过一定的限值。

(2) 单峰性。绝对值小的误差比绝对值大的误差出现的机会多。

(3) 对称性。绝对值相等的正负误差出现的机会相等。

(4) 抵偿性。由对称性可导出，偶然误差的算术平均值随观测次数的无限增加而趋向于零，即

$$\lim_{n\to\infty}\frac{\Delta_1+\Delta_2+\cdots+\Delta_n}{n}=\lim_{n\to\infty}\frac{[\Delta]}{n}=0 \tag{2-3}$$

式中：$[\Delta]$——误差总和的符号。换言之，偶然误差的理论平均值为零。

为了充分反映误差分布的情况，除用上述表格的形式(称误差分布表)表示外，还可以用直观的图形来表示。例如，如图2.1所示中以横坐标表示误差的大小，纵坐标表示各区间误差出现的相对个数除以区间的间隔值。这样，

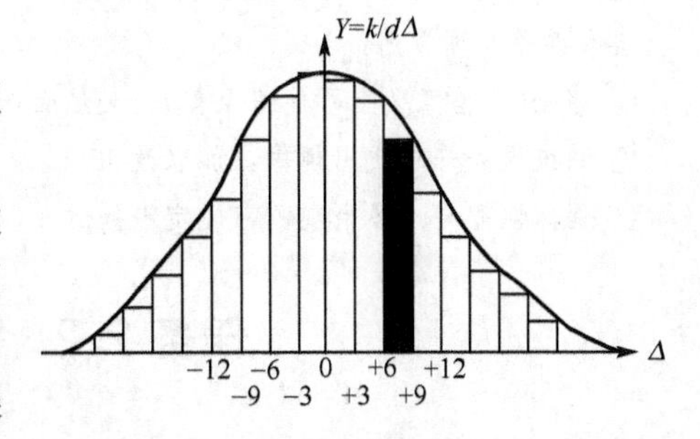

图2.1　直方图

每一误差区间上方的长方形面积，就代表误差出现在该区间的相对个数。例如图中有阴影的长方形面积就代表误差出现在+6″～+9″区间内的相对个数为0.092。这种图称为直方图，其特点是能形象地反映出误差的分布情况。

如果继续观测更多的三角形，即增加误差的个数，当$n\to\infty$时，各误差出现的频率也就趋近于一个完全确定的值，这个数值就是误差出现在各区间的概率。此时如将误差区间无限缩小，那么图2.1中各长方条顶边所形成的折线将成为一条光滑的连续曲线。这个曲线称为误差分布曲线，也叫正态分布曲线。曲线上任一点的纵坐标y均为横坐标Δ的函数，其函数形式为：

$$y=f(\Delta)=\frac{1}{\sqrt{2\pi}\sigma}e^{-\frac{\Delta^2}{2\sigma^2}} \tag{2-4}$$

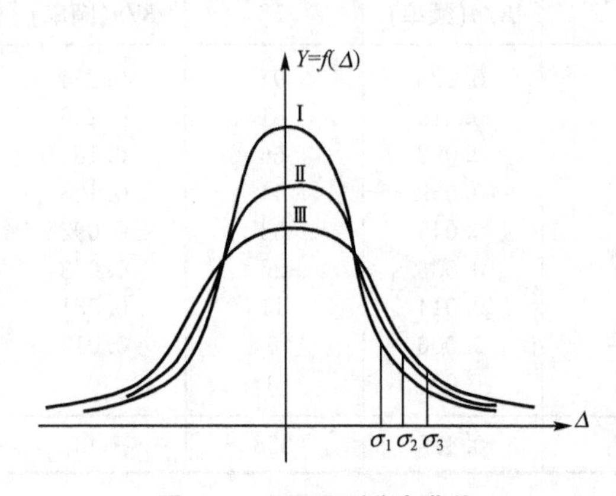

图2.2　三组观测分布曲线

式中：e——自然对数的底(=2.7183)；

σ——观测值的标准差，其几何意义是分布曲线拐点的横坐标(将在任务2.2中讨论)，其平方σ^2称为方差。

如图2.2所示中有三条误差分布曲线Ⅰ、Ⅱ及Ⅲ，代表不同标准差σ_1、σ_2及σ_3的三组观测。由图中看出，曲线Ⅰ较高而陡峭，表明绝对值较小的误差出现的概率大，误差分布密集；曲线Ⅱ、Ⅲ较低而平缓，误差分布离散。因此，前者的观测精度高，后两者则较低。由误差分布的密集和离散程度，可以判断观测值的精度高低。

特别提示

数学中的求和符号为$\sum$，而测量中的求和习惯上用中括号表示，即式(2-3)中 $[\Delta]=\Delta_1+\Delta_2+\cdots+\Delta_n=\sum_{i=1}^{n}\Delta_i$。

知识链接

偶然误差削弱的方法有：适当提高仪器等级；增加多余观测，求最可靠值(平差值)。

各种误差处理原则：

① 粗差(严格意义上不能叫误差)——细心，多余观测，检核舍弃。

② 系统误差——找出规律，加以改正。

③ 偶然误差——多余观测，规定限差。

任务2.2　评定精度的标准

为了衡量观测值的精度高低，当然可以按前述的三种方法，把一组相同条件下得到的误

差，用误差分布表绘制成直方图或绘出误差分布曲线的方法来比较。但实际工作中，这样做既不方便，对精度也得不到一个数字概念，只能定性地反映观测结果的好坏，无法定量精确表示。

前已提及，精度是指一组误差分布的密集和离散程度。分布越密集，则表示在该组误差中，绝对值较小的误差所占的相对个数愈大。在这种情况下，该组误差绝对值的平均值就一定小。由此可见，精度虽然不是代表个别误差的大小，但是它与这一组误差绝对值的平均大小显然有直接关系。因此，用一组误差的平均大小作为衡量精度高低的指标，是完全合理的。下面介绍几种常用的精度指标。

1. 中误差

前面我们提到了观测误差的标准差σ，其定义为

$$\sigma=\lim_{n\to\infty}\sqrt{\frac{[\Delta\Delta]}{n}} \tag{2-5}$$

用式(2-5)求σ值要求观测数n趋近无穷大，实际上很难办到。在实际测量工作中，观测数总是有限的，一般采用下述公式

$$m=\pm\sqrt{\frac{[\Delta\Delta]}{n}} \tag{2-6}$$

式中：m——中误差；

$[\Delta\Delta]$——一组等精度观测误差自乘的总和，也可以写成$\sum\Delta^2$，n为观测数。

比较式(2.5)与式(2.6)可以看出，标准差σ与中误差m的不同在于观测个数的区别，标准差为理论上的观测精度指标，而中误差则是观测数n为有限时的观测精度指标。所以，中误差实际上是标准差的近似值，统计学上又称估值，随着n的增加，m将趋近于σ。

由图2.2可以看出曲线越陡，标准差越小，即$\sigma_1<\sigma_2<\sigma_3$，说明曲线Ⅰ的精度最高，曲线Ⅱ的精度其次，曲线Ⅲ的精度最低。因此用中误差m的大小来衡量精度与前面三种方法完全一致，即中误差越小精度越高，简单易懂。

【例2-1】 设有两组同学观测同一个三角形，每组的三角形内角和观测成果见表2-2，各观测10次。试问哪一组观测成果精度高？

表2-2 按观测值的真误差计算中误差

次序	第一组观测			第二组观测		
	观测值1	Δ	Δ^2	观测值1	Δ	Δ^2
1	180°00′03″	−3	9	180°00′00″	0	0
2	180°00′02″	−2	4	159°59′59″	+1	1
3	179°59′58″	+2	4	180°00′07″	−7	49
4	179°59′56″	+4	16	180°00′02″	−2	4
5	180°00′01″	−1	1	180°00′01″	−1	1
6	180°00′00″	0	0	179°59′59″	+1	1
7	180°00′04″	−4	16	179°59′52″	+8	64
8	179°59′57″	+3	9	180°00′00″	0	0
9	179°59′58″	+2	4	179°59′57″	+3	9
10	180°00′03″	−3	9	180°00′01″	−1	1
$\|\sum\|$		24	72		24	130

计算过程见表2-2，先算 Δ_i，再算 Δ_i^2，求和，再根据观测数 n 计算中误差，结果如下：

$$m_1=\pm\sqrt{\frac{[\Delta\Delta]}{n}}=\pm\sqrt{\frac{\sum\Delta^2}{n}}=\pm\sqrt{\frac{72}{10}}=\pm 2.7''$$

$$m_2=\pm\sqrt{\frac{[\Delta\Delta]}{n}}=\pm\sqrt{\frac{\sum\Delta^2}{n}}=\pm\sqrt{\frac{130}{10}}=\pm 3.6''$$

由于 $m_1<m_2$，所以第一组观测值比第二组观测值的精度高。因为第二组观测值中有较大的误差，用平方能反映较大误差的影响。因此，测量工作中常采用中误差作为衡量精度的标准。

特别提示

(1) 某个观测值的真误差小，并不能说明它的精度就高，因为精度高低是由中误差来衡量的。

(2) 在上述中误差的计算公式中，Δ_i 为同一观测值的不同次观测的真误差，它也可以是不同观测值的真误差，但前提是各观测值之间要互相独立，即该观测值产生的误差与其他观测值的误差之间没有相关性。

2. 相对中误差

在测量工作中，有时用中误差还不能完全表达观测结果的精度。例如，用钢卷尺丈量200m和40m两段距离，量距的中误差都是±2cm，但不能认为两者的精度是相同的，因为量距的误差与其距离的长短有关。为此，用相对中误差描述观测值的精度。相对中误差是观测值的中误差与观测值的比值，通常用分子为1的分数形式表示。上述例子中，前者的相对中误差为$\frac{0.02}{200}=\frac{1}{10000}$，而后者则为$\frac{0.02}{40}=\frac{1}{2000}$，前者分母大，比值小，量距精度高于后者。

在距离测量中，有时也采用往返观测的较差与观测值平均值之比来衡量精度，称为相对误差。

3. 允许误差

中误差是反映误差分布的密集或离散程度的，它代表一组观测值的精度高低，不是代表个别观测值的质量。因此，要衡量某一观测值的质量，决定其取舍，还要引入允许误差的概念。允许误差又称为极限误差，简称限差。偶然误差的第一特性说明，在一定条件下，误差的绝对值不会超过一定的界限。根据误差理论可知，在等精度观测的一组误差中，误差落在区间$(-\sigma, +\sigma)$、$(-2\sigma, +2\sigma)$、$(-3\sigma, +3\sigma)$的概率分别为：

$$\left.\begin{aligned}P(-\sigma<\Delta<+\sigma)&\approx 68.3\%\\P(-2\sigma<\Delta<+2\sigma)&\approx 95.4\%\\P(-3\sigma<\Delta<+3\sigma)&\approx 99.7\%\end{aligned}\right\}\qquad(2-7)$$

式(2-7)说明，绝对值大于两倍中误差的误差，其出现的概率为4.6%，特别是绝对值大于三倍中误差的误差，其出现的概率仅为0.3%，已经是概率接近于零的小概率事件，或者说是实际上的不可能事件。因此在测量规范中，为确保观测成果的质量，通常规定三倍或两倍中误差为偶然误差的允许误差或限差，即

$$\Delta_{允}(\Delta_{限}) = 2m \text{ 或 } \Delta_{允}(\Delta_{限}) = 3m \qquad (2-8)$$

超过上述限差的观测值应舍去不用，或返工重测。

任务 2.3 误差传播定律

2.3.1 误差传播定律

前面讲到可以用一组等精度独立观测值的真误差来计算观测值的中误差。但是在测量工作中，有些未知量往往不能直接测得，而是由某些直接观测值通过一定的函数关系间接计算而得。例如，水准测量中，测站的高差是由测得的前、后视读数求得的，即 $h=a-b$。式中，高差 h 是直接观测值 a、b 的函数。由于观测值 a、b 客观上存在误差，必然使得 h 也受其影响而产生误差。阐述观测值中误差与函数中误差之间关系的定律，称为误差传播定律。现就线性与非线性两种函数形式分别进行讨论。

1. 线性函数

线性函数的一般形式为

$$Z = k_1x_1 \pm k_2x_2 \pm \cdots \pm k_nx_n \qquad (2-9)$$

式中：x_1、x_2、…、x_n——独立观测值，其中误差分别为 m_1、m_2、…、m_n；

k_1、k_2、…、k_n——常数。

设函数 Z 的中误差为 m_Z，则(略去推导)

$$m_Z = \pm\sqrt{k_1^2m_1^2 + k_2^2m_2^2 + \cdots + k_n^2m_n^2} \qquad (2-10)$$

2. 非线性函数

非线性函数即一般函数，其形式为

$$Z = f(x_1、x_2、\cdots、x_n) \qquad (2-11)$$

对函数取全微分，得

$$\mathrm{d}_Z = \frac{\partial f}{\partial x_1}\mathrm{d}x_1 + \frac{\partial f}{\partial x_2}\mathrm{d}x_2 + \cdots + \frac{\partial f}{\partial x_n}\mathrm{d}x_n \qquad (2-12)$$

因为真误差很小，可用真误差 Δx_i 代替 $\mathrm{d}x_i$，得真误差关系式

$$\Delta_Z = \frac{\partial f}{\partial x_1}\Delta x_1 + \frac{\partial f}{\partial x_2}\Delta x_2 + \cdots + \frac{\partial f}{\partial x_n}\Delta x_n \qquad (2-13)$$

式中：$\frac{\partial f}{\partial x_i}$($i$=1、2、…、$n$)——函数对各自变量所取的偏导数，以观测值代入，所得的值为常数。因此，公式(2-13)成为线性函数的真误差关系式，仿照式(2-10)，得函数 Z 的中误差为

$$m_z = \pm\sqrt{\left(\frac{\partial f}{\partial x_1}\right)^2 m_1^2 + \left(\frac{\partial f}{\partial x_2}\right)^2 m_2^2 + \cdots + \left(\frac{\partial f}{\partial x_n}\right)^2 m_n^2} \qquad (2-14)$$

2.3.2 误差传播定律的应用

应用误差传播定律求观测值函数的中误差时，可归纳为如下三步。

第一步：按问题的要求写出函数式 $Z=f(x_1、x_2、\cdots、x_n)$。

第二步：对函数式求全微分，继而写出函数的真误差与观测值真误差的关系式。

$$\Delta Z=\frac{\partial f}{\partial x_1}\Delta x_1+\frac{\partial f}{\partial x_2}\Delta x_2+\cdots+\frac{\partial f}{\partial x_n}\Delta x_n$$

式中：$\frac{\partial f}{\partial x_i}$是用观测值代入求得的。

第三步：写出函数中误差与观测值中误差之间的关系式。

$$m_z=\pm\sqrt{\left(\frac{\partial f}{\partial x_1}\right)^2 m_1^2+\left(\frac{\partial f}{\partial x_2}\right)^2 m_2^2+\cdots+\left(\frac{\partial f}{\partial x_n}\right)^2 m_n^2}$$

特别提示

(1) 只有自变量之间相互独立，即观测值之间相互独立，才可以进一步写出中误差关系式。

(2) 若自变量之间相互不独立，应做并项或移项处理，使其均为独立观测值为止，再进行下一步计算。

(3) 用数值代入式(2.14)时，注意各项的单位要统一。特别是在计算角度中误差时，要注意弧度与秒的单位转换。

【例 2-2】 自水准点BM_1向水准点BM_2进行水准测量(图 2.3)，设各段所测高差分别为$h_1=+3.852\pm5$mm；$h_2=+6.305\pm3$mm；$h_3=-2.346\pm4$mm，求BM_1、BM_2两点间的高差及中误差(其中。高差单位为 m，后缀±5mm、±3mm、±4mm 为各段观测高差的中误差)。

解：(1)列函数式：

BM_1、BM_2之间的高差 $h=h_1+h_2+h_3$

$=7.811$m

即两点间的高差为 7.811m。

(2) 写出函数的真误差与观测值真误差的关系式：$\Delta_h=\Delta_{h1}+\Delta_{h2}+\Delta_{h3}$，可见各系数$k_1$、$k_2$、$k_3$均为 1。

(3) 高差中误差 $m_k=\pm\sqrt{m_{k_1}^2+m_{k_2}^2+m_{k_3}^2}=\pm\sqrt{5^2+3^2+4^2}=\pm7.1$mm。

【例 2-3】 在三角形(图 2.4)中，观测得斜边S为 100.000m，其观测中误差为 3mm，观测得竖直角v为 30°，其测角中误差为 3″，求高差h的中误差。

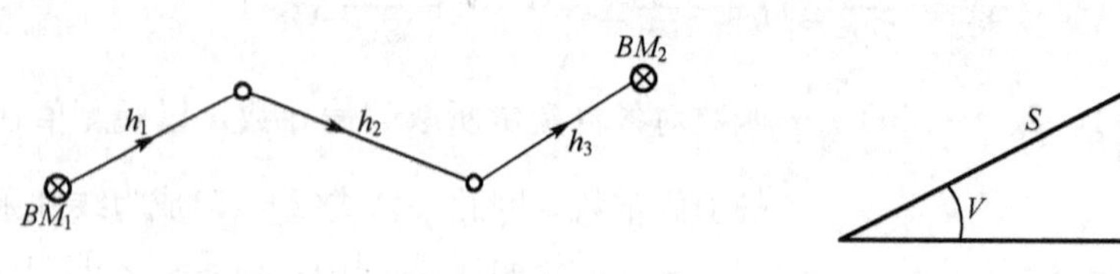

图 2.3　水准测量平差

图 2.4　三角形观测

解：(1) 列函数式：

$$h=S\sin v$$

(2) 写出函数的真误差与观测值真误差的关系式：

(由于是非线性函数，则先写出全微分式)

$$\mathrm{d}h=\sin v\mathrm{d}s+S\cos v\mathrm{d}v$$

再写出真误差的关系式 $\Delta h=\sin v\Delta s+S\cos v\Delta v=\sin30^\circ\Delta s+100\cos30^\circ\Delta v$

(3) 求高差中误差：

$$m_h^2 = \sin v \cdot m_s^2 + (S\cos v)^2 \cdot m_v^2$$

$$= \left(\frac{1}{2}\right)^2 \times 3^2 + \left(100 \times 1000 \times \frac{\sqrt{3}}{2}\right)^2 \times \left(\frac{3}{206265}\right)^2 \text{（把单位统一，秒化成实数）}$$

$$=3.8\text{mm}^2$$

则中误差：$m_h = \pm 1.95\text{mm}$

【例 2-4】 在一个三角形中，以等精度观测了三个内角 L_1、L_2、L_3，其中误差均为 5″，且各观测值之间互相独立，求将三角形闭合差平均分配后的角 A 的中误差。

解：(1) 列函数式：

$$\text{闭合差 } W = L_1 + L_2 + L_3 - 180°$$

$$\text{平均分配后的角 } A = L_1 - \frac{W}{3} \text{（由于 } L_1 \text{ 与 } W \text{ 互相不独立，故对该式要进一步转换）}$$

$$= L_1 - \frac{1}{3}(L_1 + L_2 + L_3 - 180)$$

$$= \frac{2}{3}L_1 - \frac{1}{3}L_2 - \frac{1}{3}L_3 + 60°$$

(2) 写出函数的真误差与观测值真误差的关系式：

$$\Delta_A = \frac{2}{3}\Delta_1 - \frac{1}{3}\Delta_2 - \frac{1}{3}\Delta_3$$

(3) 高差中误差：

$$m_A = \pm\sqrt{\left(\frac{2}{3}\right)^2 m_1^2 + \left(\frac{1}{3}\right)^2 m_2^2 + \left(\frac{1}{3}\right)^2 m_3^2} = \pm\sqrt{\left(\frac{2}{3}\right)^2 \times 5^2 + \left(\frac{1}{3}\right)^2 \times 5^2 + \left(\frac{1}{3}\right)^2 \times 5^2}$$

$$= \pm\sqrt{\frac{2}{3}} \times 5'' = \pm 4''$$

任务 2.4 平差值的计算及精度评定

平差值的概念：一个被测量的物理量，如一个角度、一段距离、两点的高差等，它们的真值是无法知道的，只有经过多次重复测量，经过平差计算才能得到近似于真值的可靠值，称为平差值，常用符号 $\hat{L}$ 表示。

在相同的观测条件(人员、仪器、观测时的外界条件)下进行的观测，称为等精度观测。在不同的观测条件下进行的观测，称为不等精度观测。

2.4.1 等精度观测平差值计算及精度评定

1. 等精度观测的平差值计算

设在相同的观测条件下，对某未知量 X 进行了 n 次观测，观测值为 L_1、L_2、…、L_n

$$\Delta_i = L_i - X \quad (i = 1、2、\cdots、n) \tag{2-15}$$

将上式求和后除以 n，得

$$\frac{[\Delta]}{n} = \frac{[L]}{n} - X \quad (i = 1、2、\cdots、n)$$

当 $n \to \infty$ 时，根据偶然误差第(4)特性，即

$$\lim_{n\to\infty}\frac{[\Delta]}{n}=0$$

$$有\ X=\lim_{n\to\infty}\frac{[l]}{n}=\lim_{n\to\infty}\frac{l_1+l_2+\cdots+l_n}{n}$$

即当 n 趋近无穷大时，算术平均值 $\overline{L}=\frac{L_1+L_2+\cdots+L_n}{n}$ 即为真值。

在实际工作中，观测次数总是有限的，所以算术平均值不可视为所求量的真值；但随着观测次数的增加，算术平均值越来越趋近于真值，认为是该值的最可靠值，即平差值。

结论：等精度观测的平差值等于这些观测值的算术平均值。

特别提示

当观测次数无限增大时，观测值的算术平均值趋近于该量的真值。但是，在实际工作中，不可能对某一个量进行无限次的观测，因此，就把有限次观测值的算术平均值作为该量的最可靠值。

2. 等精度观测的精度评定

1）观测值中误差的计算

前面给出了等精度观测的中误差计算公式：

$$m=\pm\sqrt{\frac{[\Delta\Delta]}{n}} \tag{2-16}$$

式中：Δ——观测值的真误差。

真值 X 有时是知道的，例如三角形三个内角之和的真值为 180°，但更多情况下，真值是不知道的。因此，真误差也就无法知道，故不能直接用式(2-16)求出中误差。但是根据上面所述，观测值的平差值可以求得，平差值与观测值之差称为改正数 v_i，即

$$v_i=\hat{L}-L_i \tag{2-17}$$

那么实际工作中是否可以利用观测值的改正数来计算观测值的中误差呢？答案是肯定的。推导如下：

$$\Delta_i=L_i-X \quad (i=1、2、\cdots、n)$$

$$v_i=\hat{L}-L_i \quad (i=1、2、\cdots、n)$$

将上两式合并得

$$\Delta_i+v_i=\hat{L}-X \quad (i=1、2、\cdots、n)$$

令 $$\hat{L}-X=\delta$$

则 $$\Delta_i+v_i=\delta$$

得出 $$\Delta_i=\delta-v_i$$

上式等号两边平方求和再除以 n，得

$$\frac{[\Delta\Delta]}{n}=\frac{[vv]}{n}-2\delta\frac{[v]}{n}+\frac{n\delta^2}{n}$$

顾及 $[v]=0$ 得 $$\frac{[\Delta\Delta]}{n}=\frac{[vv]}{n}+\delta^2 \tag{2-18}$$

其中 $\delta=\hat{L}-X=\frac{[L]}{n}-\left(\frac{[L]}{n}-\frac{[\Delta]}{n}\right)=\frac{[\Delta]}{n}$ 则

$$\delta^2=\frac{1}{n^2}(\Delta_1+\Delta_2+\cdots+\Delta_n)^2=\frac{[\Delta^2]}{n^2}+2\frac{[\Delta_i\Delta_i]}{n^2}$$

当$n\to\infty$时，上式右端第二项趋于0，则

$$\delta^2=\frac{[\Delta^2]}{n^2}=\frac{1}{n}\times\frac{[\Delta^2]}{n}=\frac{1}{n}\times m^2$$

将上式代入式(2-18)得：$\frac{[\Delta\Delta]}{n}=\frac{[vv]}{n}+\frac{1}{n}\times m^2$

$$m^2=\frac{[vv]}{n}+\frac{1}{n}\times m^2$$

$$m^2\left(1-\frac{1}{n}\right)=\frac{[vv]}{n}$$

$$m^2=\frac{[vv]}{n}\frac{n}{n-1}=\frac{[vv]}{n-1}$$

$$\text{则}\ m=\pm\sqrt{\frac{[vv]}{n-1}} \tag{2-19}$$

式(2-19)为等精度观测中用观测值的改正数计算观测值中误差的公式，称为白塞尔公式。

【例2-5】 对一段距离进行5次观测，其观测结果见表2-3，求该组距离观测值的中误差。

表2-3 距离观测及中误差计算

次　序	观测值l(m)	改正数v(mm)	vv(mm^2)
1	123.457	−5	25
2	123.450	+2	4
3	123.453	−1	1
4	123.449	+3	9
5	123.451	+1	1
S	617.260	0	40

解：$\hat{L}=\frac{L_1+L_2+\cdots+L_5}{5}=123.452$m，各观测值的改正数$v_i=\hat{L}-L_i$，具体数值见表2-3

$$m=\pm\sqrt{\frac{[vv]}{n-1}}=\pm\sqrt{\frac{40}{5-1}}=\pm\frac{6.32}{2}=\pm 3.16\text{mm}$$

2）等精度观测平差值的精度评定

由前述可知，等精度观测的平差值就是算术平均值，要评定它的精度，可以把算术平均值看成是各个观测值的线性函数。

【例2-6】 算术平均值$\overline{L}=\frac{L_1+L_2+\cdots+L_n}{n}$，已知：各观测值的中误差为$m_1=m_2=\cdots=m_n=m$，求算术平均值(平差值)的中误差$m_{\hat{L}}$。

解：对算术平均值的表达式求全微分：$d\hat{L}=\frac{1}{n}dL_1+\frac{1}{n}dL_2+\cdots+\frac{1}{n}dL_n$

根据误差传播定律有：

$$m_L=\pm\sqrt{\left(\frac{1}{n}\right)^2 m_1^2+\left(\frac{1}{n}\right)^2 m_2^2+\cdots+\left(\frac{1}{n}\right)^2 m_n^2}=\pm\sqrt{\left(\frac{1}{n}\right)^2 m^2\times n}=\pm\frac{m}{\sqrt{n}} \qquad (2-20)$$

$$=\pm\sqrt{\frac{[vv]}{n(n-1)}} \qquad (2-21)$$

注意：式(2-21)是用观测值改正数的形式来表达平均值的中误差。

特别提示

(1) 由式(2-20)可以看出，算术平均值的中误差一定小于单次观测值的中误差，即平差后精度一定会有所提高。

(2) 观测次数越多，平差值的中误差越小，精度越高。

知识链接

误差传播定律一般是指已知观测值的中误差，再求出函数值的中误差。而有时由于不知道观测值的真误差，所以也无法直接利用公式 $m=\pm\sqrt{\frac{[\Delta\Delta]}{n}}$ 求出观测值的中误差，但是函数值的真误差可求，因此可以先求出函数值的中误差，再通过误差传播定律的逆向应用，求出观测值的中误差。这种误差传播定律的逆向应用在计算测角中误差时特别方便。

【例 2-7】 已知各三角形内角和的观测值见表 2-4，求测角中误差 m。

表 2-4 三角形内角和观测值及中误差计算表

次序	观测值 (° ′ ″)	闭合差 Δ (″)	ΔΔ (″)
1	180 00 10.3	+10.3	106.1
2	179 59 57.2	−2.8	7.8
3	179 59 49.0	−11.0	121
4	180 00 01.5	+1.5	2.6
5	180 00 02.6	+2.6	6.8
$\sum$		+1.6	244.3

解：先计算出各三角形闭合差(见表 2-4)，再利用真误差求三角形闭合差的中误差(即函数值的中误差)，得

$$m_\Delta=\pm\sqrt{\frac{[\Delta\Delta]}{n}}=\pm\sqrt{\frac{244.3}{5}}=\pm 7.0''$$

列函数式：三角形内角和的真误差(闭合差)$\Delta=A+B+C-180°$（其中三个内角 A、B、C 为等精度观测则 $m_A=m_B=m_C=m$)。

根据误差传播定律得：

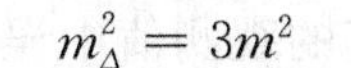

$$m_{\Delta}^{2}=3m^{2}$$

现已算得 m_{Δ} 为 $\pm 7.0''$，需求出 m，即为传播律的逆向使用：

$$测角中误差\ m=\pm\frac{m_{\Delta}}{\sqrt{3}}=\pm\frac{7.0}{\sqrt{3}}=\pm 4.0''$$

2.4.2 不等精度观测平差值计算及精度评定

1. 权的概念

前面讨论的都是等精度观测，但在实际工作中，还会遇到不等精度观测的情况。所谓不等精度观测是指在不同条件下进行的观测。这时各观测值的可靠程度不同，即精度不同。因此不能采用算术平均值作为最终结果，需要引进“权”的概念。权是用来比较各观测值可靠程度的一个相对性数值，常用字母 P 表示。权越大表示精度越高。

例如在相同条件下分两组对某一水平角进行观测，第一组观测 4 个测回，第二组观测 6 个测回。并设一测回观测值的中误差 $m=\pm 2.0''$，则两组角度观测值的中误差分别为

$$m_1=\pm\frac{m}{\sqrt{4}}=\pm\frac{2''}{2}=\pm 1''$$

$$m_2=\pm\frac{m}{\sqrt{6}}=\pm\frac{2''}{\sqrt{6}}=\pm 0.82''$$

由此可见，第二组观测值的中误差较小，结果比较可靠，应有较大的权。因此可以根据中误差来规定观测结果的权。权的计算公式为

$$P_i=\frac{\lambda}{m_i^2}\quad(i=1、2、\cdots、n)$$

式中：λ——任意常数。

选择适当的话，可使权成为便于计算的数，例如选第一组观测次数为 λ，即 $\lambda=4$，则 $P_1=\frac{\lambda}{m_1^2}=\frac{4}{1}=4$，$P_2=\frac{\lambda}{m_2^2}=\frac{4}{\left(\frac{2}{\sqrt{6}}\right)^2}=6$。

在水准测量中，由于水准路线越长，误差越大。如设每千米水准路线的观测中误差为 m，若观测 Lkm，其中误差为 $m\sqrt{L}$，设 $\lambda=m^2$，则观测 Lkm 的权为 $P=\frac{\lambda}{(m\sqrt{L})^2}=\frac{m^2}{m^2\times L}=\frac{1}{L}$，故水准观测值的权与水准路线的长度成反比。

2. 不等精度观测的平差值

对未知量 L 进行了 n 次不等精度观测，各观测值为 L_1、L_2、…、L_n，其相应的权为 P_1、P_2、…、P_n，按加权平均值的方法，求算未知量的最可靠值(平差值)为

$$\hat{L}=\frac{P_1L_1+P_2L_2+\cdots+P_nL_n}{P_1+P_2+\cdots+P_n}=\frac{P_1L_1+P_2L_2+\cdots+P_nL_n}{[P]}=\frac{[PL]}{[P]}\tag{2-22}$$

3. 不等精度观测的单位权中误差与加权平均值的中误差

权是表示观测值可靠性的相对指标，因此，可取任一观测值的中误差作为标准，以求其他观测值的权。如取 $\lambda=m_1^2$，则 $P_1=\frac{\lambda}{m_1^2}=\frac{m_1^2}{m_1^2}=1$，$P_2=\frac{m_1^2}{m_2^2}$，…，$P_n=\frac{m_1^2}{m_n^2}$。等于 1 的权

称它为单位权，如这里的 P_1，它相应的观测值中误差称为单位权中误差，设单位权中误差为 u，则权与中误差的关系为 $P_1=\frac{u^2}{m_1^2}$。

在式(2-22)的中间部分 $\frac{P_1}{[P]}$、$\frac{P_2}{[P]}$、…、$\frac{P_n}{[P]}$ 均为常数，如果已知各观测值 L_1、L_2、…、L_n 的中误差分别为 m_1、m_2、…、m_n，则根据误差传播定律，可推算出加权平均值的中误差为：

$$m_{\hat{L}}^2=\frac{P_1^2}{[P]^2}m_1^2+\frac{P_2^2}{[P]^2}m_2^2+\cdots+\frac{P_n^2}{[P]^2}m_n^2 \tag{2-23}$$

因为 $P_i=\frac{u^2}{m_i^2}$；则 $m_i^2P_i=m_1^2P_1=m_2^2P_2=\cdots=m_n^2P_n=u^2$ 代入式(2-23)得：

$$m_{\hat{L}}^2=\frac{P_1}{[P]^2}u^2+\frac{P_2}{[P]^2}u^2+\cdots+\frac{P_n}{[P]^2}u^2=\frac{[P]}{[P]^2}u^2=\frac{u^2}{[P]}$$

则

$$m_{\hat{L}}=\pm\frac{u}{\sqrt{[P]}} \tag{2-24}$$

注意：(2-24)就是不等精度观测平差值的中误差计算公式。

其中单位权中误差可按 $u=\pm\sqrt{\frac{[P\Delta\Delta]}{n}}$ 计算(公式不作推导)。

如用观测值改正数计算，可按 $u=\pm\sqrt{\frac{[Pvv]}{n-1}}$ 计算。

【例2-8】 某一角度，采用不同测回数进行三组观测，每组的观测值列于表2-5，试求该角度的加权平均值及其中误差。

表2-5 角度观测值及中误差计算表

组别	观测值 (° ′ ″)	测回数	权 *P*	*v*(″)	*pv*(″)	*pvv*(″)
1	57 34 14	6	6	+2.17	+13.02	28.25
2	57 34 20	4	4	−3.83	−15.32	58.68
3	57 34 15	2	2	+1.17	+2.34	2.74
		$\sum$	12		0	89.67

解：(1) 定权：设一测图观测中误差为单位权中误差，则 $P_i=\frac{u^2}{\left(\frac{u}{\sqrt{n}}\right)^2}=n$($n$ 为测回数)，见表2-5第4列。

(2)计算加权平均值(平差值)：

$$\hat{L}=57°34'14''+\left(\frac{6\times0+4\times6+2\times1}{6+4+2}\right)''=57°34'16.17''$$

(3) 计算单位权中误差：

$$u=\pm\sqrt{\frac{[Pvv]}{n-1}}=\pm\sqrt{\frac{89.67}{3-1}}=\pm6.7''$$

(4) 计算平差值中误差：

$$m_{\hat{L}}=\pm\frac{u}{\sqrt{[P]}}=\pm\frac{6.7''}{\sqrt{12}}=\pm1.93''$$

项目小结

本项目对误差的来源、误差的分类、偶然误差的特性作了较详细的阐述，提出了评定观测质量好坏的精度指标，一般情况采用中误差，但对距离测量而言，需用相对中误差作为衡量精度的指标，由此提出了相对中误差的概念，同时还提出了允许误差的概念，作为衡量外业观测是否超限的衡量标准。

除了上述一些概念外，还讲如何用真误差来计算观测值的中误差，如何计算等精度观测量的平差值，以及如何用观测值改正数计算等精度观测值的中误差；讲述了误差传播定律及其具体应用；提出了权的概念，推导了不等精度观测的平差值，以及不等精度观测平差值的中误差计算公式。

本项目的教学目标是使学生掌握误差的概念、分类和偶然误差的特性，应用不同的中误差计算公式评定等精度观测值的精度；熟悉误差传播定律及其应用，了解不等精度观测平差值的计算，以及评定其精度的方法。

重点应掌握的公式：

(1) 等精度观测值中误差的计算公式：$m=\pm\sqrt{\frac{[\Delta\Delta]}{n}}$；$m=\pm\sqrt{\frac{[vv]}{n-1}}$。

(2) 误差传播定律：$m_z=\pm\sqrt{\left(\frac{\partial f}{\partial x_1}\right)^2 m_1^2+\left(\frac{\partial f}{\partial x_2}\right)^2 m_2^2+\cdots+\left(\frac{\partial f}{\partial x_n}\right)^2 m_n^2}$。

(3) 等精度观测平差值中误差的计算公式：$m_{\hat{L}}=\pm\frac{m}{\sqrt{n}}$。

(4) 不等精度观测平差值计算公式(加权平均)：$\hat{L}=\frac{P_1L_1+P_2L_2+\cdots+P_nL_n}{P_1+P_2+\cdots+P_n}=\frac{[PL]}{[P]}$。

(5) 不等精度观测单位权中误差的计算公式：$u=\pm\sqrt{\frac{[P\Delta\Delta]}{n}}$；$u=\pm\sqrt{\frac{[Pvv]}{n-1}}$。

(6) 不等精度观测平差值中误差的计算公式：$m_{\hat{L}}=\pm\frac{u}{\sqrt{[P]}}$。

习　　题

一、填空题

1. 偶然误差服从于一定的__________规律。

2. 真误差为观测值与__________之差。

3. 绝对值相等的正、负误差出现的可能性________。

4. 偶然误差的算术平均值随观测次数的无限增加而趋向于________。

二、选择题

1. 设对某角观测 4 测回，每一测回的观测中误差为±8.5″，则算术平均值的中误差为(　　)。

A. ±2.1″　　B. ±1.0″　　C. ±4.2″　　D. ±8.5″

2. 设对某角观测一测回的观测中误差为±3″，现欲使该角的观测精度达到±1.4″，则需观测(　　)个测回。

A. 2　　B. 3　　C. 4　　D. 5

3. 设单位权中误差为±4″，某观测值的中误差为±8″，则该观测值的权为(　　)。

A. 0.25　　B. 0.5　　C. 2　　D. 4

4. 观测一四边形的三个内角，中误差分别为±4″、±5″、±6″，则第4个角的中误差为(　　)。

A. ±5″　　B. ±7″　　C. ±9″　　D. ±15″

5. 有一长方形建筑，测得其长为40m，宽为10m，测量中误差分别为±2cm及±1.5cm，则其周长的中误差为±(　　)cm。

A. 3　　B. 4　　C. 5　　D. 6

6. 在一定观测条件下，偶然误差的绝对值(　　)超过一定的限值。

A. 可能会　　B. 会　　C. 通常会　　D. 不会

7. 单位权指权等于(　　)。

A. 中误差　　B. 1　　C. 0　　D. 中误差的平方

8. 引起测量误差的因素有很多，概括起来有以下三个方面(　　)。

A. 观测者、观测方法、观测仪器　　B. 观测仪器、观测者、外界因素

C. 观测方法、外界因素、观测者　　D. 观测仪器、观测方法。外界因素

9. 由于钢尺的尺长误差对距离测量所造成的误差属于(　　)。

A. 系统误差　　B. 偶然误差

C. 既不是偶然误差也不是系统误差　　D. 可能是偶然误差也可能是系统误差

10. 估读数差对水平角读数的影响通常属于(　　)。

A. 偶然误差　　B. 系统误差

C. 既不是偶然误差也不是系统误差　　D. 可能是偶然误差也可能是系统误差

三、简答题

1. 偶然误差的特性有哪些?

2. 衡量测量精度的指标有哪些?

3. 测量观测条件主要包括哪几方面?

4. 什么是误差传播定律?

四、计算题

1. 对某边观测6测回，观测结果为114.207m、114.214m、114.240m、114.232m、114.226m、114.224m，试求其算术平均值、算术平均值中误差和相对中误差。

2. 测得某长方形建筑长a=32.20m，测得精度为m_a=±0.02m；宽b=15.10m，测量精度为m_b=±0.01m，求建筑面积及精度。

3. 测得某圆的半径r=100.01m，观测中误差为m_r=±0.02m，求周边及其中误差。

4. 如图2.5所示P点高程分别由A、B、C三个已知水准点通过水准测量求得，水准路线长度如图所示，由各条线路分别计算得P点高程为39.222m，39.285m，39.274m，求P点高程的平差值及平差值的中误差?

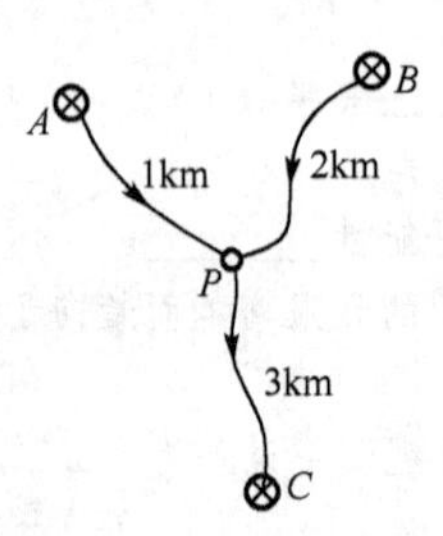

图2.5　计算题4图

第二篇

平面控制测量

项目3

角度测量

教学目标

通过本项目的学习，掌握角度测量的原理，能够熟练操作经纬仪及全站仪，具备使用经纬仪和全站仪进行水平角与竖直角测量的能力，熟悉经纬仪检校方法；能初步分析产生角度测量误差的原因，并能够采用合理的观测方法，获取可靠的角度值。

教学要求

能力目标	知识要点	权重
掌握角度测量的原理	水平角测量原理	5%
	竖直角测量原理	5%
能使用光学经纬仪熟练地测量水平角与竖直角，熟悉经纬仪的检校	光学经纬仪的结构	5%
	光学经纬仪的使用	10%
	水平角测量的方法	10%
	竖直角测量的方法	10%
	经纬仪的检验校正	10%
能使用全站仪进行角度测量	全站仪的结构	10%
	光电度盘测角原理	5%
	使用全站仪进行角度测量	15%
能初步分析产生角度误差的原因，并采取相应的措施削减误差	测角误差产生的原因	5%
	削减角度测量误差的方法	10%

项目导读

测量工作的主要目的是确定待测点的空间位置，而待测点空间位置的确定一般通过测定已知点到待测点的距离、高差以及水平角来实现，即角度、距离、高差是测量工作的三要素。

角度测量是测量的三项基本工作之一，它包括水平角测量和竖直角测量。要确定地面点的平面位置，一般需要测量水平角；要确定地面点的高程或将测得的斜距化算为平距时，一般需要测量竖直角。

角度测量的仪器主要是经纬仪和全站仪。

本项目讨论的是如何熟练、准确地使用测量仪器测定水平角和竖直角，为后续确定点的空间位置提供数据基础。

知识点滴

测角、测距仪器的发展历史

约于1640年，英国的加斯科因(W. Gascoigne)在望远镜透镜上加上十字丝，用于精确瞄准，这是光学测绘仪器的开端。公元1730年，英国西森研制成第一台游标经纬仪(图3.1)。20世纪40年代出现了光学玻璃度盘，用光学转像系统的度盘对准位置的刻划重合在同一平面上，根据这一理论就形成了光学经纬仪。光学经纬仪比早期的游标经纬仪大大提高了测角精度，而且体积小、质量轻，操作方便。可以说，从17世纪到20世纪中叶是光学测绘仪器时代，此时测绘科学的传统理论和方法比较成熟。

图3.1　第一台游标经纬仪

20世纪60年代，随着光电技术、计算机技术和精密机械技术的发展，1963年FENNEL厂研制出第一台编码电子经纬仪，从此常规的测量方法迈向了自动化的新时代。到了80年代，电子测角技术有了进一步发展，从当初的编码度盘，又发展到了光栅度盘测角和动态法测角。随着电子测微技术的进一步发展，电子测角精度大大提高。

瑞典物理学家贝尔格斯川于1949年初步研制成功一种利用白炽灯作为光源的测距仪，迈出了光电测距的第一步。1960年美国人梅曼研制成功了世界上第一台红宝石激光器，第二年就产生了世界上第一台激光测距仪。激光测距仪与第一代光电测距仪相比体积小、质量轻、测程远、精度高，而且可全天候观测。1963年瑞士威特厂开始研究砷化镓(GaAS)发光管测距仪，1963年定型生产第一台红外测距仪，进一步促进了测距仪向小型化、高精度方向发展。20世纪70年代，德国OPTON厂和瑞典的AGA厂，在光电测距和电子测角的基础上，研制生产出世界上第一台全站仪，进一步促进了测量向自动化、数字化方向发展。

1973年12月，美国国防部批准建立新一代导航系统，简称GPS。它可向全球用户提供连续、实时、高精度的三维位置、三维速度和时间信息，为陆、海、空三军提供精密导航，还用于情报收集、应急通信和卫星定位等一些军事目的。实践证明，GPS定位技术完全可以取代常规的测角、测距手段，相对定位精度可达厘米级以下。

测绘仪器发展到如今，全站仪、数字水准仪、激光类仪器、GPS以及专用电子测绘仪器等已是测量的常规仪器。

摘自科技论坛《测绘仪器发展的历史回顾与发展趋势》

任务 3.1 经纬仪角度测量

3.1.1 角度测量原理

1. 水平角测量原理

一点到两目标点的方向线垂直投影到水平面上所成的角称为水平角，其取值范围是0°～360°，一般用β表示。如图3.2所示，由地面一点A到B、C两个目标的方向线AB和AC，沿铅垂线方向垂直投影到水平面P上的两线段分别为ab和ac，其夹角β即为AB、AC方向间的水平角。它等于通过AB和AC两线段所形成的两个竖直平面之间所夹的两面角。两面角的棱线Aa是一条铅垂线。根据其概念，垂直于Aa的任一水平面P与两竖直面的交线均可用来度量水平角β值。

如果在铅垂线Aa上的O点处水平放置一个带有刻度的圆盘，即水平度盘，并使圆盘的中心位于铅垂线Aa上；再用一个既能在竖直面内转动又能绕铅垂线Aa水平转动的望远镜去照准两目标B和C，并且将AB、AC垂直投影到这个刻度圆盘上，从而可以截得相应的数值n和m。如果刻度圆盘刻划的注记是按顺时针方向由0°递增到360°，那么AB和AC两方向线的水平角就能计算出来，即

$$\angle bac=\beta=m-n \tag{3-1}$$

2. 竖直角测量原理

在同一竖直面内，一点至观测目标的方向线与水平线间所夹的角称为竖直角，也称“高度角”或“垂直角”，通常用α表示。如图3.3所示中的α_A和$_B$。竖直角是有正负意义的量，它的取值范围为－90°～＋90°。目标视线在水平面以上称为仰角，角值为正，取值范围为0°～＋90°；目标视线在水平面以下称为俯角，角值为负，取值范围为－90°～0°。

目标与天顶方向(即铅垂线的反方向)所成的角，称为天顶距，通常用Z表示，其取值范围为0°～＋180°，没有负值，如图3.3所示。天文测量中常用这种方法表示。

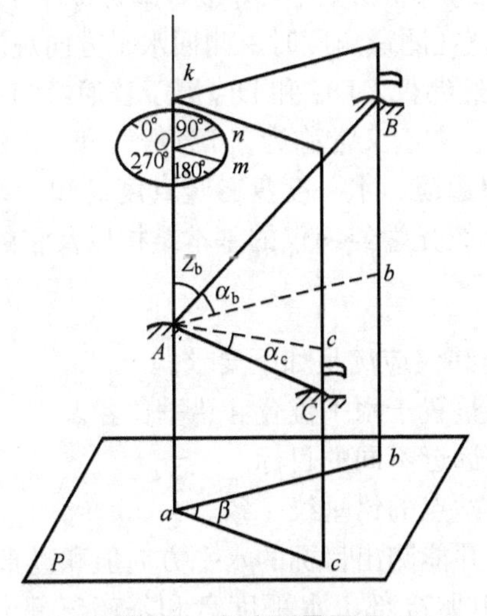

图3.2 角度测量原理

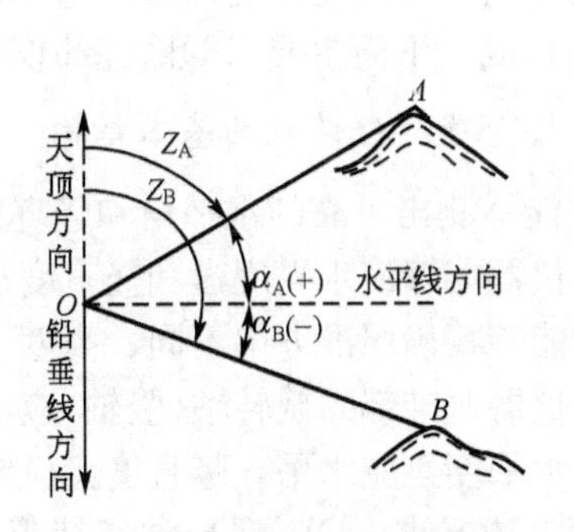

图3.3 竖直角测量原理

竖直角与天顶距的关系为

$$\alpha = 90° - Z \tag{3-2}$$

因此，在测量工作中，竖直角和天顶距只需测出一个即可。

如图3.3所示，为了测得竖直角或天顶距，需在O点上设置一个可以在竖直平面内随望远镜一起转动又带有刻划的竖直度盘(竖盘)，并且有一竖盘的读数指标线位于铅垂位置，不随竖盘的转动而转动。因此，竖直角就等于瞄准目标时倾斜视线的读数与水平视线读数的差值。

经纬仪就是根据上述水平角和竖直角的测量原理设计制造的。

知识链接

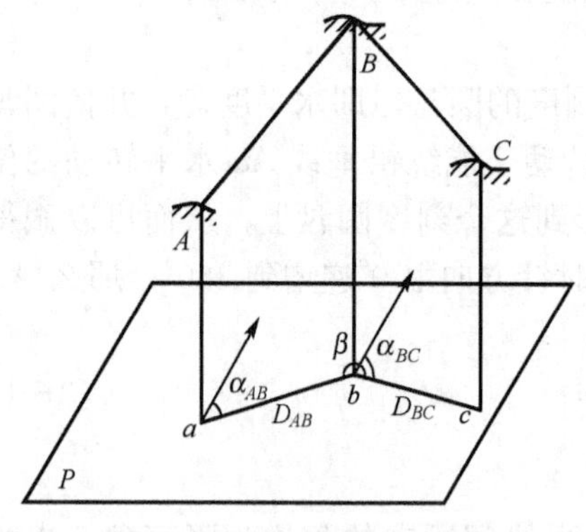

图3.4 角度测量的目的

前面我们已经知道测量的基本任务是确定地面点的位置(包括平面位置与高程)，测量的基本工作是角度测量、距离测量、高差测量，而角度测量又分为水平角测量和竖直角测量，那么测量水平角与竖直角各自的目的是什么呢？

如图3.4所示通过测量水平角β与水平距离DBC，在已知AB两点平面位置的情况下就能采用极坐标的形式确定C点的平面位置，当然也可以通过计算确定C点的平面直角坐标。

为确定C点的高程，需要通过测量BC方向的竖直角来计算BC两点间的高差，从而根据B点高程推算出C点的高程；同时根据BC方向的竖直角还能将斜距BC改正成水平距离DBC。

3.1.2 光学经纬仪

经纬仪是角度测量的主要仪器。按其结构原理和读数系统，可分为光学经纬仪和电子经纬仪。经纬仪通常用字母“DJ”表示，D和J分别表示“大地测量”和“经纬仪”汉语拼音的第一个字母。按精度分为DJ_{07}、DJ_1、DJ_2、DJ_6和DJ_{15}五个等级，脚标07、1、2、6、15分别为该仪器的精度指标，即表示该类型经纬仪在测量角度时一测回水平方向观测值中误差不超过的秒数。其中DJ_{07}、DJ_1、DJ_2属于精密经纬仪，DJ_6和DJ_{15}属于普通经纬仪。一般工程上常用的光学经纬仪有DJ_6和DJ_2两种类型，它们又常称为“6秒级”和“2秒级”经纬仪。不论是何等级的光学经纬仪，它都是由望远镜、水平度盘、竖直度盘和一系列棱镜等主要部件构成。下面主要以DJ_6经纬仪为例介绍光学经纬仪的基本结构以及它的使用。

1. DJ_6型光学经纬仪的基本结构

为了能够测出可靠的水平角和竖直角，经纬仪应满足如下要求。

(1) 仪器能够使水平度盘和竖直度盘分别整置于水平位置和铅垂位置。

(2) 能够精确照准方向不同、高度不同、远近不同的目标。

(3) 仪器照准部的旋转轴(竖轴)应与过测站点的铅垂线一致。

(4) 水平度盘应水平，竖直度盘应铅垂，并能测出目标的水平方向值和竖直角。

按照上述要求，DJ_6型光学经纬仪主要由照准部、水平度盘和基座三部分组成，如图3.5所示。

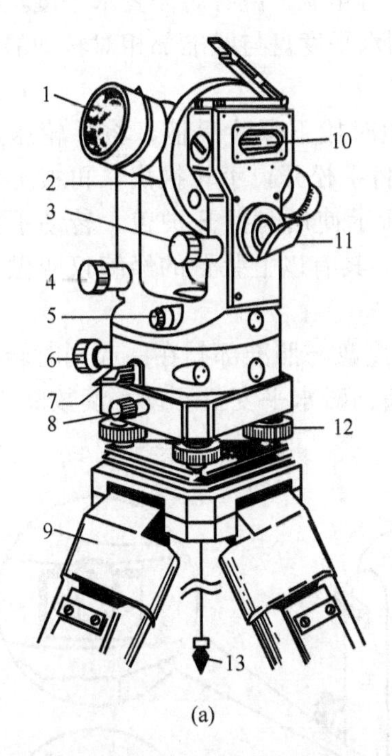

(a)

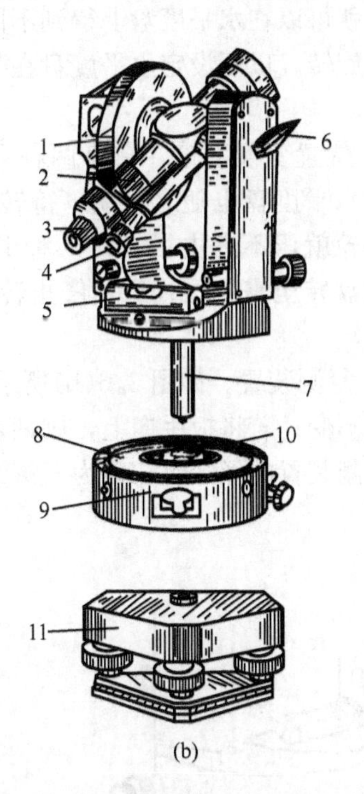

(b)

1—物镜；2—竖直度盘；3—竖盘指标水准管微动螺旋；4—望远镜微动螺旋；5—光学对中器；6—水平微动螺旋；7—水平制动扳手；8—轴座连接螺旋；9—三脚架；10—竖盘指标水准管；11—反光镜；12—脚螺旋；13—垂球

1—竖直度盘；2—目镜调焦螺旋；3—目镜；4—读数显微镜；5—照准部水准管；6—望远镜制动扳手；7—竖轴；8—水平度盘；9—复测器扳手；10—度盘轴套；11—基座

图 3.5　DJ_6 型光学经纬仪的构造

1）照准部

经纬仪基座上部能绕竖轴旋转的整体，称为照准部，它包括望远镜、横轴、竖直度盘、读数显微镜、照准部水准管和竖轴等。

（1）望远镜。用来照准目标，它固定在横轴上，绕横轴而俯仰，可利用望远镜制动螺旋和微动螺旋控制其俯仰转动。通过望远镜的调焦可以照准远近不同的目标。

（2）横轴。是望远镜俯仰转动的旋转轴，由左右两支架支承。

（3）竖直度盘。用光学玻璃制成，用来测量竖直角。

（4）读数显微镜。用来读取水平度盘读数与竖直度盘的读数。

（5）照准部水准管。用来置平仪器，使水平度盘处于水平位置。

（6）竖轴，又称"纵轴"。竖轴插入水平度盘的轴套中，可使照准部在水平方向转动，使望远镜照准不同水平方向的目标。观测作业时要求竖轴应与过测站点的铅垂线一致，照准部的旋转保持圆滑平稳。

2）水平度盘

（1）水平度盘的组成。它是用光学玻璃制成的圆环。在度盘上按顺时针方向刻有 0°～360°的分划，用来测量水平角。在度盘的外壳附有照准部水平制动螺旋和水平微动螺旋，它可使照准部绕竖轴作水平转动、制动和微动，主要用于瞄准目标。

（2）水平度盘转动的控制装置。测角时水平度盘应固定不动，这样照准部转至不同的位置，就可以在水平度盘上得到不同的读数，从而求得角值。但有时需要水平度盘和照准部一起旋转，以便设定水平度盘在某一读数上。控制水平度盘与照准部相对转动的装置有两种。

① 位置变换手轮。它有两种形式：一种是使用时拨下保险手柄，将手轮压进去并转动，水平度盘也随之转动；待转至需要位置后，将手松开，手轮推出；再拨上保险手柄，手轮就压不进去了。另一种形式如图 3.6(a)所示使用时拨开护盖，转动手轮，待水平度盘转至需要位置后，停止转动，再盖上护盖。具有以上装置的经纬仪叫做方向经纬仪。

② 复测装置。如图 3.6(b)所示当扳手拨下时，度盘与照准部扣在一起同时转动，度盘读数不变；若将扳手向上，则两者分离，照准部转动时水平度盘不动，读数随之改变。具有复测装置的经纬仪，称为复测经纬仪。

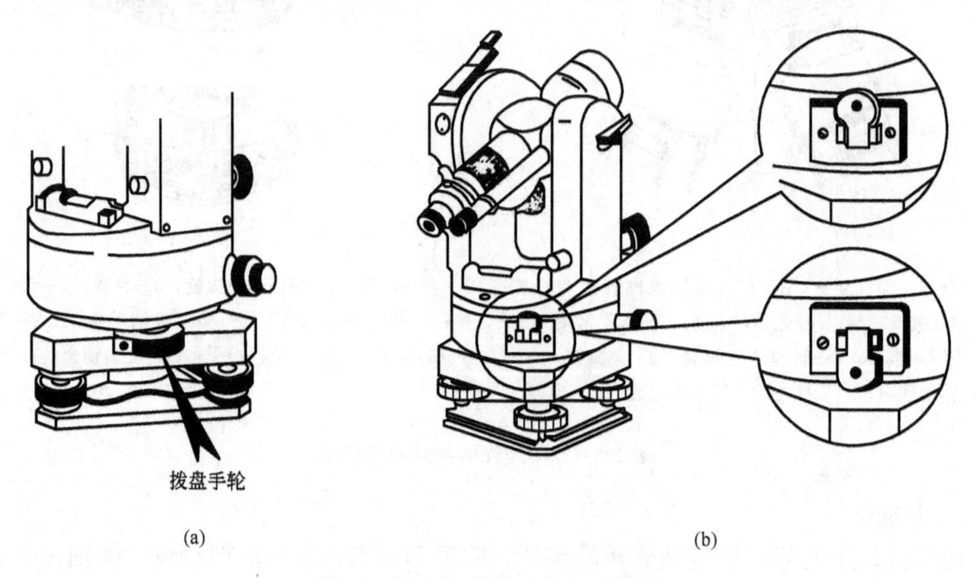

图 3.6　水平度盘转动的控制装置

3）基座

照准部下面是基座，如图 3.5 所示。基座起着支承仪器上部并使仪器与三脚架连接的作用，它主要由轴座、脚螺旋和底板组成。仪器放在三脚架头上，通过中心连接螺旋，使仪器固紧在基座底板上。其中心连接螺旋是空心的，下端一般都挂有挂钩或细绳，便于悬挂垂球进行对中。基座上备有三个脚螺旋，转动脚螺旋，可使照准部水准管气泡居中，从而使水平度盘处于水平位置。照准部旋转时，基座不会转动。

特别提示

(1) 测量水平角时，当望远镜瞄准不同方向的目标时，水平度盘应保持水平并且固定不动，而读数指标则随着望远镜一起转动。

(2) 在使用经纬仪时，应拧紧轴座连接螺旋，切勿松动，以免照准部与基座分离而坠落。

2. 望远镜的构造

望远镜由物镜、目镜、调焦透镜和十字丝分划板组成，如图 3.7 所示。物镜的作用是将远处目标成像于十字丝分划板上，目镜是将物像放大，使十字丝分划板清晰。物镜和目镜一般采用复合透镜组，调焦透镜为凹透镜，位于物镜和目镜之间。望远镜的对光通过旋转物镜调焦螺旋，使调焦透镜在望远镜镜筒内平移来实现。

如图 3.7 所示，目标 AB 经过物镜后形成了一个倒立而缩小的实像 ab，移动调焦透镜可使不同距离的目标均成像在十字丝平面上，再通过目镜将十字丝和目标同时放大，便可得到倒立而放大的目标影像 a_1b_1。

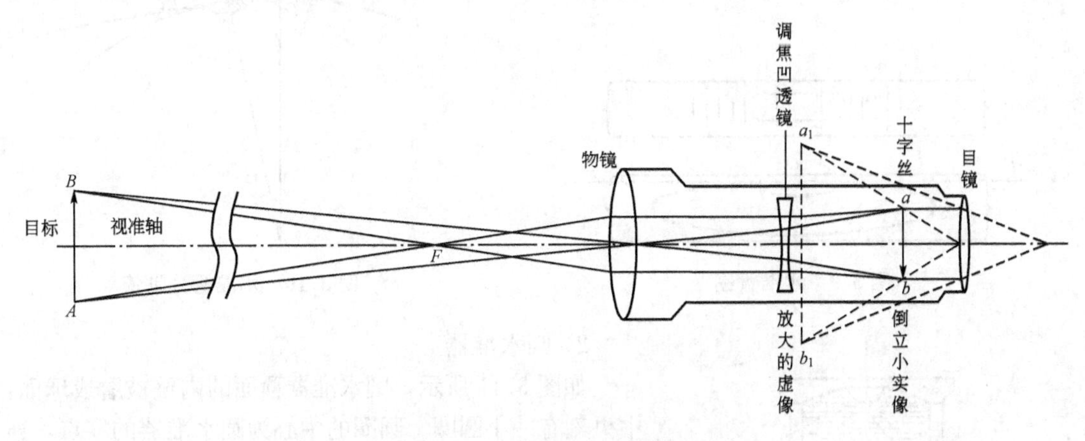

图 3.7　望远镜成像原理图

从望远镜内看到的目标影像的视角 β 与人眼直接观察该目标的视角 α 之比，称为望远镜的放大率，即放大率 $V=\dfrac{\beta}{\alpha}$。DJ6 型经纬仪望远镜的放大率一般为 28 倍。

经纬仪望远镜的十字丝是用来瞄准目标的，其形式如图 3.8 所示。十字丝分划板上刻有两条互相垂直的长丝，竖直的一条称竖丝，与之垂直的长线称为横丝或中丝，在中丝的上下还对称地刻有两条短横线，称为视距丝。十字丝交点和物镜光心的连线，称为望远镜的视准轴，如图 3.7 所示。

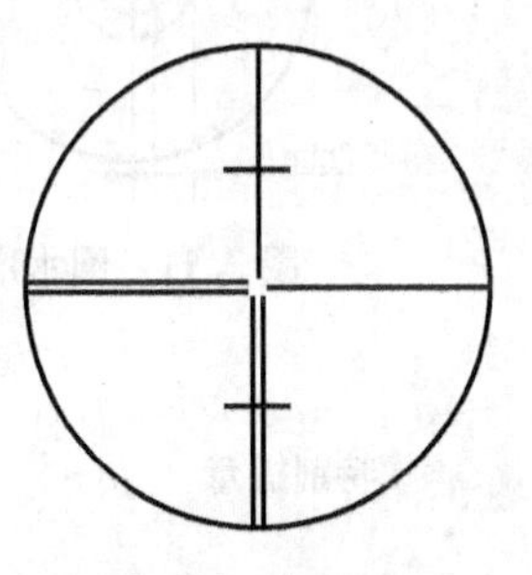

图 3.8　十字丝

3. 水准器

水准器是一种整平装置，分为管水准器和圆水准器两种。管水准器亦称水准管(图 3.9)，是用来指示经纬仪水平度盘是否水平的装置，圆水准器用来指示仪器竖轴是否竖直。

1) 管水准器

管水准器是一个密封的玻璃管，内装酒精和乙醚的混合液，仅留一个气泡，称为水准气泡。玻璃管内表面磨成圆弧形，外表面刻有 2mm 间隔的分划线，2mm 所对的圆心角 τ 称为水准管分划值，如图 3.10 所示。

$$\tau=\frac{2}{R}\rho'' \tag{3-3}$$

式中：τ——2mm 所对的圆心角($''$)；

ρ''——常数，其值为 206265$''$；

R——水准管圆弧半径(mm)。

水准管分划值越小，灵敏度就越高，DJ_6 型经纬仪的水准管分划值一般为 $30''/2$mm。

通过分划线的对称中心O(即水准管零点)作水准管圆弧的切线LL称为水准管轴，如图3.9所示。当水准管的气泡中点与水准管零点重合，即气泡两端与圆弧中点对称时，称为气泡居中，这时水准管轴处于水平位置，如图3.10所示。由于经纬仪上的水准管轴是与竖轴相垂直的，当水准管轴水平时，竖轴就竖直了，水平度盘也就水平了。

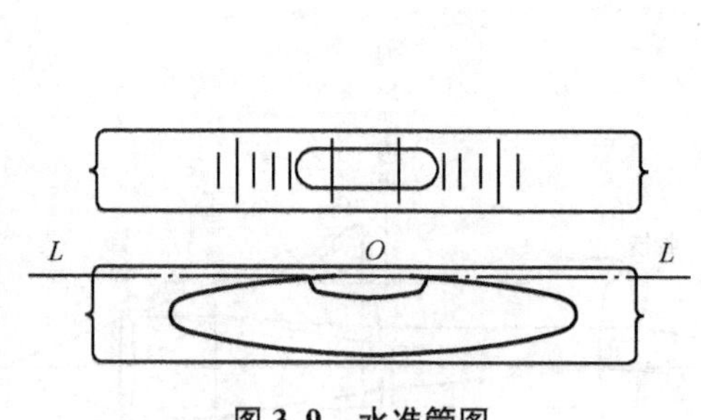

图3.9　水准管图

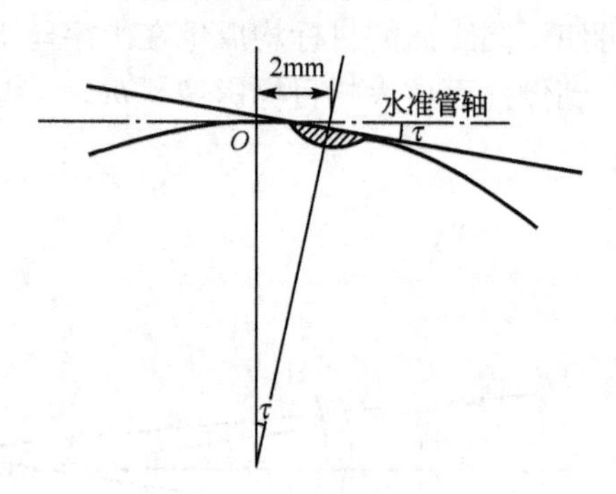

图3.10　水准管分划值

2）圆水准器

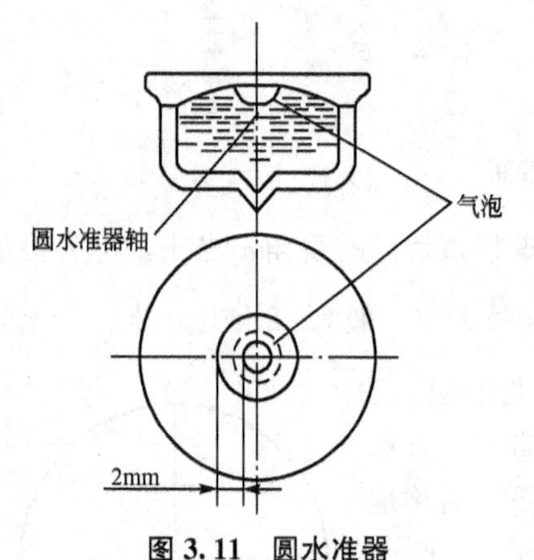

图3.11　圆水准器

如图3.11所示，圆水准器顶面的内壁被磨成球面，中央刻有一小圆圈。圆圈的中心为圆水准器的零点，连接零点与球心的直线，称为圆水准器轴。当圆水准器气泡位于小圆圈中央时，气泡居中，圆水准器轴就处于铅垂位置。当气泡不居中时，气泡中心偏移零点2mm，轴线所倾斜的角值，称为圆水准器的分划值，一般为8′～10′。圆水准器安装在托板上，其轴线与仪器的竖轴互相平行，所以当圆水准器气泡居中时，表示仪器的竖轴已基本处于铅垂位置。由于它的精度较低，故只用于仪器的概略整平。

圆水准器用于概略整平仪器，而管水准器用于精确整平仪器，只有粗略整平以后才能精确整平，顺序不能颠倒。

4. DJ_6型光学经纬仪的读数方法

目前我国生产的绝大部分DJ_6型光学经纬仪都是采用分微尺测微装置进行读数。

如图3.12所示为DJ_6经纬仪读数窗内所见，上面为水平度盘及分微尺影像，下面为竖直度盘及分微尺影像。

度盘分划线的间隔为1°，分微尺全长正好与度盘分划影像1°的间隔相等，并分为60小格，每一小格之值为1′，可估读到一小格的1/10(即0.1′或6″)。读数时，以分微尺的0分划线为指标线，先读取度盘分划的度数值(落在分微尺内的那个读数)，再读取指标线到度盘分划线之间的数值，即分、秒值，两数之和即为度盘读数。

例如图3.12中水平度盘，其中落在分微尺内的度盘分划为179°；分微尺的0分划线到度盘分划线的间隔为56整格，即56′；不足整数部分约为0.3格，可估读为18″。所以完整的水平度盘读数为 179°56′18″。

同样道理，竖直度盘读数为 73°02′18″。

5. 经纬仪的使用方法

角度测量的首要工作就是熟练掌握经纬仪的使用。经纬仪的使用包括仪器安置、照准目标和配置度盘等工作。

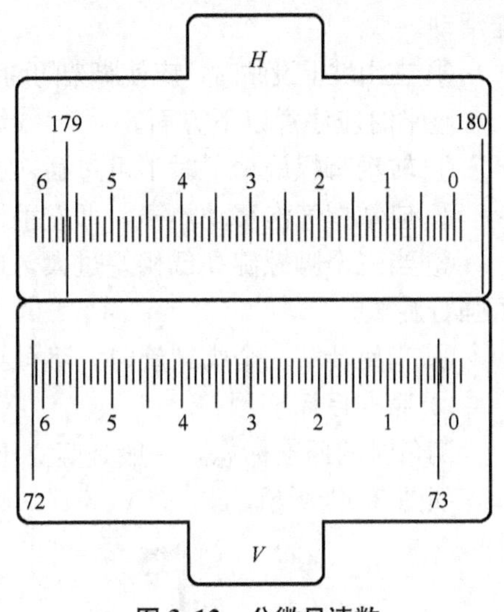

图 3.12 分微尺读数

1) 经纬仪的安置

为了测量水平角，首先要将经纬仪安置于测站上。安置工作包括对中和整平，现分述如下。

(1) 对中。对中的目的是通过对中使仪器的水平度盘中心与测站点位于同一条铅垂线上。对中有两种方法，即垂球对中和光学对中器对中，现在一般采用光学对中器对中。

光学对中器对中方法：张开三脚架，目估对中且使三脚架架头大致水平，三脚架高度适中。将经纬仪固定在三脚架上，调整对中器目镜焦距，使对中器的圆圈标志和测站点影像清晰。踩实一架腿，两手掂起另两条架腿，用自己的脚尖对准测站点标志，眼睛通过对点器的目镜来寻找自己的脚尖，找到脚尖便找到了测站点标志。然后使测站点的点子落在对中器的圆圈中央，即对中了测站点标志，这时放下两架腿踩实即可。最后再通过对点器目镜观测测站点，检查是否严格对中，若没有严格对中，可调节三个脚螺旋，使之严格对中。一般光学对中误差应小于 1mm。

(2) 整平。整平的目的是使竖轴处于铅垂位置，使水平度盘处于水平位置。

首先松开三脚架的连接螺旋，通过伸缩脚架使圆水准气泡居中，使仪器粗平；然后按照如图 3.13 所示的方法，转动脚螺旋使水准管气泡居中。观察光学对中器圆圈中心与测站点标志是否重合，一般会有微小偏移，这时松开(但不是完全松开)中心连接螺旋，在架头上平行移动(不能转动)仪器使光学对中器与测站标志点重合。由于平行移动仪器的过程对整平会有一定影响，所以需要重新转动脚螺旋使水准管气泡居中，如此反复几次，直到对中、整平都满足要求为止。

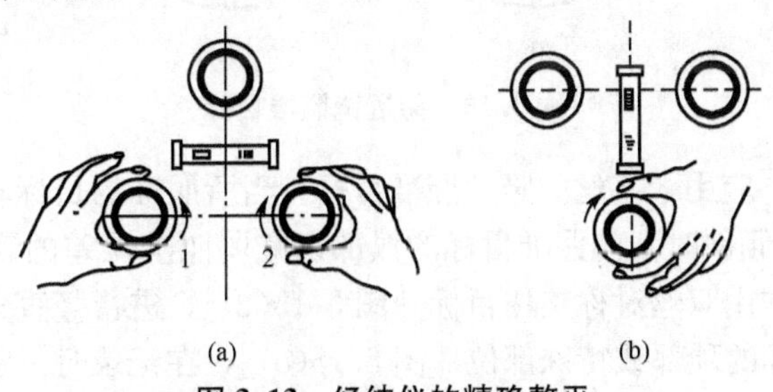

图 3.13 经纬仪的精确整平

(3) 仪器安置过程中的注意事项。

对中时应注意以下方面。

① 对中后应及时固紧连接螺旋与三脚架腿固定螺丝。

② 检查对中偏差应在规定限差之内。

③ 在坚滑地面上设站时，应将脚架固定好(腿用绳子串牢或用砖、石顶住)，以防架

腿滑动。

④ 在山坡上设站时，应使脚架的两条腿在下坡，一条腿在上坡，以保障仪器稳定、安全。

整平时应注意以下方面。

① 转动脚螺旋精平时不可过猛，否则气泡不易稳定。

② 应掌握气泡移动规律，即左手拇指的运动方向就是气泡的移动方向，右手则相反。

③ 当三个脚螺旋高低相差过大，出现转动不灵活时，应重新调整仪器架头水平，不可强行旋转。

④ 当旋转第三个脚螺旋时，不可再转动前两个脚螺旋，反之亦然。

2) 照准目标

测角时的照准标志，一般是竖立于测点的标杆、测钎、用三根竹竿悬吊垂球的线或觇牌，如图 3.14 所示。

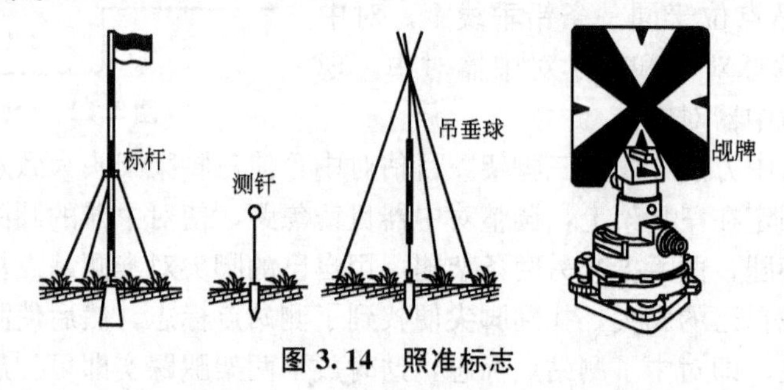

图 3.14 照准标志

照准的目的是使照准目标点的影像与十字丝交点重合。有些经纬仪没有十字丝交点，如图 3.15(a)所示，这时就用十字丝的中心部位照准目标。不同的角度测量(如水平角与竖直角)所用的十字丝是不同的，但都是用接近十字丝中心的位置照准目标。

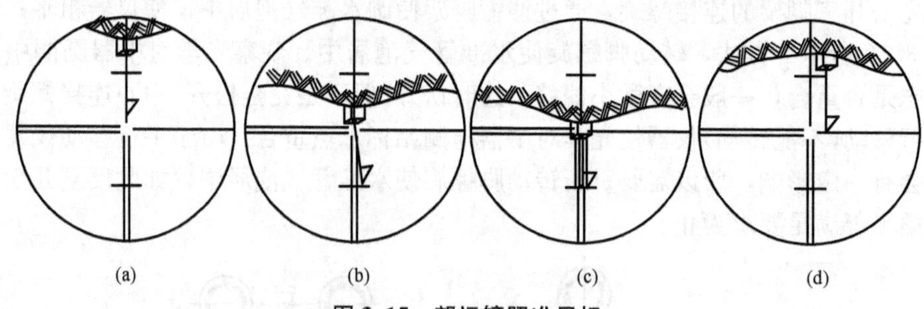

图 3.15 望远镜照准目标

在水平角测量中，应用十字丝的竖丝照准目标。当所照准的目标较小时，常用单丝重合[图 3.15(a)]；当目标倾斜时，应照准目标的根部以减弱照准误差的影响 [图 3.15(b)]；若照准的目标较粗，则常用双丝对称夹住目标 [图 3.15(c)]。进行竖直角测量时，应用十字丝的横丝(中丝)切准目标的顶部或特殊部位 [图 3.15(d)]，在记录时一定要注记照准位置。

照准时将望远镜对向明亮背景，转动目镜调焦螺旋，使十字丝清晰。松开照准部与望远镜的制动螺旋，转动照准部与望远镜，利用望远镜上的照门和准星对准目标，然后旋紧照准部与望远镜的制动螺旋。旋转物镜对光螺旋，进行物镜对光，使目标成像清晰，并注意消除视差(同时调节目镜对光螺旋与物镜对光螺旋)。最后转动照准部与望远镜微动螺旋，使十字丝精确照准目标。

所谓视差是指当观测者的眼睛在目镜端上下微动时，如果十字丝与物像存在相对移动的现象，这种现象称为视差。产生视差的原因是目标成像的平面和十字丝平面不重合，如图 3.16(a)、(b)所示。如有视差则应消除。消除的方法是重新仔细地进行目镜对光和物镜对光，直到十字丝和目标影像均呈像清晰，眼睛上下移动时成像稳定为止，如图 3.16(c)所示。

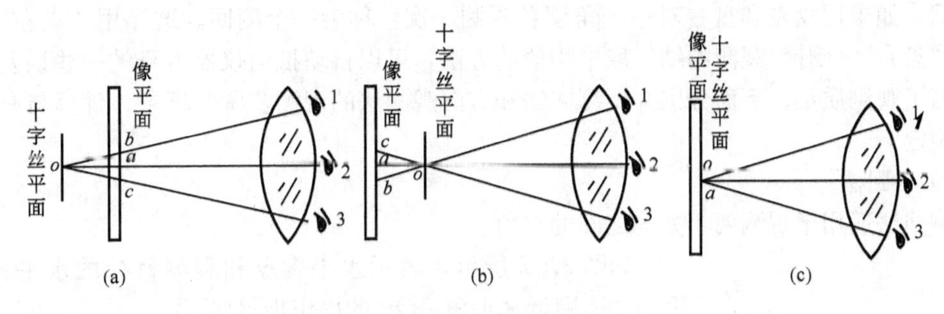

图 3.16　视差

为了减少仪器的隙动误差，使用微动螺旋精确照准目标时，一定要用旋进方向。测水平角时，照准部的旋转一定要按规定的方向旋转，以减少仪器的度盘带动误差与脚螺旋隙动差。

3）配置度盘(置数)

配置度盘是按照预先给定的度盘读数去照准目标或照准目标后使度盘读数等于所需要安置的数值。它在角度测量和施工放样中经常用到。由于有不同的读数装置，所以置数的方法也不太一样。

(1) 水平度盘置数。对于装有度盘变换手轮的经纬仪，必须先照准目标，固紧水平制动螺旋；然后转动度盘变换手轮，使分划线对准分微尺上所需安置的分秒数。置完数后，关上变换手轮护盖或扳起保险手柄使之抵住手轮，以免碰动。然后松开水平制动螺旋，即可观测其他目标。

对于装有复测器和测微手轮的经纬仪，则必须先置好数再去照准目标。例如：北京光学仪器厂生产的 DJ_{6-1} 型经纬仪，当被照准的目标读数为 96°45′20″时，应先转动测微轮，使单线指标对准分微尺上的 15′20″；再松开离合器和水平制动螺旋，一边转动照准部，一边观测水平度盘读数，当 96°30′的分划线转至双线指标附近时，固紧水平制动螺旋，转动微动螺旋使这条分划线准确地落在双指标正中央，然后扣紧离合器，松开水平制动螺旋，照准目标，再松开离合器。当转动仪器观测其他目标时，离合器应处于松开位置，不能再去扳动。

(2) 竖直度盘置数。在配置竖盘读数时，应先转动竖盘指标水准管微动螺旋，使竖盘指标水准管气泡居中。

对于分微尺读数的经纬仪，只需转动望远镜，使度盘读数接近所需读数时，拧紧望远镜的制动螺旋，再调节微动螺旋使度盘读数等于所需读数即可。

特别提示

经纬仪的使用步骤可简述为：对中、整平、瞄准和读数 4 个部分。

3.1.3　角度测量

1. 水平角测量

水平角测量最常用的方法有测回法与方向观测法，测量时无论采用哪种方法进行观测，通常都要用盘左和盘右各观测一次，取平均值得出结果。所谓的“盘左”就是用望远镜照准目标时，竖直度盘在望远镜的左边，又称为正镜；“盘右”就是用望远镜照准目标时，竖直度盘在望远镜的右边，又称为倒镜。如果只用盘左或盘右对角度观测一次，称为半测回；如果用盘左和盘右对一个角度各观测一次，称为一个测回，这样用“盘左”(正镜)、“盘右”(倒镜)观测的结果取平均值的方法，可以自动抵消仪器本身的一些误差，从而提高了观测质量。下面分别介绍测回法和方向观测法的观测步骤、记录、计算与有关的限差规定。

1) 测回法

测回法适用于观测两个方向之间的夹角。

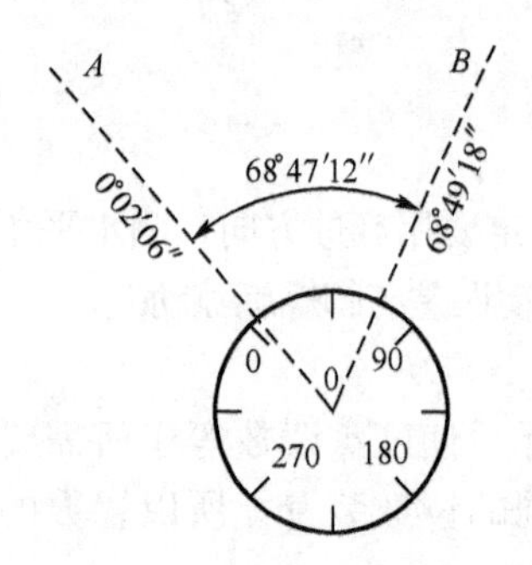

图 3.17　测回法测量水平角

如图 3.17 所示，表示水平度盘和观测目标的水平投影。用测回法测量水平角 AOB 的操作步骤如下。

(1) 安置经纬仪于测站点 O 上，进行对中、整平。

(2) 盘左位置，先照准左方目标 A，尽可能瞄准目标底部，配置度盘读数，使之略大于 0°，并记下该读数 $a_{左}$(如0°02′06″，见表 3-1)；再顺时针旋转望远镜，瞄准右方目标 B，读数 $b_{左}$，并记录(如 68°49′18″)。水平角 $\beta_{左}=b_{左}-a_{左}$(如 68°47′12″)，以上称为上半测回或盘左半测回。

(3) 盘右位置，先照准右方目标 B，读数 $b_{右}$；再逆时针旋转望远镜，瞄准右方目标 A，读数 $a_{右}$。水平角 $\beta_{右}=b_{右}-a_{右}$，以上称为下半测回或盘右半测回。

(4) 上、下半测回合称一测回。若两个半测回角值之差小于等于 40″，取平均值

$$\beta=\frac{1}{2}(\beta_{左}+\beta_{右}) \tag{3-4}$$

作为一测回的观测值(表 3-1 中的 68°47′09″)。若两个半测回角值之差大于 40″，应找出原因并重新观测。

表 3-1　水平角观测记录(测回法)

测站	目标	竖盘位置	水平度盘读数 (° ′ ″)	半测回角值 (° ′ ″)	一测回角值 (° ′ ″)	各测回平均角值 (° ′ ″)
O	A	左	0 02 06	68 47 12	68 47 09	68 47 06
	B		68 49 18			
	B	右	248 49 30	68 47 06		
	A		180 02 24			
O	A	左	90 01 36	68 47 06	68 47 03	
	B		158 48 42			
	B	右	338 48 48	68 47 00		
	A		270 01 48			

当测角精度要求较高时，需要在一个测站上观测若干测回，各测回观测角值之差称为测回差，一般应不大于24″。为了减少度盘刻划不均匀误差的影响，各测回零方向的起始数值应变换180°/n(n是测回数)。如观测三个测回，则各测回的起始度盘读数应按60°递增，即分别设置成略大于0°、60°和120°，如果测回差不超过24″，则取多个测回的平均值作为最后结果。

2) 方向观测法

当一个测站上需观测的方向数多于两个时，应采用方向观测法。当观测方向大于3个时，需转动一周，两次照准零方向，故又称为全圆方向法。

如图3.18所示O为测站点，A、B、C、D为四个目标点，现欲测出OA、OB、OC、OD的方向值，然后计算他们之间的水平角，其观测、记录步骤如下。

(1) 安置经纬仪于测站点O上。

(2)上半测回(盘左半测回)。盘左位置，对准起始方向A点，令度盘起始读数略大于0°(表3-2中起始度盘读数为0°02′12″)。然后顺时针旋转照准部，依次瞄准B、C、D点，最后又瞄准A点，这个过程称为归零。每次观测读数分别记入表3-2第3栏内。归零差要求不得大于18″。归零的目的是为了检查水平度盘的位置在观测过程中是否发生了变动。

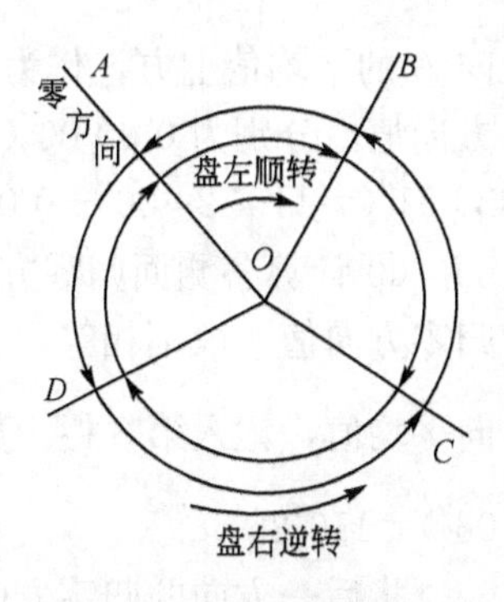

图3.18 方向法观测水平角

表3-2 水平角观测记录(全圆方向法)

测站	目标	读数 盘左 (° ′ ″)	读数 盘右 (° ′ ″)	2c=左-(右±180) (″)	平均读数 $=\frac{1}{2}$[左+(右±180°)] (° ′ ″)	归零后的方向值 (° ′ ″)	各测回归零方向值的平均值 (° ′ ″)	水平角值 (° ′ ″)
1	2	3	4	5	6	7	8	9
O					(0 02 09)			
	A	0 02 12	180 02 00	+12	0 02 06	0 00 00	0 00 00	37 42 15
	B	37 44 18	217 44 12	+6	37 44 15	37 42 06	37 42 15	72 44 43
	C	110 29 06	290 28 54	+12	110 29 00	110 26 51	110 26 58	39 45 40
	D	150 14 54	330 14 36	+18	150 14 45	150 12 36	150 12 38	209 47 22
	A	0 02 18	180 02 06	+12	0 02 12			
					(90 03 12)			
	A	90 03 12	270 03 06	+6	90 03 09	0 00 00		
	B	127 45 36	307 45 36	+0	127 45 36	37 42 24		
	C	200 30 24	20 30 12	+12	200 30 18	110 27 06		
	D	240 15 54	60 15 48	+6	240 15 51	150 12 39		
	A	90 03 24	270 03 06	+18	90 03 15			

(3) 下半测回(盘右半测回)。盘右位置瞄准A点，逆时针旋转，依次瞄准D、C、B点，最后又瞄准A点，将各点的读数分别记入表3-2第4栏内。

上、下两个半测回组成一测回。为了提高精度，通常测若干个测回，每测回的起始读数应变换 180°/n。

(4)每测完一测回后应进行下列计算。

① 计算同一方向盘左、盘右读数的平均值，并记在第 6 栏内。平均读数$=\frac{1}{2}$[左+(右±180°)]。

② 计算归零方向值，即以 0°00′00″为起始方向的方向值，记入第 7 栏内。首先计算起始方向平均值，即$\frac{1}{2}$(0°02′06″+0°02′12″)=0°02′09″，并将结果写在第 6 栏该测回起始方向 A 的平均值上方，作为 A 方向的方向值，用括号括起。然后计算 A、B、C、D 的归零方向值，分别为 0°00′00″(=0°02′09″−0°02′09″)、37°44′06″(=37°44′15″−0°02′09″)、110°26′51″(=110° 29′00″−0°02′09″)和 150°12′36″(=150°14′45″−0°02′09″)。

③ 计算各测回归零方向平均值和水平角值。由于观测含有误差，各测回同一方向的归零方向值一般不相等，其差值不得超过 24″，如符合要求取其平均值即得各测回归零方向平均值，记入第 8 栏。如第 7 栏中 C 方向的归零方向平均值为$\frac{1}{2}$(110°26′51″+110°27′06″)=110°26′58″。

将后一方向的归零方向平均值减去前一方向的归零方向平均值，得水平角，记入第 9 栏。其中∠DOA=360°00′00″−150°12′38″=209°47′22″。

注意：表 3-2 第 5 栏的 $2c$ 值对 6″经纬仪来说可以不予计算，但对 2 秒经纬仪来说，这一栏必须计算。全圆方向法技术规定见表 3-3。

表 3-3　全圆方向法观测水平角限差

仪器级别	半测回归零差	一测回 $2c$ 互差	同一方向各测回互差
DJ_2	12″	18″	12″
DJ_6	18″		24″

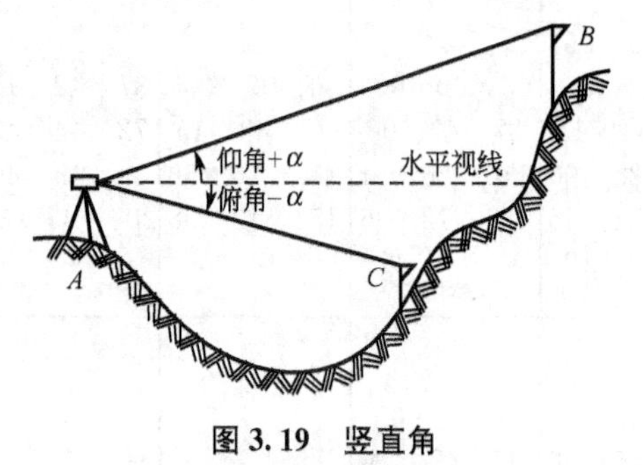

图 3.19　竖直角

2. 竖直角测量

前面讲述了竖直角与天顶距的概念。由前述可知，竖直角是同一竖直内倾斜视线与水平视线的夹角，即竖直角就等于瞄准目标时倾斜视线的读数与水平视线读数的差值，如图 3.19 所示。由于水平视线在竖直度盘上的读数是个定值，一般为 0、90、180 或 270，所以，竖直角就等于瞄准目标时倾斜视线的读数与固定值的差值。

1）竖直度盘和读数系统

如图 3.20 所示为 DJ_6 光学经纬仪的竖盘构造示意图。简单地说，竖直装置包括竖直度盘、竖盘指标水准管和竖盘指标水准管微动螺旋。竖直度盘固定在望远镜横轴的一端，随望远镜在竖直面内一起俯仰转动，为此必须有一固定的指标读取望远镜视线倾斜和水平时的读数。竖盘指标水准管与一系列棱镜物镜组成的光具组为一整体，它固定在竖盘指标水准管微动架上，即竖盘指标水准管微动螺旋可使竖盘指标水准管做微小的俯仰运动。当水准管气泡居中时，水准管轴水平，光具组的光轴即竖盘读数指标处于铅垂位置，用以指示竖盘读数。测角时，度盘随望远镜的旋转而旋转，指标固定不动。

竖盘的注记形式很多，常见的多为全圆式顺时针或逆时针注记。如图 3.21(a)所示为 DJ_6、T_1、T_2 等经纬仪竖盘的注记形式；如图 3.21(b)所示为 $DJ_{6\text{-}1}$ 型经纬仪竖盘注记形式。

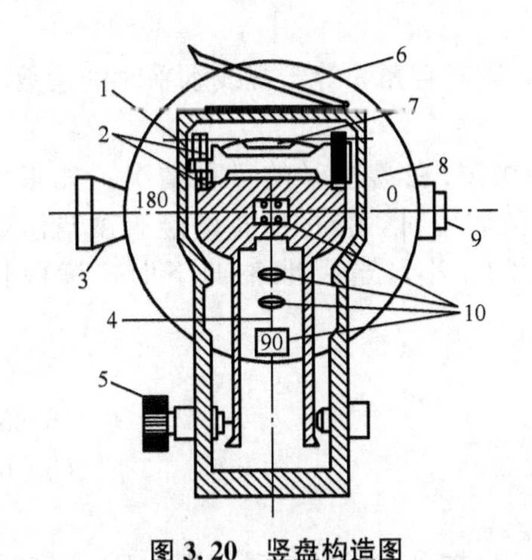

图 3.20 竖盘构造图

1—指标水准管轴；2—水准管校正螺丝；3—望远镜；4—光具组光轴；5—指标水准管微动螺旋；6—指标水准管反光镜；7—指标水准管；8—竖盘；9—目镜；10—光具组(透镜和棱镜)

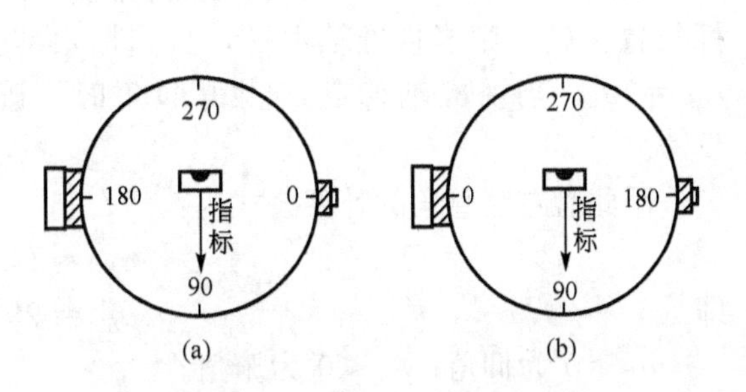

图 3.21 经纬仪竖盘注记形式

2) 竖直角计算公式

如图 3.22 所示，当望远镜视线水平、竖盘指标水准管气泡居中时，指标线所指的读数应为 90°(盘左)或 270°(盘右)，此读数是视线水平时的读数，称为始读数。因此测量竖直角时，只要测得瞄准目标时倾斜视线的读数，即可求得竖直角。但一定要在竖盘指标水准管气泡居中时才能读数。

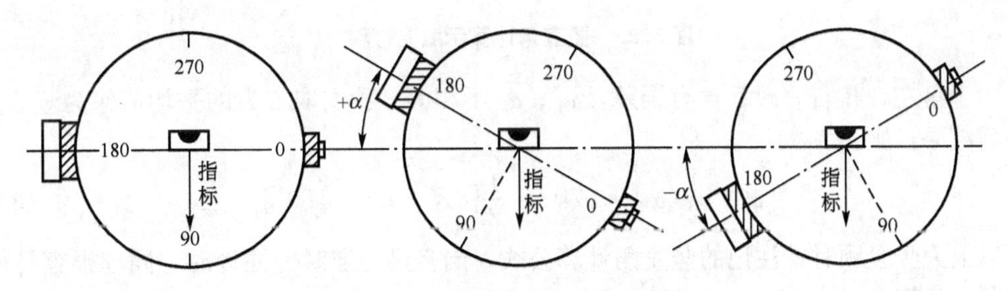

图 3.22 竖直角计算示意图(盘左)

另外，还有一种竖盘指标自动补偿装置的经纬仪，它没有竖盘指标水准管，而是安置了一个自动补偿装置。当仪器稍有微量倾斜时，它会自动调整光路，使读数相当于水准管气泡居中时的读数。其原理与自动安平水准仪相似。故使用这种仪器观测竖直角，只要将照准部水准管整平，即可瞄准目标读取读数，省去了调整竖盘水准管的步骤，从而提高了工效。

竖直角的角值是倾斜视线读数与水平视线读数(始读数)的差值，问题是应该哪个读数减哪个读数以及始读数是多少？以仰角为例，先将望远镜放在大致水平位置观测一下大致读数，即可知道始读数；然后观察将望远镜逐渐上仰时读数是增加还是减少，就可得出计算公式。具体方法如下。

(1) 当望远镜逐渐上仰时，竖盘读数逐渐增加，则竖直角 α 等于瞄准目标时的读数减去视线水平时的读数。

(2) 当望远镜逐渐上仰时，竖盘读数逐渐减少，则竖直角 α 等于视线水平时的读数减去瞄准目标时的读数。

如图 3.22 所示为常用的 DJ_6 经纬仪(顺时针注记)在盘左时的三种情况，如果指标位置正确，则当视准轴水平，且指标水准管气泡居中时，指标所指的竖直度盘读数 $L_{始}=90°$；当视准轴仰起，测得仰角时，读数比 $L_{始}$ 小；当视准轴俯下时，读数比 $L_{始}$ 大。

因此盘左竖直角的计算公式为：

$$\alpha_{左}=L_{始}-L \tag{3-5}$$

即

$$\alpha_{左}=90°-L \tag{3-6}$$

$\alpha_{左}>0°$为仰角；$\alpha_{左}<0°$为俯角。

如图 3.23 所示是常用的 DJ_6 经纬仪(顺时针注记)在盘右时的三种情况，$R_{始}=270°$，与盘左相反，仰角时读数比 $R_{始}$ 大，俯角时比 $R_{始}$ 小。因此盘右时竖直角计算公式为：

$$\alpha_{右}=R-R_{始} \tag{3-7}$$

即

$$\alpha_{右}=R-270° \tag{3-8}$$

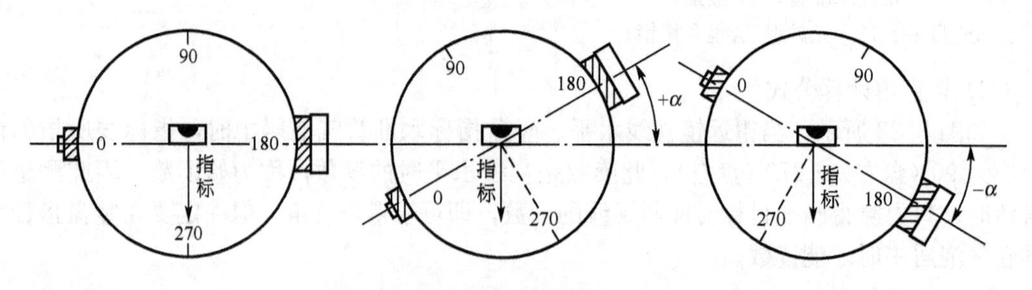

图 3.23　竖直角计算示意图(盘右)

由于盘左、盘右一般都含有误差，$\alpha_{左}$、$\alpha_{右}$不相等。我们取二者的平均值作为竖直角 α 的最后结果，则

$$\alpha=\frac{1}{2}(\alpha_{左}+\alpha_{右})=\frac{1}{2}[(R-L)-180°] \tag{3-9}$$

以上为竖盘顺时针注记的竖直角计算公式，当竖盘为逆时针注计时，同理很容易得出竖直角的计算公式：

$$\alpha_{左}=L-90° \tag{3-10}$$

$$\alpha_{右}=270°-R \tag{3-11}$$

3) 竖盘指标差

通常，仪器正确时竖盘指标水准管轴与光具组的光轴(指标)是相互垂直的，即望远镜视线水平，竖盘指标水准管气泡居中时，竖盘读数为 90°或 270°。但由于支撑竖盘指标水准管的支架高低不一，致使竖盘指标水准管气泡居中时，指标偏离正确位置，竖盘读数不是应有的始读数，其差值 x 称为竖盘指标差，如图 3.24 所示。指标差可正可负，当指标偏移方向与竖盘注记方向一致时，则使读数中增大了一个 x 值，令 x 为正；反之，当指标偏移方向与竖盘注记方向相反时，则使读数中减少了一个 x 值，令 x 为负。如图 3.24 中令 x 为正。

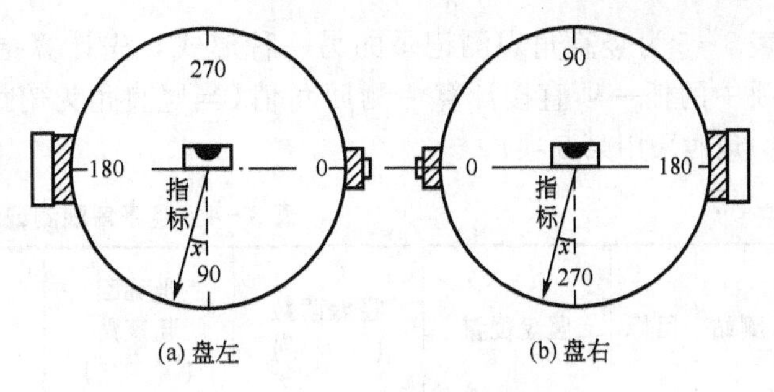

图 3.24 竖盘指标差

如图 3.24 所示，盘左始读数为 $90°+x$，盘右始读数为 $270°+x$。则当存在指标差时，竖直角的计算公式为：

$$\alpha_{左}=90°+x-L \tag{3-12}$$

$$\alpha_{右}=R-(270°+x) \tag{3-13}$$

如果观测没有误差，从理论上来讲，盘左测得的竖直角 $\alpha_{左}$ 与盘右测得的竖直角 $\alpha_{右}$ 应该相等，且等于理论值 α，即 $\alpha=\alpha_{左}=\alpha_{右}$：

$$90°+x-L=R-(270°+x)$$

由此得指标差计算公式为：

$$x=\frac{1}{2}[L+R-360°] \tag{3-14}$$

从而得竖直角为：

$$\begin{aligned}\alpha&=\frac{1}{2}(\alpha_{左}+\alpha_{右})=\frac{1}{2}[(90°+x)-L+R-(270°+x)]=\frac{1}{2}[(R-L)-180°]\\&=-(L-90°)+x=(R-270°)-x\end{aligned} \tag{3-15}$$

由式(3-15)的第三个等式可以看出，利用盘左、盘右观测竖直角并取平均值，可以消除竖盘指标差的影响，即 α 与 x 的大小无关。

4) 竖直角的观测及手簿的记录与计算

竖直角的观测方法有两种：一种是中丝法；另一种是三丝法。现在工程中常用的是中丝法。故这里只介绍中丝法的观测方法。

中丝法是指用十字丝的中丝切准目标进行竖直角观测的方法。其操作步骤如下。

(1) 将经纬仪安置于测站(对中、整平)。

(2) 如果仪器是初次使用，应根据竖盘注记形式，确定竖直角计算公式。

(3) 盘左位置照准目标，固定照准部和望远镜，转动水平微动螺旋与望远镜微动螺旋，使十字丝的中丝精确切准目标的特定位置，如图 3.15(d)所示为目标顶部。

(4) 如果仪器竖盘指标为自动补偿装置，则直接读取读数 L；如果采用的是竖盘指标水准管，应先调整竖盘指标水准管微动螺旋，使指标水准管气泡居中，再读取竖盘读数 L，计入记录手簿。

(5) 盘右精确照准同一目标的同一特定部位。重复步骤(3)(4)的操作并读数与记录。

(6) 根据计算公式，计算竖直角和指标差。

竖直角可采用式(3-15)的任意一项(共 5 项)来计算。表 3-4 为竖直角观测记录的一种形式，先计算半测回角值，两个半测回取平均得一测回角值；再根据式(3-14)计算指标差。

表3-5为竖直角观测记录的另一种形式，先计算指标差，再根据式(3-15)的最后两项中的任一项直接计算一测回角值(当竖直角为俯角时，采用第4项计算比较方便，为仰角时采用第5项)。

表3-4　竖直角观测记录表

测站	目标	竖盘位置	竖盘读数 (°　′　″)	半测回 竖直角 (°　′　″)	指标差 (″)	一测回 竖直角 (°　′　″)	各测回的 平均值 (°　′　″)
O	A	左	82　37　12	+7　22　48	+3	+7　22　51	+7　22　51
		右	277　22　54	+7　22　54			
	B	左	99　42　12	−9　42　12	+6	−9　42　06	−9　42　03
		右	260　18　00	−9　42　00			
O	A	左	82　37　18	+7　22　42	+9	+7　22　51	
		右	277　23　00	+7　23　00			
	B	左	99　42　06	−9　42　06	+6	−9　42　00	
		右	260　18　06	−9　41　54			

表3-5　竖直角观测记录表(两个测回)

测站	目标	读数		指标差 (″)	一测回竖直角 (°　′　″)	各测回的平均值 (°　′　″)
		盘左 (°　′　″)	盘右 (°　′　″)			
1	2	3	4	5	6	7
O	A	82　37　12	277　22　54	+3	7　22　51	7　22　51
	B	99　42　12	260　18　00	+6	−9　42　06	−9　42　03
	A	82　37　18	277　23　00	+9	7　22　51	
	B	99　42　06	260　18　06	+6	−9　42　00	

竖盘指标差属于仪器误差。各个方向的指标差在理论上应该相等。若不相等则是由于照准、整平和读数等误差所致。其中最大指标差与最小指标差之差称为指标差变动范围(也叫指标差互差)，对DJ_6而言一般应不超过±25″。为提高竖直角观测结果的精度，对同一目标，往往要观测几个测回，各测回的角值之差也不应超过±25″，在满足条件的情况下，各测回取平均值作为最后结果。若各测回的角值之差超过±25″，则应重新观测。

特别提示

指标差互差不超过25″是指不同方向的指标差之间的差值不超过25″，而不是指指标差本身。指标差本身的大小属于仪器问题，而指标差互差的大小则可以衡量观测者的观测水平。

任务 3.2 经纬仪的检验和校正

为了测得正确可靠的水平角和竖直角，使之达到规定的精度标准，作业开始之前必须对经纬仪进行检验和校正。

如图 3.25 所示，经纬仪的几何轴线有：望远镜视准轴 CC、横轴 HH、照准部水准管轴 LL 和仪器竖轴 VV。

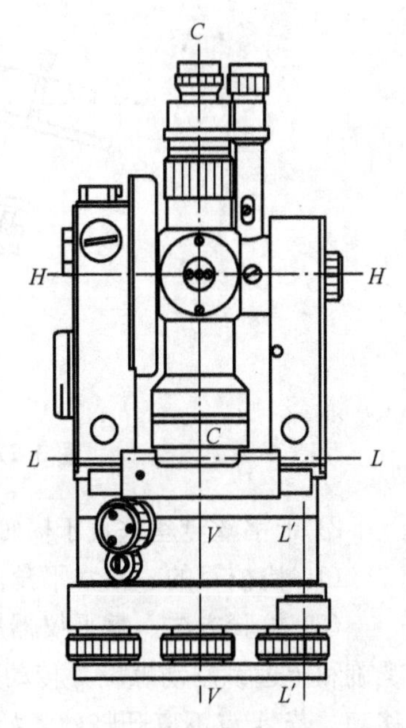

图 3.25 经纬仪的几何轴线

1. 光学经纬仪各轴线应满足的条件

(1) 测量水平角时各轴线应满足的条件如下。

① 照准部水准管轴垂直于竖轴($LL \perp VV$)。

② 十字丝竖丝垂直于横轴(竖丝$\perp HH$)。

③ 视准轴垂直于横轴($CC \perp HH$)。

④ 横轴垂直于竖轴($HH \perp VV$)。

(2) 进行竖直角测量时，竖盘指标水准管轴应垂直于竖盘读数指标线。

2. 光学经纬仪检验校正的方法步骤

1) 照准部水准管轴垂直于竖轴的检验校正

(1) 检校目的。整平仪器后，即照准部水准管气泡居中后，保证竖轴与铅垂线方向一致，从而使水平度盘处于水平位置。

(2) 检验方法。将仪器整平，转动照准部使水准管平行于一对脚螺旋的连线，并转动该对脚螺旋使气泡居中。然后，将照准部旋转 180°，若气泡仍然居中，说明条件满足。如果偏离量超过 1 格，则应进行校正。

它的原理如图 3.26 所示，当气泡居中时，表明水准管轴已水平，此时，如果水准管轴与竖轴是正交的，则竖轴应处于铅垂线方向，水平度盘应处于水平位置；若水准管轴与竖轴不正交，如图 3.26(a)所示，竖轴与铅垂线将有夹角 α，则水平度盘与水准管轴的夹角也为 α。当照准部旋转 180°时，气泡偏离，如图 3.26(b)所示，因竖轴倾斜方向没变，则水准管轴与水平线的夹角为 2α，气泡偏移零点的格值 e 就显示为 2α 角。

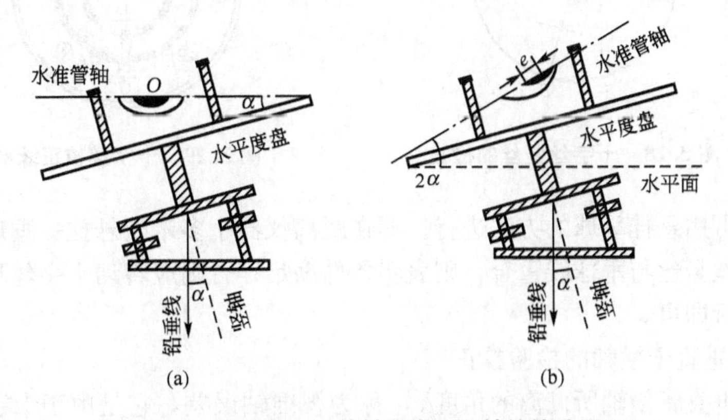

图 3.26 照准部水准管轴垂直于竖轴的检验原理

(3) 校正。用校正针拨动水准管的校正螺丝，使气泡退回偏离量的一半，使水准管轴与水平线的夹角为α，如图 3.27(a)所示，再转动脚螺旋，使气泡居中，竖轴处于铅垂方向，如图 3.27(b)所示。此项检验校正必须反复进行，直到照准部转到任何位置气泡偏离值不大于 1 格时为止。

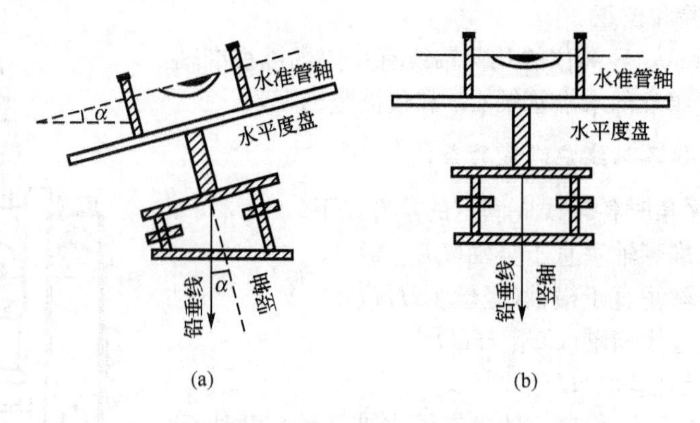

图 3.27　照准部水准管轴垂直于竖轴的校正原理

2) 十字丝竖丝垂直于横轴的检验校正

(1) 检校目的。在水平角测量时，保证十字丝竖丝铅直，以便精确瞄准目标。

(2) 检验方法。整平仪器后，用十字丝竖丝一端瞄准一清晰小点A，固定照准部制动螺旋和望远镜制动螺旋，转动望远镜微动螺旋，从目镜中可以看到，目标点A沿竖丝慢慢移动。若A点不离开竖丝，始终在竖丝上移动，则表明条件满足，否则应进行校正。如图 3.28 所示点A移动到竖丝另一端时偏到了A'处。

(3) 校正。卸下目镜处分划板护盖，如图 3.29 所示校正装置，用螺丝刀松开四个校正螺丝E，轻轻转动十字丝环，直到望远镜上下微动时，A点始终在竖丝上移动为止。此项检校须反复进行。校正结束应及时拧紧四个校正螺丝E，并旋上护盖。

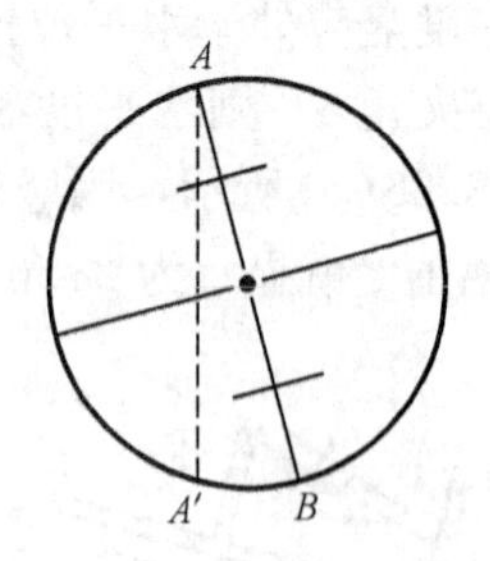

图 3.28　十字丝竖丝的检验

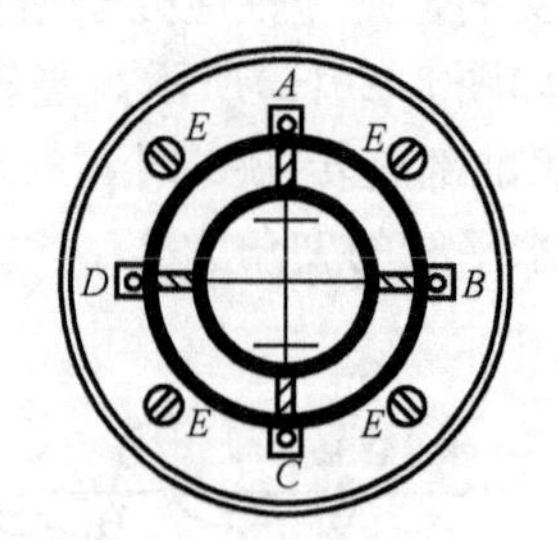

图 3.29　十字丝校正螺丝

此检校也可用悬挂垂球的方法进行。即在距离仪器十多米处悬挂一垂球，用望远镜照准之，若十字丝竖丝与垂球线重合，则表明条件满足；否则应转动十字丝环，使竖丝与垂球线重合或平行即可。

3) 视准轴垂直于横轴的检验校正

视准轴不垂直于横轴所偏离的角度c，称为视准轴误差，它是由于十字丝交点的位置不正确造成的。

(1) 检校目的。当横轴水平，望远镜绕横轴旋转时，其视准面应是一个与横轴正交的铅垂面。如果视准轴不垂直于横轴，此时望远镜绕横轴旋转时，视准轴的轨迹则是一个锥面。这时如果用该仪器观测同一铅垂面内不同高度的目标，将有不同的水平度盘读数，从而产生测角误差。

(2) 检验方法。选择与仪器同高的目标 A，用盘左、盘右观测之，取他们的读数差得两倍的 c 值，即：

$$c - \frac{1}{2}[M_1 - (M_2 \pm 180°)] \tag{3-16}$$

原理：望远镜在盘左位置瞄准与仪器同高的目标 A 时，十字丝在正确位置时的度盘读数为 M。假设交点向右偏离［图 3.30(a)］，视准轴相对正确位置左偏一个角度 c，同样要瞄准 A 目标，需再顺时针转动照准部一个 c 角度，故读数为 $M_1 = M + c$。在盘右位置时，交点向左偏离［图 3.30(b)］，视准轴相对正确位置右偏一个角度 c，同样要瞄准 A 目标，需再逆时针转动照准部一个 c 角度。故读数为 $M_2 = M \pm 180° - c$。

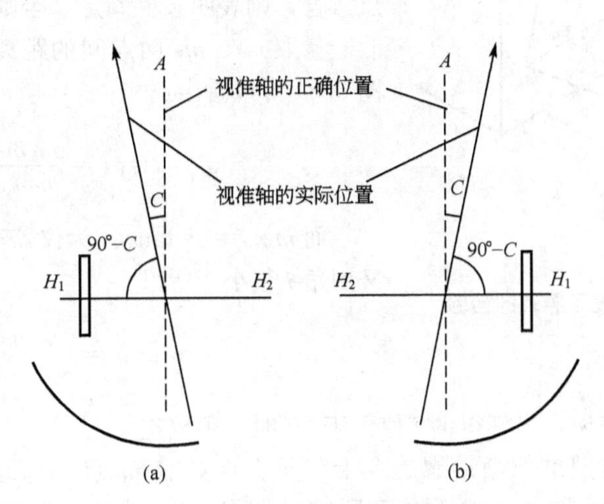

图 3.30 视准轴垂直于横轴的检验校正

将两式相加取平均，得

$$M = \frac{1}{2}(M_1 + M_2 \pm 180°) \tag{3-17}$$

将两式相减，得 $c = \frac{1}{2}[M_1 - (M_2 \pm 180°)]$。因此，可以得出结论，用盘左、盘右两个位置观测同一目标，取其平均值，可以消除视准轴误差的影响。

(3) 校正。若 c 值大于 $1'$，仪器应校正。先用盘左瞄准目标 A 得读数 M_1，转到盘右位置瞄准同一目标得读数 M_2，根据式(3.16)计算出 c 值。求出盘右时的正确读数为 $M_2 + c$，然后调照准部微动螺旋使望远镜读数窗里的读数为 $M_2 + c$。此时视准轴偏离 A 点(十字丝交点与 A 点不重合)，则打开十字丝环护盖(图 3.29)，用拨针先松开十字丝环的上下校正螺丝中的一个(A 或 C)，再按先松后紧的原则调整校正螺丝 B 和 D，移动十字丝环，直至十字丝的交点对准 A 点为止。该步骤反复进行，直到 c 小于 $1'$为止。校完后，及时拧紧松开过的螺丝(A 或 C)。

4）横轴垂直于竖轴的检验校正

(1) 目的。当仪器整平后，使横轴处于水平位置，则在满足上述几个条件的情况下，望远镜上下转动将形成一个铅垂面。

如果横轴不垂直于竖轴，则仪器整平后，即竖轴处于铅垂位置时，横轴仍不水平，而与水平线有一夹角 i，此时即使上述几个条件满足，望远镜照准面将为一斜面如盘左时的 $0'mm$，其倾角也为 i(图 3.31)，此角称为横轴误差(也称为 i 误差)。横轴误差产生的原因是横轴两端高度不等。

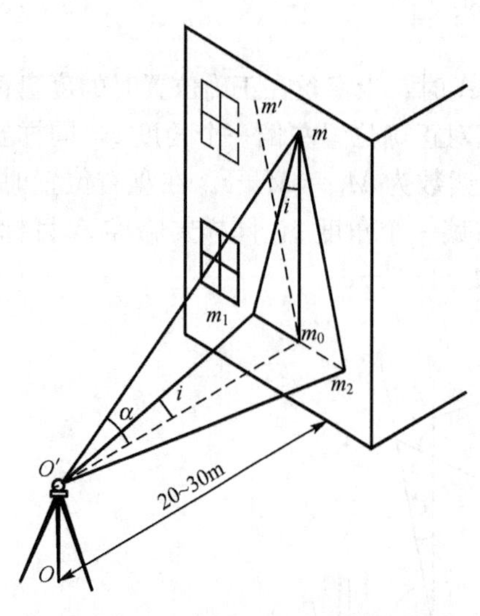

图 3.31 横轴垂直于竖轴的检验

(2) 检验。如图 3.31 所示，距离墙面 20～30m 处整平仪器，在盘左位置瞄准墙上一高处目标 m 点，固定照准部，令望远镜俯至与仪器同高的水平位置，根据十字丝交点在墙上标出一点 m_1；然后倒转望远镜，在盘右位置仍瞄准同一点 m，再将望远镜俯至水平位置，同法标出一点 m_2，若 m_1 与 m_2 两点重合，则表明条件满足，否则需计算 i 角值。

量取 m_1、m_2 两点间的距离，取其中点 m_0，从图 3.31 可以看出：

$$\tan i = \frac{m_1 m_0}{m m_0}$$

而 $mm_0 = s \cdot \tan\alpha$（$s$ 为仪器至 m 点的水平距离），又因角 i 很小，所以

$$i \approx \tan i = \frac{m_1 m_0}{s \cdot \tan\alpha} \cdot \rho''$$

对 DJ_6 经纬仪来说，当算得的 i 值大于 20″时，须校正。

(3) 校正。旋转照准部微动螺旋令十字丝交点对准 m_0 点，仰起望远镜，此时十字丝交点必然不再与原来的 m 点重合而照准另一点 m'；然后，调整望远镜右支架的偏心环，将横轴右端升高或降低，使十字丝交点对准 m 点。反复进行，直至满足条件为止。

因光学经纬仪的横轴被密封在仪器壳内，故 i 角的校正应由维修部门或厂商进行，自己一般不作校正。

5）竖盘水准管轴垂直于竖盘读数指标线的检验校正

由于支撑竖盘指标水准管的支架高低不一，致使竖盘指标水准管气泡居中时，指标偏离正确位置(图 3.32)，竖盘读数不是应有的始读数，而存在一个指标差 x 误差。由式(3-15)第三项可知，在竖直角测量中，即使竖盘读数存在指标差，如果采用盘左盘右测量取平均，算得的竖直角也与指标差大小无关。但如果仅用盘左或盘右观测，并且利用公式 $\alpha_{左} = 90° - L$ 或 $\alpha_{右} = R - 270°$ 计算竖直角，则将包含一个指标差 x 误差，给测量工作带来不便。

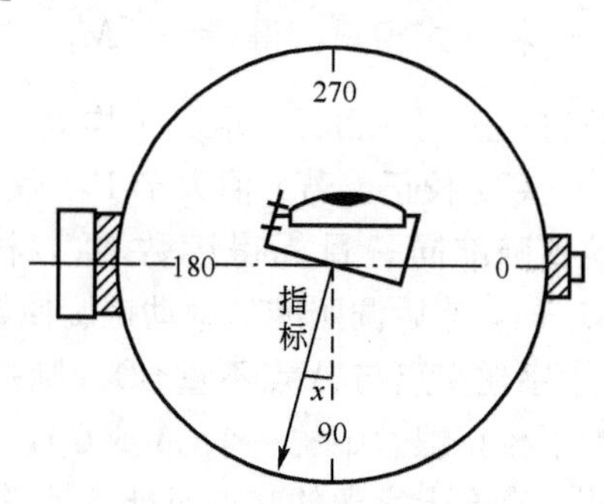

图 3.32 指标差产生的原因

(1) 目的。当竖盘指标水准管气泡居中时，竖盘起始读数为固定整数值(90°或270°)，即使得指标差$x=0$。

(2) 检验。盘左、盘右观测同一高处的目标P，分别读得竖盘读数L和R。若L与R之和恰为360°，则条件满足，否则利用式(3-14)求得x值，若x大于$1'$，需要校正。

(3) 校正。在盘右位置，先算出盘右位置时的正确读数$R_0=R-x$，然后转动竖盘指标水准管的微动螺旋，使竖盘读数恰为正确读数R_0。此时，竖盘指标水准管的气泡不居中。于是，打开水准管校正螺丝的盖板，调整上、下两个校正螺丝，用先松后紧的方法，把水准管的一端升高或降低，直至气泡居中。此项检验校正也应反复进行，直至竖盘指标差x的绝对值小于$1'$为止。

6) 有自动装置补偿器的经纬仪的指标差检验校正

(1) 检验。与有指标水准器的经纬仪的检验方法一致。

(2) 校正。在盘右位置，先算出盘右位置时的正确读数$R_0=R-x$，转动望远镜微动螺旋，使竖盘读数为R_0，此时十字丝的中丝必不切准目标。打开十字丝环护盖，见图3.29，先用拔针松开十字丝环的左、右校正螺丝中的一个(B或D)，再按先松后紧的原则调整上下校正螺丝A和C，移动十字丝环，直至十字丝的中丝切准目标为止。该步骤反复进行，直到C小于$1'$为止。校完后，及时拧紧松开过的螺丝(B或D)，并旋上十字丝环护盖。

特别提示

在上述检验校正中，第3)项与第4)项的顺序不能颠倒，即只有在第3)项视准轴误差已经消除的情况下，做横轴的检验校正才有意义。另外在做视准轴误差检校时要求目标点要与仪器同高，主要是考虑横轴误差的存在对两水平视线的夹角影响可以忽略。

任务3.3 全站仪的测量原理

随着光电测距和电子计算机技术的发展，20世纪60年代末出现了把电子测距、电子测角和微处理机结合成一个整体，能自动记录、存储并具备某些固定计算程序的电子速测仪。因该仪器在一个测站点能快速进行三维坐标测量、定位及自动数据采集、处理和存储等工作，较完善地实现了测量和数据处理过程的电子化和一体化，所以称为“全站型电子速测仪”(Electronic Total Station)，通常又称为“电子全站仪”或简称“全站仪”。

3.3.1 全站仪的结构与功能

1. 全站仪的结构

全站仪主要由电子测角、光电测距和数据微处理系统组成，各部分的组合框图如图3.33所示。

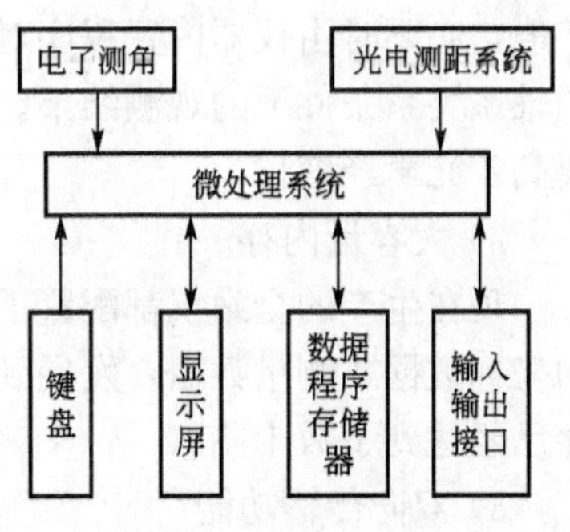

图3.33 全站仪的组成

按结构形式，全站仪可分为“组合式”和“整体式”两种类型。组合式全站仪是将电子经纬仪、红外测距仪和微处理器通过一定的连接器构成一个组合体，如图 3.34 所示。这种仪器的优点是能由系统的现有构件组成，还可通过不同的构件进行灵活多样的组合。当个别构件损坏时，可以用其他构件代替，具有很强的灵活性。这种组合式的速测仪在我国 20 世纪 80 年代末和 90 年代，在一些测绘单位使用比较普遍，现在基本上已被淘汰。

如图 3.35 所示，整体式全站仪是在一个仪器外壳内包含有电子经纬仪、红外测距仪和电子微处理器。这种仪器的优点是电子经纬仪和红外测距仪使用共同的光学望远镜，角度测量和距离测量只需瞄准一次，测量结果能自动显示并能与外围设备双向通信，其优点是体积小、结构紧凑、操作方便、精度高。

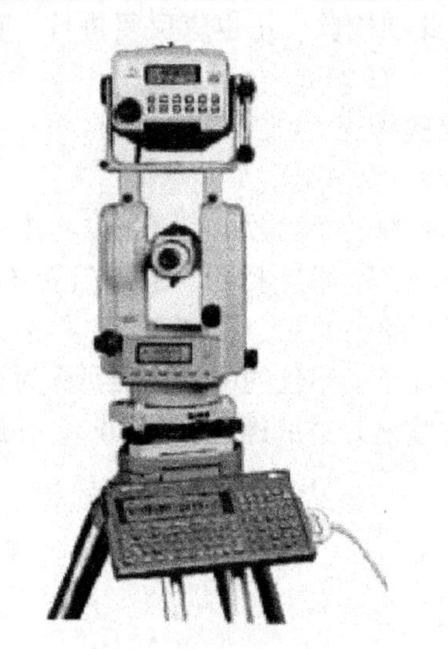

图 3.34　组合式全站仪

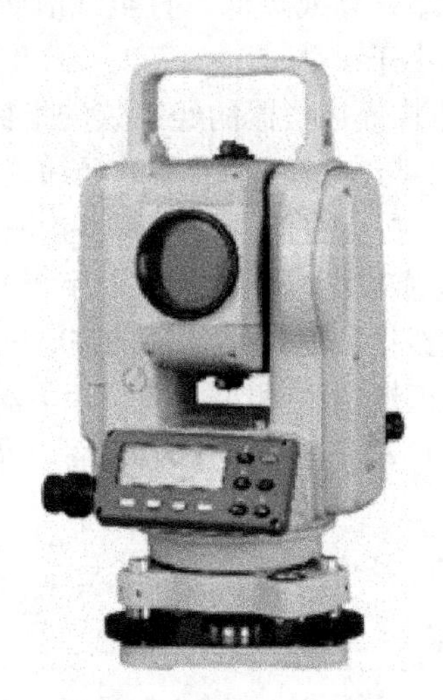

图 3.35　整体式全站仪

2. 全站仪的功能和特性

目前使用的全站仪一般都具备如下的一些功能和特性。

1）自检与改正功能

仪器误差对测角精度的影响，主要是由仪器的三轴之间关系不正确造成的。在光学经纬仪中主要是通过对三轴之间关系的检验校正，来减少仪器误差对测角精度的影响。在全站仪中则主要是通过所谓“自动补偿”实现的。最新的全站仪已实现了“三轴”补偿功能(补偿器的有效工作范围一般为±3′)，即全站仪中安装的补偿器，能自动检测或改正由于仪器垂直轴倾斜而引起的测角误差，通过仪器视准轴误差和横轴误差的检测结果计算出误差值，必要时由仪器内置程序对所观测的角度加以改正，从而使观测得到的结果是在正确的轴系关系条件下的观测结果。因此，仅就这点来说，全站仪工作的稳定性和精度可靠性要高于光学经纬仪。

2）大容量内存

现在生产的全站仪都配置了内部存储器，而且容量越来越大，从以前只存储几百个点的坐标数据或测量数据，发展到现在储存上万个点的坐标数据或观测数据，有的全站仪内存已经达到了数十兆。

3）双向传输功能

全站仪与计算机之间的通信，不仅可以将全站仪的内存中的数据文件传送到计算机，还可以将计算机中的坐标数据文件和编码库数据或程序传送到全站仪的内存中，或由计算机实时控制全站仪的工作状态，也可以对全站仪内的软件进行升级，拓展其功能。

4）程序化

程序化是指在全站仪的内存中存储了一些常用的测量作业程序，更好地满足了专业测量的要求。全站仪除了具有基本的测量功能，如角度测量、距离测量、坐标测量外，还具有特殊的测量程序，如放样测量、对边测量、悬高测量、后方交会、面积测量、偏心测量等。内置程序能够实时提供观测过程并计算出最终结果。观测者只要能够按仪器中的设定进行观测，即可以现场给出结果，通过程序将内业计算工作直接在外业完成。

5）操作方便

全站仪的发展使得它操作更加方便。现在大多数全站仪都采用了汉化的中文界面，显示屏更大，字体更清晰、美观；操作键采用软键和数字键盘相结合的方式，按键方便，易学易用。

6）智能化

现今推出了许多智能型全站仪，如Leica公司的带目标自动识别、伺服电动机驱动与镜站遥控功能的TPS系列和TCA系列；南方公司推出的使用WindowsCE操作系统、带图形显示、下拉菜单的全中文智能型全站仪。这些仪器的应用，极大地提高了测量自动化的程度，提高了作业效率。

3.3.2 全站仪的测角原理

全站仪的测角是由仪器内集成的电子经纬仪完成的。电子经纬仪的测角与光学经纬仪类似，主要区别在于电子经纬仪采用光电扫描度盘自动计数，自动处理数据，自动显示、储存及输出数据，并且角度测量的三轴误差(视准轴、水平轴和垂直轴)由仪器自动进行改正，大大减轻了测量工作者的劳动强度，提高了工作效率。

目前，电子经纬仪的测角系统主要有三类，即绝对式编码度盘测角、增量式光栅度盘测角以及动态式测角，其中又以光栅度盘测角系统或动态测角系统最为常用。现以Wild T2000电子经纬仪为例，介绍动态测角原理。

如图3.36所示是Wild T2000电子经纬仪的外形；如图3.37所示 为其测角原理示意图。该仪器的度盘仍为玻璃圆环，测角时，由微型电动机带动而旋转。度盘分成1024个分划，每一分划由一对黑白条纹组成，白的透光，黑的不透光，相当于栅线和缝隙，其栅距设为ϕ_0，如图3.33所示。光栏L_S固定在基座上，称固定光栏(也称光闸)，相当于光学度盘的零分划；光栏L_R在度盘内侧，随照

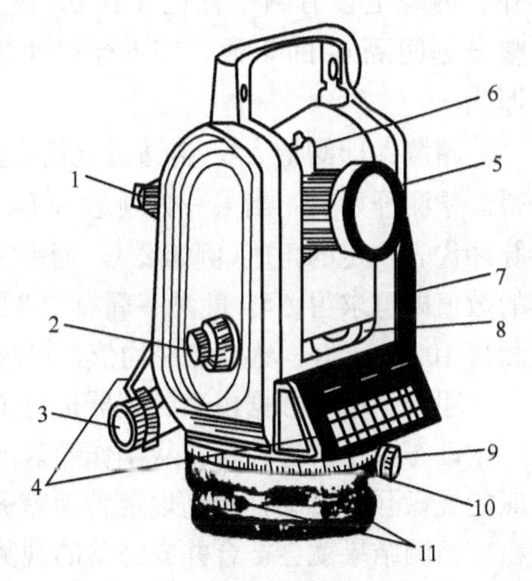

图3.36 Wild T2000电子经纬仪

1—目镜；2—望远镜制动、微动螺旋；3—水平制动、微动螺旋；4—操纵面板；5—望远镜；6—瞄准器；7—内嵌式电池盒；8—管水准器；9—轴座连接螺旋；10—概略定向度盘；11—脚螺旋

准部转动，称活动光栏，相当于光学度盘的指标线，它们之间的夹角即为要测的角度值。这种方法称为绝对式测角系统。两种光栏距度盘中心远近不同，照准部旋转瞄准不同目标时，彼此互不影响。为消除度盘偏心差，同名光栏按对径位置设置，共 4 个(两对)，图中只绘出两个。竖直度盘的固定光栏指向天顶方向。

光栏上装有发光二极管和光电二极管，分别处于度盘上、下侧。发光二极管发射红外光线，通过光栏孔隙照到度盘上。当微型电动机带动度盘旋转时，因度盘上明暗条纹而形成透光亮的不断变化，这些光信号被设置在度盘另一侧的光电二极管接收，转换成正弦波的电信号输出，用以测角。测量角度，首先要测出各方向的方向值，有了方向值，角度就可以得到了。方向值表现为 L_R 与 L_S 间的夹角 ϕ，如图 3.37 所示。由图可知，角度 ϕ 为 n 个整周期的 ϕ_0 值和不足整周数的 $\Delta\phi$ 分划值之和，即 $\phi=n\phi_0+\Delta\phi$。它们分别由粗测和精测求得。

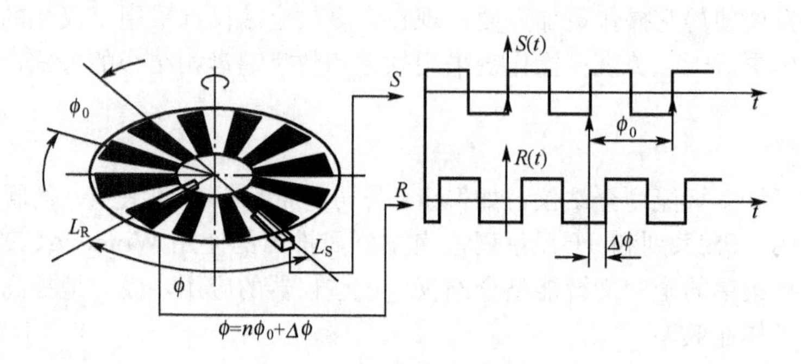

图 3.37　动态测角原理

粗测：测定通过 LS 和 L_R 给出的脉冲计数(nT_0)求得 ϕ_0 的个数 n。在度盘径向的外、内缘上设有两个标记 a 和 b。度盘旋转时，从标记 a 通过 L_s 时，计数器开始计取整分划间隔 ϕ_0 的个数，当 b 标记通过 L_R 时计数器停止计数，此时计数器所得到数值即为 n。

精测：即测量 $\Delta\phi$。由通过光栅 L_S 和 L_R 产生的两个脉冲信号 S 和 R 的相位差(ΔT)求得。精测开始后，当某一分划通过 L_S 时精测计数开始，计取通过的计数脉冲个数，一个脉冲代表一定的角值(例如 2″)，而另一分划继而通过 L_R 时停止计数，通过计数器中所计的数值即可求得 $\Delta\phi$。度盘一周有 1024 个分划间隔，每一间隔计数一次，则度盘转一周可测得 1024 个 $\Delta\phi$，然后取平均值，可求得最后的 $\Delta\phi$ 值。

粗测、精测数据由微处理器进行衔接处理后即得角值。

动态测角的过程是：从操作键盘上输入的指令，由中央处理器传给角处理器，于是相应的度盘开始转动，达到规定转速就开始进行粗测和精测并作出处理，若满足所有要求，粗、精测结果就会被合并成完整的观测结果，并送到中央处理器，由液晶显示器显示或按要求贮存于数据终端。

任务 3.4　全站仪角度测量

全站仪在测量时可以自动完成水平角、竖直角、斜距、平距、高差、三维坐标的测量和计算，同时可以进行数据的采集、处理、存储等工作。下面以南方 NTS－352 全站仪为例，介绍全站仪的角度测量。

1. 南方 NTS－352 全站仪简介

仪器的主要性能指标：

测角精度：±2″。

测距精度：±(3mm＋2ppm×D)。

测程：1.8km/一块棱镜，2.6km/三棱镜组。

仪器的内存空间可存储测量数据和坐标数据达 3440 点，若仅存放样数据可存储 10000 个点以上。

为了便于观测，仪器双面都有操作按键及显示窗(图 3.38)。显示窗采用点阵式液晶显示(图 3.39)，可显示 4 行，每行 20 个字符。通常前三行显示测量数据，最后一行是测量模式功能键，其他键见图示说明，显示符号的意义见表 3－6。

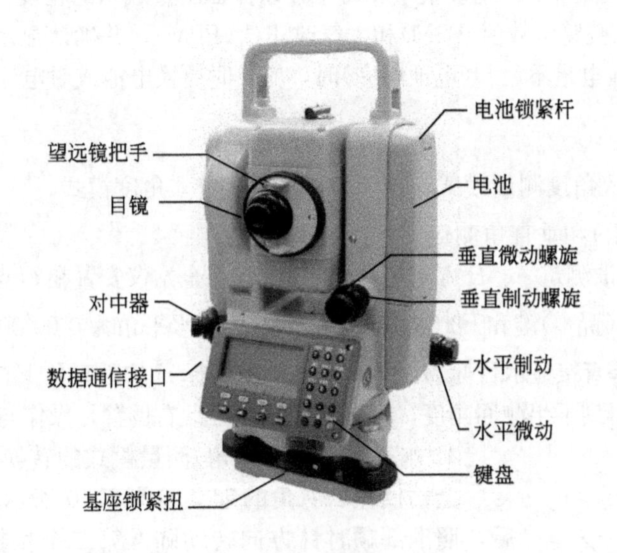

图 3.38 南方 NTS－352 全站仪

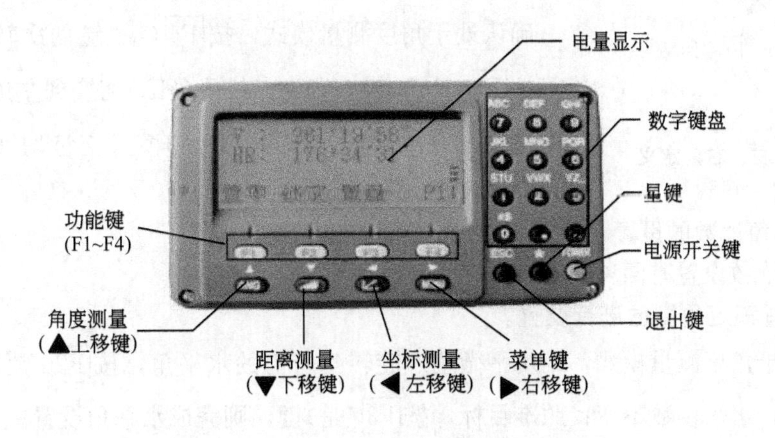

图 3.39 全站仪显示窗

表 3-6　南方 NTS-352 全站仪显示符号的意义

显示符号	内　容	显示符号	内　容
V%	垂直角(坡度显示)	E	东向坐标
HR	水平角(右角)	Z	高程
HL	水平角(左角)	*	EDM(电子测距)正在进行
HD	水平距离	m	以米为单位
VD	高差	ft	以英尺为单位
SD	倾斜距离	fi	以英尺与英寸为单位
N	北向坐标		

2. 全站仪角度测量前的准备

将仪器安装在三脚架上，精确整平和对中，以保证测量成果的精度。然后打开电源开关(POWER 键)，确认棱镜常数值(PSM)和大气改正值(PPM)，并确认显示窗中有足够的电池电量，当显示“电池电量不足”(电池用完)时，应及时更换电池或对电池进行充电。

3. 角度测量

开机后，就进入角度测量模式，或者按 ANG 键进入角度模式。

1) 水平角(右角)和垂直角测量

如图 3.40 所示欲测定 A、B 方向的水平夹角 β，将全站仪安置在 O 点上，先盘左照准第一个目标 A，按 F1 (置零)键和 F3 (是)键设置目标 A 的水平角为 $0°00'00''$，然后顺时针照准第二个目标 B，屏幕直接显示目标 B 的水平角 $\underline{HR}$ 和目标 B 的垂直角 V。以上所得角均为上半测回角度，若想得到下半测回角度，则纵转望远镜至盘右位置，操作与经纬仪测角相同。

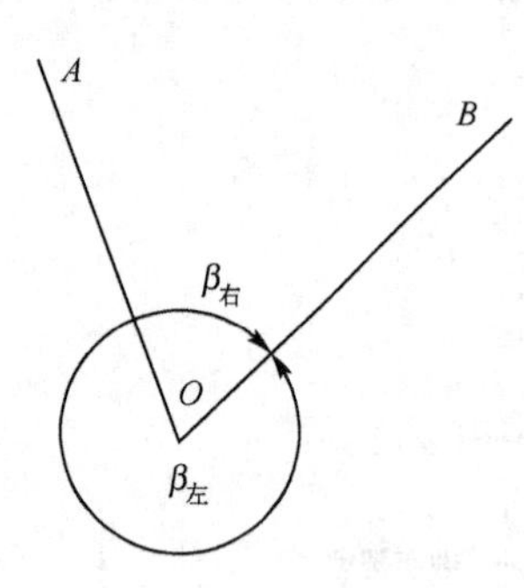

图 3.40　左、右角定义

2) 水平角(右角/左角)测量模式的转换

全站仪左、右角的定义如图 3.40 所示，瞄准第一目标 A 后，照准部顺时针方向转动瞄准第二个目标 B 时扫过的角度为右角，即图中的 $\beta_{右}$，瞄准第一目标 A 后，照准部逆时针方向转动瞄准第二个目标 B 时扫过的角度为左角，即图中的 $\beta_{左}$。

确认处于角度测量模式，按 F4 (↓)键两次转到第 3 页功能，按 F2 (R/L)键，则右角模式(HR)切换到左角模式(HL)。每次按 F2 (R/L)键，HR/HL 两种模式交替切换。通常使用右角模式观测。

3) 水平角读数的设置

水平角读数设置有两种方法。

(1) 通过锁定角度值进行设置。

确认处于角度测量模式，用水平微动螺旋转到所需的水平角，按 F2 (锁定)键，这时转动照准部，水平读数不变；照准目标，按 F3 (是)键，则完成水平角设置。

(2) 通过键盘输入进行设置。

确认处于角度测量模式，照准目标后按 F3 (置盘)键，通过键盘输入所要求的水平角读数。

4. 全站仪使用注意事项

(1) 日光下测量应避免将物镜直接瞄准太阳。

(2) 仪器不使用时，应将其装入箱内，置于干燥处，注意防震、防尘和防潮。

(3) 仪器安装至三脚架或拆卸时，要一只手先握住仪器，以防仪器跌落。

(4) 外露光学件需要清洁时，应用脱脂棉或镜头纸轻轻擦净，切不可用其他物品擦拭。

(5) 仪器使用完毕后，用绒布或毛刷清除仪器表面灰尘；仪器被雨水淋湿后，切勿通电开机，应用干净软布擦干并在通风处放一段时间。

(6) 作业前应仔细全面检查仪器，确信仪器各项指标、功能、电源、初始设置和改正参数均符合要求时再进行作业。

(7) 每次取下电池盒时，都必须先关掉仪器电源，否则仪器易损坏。

(8) 在进行测量的过程中，千万不能不关机拔下电池，否则测量数据将会丢失。

特别提示

全站仪测角操作与经纬仪测角相同，不同的仅仅是全站仪瞄准目标后能自动显示读数，而经纬仪瞄准目标后要人工读取。

任务 3.5 角度测量误差来源及消减方法

角度测量的误差来源于仪器误差、观测误差和外界条件的影响3个方面。这些误差来源对角度观测精度的影响各不相同，现将其中几种主要误差来源介绍如下。

1. 仪器误差

1) 由于仪器检校不完善而引起的误差

测量前虽对经纬仪或全站仪进行了检验和校正，但仍会有校正不完善而残余的误差，主要有以下几种。

(1) 视准轴误差。是由于望远镜视准轴不严格垂直于横轴引起的水平方向读数的误差。由于盘左、盘右观测时该误差的大小相等、符号相反，因此可以采用盘左、盘右观测取平均的方法消除。

(2) 横轴误差。是由于横轴与竖轴不严格垂直而引起的水平方向读数的误差。由于盘左、盘右观测同一目标时的水平方向读数误差大小相等、符号相反，所以也可以采用盘左、盘右观测取平均的方法消除。

(3) 竖盘指标差。由于竖盘指标水准管工作状态不正确，导致竖盘指标没有处在正确的位置，产生竖盘读数误差。这种误差同样可以采用盘左、盘右观测取平均的方法消除。

(4) 竖轴误差。是由于水准管轴不垂直于竖轴所引起的误差。这种误差不能通过盘左、盘右取平均的方法来消除。

因为水准管轴不垂直于竖轴，当水准管气泡居中时，水准管轴虽水平，但竖轴与铅垂线间有一夹角 α [图 3.20(a)]，因而造成横轴也偏离水平面 α 角。因为照准部是绕倾斜了的竖轴旋转，无论盘左或盘右观测，竖轴的倾斜方向都一样，致使横轴的倾斜方向也相同，所以竖轴误差不能用盘左、盘右取平均的方法消除。为此，观测前应严格校正仪器，观测时保持照准部水准管气泡居中，如果观测过程中气泡偏离，其偏离量不得超过一格，否则应重新进行对中整平。

2）由于仪器自身制造、加工不完善而引起的误差

仪器除了存在校正不完善而残余的误差，还存在仪器制造方面的误差。例如，水平度盘和竖直度盘的分划误差，照准部偏心差(照准部的旋转中心与水平度盘中心不重合产生的误差)，竖盘偏心差(竖盘旋转中心与分划中心不重合而引起的读数误差)等。

水平度盘和竖直度盘的分划误差一般很小。水平度盘的分划误差可采用各测回间变换水平度盘起始位置的方法来减弱这项误差。竖盘分划误差虽无法减弱和消除，但本身很小，可以忽略。照准部偏心差随着度盘读数的变化而变化，但它可以通过盘左、盘右观测取平均的方法予以消除。而竖盘偏心差则不能通过盘左、盘右观测取平均的方法予以消除。它可以采用对向观测的方法予以消除，即竖直角往返各测一个测回，并使目标高(即中丝读数)等于仪器高，使得竖直角的大小为往返绝对值的平均值，符号与往测符号一致。

特别提示

在角度测量中，常采用盘左、盘右观测取平均值的办法来减小仪器误差。

2. 观测误差

1）对中误差

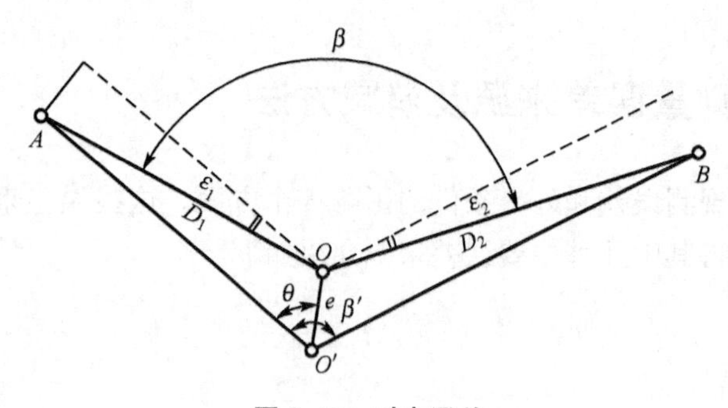

图 3.41　对中误差

对中误差，即仪器在安置时，仪器中心与测站点不在同一条铅垂线上。如图 3.41 所示，设 O 点为测站点，A、B 为目标点，由于仪器安置时存在对中误差，仪器中心偏至 O' 点，OO'的距离称为测站偏心距，通常用 e 表示。由图 3.41 可知，实测角度 β' 与正确角度值 β 之间的关系应为：$\beta=\beta'+(\varepsilon_1+\varepsilon_2)$。由于 ε_1、ε_2 很小，所以其正弦值可用弧度来代替，即

$$\varepsilon_1=\frac{e\sin\theta}{D_1}\rho''\quad \varepsilon_2=\frac{e\sin(\beta'-\theta)}{D_2}\rho''\quad (\rho''=206265)$$

因此，仪器对中误差对水平角的影响值为

$$\Delta\beta=\beta-\beta'=\varepsilon_1+\varepsilon_2=e\rho''\left[\frac{\sin\theta}{D_1}+\frac{\sin(\beta'-\theta)}{D_2}\right] \tag{3-18}$$

由式(3-18)可知：

(1) $\Delta\beta$ 与偏心距 e 成正比，即 e 越大，$\Delta\beta$ 越大。

(2) $\Delta\beta$ 与测站到目标的距离成反比，即距离越短，$\Delta\beta$ 越大。

(3) $\Delta\beta$ 与 β' 及 θ 的大小有关，当 $\beta'=180°$，$\theta=90°$时，$\Delta\beta$ 最大。

例如：当 $D_1=D_2=100\text{m}$，$e=3\text{mm}$，$\beta'=180°$，$\theta=90°$时

$$\Delta\beta=\frac{2\times3\times206265''}{100\times10^3}=12.4''$$

因此，减弱对中误差的方法是尽可能在各测站上精确对中(使 e 小于 3mm)，并且在边长较短或角度接近 180°时，更要注意仪器对中。

2) 整平误差

观测时仪器未严格整平，如图 3.42 所示气泡偏离中心位置，竖轴将处于倾斜位置，这种误差与上面分析的水准管轴不垂直于竖轴的误差性质相同。这项误差对观测角的影响是随目标点高差的增大而增大的，并且不能用观测和计算的方法予以消除。因此，当观测目标较高或在山区观测水平角时，应特别认真整平仪器。当发现水准管气泡偏离超过一格时，应重新整平，重新观测。当有太阳时，必须打伞，避免阳光照射水准管，影响仪器整平。

3) 目标偏心误差

测量水平角时，望远镜所瞄准的目标标志应处于铅垂位置。

如图 3.43 所示，如果标志发生倾斜，瞄准目标标志的上部时，其投影 A' 与地面目标点 A 不重合，会产生目标偏心误差。由图中可知，在测站 O 点上观测 $\angle AOB$ 的大小应该是 β，但由于观测者瞄准了 A 目标的上部，由此测得的水平角将不是 β，而是 β'，两者的差值，即为目标偏心差。

$$\Delta\beta = \beta - \beta' = \delta = e_1 \frac{\sin\theta}{S}\rho'' \tag{3-19}$$

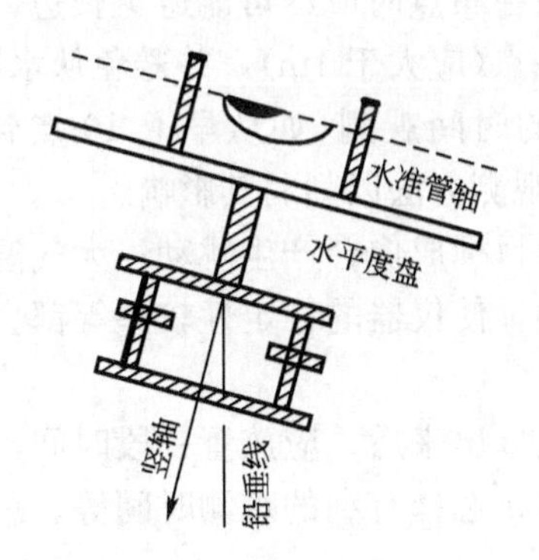

图 3.42 整平误差的影响

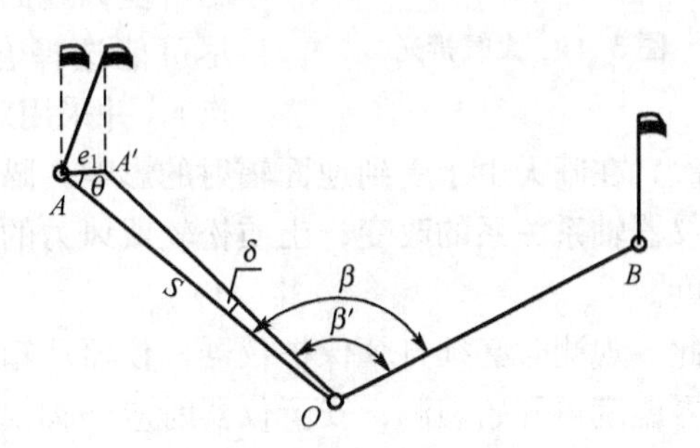

图 3.43 目标偏心误差

由式(3-19)可知，δ 与目标偏心距 e_1 成正比，与仪器至目标点的距离 S 成反比。当 $\theta = 90°$ 时，即目标偏心方向与观测方向垂直时，目标偏心影响最大。例如：当 $e_1 = 3\text{mm}$，$S = 100\text{m}$，$\theta = 90°$时

$$\delta = \frac{3 \times \sin 90°}{100 \times 10^3} \times 206265'' = 6.2''$$

因此经纬仪测角时，为了减少目标偏心对水平角观测的影响，提高测角精度，立在目标点上的标志应尽可能竖直，且瞄准时应尽可能瞄准目标点标志的底部。如遇边长短且看不到底部时，可以在目标点上悬挂垂球，瞄准垂球线进行读数。

若全站仪测角，用棱镜作为合作目标，放置棱镜的作业员要认真对中、整平，观测者要尽量瞄准目标中心。

4) 照准误差

照准误差主要与望远镜的放大倍率 V 及人眼的分辨能力有关，也受到观测目标的视差及大气温度、透明度等外界因素的影响。人眼的分辨力一般为 60″，即当两点对人眼构成的视角小于 60″时，就只能看成为一点。照准误差一般用式(3-20)计算；

$$m_V = \pm \frac{60''}{V} \tag{3-20}$$

DJ_6 型光学经纬仪望远镜的放大倍率一般为 26～30 倍，故照准误差约为 2.0″～2.3″。但观测时应注意消除视差，否则照准误差将增大。

5）读数误差

读数误差主要与经纬仪所采用的读数设备有关，由于 DJ_6 型光学经纬仪一般只能估读到 6″，可能多估也可能少估，加上其他因素的影响，估读误差一般可达 12″。

3. 外界环境的影响

外界环境对角度观测的影响比较复杂。如大气中存在温度梯度，视线通过大气中不同的密度层，传播的方向将不是一条直线而是一条曲线（图 3.44）。这时测水平角，在 A 点的望远镜视准轴处于曲线的切线位置就已照准 B 点，切线与曲线的夹角 δ 即为大气折光在水平方向所产生的误差，称为旁折光差。旁折光差 δ 的大小除与大气温度梯度有关，还与距离 d 的平方成正比。故观测时对于长边应特别注意选择有利的观测时间（如阴天或早晚）。此外视线离障碍物应在 1m 以外，否则旁折光会迅速增大。大气折光的影响在竖直角测量中产生的是垂直折光。在一般情况下，垂直折光远大于旁折光，故在布点时应尽可能避免长边，视线应尽可能离地面高一点（应大于 1m），并避免从水面通过，尽可能选择有利的时间观测（如从早上 10 点到下午 3 点），并采用对向观测方法以削弱其影响。

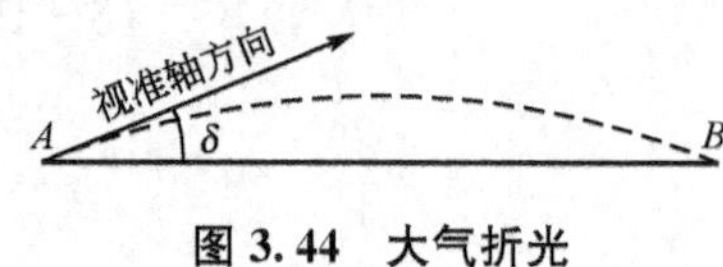

图 3.44　大气折光

其次，在晴天由于受到地面辐射的影响，瞄准时目标成像会产生跳动；大气温度的变化导致仪器轴系关系的改变；土质松软或风力的影响，使仪器的稳定性较差等都会影响测角的精度。

因此，观测时必须打伞保护仪器；仪器从箱子里拿出来后，应放置一段时间，令仪器适应外界温度再开始观测；安置仪器时应将脚架踩实；选择有利的观测时间等。总之要设法避免或减少外界条件的影响，才能保证测角精度。

项目小结

本项目角度测量是测量三项基本工作之一，是学生应首先掌握的基础知识、基本理论和基本技能。本项目主要介绍了光学经纬仪和全站仪的结构、基本操作步骤和方法；水平角、竖直角的测量方法及对观测数据的记录、计算和检核方法；经纬仪的检校方法及角度测量误差来源及消减办法。

本项目的重点内容是水平角、竖直角的概念，经纬仪和全站仪的结构，经纬仪和全站仪的操作方法；水平角和竖直角的观测方法，观测数据的记录、计算及检核方法；角度测量误差来源及消减办法。

本项目的教学目标是使学生能够熟练操作经纬仪和全站仪，能测定水平角和竖直角，能进行观测数据的记录、计算；熟悉经纬仪的检校方法，以及分析角度测量误差的来源及消减办法。

习　题

一、填空题

1. 一点到两目标的方向线垂直投影在水平面上所成夹的角为____________角。

2. 观测目标的方向线与水平面间在同一竖直面内的夹角为____________角。

3. 经纬仪使用的操作步骤为____________、____________、____________和____________。

4. 经纬仪安置包括____________和____________。

5. 经纬仪包括____________、____________和____________三部分。

6. 水准管用于____________，圆水准器用于____________。

7. 消除视差的方法就是________________________。

8. 观测水平角时，要消除视准轴误差对水平角的影响，所采用的方法是____________。

9. 用测回法对某角度观测4测回，则第2测回的水平度盘起始位置应为____________。

10. 设在东南西北分别有A、B、C、D4个目标，用全圆方向法观测水平角时，若以A为零方向，则盘左的各目标观测顺序应为____________。

11. 在水平角观测时，各测回间变换度盘的起始位置，目的是为了减少____________误差。

12. 全站仪由____________、____________和____________几部分组成。

13. 光电度盘有____________、____________和____________3种。

二、选择题

1. 竖直角的角值范围为(　　)。

A. －180°～90°　　B. 0°～90°　　C. －90°～90°　　D. 0°～360°

2. 观测水平角时，照准不同方向的目标，应(　　)旋转照准部。

A. 顺时针方向　　B. 盘左顺时针、盘右逆时针

C. 逆时针方向　　D. 盘左逆时针、盘右顺时针

3. 观测竖直角时，要消除指标差的影响，可采用(　　)的观测方法。

A. 消除视差　　B. 尽量瞄准目标底部

C. 盘左、盘右观测　　D. 测回间改变度盘起始位置

4. 要消除度盘刻划误差对水平角观测的影响，采用的方法是(　　)。

A. 各测回间改变度盘起始位置　　B. 盘左、盘右观测

C. 消除视差　　D. 认真估读减少读数误差

5. 经纬仪的视准轴应(　　)。

A. 垂直于竖轴　　B. 垂直于横轴

C. 平行于照准部水准管轴　　D. 保持铅垂

三、简答题

1. 经纬仪的组成部分有哪些？

2. 经纬仪使用的操作步骤有哪些？

3. 什么是视差？产生的原因是什么？消除方法是什么？

4. 对中和整平的目的是什么？

5. 观测水平角时，为什么要求盘左、盘右观测？

6. 观测水平角时，当采用多测回时，各测回间为什么要求改变度盘的起始位置？

7. 用全站仪进行水平读数设置有哪两种方法？

8. 经纬仪有哪些轴线？应满足哪些条件？

9. 观测水平角时，当用标杆作为观测标志时，为什么要求尽量瞄准标杆的底部？

10. 全站仪补偿器的作用是什么？

11. 什么叫做指标差？指标差对竖直角有什么影响？竖直角观测读数时应注意什么？

四、计算题

1. 试整理测回法观测水平角的观测记录(表 3-7)。

表 3-7　测回法观测水平角的观测记录

测站	目标	竖盘位置	水平度盘读数 (°　′　″)	半测回角值 (°　′　″)	一测回角值 (°　′　″)	各测回平均角值 (°　′　″)
O	A	左	0 01 24			
	B		78 18 30			
	B	右	258 19 06			
	A		180 01 36			
O	*A*	左	90 01 18			
	B		168 18 36			
	B	右	348 18 36			
	A		270 01 12			

2. 试整理用方向观测法观测水平角的观测记录(表 3-8)。

表 3-8　方向观测法观测水平角的观测记录

测站	目标	读数		2*c* (″)	平均读数 (°　′　″)	归零方向值 (°　′　″)	各测回归零方向值平均值 (°　′　″)	水平角 (°　′　″)
		盘左 (°　′　″)	盘右 (°　′　″)					
O	*A*	0 01 06	180 01 12					
	B	91 54 06	271 54 00					
	C	153 32 48	333 32 42					
	D	214 06 12	34 06 06					
	A	0 01 24	180 01 36					
	A	90 01 24	270 01 18					
	B	181 54 06	1 54 18					
	C	243 32 54	63 33 06					
	D	304 06 24	124 06 18					
	A	90 01 36	270 01 36					

3. 试整理竖直角观测记录(表 3-9)。

表 3-9　竖直角观测记录

测站	目标	竖盘位置	竖盘读数 (°　′　″)	半测回竖直角 (°　′　″)	指标差 (″)	一测回竖直角 (°　′　″)	备注
O	*A*	左	75 30 06				竖盘为顺时针注记
		右	284 30 06				
	B	左	82 00 24				
		右	277 59 30				

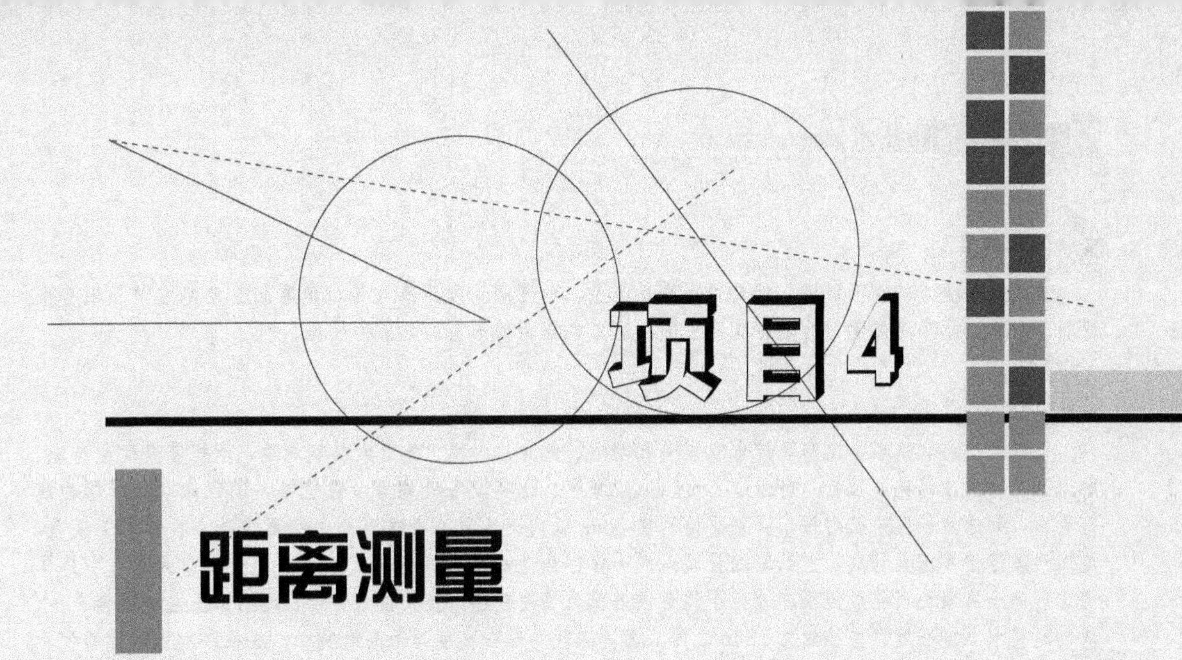

项目4 距离测量

教学目标

距离测量常用的方法有钢尺量距、视距法测距、电磁波测距。本项目要求掌握距离测量的原理与方法，掌握钢尺量距、普通视距测量、电磁波测距的基本方法和成果计算方法，具备利用钢尺、经纬仪和全站仪进行距离测量的能力。

教学要求

能力目标	知识要点	权重
掌握距离测量的方法	钢尺量距	10%
	视距测量	20%
	电磁波测距	25%
	全站仪测距	30%
	全站仪检校	15%

要确定一个点的空间位置，就要进行高差测量、角度测量和距离测量。角度测量已经在前面项目中进行了介绍，本项目要学习的是距离测量的内容，包括距离测量的方法和仪器。

北京奥运会、残奥会比赛场馆水立方有竞赛池、热身池、跳水池三大功能泳池，承担着奥运会游泳、跳水、花样游泳等比赛项目。对泳道长度、泳池深度、比赛设备设施安装位置等，国际泳联有严格的规范要求，如泳池长度宁长勿短，误差要控制在5mm以内。泳池的最终误差由测量误差、构件加工误差、施工误差等诸多因素构成，控制好测量误差成为保证泳池精度的基础。承担泳池测量工作的北京中建华海工程测绘有限公司将最大限度地减小测量误差作为首要任务，抽调技术骨干，利用最先进的测量设备，成功地将水立方长度误差控制在1mm之内。国际泳联对这一精度给予高度赞誉，成果一次性通过验收。

国际田联对奥运会、残奥会主会场鸟巢跑道的长度、平整度也提出了非常高的要求。负责鸟巢测量工作的北京城建勘测院运用3台高精度测量机器人，在场地周边布设了4个高精度平面控制点，进行了场地定位、跑道划线测量等工作，将400m跑道一圈周长的偏差严格控制在3mm之内，远远高于国际田联提出的20mm精度要求。

距离测量是测量的基本工作之一。距离测量是量测地面上两点间的水平距离，即通过这两点的铅垂线投影到水平面上的距离。

距离测量常用的方法有钢尺量距、视距法测距和电磁波测距。

任务4.1 钢尺量距

钢尺量距方法有普通量距和精密量距。普通量距采用目测定线，精度能达到1/5000～1/2000。精密量距需要经纬仪定线，还必须选用检定后的钢尺，并在规定拉力下，对丈量的距离进行尺长改正、温度改正和高差改正，精度可达到1/10000以上。

4.1.1 量距工具

1. 钢尺

钢尺的长度有20m、30m、50m等数种。根据钢尺零刻画位置的不同有端点尺和刻线尺两种。端点尺是以尺的最外端作为尺的零点，如图4.1(a)所示。刻线尺是以尺前端的一刻划线作为尺长的零点，如图4.1(b)所示。

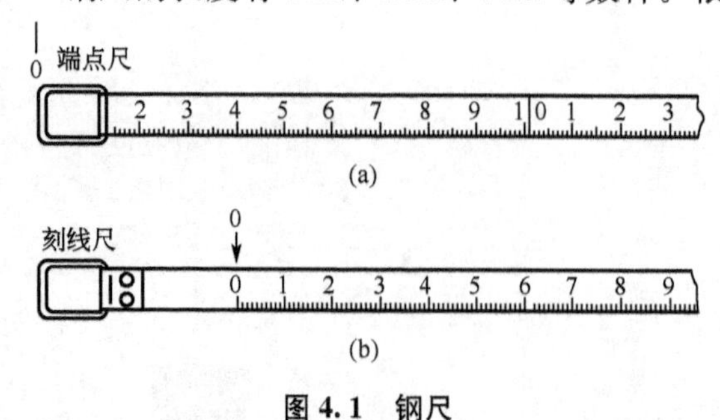

图4.1 钢尺

2. 其他辅助工具

钢尺量距中使用的辅助工具主要有测钎、标杆、垂球等。标杆［图4.2(a)］

长 2～3m，杆上涂以 20cm 间隔的红白漆，用来标定直线。测钎［图 4.2(b)］是用粗钢丝制成，长约 30cm，一端磨尖，便于插入土中，上面主要用来标记尺段端点位置和计算整尺段数。垂球也称线垂，如图 4.2(c)所示，是在倾斜地面量距的投点工具。如图 4.2(d)所示，弹簧秤用于对钢尺施加一定的拉力，温度计用于测定钢尺量距时的温度，以便对钢尺长度进行改正。

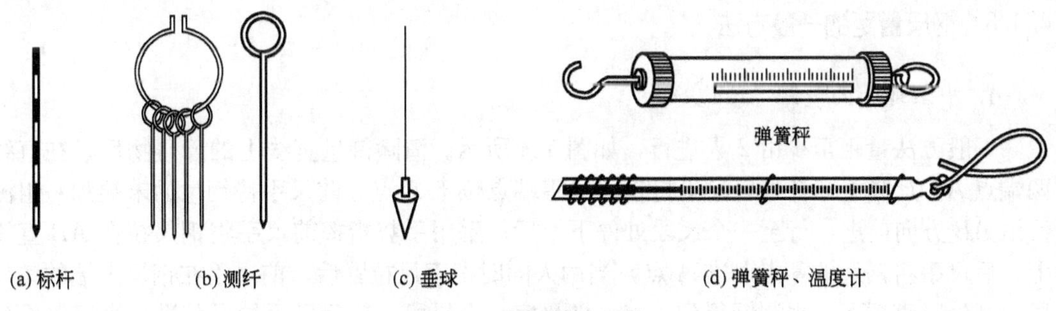

图 4.2　量距辅助工具

(1) 在钢尺精密量距时，还需弹簧秤、温度计和尺夹。弹簧秤用于对钢尺施加规定的拉力，温度计用于测定钢尺量距时的温度，以便对钢尺丈量的距离施加温度改正。尺夹用于装在钢尺末端，以方便持尺员稳定钢尺。

(2) 量距工具还有皮尺，用麻木制成，基本分划为厘米，零点在尺端。皮尺丈量精度低。

4.1.2　直线定线

当地面上两点间的距离大于钢尺的一个尺段时，需要在直线方向上标定若干分段点以便于钢尺分段丈量。直线定线的目的是使这些分段点在待量直线端点的连线上，其方法有目测定线和经纬仪定线两种。一般量距用目测定线，精密量距用经纬仪定线。

目测定线适用于钢尺量距的一般方法。如图 4.3 所示设 A、B 两点通视良好，要在 A、B 两点的直线上标出分段点 1、2 点。先在 A、B 点上竖立标杆，甲站在 A 点标杆后约 1m 处，指挥乙左右移动标杆，直到甲从在 A 点沿标杆的同一侧看到 A、2、B 三支标杆成一条直线为止。同法可以定出直线上的其他点。两点间定线，一般应由远到近，即先定 1 点，再定 2 点。定线时，乙所持标杆应竖直。此外，为了不挡住甲的视线，乙应持标杆站立在直线方向的左侧或右侧。

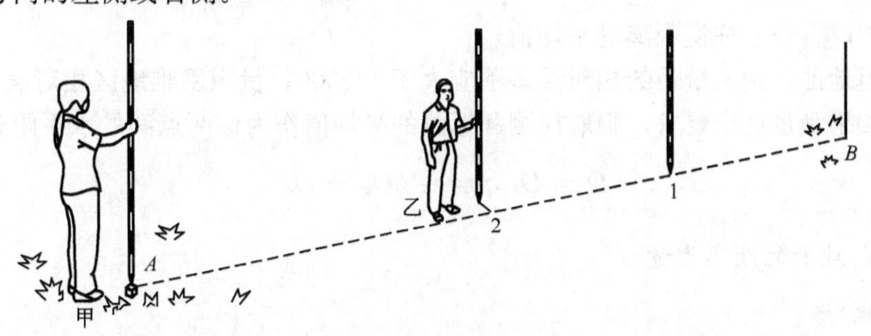

图 4.3　目测定线

特别提示

定线时中间各点没有严格定在所量直线的方向上，所量距离不是直线而是折线，折线总是比直线长。当距离较长或量距精度较高时，可利用仪器定线。

4.1.3 钢尺量距的一般方法

1. 平坦地面的量距

一般方法量距至少由2人进行，如图4.4所示。清除待量直线上的障碍物后，在直线两端点A、B竖立标杆，后尺手持钢尺的零端点位于A点，前尺手持钢尺的末端和一组测钎沿AB方向前进，行至一个尺段处停下。后尺手用手势指挥前尺手将钢尺拉在AB直线上，后尺手将钢尺的零点对准A点，当两人同时把钢尺拉紧后，前尺手在钢尺末端的整尺段分划处竖直插下一根测钎得到1点，即量完一个尺段。前后尺手抬尺前进，当后尺手到达测钎或记号处时停住，再重复上述操作，量完第二尺段。后尺手拔起地上的测钎，依次前进，直到量完AB直线的最后一段为止。

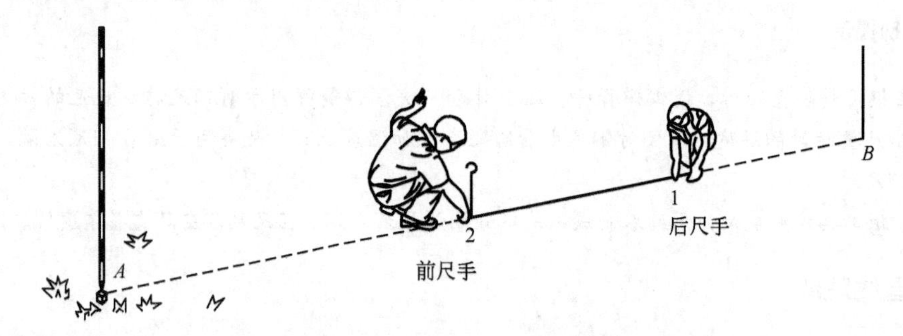

图4.4 平坦地面的距离丈量

最后一段距离一般不会刚好是整尺段的长度，称为余长。则最后A、B两点间的水平距离为：

$$D = nl + l' \tag{4-1}$$

为防止出错并提高精度，一般要往返各量一次，返测时要重新定线和测量。钢尺量距的精度常用相对误差K来衡量，即

$$K = \frac{|D_{往} - D_{返}|}{D_{平}} = \frac{1}{\frac{D_{平}}{|D_{往} - D_{返}|}} \tag{4-2}$$

式中：$D_{平均}$——往返距离的平均值。

在平坦地区，钢尺量距的相对误差不应大于1/3000；量距困难地区相对误差不应大于1/1000。如果满足这个要求，则取往测和返测的平均值作为该两点间的水平距离，即

$$D = D_{平均} = \frac{1}{2}(D_{往} + D_{返}) \tag{4-3}$$

2. 倾斜地面的距离丈量

1）平量法

沿倾斜地面丈量距离，当地势起伏不大时，可将钢尺拉平丈量，如图4.5所示。

$$D = \sum_{i=1}^{n} l_i \tag{4-4}$$

注意为了得到校核，需要进行两次同方向丈量，不采用往返丈量。计算方法同平坦地面，即采用式(4-2)和式(4-3)。

2) 斜量法

如图 4.6 所示，如果地面上两点 A、B 间的坡度较均匀，可先用钢尺量出 AB 间的倾斜距离 L，再测量出 A、B 两点的高差 h，则 A、B 两点间的水平距离 D 可由式(4-5)计算，即

$$D = \sqrt{L^2 - h^2} \tag{4-5}$$

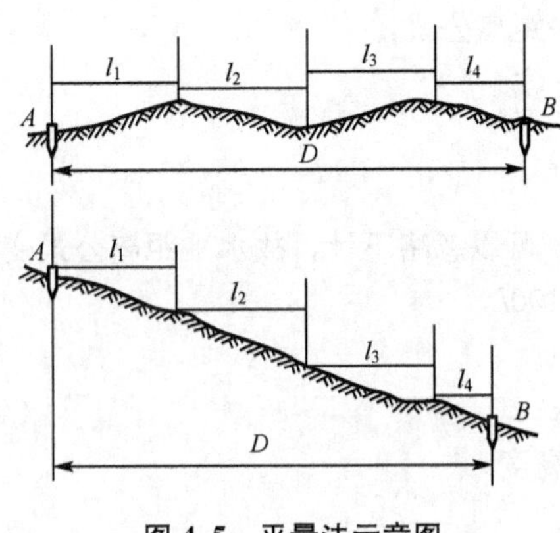

图 4.5 平量法示意图

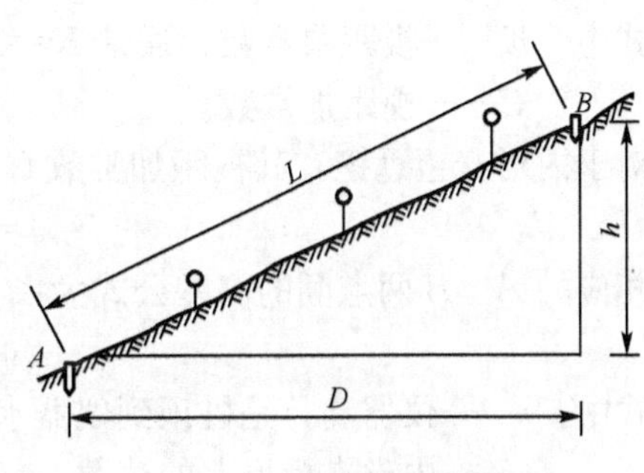

图 4.6 斜量法示意图

直接丈量水平距离时，如果钢尺不水平或中间下垂成曲线时，则会使所量的距离增长。因此丈量时必须保持钢尺水平。

任务4.2 视距测量

视距测量是根据几何光学和三角测量原理测距的一种方法。普通视距测量精度一般仅为1/300～1/200，但由于操作简便，不受地形起伏限制，可同时测定距离和高差，被广泛应用于测距精度要求不高的地形测量中。

4.2.1 普通视距测量的原理

经纬仪、水准仪等光学仪器的望远镜中都有与横丝平行、上下等距对称的两根短横丝，称为视距丝。利用视距丝配合标尺就可以进行视距测量。

1. 视线水平时的水平距离和高差公式

如图 4.7 所示在 A 点安置经纬仪，在 B 点竖立视距尺，用望远镜照准视距尺，当望远镜视线水平时，视线与尺子垂直。上、下视距丝读数之差称为视距间隔或尺间隔，用 l 表示。

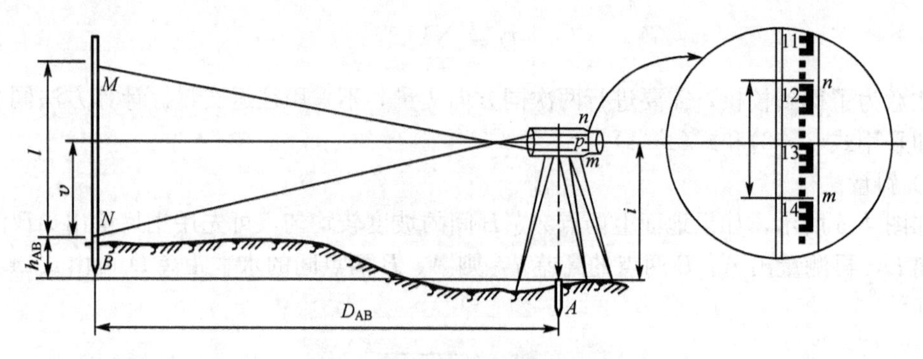

图 4.7　视线水平时的视距测量

根据透镜成像原理，可得 A、B 两点间的水平距离公式：

$$D_{AB} = Kl + C \tag{4-6}$$

式中：K——视距乘常数，通常 $K=100$；

C——视距加常数。

对于内对光望远镜，其视距加常数 C 接近零，可以忽略不计，故水平距离公式变为：

$$D_{AB} = Kl = 100l \tag{4-7}$$

相应的 A、B 两点间的高差公式为：

$$h_{AB} = i - v \tag{4-8}$$

式中：i——仪器高，是桩顶到仪器水平轴的高度；

v——中丝在标尺上的读数。

2. 视线倾斜时的水平距离和高差公式

如图 4.8 所示视准轴倾斜时，由于视线不垂直于视距尺，所以不能直接应用式(4-7)计算视距。由于 ϕ 角很小，约为 $34'$，所以有$\angle MOM' \approx \alpha$，也即只要将视距尺绕与望远镜视线的交点 O 旋转如图所示的 α 角后就能与视线垂直，即

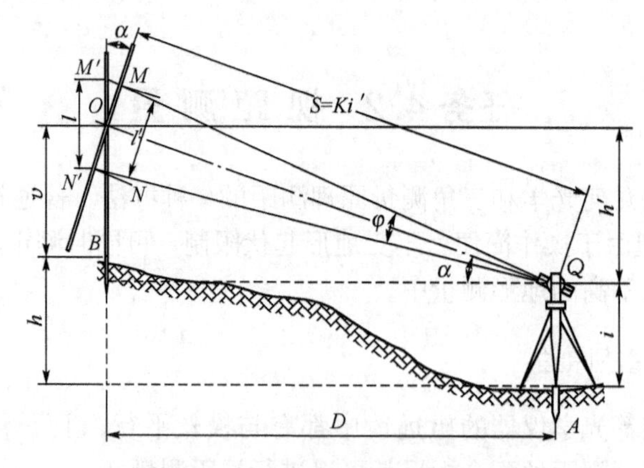

图 4.8　视准轴倾斜时的视距测量

$$l' = l\cos\alpha \tag{4-9}$$

则望远镜旋转中心 Q 与视距尺旋转中心 O 的视距为：

$$S = Kl' = Kl\cos\alpha \tag{4-10}$$

由此可得 A、B 两点间的水平距离公式：

$$D = S\cos\alpha = Kl\cos^2\alpha \tag{4-11}$$

相应的 A、B 两点间的高差公式为：

$$h_{AB} = h' + i - v = S\sin\alpha + i - v = \frac{1}{2}Kl\sin 2\alpha + i - v \tag{4-12}$$

特别提示

比较视线水平和视线倾斜时的水平距离和高差公式可知，视线水平时，竖直角为零，所以视线水平是视线倾斜的特殊情况。

4.2.2 视距测量的施测方法

(1) 如图 4.8 所示，在 A 点安置经纬仪，量取仪器高 i，在 B 点竖立视距尺。

(2) 用经纬仪的盘左(或盘右)位置，转动照准部瞄准 B 点视距尺，分别读取尺间隔 l 和中丝读数 v。

(3) 转动竖盘指标水准管微动螺旋，使竖盘指标水准管气泡居中，读取竖盘读数，并计算竖直角 α。

(4) 根据尺间隔 l、竖直角 α、仪器高 i 及中丝读数 v，按式(4-11)和式(4-12)计算水平距离 D 和高差 h。

【例 4-1】 如图 4.8 所示，经纬仪安置在 A 点，量得仪器高 i=1.52m，在 B 点竖立视距尺，在经纬仪的盘左位置，转动照准部瞄准 B 点视距尺，读得尺间隔 l=0.66m 和中丝读数 v=1.25m；读取竖盘读数 $L=80°44'00''$。已知 A 点高程 H_A=102.15m，求 A、B 两点的水平距离和 B 点的高程 H_B。

解：

$$竖直角\ \alpha = 90° - L = 9°16'00''$$

A、B 两点的水平距离为：

$$D_{AB} = Kl\cos^2\alpha = 100 \times 0.66 \times (\cos 9°16'00'')^2 = 64.29\text{m}$$

A、B 两点的高差为：

$$\begin{aligned} h_{AB} &= \frac{1}{2}Kl\sin 2\alpha + i - v \\ &= \frac{1}{2} \times 100 \times 0.66 \times \sin(2 \times 9°16'00'') + 1.52 - 1.25 \\ &= 10.76\text{m} \end{aligned}$$

B 点的高程为：

$$H_B = H_A + h_{AB} = 102.15 + 10.76 = 112.91\text{m}$$

4.2.3 视距测量的误差

1. 视距乘常数 K 的误差

仪器出厂时视距乘常数 K=100，但由于视距丝间隔有误差，视距尺有系统性刻划误差，以及仪器检定的各种因素影响，都会使 K 值不一定恰好等于 100。K 值的误差对视距测量的影响较大，不能用相应的观测方法予以消除。

2. 用视距丝读取尺间隔的误差

视距丝的读数是影响视距测量精度的重要因素，视距丝的读数误差与尺子最小分划的宽度、距离的远近、成像清晰情况有关。

3. 标尺倾斜误差

视距计算的公式是在视距尺严格垂直的条件下得到的。若视距尺发生倾斜，将给测量带来不可忽视的误差影响，因此，测量时立尺要尽量竖直。在山区作业时，由于地表有坡度而给人以一种错觉，使视距尺不易竖直，因此，应采用带有水准器装置的视距尺。

4. 大气折光的影响

大气密度分布是不均匀的，特别在晴天接近地面部分密度变化更大，使视线弯曲，给视距测量带来误差。

5. 空气对流使视距尺的成像不稳定

空气对流的现象在晴天、视线通过水面上空和视线离地表太近时较为突出，成像不稳定造成读数误差增大，对视距精度影响很大。

任务 4.3 电磁波测距

钢尺量距是一项繁重的工作，在山区或沼泽地区使用钢尺更加困难，而视距测量精度又比较低。为了提高测距速度和精度，在 20 世纪 40 年代末，人们研制了光电测距仪。60 年代初，随着激光技术的出现及电子技术、计算机技术的发展，各种类型的光电测距仪相继出现。

光电测距仪的发展经历了 3 个阶段：①单测距仪；②与光学经纬仪或电子经纬仪以积木方式组合的测距仪，也叫做组合式全站仪；③与电子经纬仪结合成一体的全站仪。

电磁波测距是用电磁波(光波或微波)作为载波传输测距信号来测量距离。与传统测距方法相比，它具有精度高、测程远、作业快、几乎不受地形条件限制等优点。

电磁波测距仪按其所用的载波可分为：①用微波作为载波的微波测距仪；②用激光作为载波的激光测距仪；③用红外光作为载波的红外测距仪。后两者统称光电测距仪。微波测距仪与激光测距多用于长距离测距，测程可达数十千米，一般用于大地测量。光电测距仪属于中、短程测距仪，一般用于小地区控制测量、地形测量、房产测量等。本节主要介绍光电测距仪。

4.3.1 光电测距原理

光电测距是通过测量光波在待测距离上往、返一次所经过的时间 t，间接地确定两点间的距离。如图 4.9 所示测距仪安置在 A 点，反射棱角安置在 B 点，测距仪发射的光波经反射棱镜反射回来后被测距仪所接收。测量出光波在 A、B 两点间往返传播的时间 t，则距离 D 为：

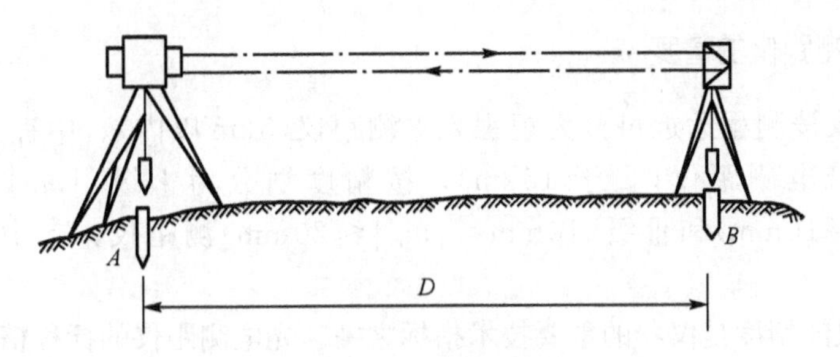

图 4.9 光电测距原理

$$D=\frac{1}{2}ct \tag{4-13}$$

式中：c——光波在空气中的传播速度。

光电测距仪按照 t 的测定方法的不同，可分为脉冲法(直接测定时间)和相位法(间接测定时间)两种。由于脉冲宽度和测距仪计时分辨率的限制，脉冲法测距的精度较低，因此，一般精密测距仪都采用相位法间接测定时间。

相位法测距是通过测量调制光波在待测距离上往返传播所产生的相位差 φ 代替测定时间 t，来解算距离 D。将调制光的往程和返程展开，得到如图 4.10 所示的波形。设光波的波长为 λ，如果整个过程光传播的整波长数为 N，最后一段不足整波长，其相位差为 $\Delta\varphi$（数值小于 2π），对应的整波长数为 $\Delta\varphi/2\pi$，可见图中 AB 间的距离为全程的一半，即

$$D=\frac{1}{2}\lambda\left(N+\frac{\Delta\varphi}{2\pi}\right) \tag{4-14}$$

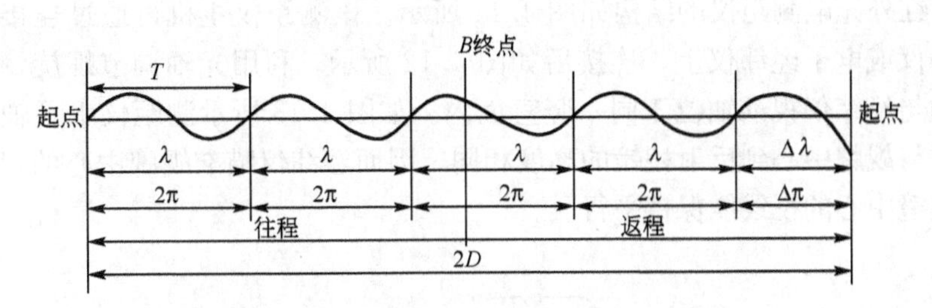

图 4.10 相位法测距原理

式中：$\frac{\lambda}{2}$——光测尺的长度。

相位式光电测距仪只能测出不足 2π 的相位差 $\Delta\varphi$，测不出整波长数 N，因此只能测量小于波长的距离。例如，“光尺”长 10m，只能测出小于 10m 的距离；光尺长 1000m，只能测出小于 1000m 的距离。测尺越长，精度越低。当 $N=0$ 时，式(4-14)可写成：

$$D=\frac{\lambda}{2}\cdot\frac{\Delta\varphi}{2\pi} \tag{4-15}$$

为了扩大测程，应选择波长 λ 比较大的光尺，但光电测距仪的测相误差约为 1/1000，光尺越长，误差越大。为了解决扩大测程和提高精度的矛盾，短程光电测距仪通常采用两个调制频率，即两种光尺。通常长光尺(称为粗尺)的调制频率为 150kHz，波长 2000m，用于测定百米、十米和米；短光尺(称为精尺)的调制频率为 15MHz，波长为 20m，用于测定米、分米、厘米和毫米。

4.3.2 测程及测距仪的精度

光电测距仪按测程远近可分为短程光电测距仪(3km以内)、中程光电测距仪(3～15km)和远程光电测距仪(大于15km)。按精度划分为Ⅰ级($|m_D|\leqslant 5$mm)、Ⅱ级(5mm$<|m_D|\leqslant 10$mm)和Ⅲ级(10mm$<|m_D|\leqslant 20$mm)测距仪，其中$|m_D|$为1km的测距中误差。

光电测距仪的精度是仪器的重要技术指标之一。光电测距仪的标称精度公式为：

$$m_D=\pm(a+b\cdot D) \tag{4-16}$$

式中：a——固定误差(mm)；

b——比例误差(与距离D成正比)(mm/km，mm/km又写为ppm，即1ppm=1mm/km，也即测量1km的距离有1mm的比例误差)。

D——距离(km)。

故式(4-16)可写成：

$$m_D=\pm(a+b\text{ppm}\cdot D) \tag{4-17}$$

4.3.3 光电测距仪及其使用方法

光电测距仪包括主机、反射棱镜和电池三部分。以常州大地测距仪厂生产的D2000系列之一——D2020型红外光电测距仪为例，主要介绍光电测距仪的使用方法。

1. D2020型红外光电测距仪的结构

D2020红外光电测距仪的结构如图4.11所示。该测距仪主机可通过连接器安置在普通光学经纬仪或电子经纬仪上，连接后如图4.12所示。利用光轴调节螺旋，可使测距仪主机的光轴与经纬仪视准轴位于同一竖直面内。如图4.13所示测距仪水平轴到经纬仪水平轴的高度与觇牌中心到反射棱镜的高度相同，因而经纬仪瞄准觇牌中心的视线与测距仪瞄准反射棱镜中心的视线能保持平行。

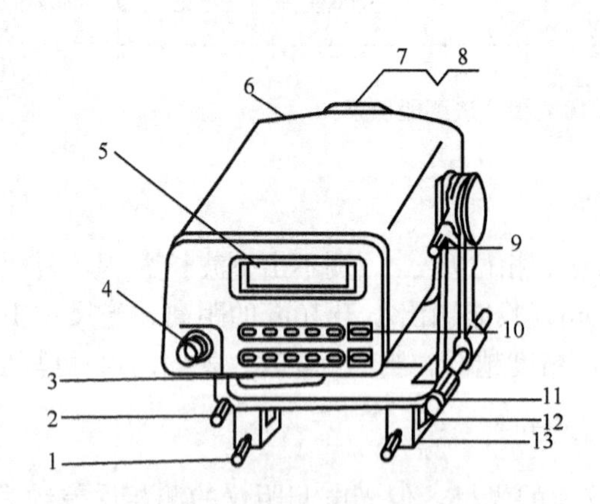

图4.11 D2020型光电测距仪

1—座架固定手轮；2—照准轴水平调整手轮；3—电池；4—望远镜目镜；5—显示器；6—RS-232接口；7—物镜；8—物镜罩；9—俯仰固定手轮；10—键盘；11—俯仰调整手轮；12—间距调整螺旋；13—座架

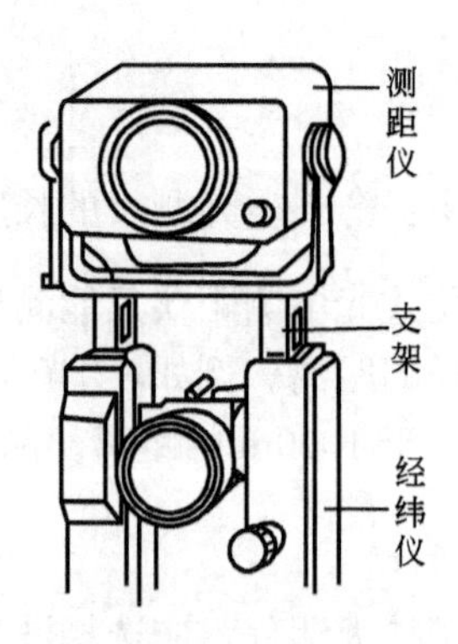

图4.12 光电测距仪与经纬仪的连接

2. D2020型红外光电测距仪主要技术指标和功能

1）技术指标

（1）最大测程：单棱镜1.8km；三棱镜片2.5km。

（2）测距精度：±(5mm+3ppm×D)。

（3）最大显示距离：9999.999m。

（4）工作温度：−20～+50℃。

（5）测量时间，跟踪测量0.8s，连续测量3s。

（6）功耗：3.6W。

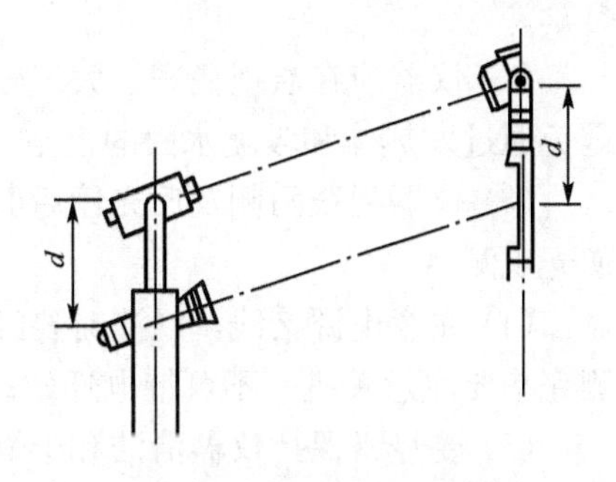

图4.13 视线平行示意图

2）主要功能

（1）具有单次测量、连续测量、跟踪测量、预置测量和平均测量五种测量方法；输入温度、气压和棱镜常数，测距仪可自动对结果进行改正。

（2）输入竖直角则可自动计算出水平距离和高差。

（3）通过距离预置功能输入已知水平距离进行定线放样。

（4）输入测站坐标和高程，可自动计算观测点的坐标和高程。

3. 红外光电测距仪的使用

1）安置仪器

先在测站上安置好经纬仪，将测距仪主机安装在经纬仪支架上，连接器固定螺丝锁紧，将电池插入主机底部，扣紧。将经纬仪对中，整平，在目标点安置反射棱镜，对中，整平，并使镜面朝向主机。

2）观测垂直角、气温和气压

目的是对测距仪测量出的斜距进行倾斜改正、温度改正和气压改正，以得到正确的水平距离。用经纬仪十字丝的水平丝照准觇牌中心，测出竖直角α。同时，观测并记录温度和气压计上的气压值。

3）测距准备

按电源开关键PWR开机，主机自检并显示原设定的温度、气压和棱镜常数值，自检通过后将显示“Good”。若修正原设定值，可按TPC键后输入温度、气压值或棱镜常数。一般情况下，尽量使用同一类反光镜，棱镜常数不变，而温度、气压每次观测均可能不同，需要重新设定。

4）距离测量

调节测距仪主机水平调整手轮(或经纬仪水平微动螺旋)和主机俯仰微动螺旋，使测距仪望远镜精确瞄准棱镜中心。在显示“Good”的状态下，可根据蜂鸣器声音来判断瞄准的程度，信号越强声音越大，上下左右微动测距仪，使蜂鸣器的声音达到最大，便完成了精确瞄准，测距仪显示器上显示“*”号。

精确瞄准完成后，按MSR键，主机将测定并显示经温度、气压和棱镜常数改正后的斜距。利用测距仪可直接将斜距换算为水平距离，按V/H键后输入竖直角数值，再按SHV键显示水平距离。连续按SHV键可依次显示斜距、水平距离和高差的数值。

4. 光电测距仪使用注意事项

（1）严禁将照准头对准太阳或其他强光源，以免损坏仪器光电器件，阳光下作业应打伞。

(2) 仪器应在通视良好、大气较稳定的条件下使用，测线应离地面障碍物 1.3m 以上，避免通过发热体和较宽水面的上空。

(3) 仪器视线两侧及反光镜后面不能有其他强光源或反光镜等背景干扰，并尽量避免逆光观测。

(4) 注意电源接线，观测时要经常检查电源电压是否稳定，电压不足应及时充电，观测完毕要注意关机，不可带电迁站。

(5) 要经常保持仪器清洁和干燥，使用和运输过程中要注意防潮防震。

气象条件对光电测距影响较大，微风的阴天是观测的良好时机。

任务 4.4　全站仪距离测量

20 世纪 80 年代末，产生了一体化的电子经纬仪和测距仪，称为全站仪。当前全站仪已被广泛应用于测量工作中，并已取代测距仪。

全站仪内置的测距仪大都采用相位式红外测距仪。距离测量可设为单次测量和 N 次测量。一般设为单次测量，以节约用电。距离测量有三种测量模式，即精测模式、粗测模式、跟踪模式。一般情况下用精测模式观测，最小显示单位为 1mm，测量时间约 2.5s。粗测模式最小显示单位为 10mm，测量时间约 0.7s。跟踪模式用于观测移动目标，最小显示单位为 10mm，测量时间约 0.3s。

在进行距离测量前通常需要确认大气改正的设置和棱镜常数的设置，然后才能进行距离测量。由于仪器是利用红外光测距，光速会随着大气的温度和压力而改变，因此必须进行大气改正。仪器一旦设置了大气改正值，即可自动对测距结果实施大气改正。仪器设计是在温度 20℃，标准大气压 1013hPa 时气象改正值为 0ppm，其他情况下，可以输入温度、气压值，由仪器自动计算，也可以根据公式直接计算出大气改正值进行设置。

测距时，应根据使用的棱镜型号进行棱镜常数设置。仪器还可以对大气折光和地球曲率的影响进行自动改正。南方全站仪大气折光系数 K 有三种可供选择，分别是 $K=0.14$，$K=0.2$ 或不进行两差改正。

以南方 NTS-352 全站仪为例，距离测量的具体步骤如下。

(1) 仪器照准棱镜时，按◢键进入距离测量模式。

(2) 设置温度和大气压。预先测得测站周围的温度和大气压。按[F3](S/A)健，进入设置。再按[F3](T-P)健，输入温度和大气压，也可以按[F2](PPM)健，直接输入大气改正值。

(3)设置棱镜常数。南方全站仪的棱镜常数值为－30mm。在距离测量模式下按[F3](S/A)健进入设置，按[F1](棱镜)健输入棱镜常数值。

(4)照准棱镜中心后按◢键，距离测量开始。仪器正在测距时，在字符“HD”的右边将显示符号“*”。显示测量的水平距离(HD)；再次按◢键，显示变为水平角(HR)、垂直角(V)和斜距(SD)。

特别提示

利用全站仪进行距离测量时，应首先进行温度、大气压和棱镜常数设置。

项目小结

本项目主要介绍了钢尺一般量距方法、视距法测距、电磁波测距原理及方法，以及全站仪距离测量方法。

钢尺量距的三个步骤包括：直线定线、距离测量和成果计算。精密量距应使用经过检验过的钢尺，量距结果应进行尺长、温度改正和倾斜改正。

视距测量是利用几何光学和三角测量原理进行测距的一种方法。虽然精度不高，但是因此操作简便，不受地形起伏限制，被广泛的应用于地形测量中。视距测量分视准轴水平和视准轴倾斜时的两种情况。

本项目主要介绍的光电测距仪是相位式测距仪，全站仪中采用的测距模式也大多是如此。测距仪和全站仪测距原理方法都很接近，目前在工程测量中主要使用全站仪进行距离测量。

本项目的重点内容是：直线定线，相对误差，电磁波测距原理，全站仪测距方法。本项目的难点是：相对误差和电磁波测距原理。

本项目的教学目标是使学生掌握距离测量、直线定线、相对误差等基本概念；掌握钢尺一般量距方法，能计算相对误差，评定距离测量精度；熟悉视距法测距原理及方法；熟悉电磁波测距原理及测距仪进行距离测量的方法；掌握全站仪进行距离测量的方法，能利用全站仪进行距离测量，并进行精度评定。

习　　题

一、填空题

1. 用钢尺丈量某段距离，往测为112.314m，返测为112.329m，则相对误差为______________。

2. 有两条直线，AB的丈量相对误差为1/3200，CD的丈量相对误差为1/4800，则AB的丈量精度______________于CD的丈量精度。

3. 全站仪测距根据测定时间t的不同可分为______________测距和______________测距。

4. 在使用全站仪进行距离测量前，需要进行______________和______________设置，才能进行距离测量。

5. 全站仪测距模式可分为______________、______________和______________。

二、选择题

1. 用钢尺丈量某段距离，往测为112.672m，返测为112.699m，则相对误差(　　)。

A. 1/4300　　B. 1/4200　　C. 1/4100　　D. 1/4000

2. 在一条直线上定出若干点的工作是(　　)。

A. 直线定线　　B. 曲线定线　　C. 直线定向　　D. 直线定点

3. 视距测量的观测值不包括(　　)。

A. 上、下丝读数　　B. 水平角　　C. 竖直角　　D. 中丝读数

4. 望远镜视线水平时，读得视距间隔为0.675m，则仪器至目标的水平距离为(　　)。

A. 0.675m　　B. 67.5m　　C. 6.75m　　D. 675m

三、简答题

1. 什么是水平距离？在钢尺量距中为什么要进行直线定线？
2. 距离测量的方法主要有哪几种？各有什么特点？
3. 什么是相对误差？
4. 进行视距测量时，应观测和读取哪些数据？观测中应特别注意哪些问题？
5. 简述全站仪距离测量的步骤。

四、计算题

表4-1为测站点O上进行视距测量时，所得的观测值，O点处的仪器高为1.500m，计算测站点至各观测点的水平距离和高差填入表中。

表4-1　观　测　值

测站点	观测点	上丝读数(m)	下丝读数(m)	中丝读数(m)	竖直角(° ′ ″)	水平距离(m)	高差(m)
O	A	1.766	0.989	1.378	21 09 18		
	B	2.215	0.977	1.596	−7 35 20		

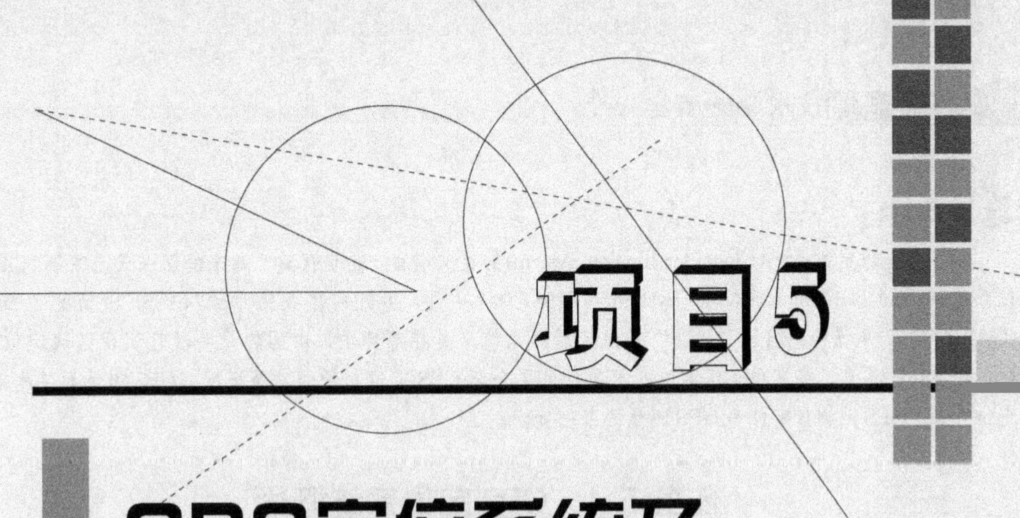

项目5

GPS定位系统及其工作原理

教学目标

了解全球定位系统的发展历程，GPS的组成及各组成部分的功能、卫星信号的构成，掌握GPS测量的基本原理、定位方法、外业测量中选点埋石观测等注意事项、数据处理时的基本步骤。通过本项目的学习，学生可初步掌握GPS运用测量方面的一些基本操作及作业程序，为以后系统地学习该方面的课程做铺垫。

教学要求

能力目标	知识要点	权重
了解GPS卫星测量的发展概况	卫星三角测量原理	2%
	卫星多普勒定位系统	3%
	GPS定位测量的发展历程	3%
了解GPS系统的组成及卫星信号	GPS系统的组成	3%
	GPS信号构成	3%
	GPS星历	3%
熟悉GPS定位的基本原理	GPS定位的基本原理	7%
熟悉GPS定位方法	伪距法单点定位测量	7%
	载波相位测量	7%
	相位观测量差分	7%
	GPS实时差分定位测量	7%
了解GPS技术设计	GPS控制网技术设计依据	7%
	GPS控制精度密度设计	7%
	GPS控制基准设计	7%
	GPS网的图形设计	7%
了解GPS点选点与埋石方法	选点的基本原则，环视图的绘制	3%
	标志埋设与点之记的制作	3%
掌握GPS数据采集与内业数据处理	外业数据采集与数据预处理	7%
	三维无约束平差与约束平差	7%

项目导读

GPS是全球定位系统(Global Positioning System)的英文缩写，是现代建立起来的新一代全球导航卫星定位系统(Global Navigation Satellite System，GNSS)中的一种，另还有苏联的GLONASS，欧盟的“伽利略(GALILEO)”系统和中国的“北斗”系统，后两系统只是在筹建中，中国的北斗现已实现区域定位与导航，在不久的将来，将实现全球定位。本项目主要介绍GPS定位测量的发展概况、GPS测量的基本原理、定位方法、GPS网测量实施等GPS测量的基础知识。

任务5.1　GPS定位系统概述

5.1.1　卫星大地测量的发展概况

1957年10月4日，苏联成功发射了世界上第一颗人造地球卫星(SPURNIK－1)，标志着空间科学技术的发展进入到了一个崭新的时代。随着人造地球卫星不断入轨运行，世界各国争相利用人造地球卫星为军事、经济和科学文化服务。20世纪60年代卫星定位测量技术问世，渐渐发展成为利用人造地球卫星解决大地测量问题的一项空间技术。卫星定位测量技术的发展可归结为三个阶段：卫星三角测量、卫星多普勒定位测量、GPS卫星定位测量。

1. 卫星三角测量原理

卫星定位技术初期，人造地球卫星仅仅作为一种空间的动态观测目标，由地面测站拍摄卫星的瞬间位置进行摄影测量，测定测站点至卫星的方向，建立卫星三角网。同时也可利用激光技术测定观测站至卫星的距离，建立卫星测距三角网。通过这两种观测方法，均可以实现地面点的定位，也能进行大陆同海岛的联测定位，解决了常规大地测量难以实现的远距离联测定位问题。

1966—1972年间，美国国家大地测量局在英国和联邦德国测绘部门的协作下，用卫星三角测量方法测设了一个具有45个测站点的全球三角网，获得了±5m的点位精度。然而，由于卫星三角测量受天气和可见条件的影响，观测和成果换算需耗费大量的时间，同时定位精度也不太理想，并且不能获得点位的地心坐标。因此，卫星三角测量技术成为一种过时的观测技术，很快就被卫星多普勒定位技术取代。

2. 卫星多普勒定位系统

1958年12月，美国海军和詹斯·霍普金斯(Johns Hopkins)大学应用物理实验室联合开始研制美国海军导航卫星系统(Navy Navigation Satellite System，NNSS)。在这个系统中，由于卫星轨道面通过地极，故又称为子午卫星导航系统。1959年9月美国发射了第一颗试验性卫星，1964年该系统建成，由6颗工作卫星组成，标志着卫星大地测量技术由初级阶段进入高级阶段，其特点是：①卫星不再作为一种单纯的空间动态观测目标，而是通过其轨道参数介入定位计算的动态已知点；②观测不再采用传统的几何模式，而是通过地面测站接收卫星发射的信号来测定站星距离来定位。

卫星多普勒定位技术具有经济、快速和不受天气、时间限制等许多优点。地球上任何地方只要能见到子午卫星，便可进行单点定位和联测定位，采集两天数据即可获得具有分米级定位精度的测站三维地心坐标。世界上多个国家都建立了多普勒点，但该系统仍存在许多明显的缺点，主要缺点如下。

1）卫星颗数少，不能实现连续实时导航定位

由于子午卫星星座仅有6颗工作卫星，且运行轨道都通过地球南、北极上空，如图5.1所示。因而地面测站观测到卫星的时间间隔较短(平均为1.5h)。同一颗子午卫星，每天通过测站上空的次数最多为13次，而一台卫星多普勒接收机一般需要成功地观测15次卫星通过，才能达到±10m的单点定位精度。当所有测站观测了17次卫星通过时，联测定位精度才能达到±0.5m。由于卫星通过测站上空的时间太短，而需要观测时间又过长，所以无法提供连续、实时的三维导航和定位服务。

图5.1 子午卫星运行图

2）卫星轨道高度低，难以实现精密定轨

子午卫星飞行的平均高度为1070km，属于低轨道卫星。在这种情况下，地球引力场模型误差，大气密度、卫星质面比和大气阻力系数等摄动因子的误差，以及大气阻力模型自身的误差，都将限制子午卫星定轨精度的提高。子午卫星星历参数的精度较低，致使卫星多普勒的定位精度局限在米级水平。

3）信号频率低，难以补偿电离层效应的影响

子午卫星的射电频率分别为400MHz和150MHz，用这两种频率信号进行双频多普勒定位时，只能削弱电离层效应的低阶项影响，难以削弱电离层效应的高阶项影响。计算表明，在地磁赤道附近，电离层效应的高阶项将导致测站高程±1m以上偏差。因此，采用较高的卫星射电频率，能较好地削弱电离层效应的影响，提高卫星定位精度。

子午卫星导航定位系统的上述缺陷，使其应用受到较大的限制。为了突破子午卫星导航系统的局限性，实现全天候、全球性和高精度的实时导航与定位，美国国防部于1973年12月批准陆海空联合研制了一种新的军用卫星导航系统——NAVSTAR GPS(Navigation System Timing and Ranging Global Positioning System)，即导航卫星测时与测距全球定位系统，简称GPS卫星全球定位系统。

3. GPS卫星定位测量

GPS系统的研制计划分3个阶段实施。

(1) 原理与可行性实验阶段，1973年12月到1978年2月22日第一颗试验卫星发射成功，历时5年。

(2) 系统研制与实验阶段，1978年2月22日到1989年2月14日第一颗工作卫星发射成功，历时11年。

(3) 工程发展与完成阶段，1989年2月14日到1995年4月27日，历时7年，1995年4月27日美国国防部宣布“GPS系统已具备运作能力”，在全世界任何地方都可以实现全天候的导航、定位和定时。GPS计划历时23年、耗资130多亿美元，GPS共发射了24颗卫星(21颗为工作卫星，3颗为备用卫星，目前的卫星数已经超过32颗)。

GPS系统的出现引发了测绘行业一场深刻的技术革命，与子午卫星导航定位系统相比，GPS系统具有如下一些显著的优点。

(1) 提供全天候、全球性的导航和定位服务。

(2) 可进行高精度、高速度的实时精密导航和定位。

(3) 用途广泛，操作简便。

5.1.2 GPS系统的组成及卫星信号

1. GPS系统的组成

GPS系统主要由空间星座、地面监控和用户设备三部分组成。

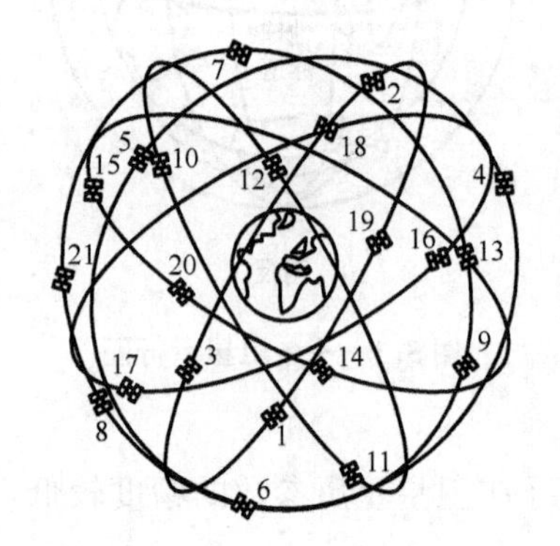

图5.2 GPS卫星星座

1) GPS卫星星座

GPS卫星星座设计为(21＋3)颗卫星，均匀分布在6个地心轨道平面内，每个轨道4颗卫星，同一轨道上各卫星的升交角距为90°。卫星轨道平面相对地球赤道面的倾角为55°，各个轨道平面的升交点赤经相差60°，轨道平均高度为20200km(图5.2)，卫星运行周期为11h58min。在地球上或近地空间任何时间至少可见4颗卫星，一般可见6～8颗，最多可达11颗卫星。

2) 地面监控部分

地面监控部分由分布在全球的5个地面站组成。按其功能分为监测站、主控站和注入站3种，其分布(图5.3)。

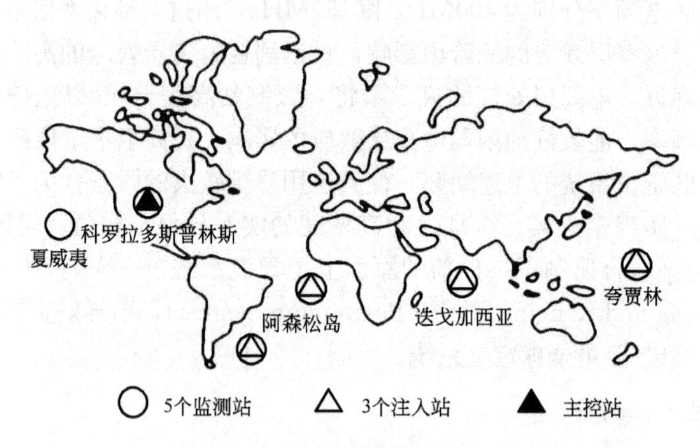

图5.3 地面监控站的分布

(1) 监测站。5个地面站均具有监测站的功能，站内设有双频GPS接收机、高精度原子钟、气象参数测量仪和计算机等设备，主要任务是完成对GPS信号的连续观测，并将搜集的数据和当地气象资料经初步处理后送到主控站。2000年美国政府又增加了NIMA(美国国家影像与制图局)的10个监测站，其中包括我国房山监测站，监测站的增加大大改善了卫星广播星历的精度，从而定位精度相应提高。

(2) 主控站(MCS)。主控站只有一个，设在美国科罗拉多斯普林斯(Colorado Springs)的联合空间执行中心(CSOC)。主控站主要负责协调管理地面监测站的观测资料，推算编制各卫星的星历、卫星钟差和气象修正参数，并将这些数据及导航电文传送到注入站，提供全球定位系统的时间基准，调整卫星状态和启用备用时钟、备用卫星等。

(3) 用户设备部分。GPS系统的用户设备部分由GPS接收机硬件和相应的数据处理软件及微处理机及其终端设备组成。GPS接收机硬件包括接收机主机、天线和电源，如图5.4所示。它的主要功能是接收GPS卫星发射的信号，以获得必要的导航和定位信息及观测量，并经过简单数据处理而实现实时导航和定位。GPS软件是指各种机内软件、后处理软件、具有差分定位功能或RTK定位功能的实时处理软件，它们通常由厂家提供，其主要作用是对观测数据进行加工，以便获得比较精密的定位结果。由于GPS用户的要求不同，GPS接收机也有许多不同的类型，可分为导航型、测量型和授时型三类。用于测量工作的接收机，目前已有众多生产厂家，产品更新很快。

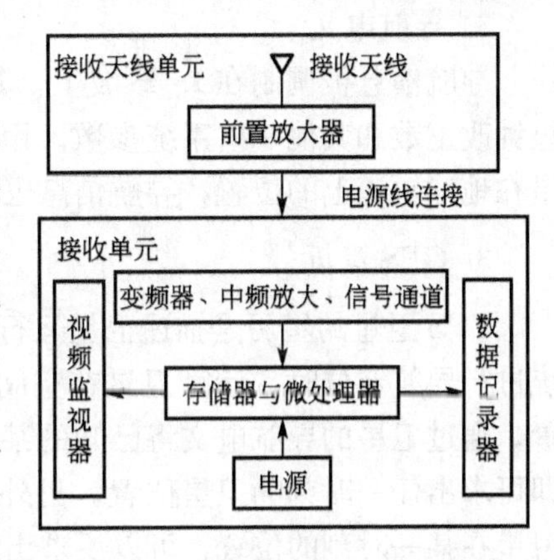

图5.4 GPS信号接收机结构

2. GPS卫星信号

GPS卫星发射的信号由载波、测距码和导航电文3部分组成，如图5.5所示。

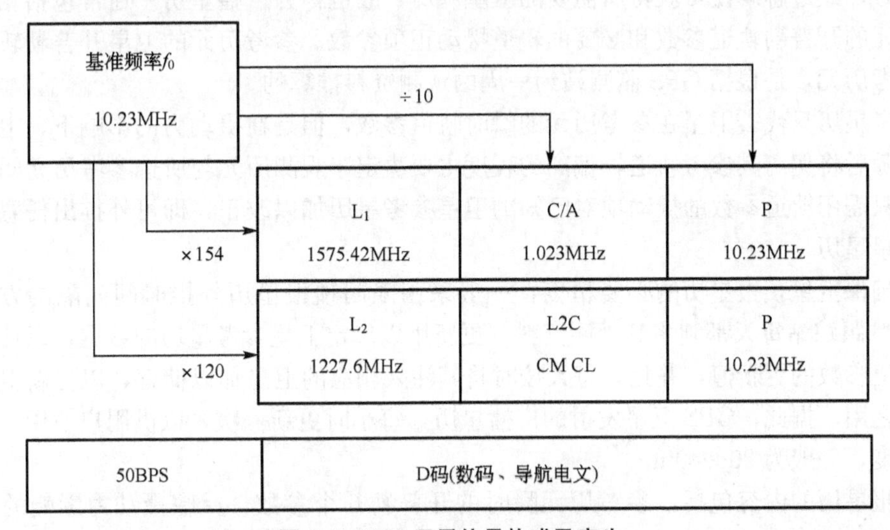

图5.5 GPS卫星信号构成及产生

1) 载波

L_1、L_2 由卫星上的原子钟所产生的基准频率 f_0=10.23MHz，倍频154倍和120倍产生。L_1 波段为1575.42MHz，L_2 波段为1227.60MHz。

2) 测距码

C/A码为粗捕获码，被调制在 L_1 载波上，是1.023MHz的伪随机噪声码(PRN)，由卫星原子钟的基准频率降频10倍产生。常用每颗卫星的PRN号来区分卫星，是普通用户测定站星距离的主要信号。

P码为精码，被调制在 L_1 和 L_2 载波上，是10.23MHz的伪随机噪声码，直接由原子钟产生的基准频率产生，周期为7天，P码为美国军方使用，普通用户无法使用。

L2C码为城市码，被调制在 L_2 载波上，包括两个PRN，即CM码、CL码，可同样提供高质量的数据来进行导航定位。

3）导航电文

导航信息被调制在 L_1 载波上，其信号频率为 50Hz，包含 GPS 卫星的轨道参数、卫星钟改正数和其他一些系统参数。用户一般需要利用此导航信息来计算某一时刻 GPS 卫星在地球轨道上的位置，导航信息也被称为广播星历。

3. GPS 星历

GPS 卫星的星历是描述卫星运行及其轨道的参数，它的主要作用是利用 GPS 卫星系统进行导航定位时，计算卫星在空间的瞬时位置。GPS 卫星定位中，需要知道卫星的位置，通过卫星的导航电文将已知的某一初始历元的轨道参数及其变率发给用户（接收机），即可求出任一时刻的卫星位置。另外，通过在已知的地面站对 GPS 卫星进行观测，求得卫星在某一时刻的位置，可以反求出卫星的轨道参数，从而对卫星的轨道进行改进，实现精密定轨，以便用于 GPS 精密定位。因此，精确的轨道信息是精密定位的基础。GPS 卫星星历分为预报星历（广播星历）和后处理星历（精密星历）。

1）预报星历

预报星历是通过卫星发射的含有轨道信息的导航电文传递给用户，用户接收机接收到这些信号，经过解码便可获得所需要的卫星星历，故也称为广播星历。通常包括相对某一参考历元的开普勒轨道参数和必要的轨道摄动正项参数。参考历元的卫星开普勒轨道参数也叫参考历元，是根据 GPS 监测站约一周的观测资料推算的。

参考星历只代表卫星在参考历元的瞬时轨道参数，但是在摄动力的影响下，卫星的实际轨道随后将偏离其参考轨道，偏离的程度主要决定于观测历元与所选参考历元间的时间差。而只需用轨道参数的摄动项对已知的卫星参考星历加以改正，即可外推出任意观测历元的卫星星历。

为确保卫星预报星历的必要精度，一般采用限制预报星历外推时间间隔的方法。为此，GPS 跟踪站每天都利用其观测资料，更新用以确定卫星参考星历的数据，以计算每天卫星轨道参数的更新值，并且，每天按时将其注入相应的卫星加以储存，以更新卫星的参考轨道之用。据此，GPS 卫星发射的广播星历，每小时更新一次，以供用户使用。预报星历的精度，一般为 20～40m。

预报星历的内容包括：参考历元瞬时的开普勒 6 个参数，反映摄动力影响的 9 个参数，以及 1 个参考时刻和星历数据龄期，共计 17 个星历参数。所有参数通过 GPS 卫星发射的含有轨道信息的导航电文传递给用户。

GPS 卫星向全球用户播发的星历，是用两种波码进行传递的，一种是 C/A 码，精度为数十米，一种是 P 码，精度提高到 5m 左右，只有工作于 P 码的接收机才能从 P 码中解译出精密的 P 码星历。精密的 P 码星历主要用于军事目的的导航定位，C/A 码则为民用。目前绝大多数的商品接收机，都是工作于 C/A 码星历。C/A 码星历精度是通过人为降低，给用户使用 GPS 定位引入相应误差，这是非特许用户进行高精度的 GPS 测量时必须解决的一个问题，利用精密的后处理星历能够解决这一问题。

2）后处理星历

后处理星历是根据地面跟踪站所获得的精密观测资料计算而得到的星历，它是一种不包含外推误差的实测星历，可为用户提供观测时刻的卫星精密星历，其精度可达米级，以后其精度有望进一步提高到分米级。但这种星历不是通过 GPS 卫星的导航电文向用户传递，一些国家的某些部门，根据各自建立的卫星跟踪站所获得的对GPS卫星的精密观测资料，应用与确定广播星历相似的方法来计算卫星星历，一般通过磁带或通过电视、电传、卫星通讯、网络等方式在事后有偿地向用户提供所需要的服务。

任务5.2 GPS定位的基本原理及定位方法

5.2.1 GPS定位的基本原理

GPS定位原理就是利用空间分布的卫星以及卫星与地面点的距离交会得出地面点位置，即空间距离后方交会。

假设在地面待定点G安置GPS接收机，同一时刻接收4颗以上GPS卫星发射的信号，通过一定的方法测定这些卫星在此瞬间的位置及它们分别至该接收机的距离，利用距离后方交会解算出测站G点的坐标(图5.6)。

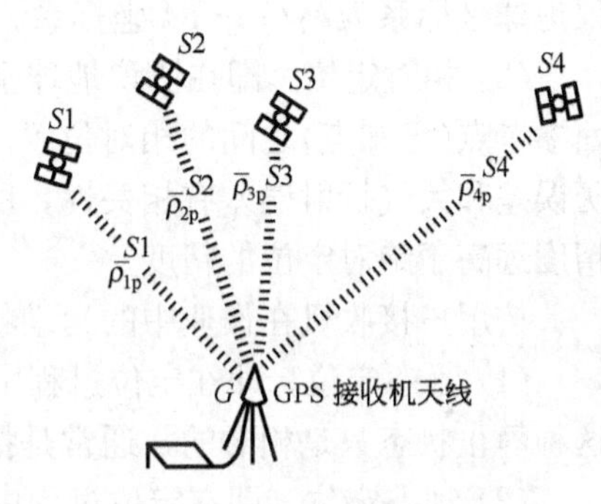

图5.6 GPS定位的基本原理

GPS卫星到地面点间的距离是如此获得的：通过卫星上安置的无线电信号发射机，并在卫星时钟的控制下按预定方式发射信号；地面待定点上也安置有信号接收机，并在接收机时钟控制下，测定信号从卫星到达接收机的时间Δt_{ip}，从而求得卫星与接收机间的距离$\bar{\rho}_{ip}$。

$$\bar{\rho}_{ip}=c\cdot\Delta t_{ip} \tag{5-1}$$

式中：c——信号传播速度；

Δt_{ip}——第i颗卫星信号传播的时间差。

因为卫星时钟和接收机时钟不同步，卫星上的原子钟稳定度为10^{-13}，地面接收机为节省成本和便于推广应用，使用石英钟，其稳定度为10^{-10}，两种钟的精度相差1000倍，故必须将时间差(即钟差)也设为未知数。即每个地面点就有4个未知数，其中3个为地面待定点的空间三维坐标，另一个为钟差，也为必须观测4颗GPS卫星的缘故，通过4个空间距离，建立4个方程，解出4个未知数，且具有唯一解，若同时观测的卫星数超过4颗，则会产生多余观测，则应采用最小二乘法进行解算。

现设卫星上原子钟钟差为V_{ti}，接收机上石英钟的钟差为V_T，因两种不同步对距离的影响为$\Delta\rho$，则

$$\Delta\rho=c(V_T-V_{ti}) \tag{5-2}$$

若再考虑到信号传播时的各项改正项$\sum\delta_i$，可得出在某一观测时间t_i同时测得4颗GPS卫星到接收机之间的真正几何距离ρ_{ip}，则

$$\rho_{ip}=c\cdot\Delta t_{ip}+c(V_T-V_{ti})+\sum\delta_i \tag{5-3}$$

而ρ_{ip}、卫星坐标(x_i, y_i, z_i)和接收机坐标(X_p, Y_p, Z_p)之间关系如下

$$\rho_{ip}=\sqrt{(X_p-x_i)^2+(Y_p-y_i)^2+(Z_p-z_i)^2} \tag{5-4}$$

两式合并，关系如下

$$\sqrt{(X_p-x_i)^2+(Y_p-y_i)^2+(Z_p-z_i)^2}=c\cdot\Delta t_{ip}+c(V_T-V_{ti})+\sum\delta_i \tag{5-5}$$

式中：(x_i, y_i, z_i)——第i颗卫星的空间坐标，为已知值；

(X_p, Y_p, Z_p)——安置接收机的待定点 G 的坐标；

V_{ti}——卫星上原子钟钟差，由导航电文给出；

δ_i——信号传播时的各项改正项，可通过数学模型计算出来；

V_T——接收机上石英钟的钟差，P 点坐标与 V_T 为未知数。

5.2.2 GPS 定位方法分类

利用 GPS 进行定位的方法有很多种。若按照参考点的位置不同，定位方法可分为绝对定位和相对定位。

(1) 绝对定位。即在协议地球坐标系中，利用一台接收机来测定该点相对于协议地球质心的位置，也叫单点定位。可认为参考点与协议地球质心相重合。GPS 定位所采用的协议地球坐标系为 WGS-84 坐标系。因此绝对定位的坐标最初成果为 WGS-84 坐标。

(2) 相对定位。即在协议地球坐标系中，利用两台以上的接收机测定观测点至某一地面参考点(已知点)之间的相对位置。也就是测定地面参考点到未知点的坐标增量。由于星历误差和大气折射误差有相关性，所以通过观测量求差可消除这些误差，因此相对定位的精度远高于绝对定位的精度。

按用户接收机在作业中的运动状态不同，定位方法可分为静态定位和动态定位。

(1) 静态定位。即在定位过程中，将接收机安置在测站点上并固定不动。严格说来，这种静止状态只是相对的，通常是指接收机相对于其周围点位没有发生变化。

(2) 动态定位。即在定位过程中，接收机处于运动状态。

GPS 绝对定位和相对定位中，又都包含静态和动态两种方式。即动态绝对定位、静态绝对定位、动态相对定位和静态相对定位。

依照测距的原理不同，又可分为测码伪距法定位、测相伪距法定位、差分定位等。

1. 伪距法单点定位测量

由卫星发射的测距信号到达 GPS 接收机的传播时间乘以光速所得的距离称为伪距测量，即式(5-1)中的 $\bar{\rho}_{ip}$。

由卫星时钟产生一定结构的伪随机噪声码，该测距码与卫星星历的数据码叠加后，调制在载波上，经过 Δt 后到达接收机。接收机在本机时钟控制下，也产生一组结构完全相同的复制码，复制码通过接收机内的延时器进行相关处理。假定当延迟的时间为 τ 时，复制码与接收到的测距码正好对齐，即二者的自相关系数 $R(\tau)=1$，这时测定的延迟时间 τ 为卫星信号传送到接收机天线的时间，该时间乘光速 c，即为卫星到接收机间的伪距。

伪距法单点定位，就是根据接收机在待定点测设某一时刻从 4 颗以上卫星获得的伪距，以及从卫星导航电文中获得的卫星位置，按式(5.5)计算出待定点的位置。因单点定位精度低，但因其定位速度快，无多值性问题等特点，因此在运动载体的导航定位上应用很广。

2. 载波相位测量

由于伪随机码的波长较长，如 P 码码长为 29.3m，伪距精度为 0.3m，C/A 码码长为 293m，伪距精度为 3m，因而伪距定位精度只能达到几十米。而 GPS 卫星发射的载波波长比作为调制波的伪随机码要短得多，L_1 载波波长 $\lambda_{L1}=19.05$cm，$\lambda_{L2}=24.45$cm，按测量精度为波长的 1%来计，载波相位测量精度约为 2mm，可见测距精度很高。由于载波信号是一种周期性的正弦信号，而相位测量只能测定不足一个波长的部分，无法测定其整波波

长的个数，存在整周不确定性问题，因此载波相位的解算过程变得比较复杂。

在GPS信号中由于已用相位调整的方法在载波上调制了测距码和导航电文，因而接收到的载波的相位已不连续，所以在进行载波相位测量之前，首先要进行解调工作，设法将调制在载波上的测距码和导航电文解调，重新获得载波，即重建载波。重建载波一般可采用两种方法：一种是码相关法，另一种是平方法。采用前者，用户可同时提取测距信号和卫星电文，但是用户必须知道测距码的结构；采用后者，用户无须掌握测距码的结构，但只能获得载波信号而无法获得测距码和导航电文。

假设接收机在时刻 t_0 跟踪卫星信号，并开始进行载波相位测量，又设接收机本机振荡能够产生一个角频率和初相位与卫星载波信号完全一致的基准信号，那么 t_0 时刻接收机基准信号的相位为 $\varphi(R)$，如图5.7所示，它接收到的卫星载波信号的相位为 $\varphi(S)$，并假定这两个相位之间相差 N_0 个整周信号和不到一周的相位值 $\Delta\varphi$，则可求得 t_0 时刻卫星到接收机的距离，即

$$\rho=\frac{c}{f}[\varphi(R)-\varphi(S)]/2\pi=\lambda\left[N_0+\frac{\Delta\varphi}{2\pi}\right] \tag{5-6}$$

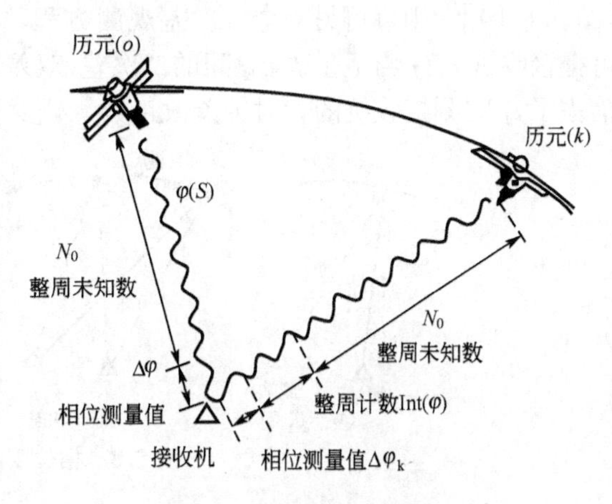

图5.7 载波相位观测量

式中：N_0——信号的整周数；

$\Delta\varphi$——不足整周的相位差；

λ——波长。

由于载波是个余弦波，在载波相位测量中，接收机无法测定载波的整周数 N_0，也称整周模糊度。但可以精确测定 $\Delta\varphi$。当接收机对卫星进行连续跟踪观测时，由于接收机接收到的卫星信号频率因多普勒效应发生频移，信号的相应值发生变化，只要卫星信号不失锁，N_0 值就不变，而接收机中累计计数器中可得到载波信号的整周变化数 Int(φ)，所以 k 时刻接收机的相位观测值为 $\varphi'_k=\text{Int}(\varphi)+\Delta\varphi_k$，卫星到天线的相位观测值为：

$$\varphi_k=N_0+\varphi'_k=N_0+\text{Int}(\varphi)+\Delta\varphi_k \tag{5-7}$$

由上述可知，载波测相测量，确定初始整周未知数是定位的一个关键问题，由于每颗卫星观测方程中都有 N_0，所以无法像伪距法那样用单机定位，而是采用两台以上接收机进行相对定位。目前求解整周未知数的方法有平差待定参数法、快速解算法、动态法等，具体可在以后的GPS课程中详细介绍。

3. 相位观测量差分

用载波相位测量，一般用两台以上GPS接收机进行相对定位，GPS接收机分别安置在测线(又称基线)两端，固定后同步接收卫星信号，利用相同卫星的相位观测值进行解算，求定基线端点在WGS-84坐标系中的相对位置或称基线相量。如果已知其中一个端点坐标，则可推算另一个待定点坐标。

载波相位相对定位普遍采用将相位观测值进行线性组合的方法。具体有单差法、双差法和三差法。

1）在接收机间求一次差

如图 5.8(a)所示，在 t_1 时刻于测站 i，j 同时对卫星 p 进行载波相位测量，可得测站 i 对卫星 p 的观测方程和测站 j 对卫星 p 的观测方程，将两个观测方程两端对应相减，可求得一次差(单差)后的虚拟观测方程。一次差可消除卫星钟差的影响，同时也可削弱卫星星历误差和大气折射改正残余误差的影响。

2）在接收机和卫星间求二次差

若在同一时刻(t_1)，接收机 i，j 除对卫星 p 进行了观测外，还对卫星 q 进行了观测，[图 5.8(b)]，则可得另一个一次差观测方程，将两个一次差分方程的两端对应相减，即可得接收机 i，j 与卫星 p，q 间的二次差(双差)后的虚拟观测值方程。二次差方程进一步消去了 t_1 时刻接收机的相对钟差改正数，减少了未知数的个数，故目前广为采用。

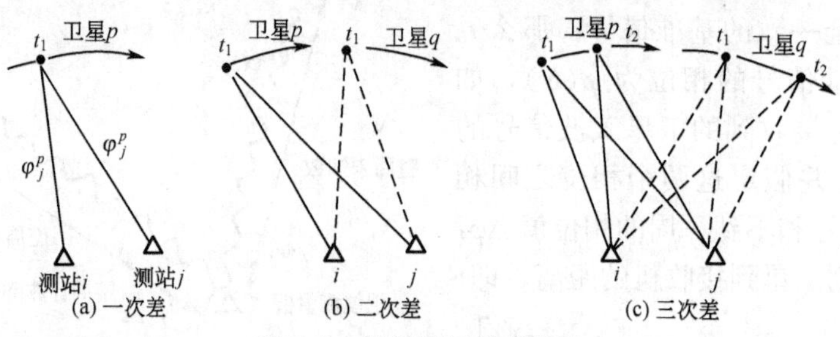

图 5.8　相位观测值求差法

3）在接收机、卫星和历元之间求三次差

将时刻 t_1 和 t_2 的双差方程两端对应相减，可得接收机 i，j 和卫星 p，q 在历元 t_1、t_2 间的三差方程，[图 5.8(c)]，在三差观测方程中已不存在整周未知数了。

4. GPS 实时差分定位测量

利用 GPS 对运动物体进行实时定位，常须用 GPS 接收机单点定位，由于定位精度受钟差、大气折射率等误差影响，利用 C/A 码伪距单点定位的精度很低。为提高实时定位精度，可采用 GPS 差分定位技术。

1）GPS 差分定位系统的组成

(1) 基准站。在已有地心坐标点上(基准站)安置 GPS 接收机(图 5.9)，利用已知坐标和星历计算 GPS 观测值，并通过无线电通信链(数据链)将校正值实时地向运动中的 GPS 接收机(移动站)提供修正信号。

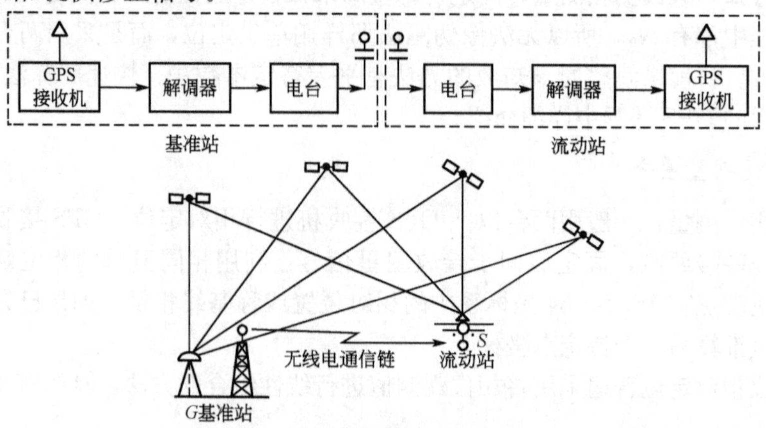

图 5.9　GPS 实时差分定位原理

(2) 流动站。接收 GPS 卫星信号和基准站发送的差分修正信号，利用校正值对自己的 GPS 观测值进行修正，并进行实时定位。

(3) 无线电通信链。将基准站差分信息传递到流动站。

2) GPS 动态差分的方法

(1) 位置差分。是将基准站 GPS 接收机伪距单点定位得到的坐标值与已知坐标作差分，并将坐标修正值通过无线电传送至流动站，对流动站测得的坐标进行修正，位置差分精度可达 5～10m，对 GPS 接收机的要求不高，适用于各种型号的接收机，但位置差分要求流动站用户接收机和基准站接收机能同时观测同一组卫星，这些要求只有在近距离观测时才可以做到，故位置差分只适用于 100km 以内的工作。

(2) 伪距差分。是利用基准站已知坐标和卫星星历，求卫星到基准站的几何距离，作为距离精确值，将此值与基准站所测的伪距值求差，作为差分修正值，通过数据链传给流动站，流动站接收差分信号后，对所接收的伪距观测值进行修正，从而消除或减弱公共误差的影响，以求得比较精确的流动站位置坐标。

由于伪距差分是对每颗卫星的伪距观测值进行修正，所以不要求基准站和流动站接收机卫星完全一致，只要接收 4 颗以上相同的卫星即可。基准站与流动站距离可达 200～300km，定位精度为 3～10m。

近来又发展了用相位观测值精化伪距值的方法，称相位平滑伪距差分，差分精度可达 1m。

(3) 载波相位实时差分。GPS 实时动态(Real Time Kinematic，RTK)测量技术，是以载波相位测量为基础的实时差分 GPS(Real Time Differential GPS，RTDGPS)测量技术，通过对两测站的载波相位观测值进行实时处理，可以实时提供厘米级精度的三维坐标。其基本原理是：由基准站通过数据链实时地将其载波相位观测量及基准站坐标信息一同发送到用户站，并与用户站的载波相位观测量进行差分处理，适时地给出用户站的精确坐标。

3) 多基准站差分

(1) 局部区域差分。在局部区域中应用差分 GPS 技术，应该在区域中布设一个差分 GPS 网，该网由若干个差分 GPS 基准站组成，通常还包含一个或数个监控站。位于该局域中的用户，接收多个基准站所提供的修正信息，采用加权平均法或最小二乘法进行平差计算求得自己的修正值，从而对用户的结果进行修正，以获得更高精度的定位结果。这种差分 GPS 定位系统称为局域差分 GPS 系统，简称 LADGPS。

LADGPS 系统构成包括多个基准站，每个基准站与用户之间均有无线电数据通信链。用户与基准站之间的距离一般在 500km 以内才能获得较好的精度。

(2) 广域差分。广域差分 GPS(WADGPS)的基本思想是：对 GPS 观测量的误差源加以区分，并单独对每一种误差源分别加以模型化，然后将计算出的每种误差源的数值通过数据链传输给用户，以对用户 GPS 定位的误差加以改正，达到削弱这些误差源、改善用户 GPS 定位精度的目的。GPS 误差源主要表现在三个方面：星历误差、大气延迟误差、卫星钟差。

广域差分 GPS 系统的构成包括一个中心站、几个监测站及其相应的数据通信网络，覆盖范围内的若干用户。其工作原理是：在已知坐标的若干监测站上跟踪观测 GPS 卫星的伪距、相位等信息，监测站将这些信息传输到中心站，中心站在区域精密定轨计算的基础上，计算出三项误差改正模型，并将这些误差模型通过数据链发送给用户站，用户站利用这些误差改正模型信息修正自己观测到的伪距、相位、星历等，从而计算出高精度的GPS定位结果。

WADGPS将中心站、基准站与用户站间距离从100km增加到2000km，且定位精度无明显下降，对于大区域的WADGPS网，需建立的监测站很少，具有很大的经济效益，可运用于远洋、沙漠等LADGPS不易作用的区域，但其硬件设备及通信工具昂贵，软件技术复杂，运行维护费用高，且可靠性和安全性不如单个LADGPS好。

目前我国已初步建立了北京、拉萨、乌鲁木齐、上海4个永久性监测站，还计划增设武汉、哈尔滨两站，并拟定在北京或武汉建立数据处理中心和数据通信中心。

(3) 多基站RTK(CORS)。多基站RTK技术也叫网络RTK技术，目前运用的数据处理方法有虚拟参考站法、偏导数法、线性内插法、条件平差法，其中虚拟参考站法最为成熟(VRS)。

VRS RTK工作原理(图5.10)：在一个区域内建立若干个连续运行基准站，根据这些基准站(连续运行参考站)的观测，建立区域内的GPS主要误差模型(电离层、对流层、卫星轨道等误差)。系统运行时，将这些误差从基准站的观测值中减去，形成“无误差”的观测值，然后利用这些无误差的观测值和用户站的观测值，经过有效组合，在移动站附近(几米到几十米)建立起一个虚拟参考站，移动站与虚拟参考站之间进行载波相位差分改正，实现实时RTK。

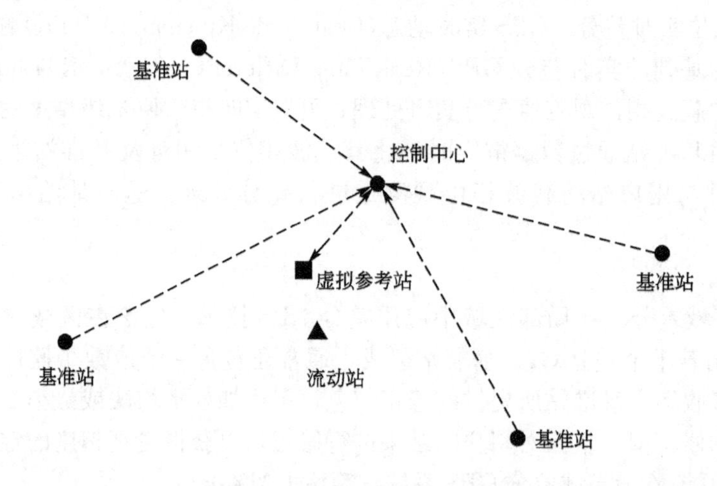

图5.10　VRS RTK工作原理

多基站RTK系统基本构成：若干个连续运行的GPS基准站、计算中心、数据发布中心、用户站。连续运行的GPS基准站连续进行GPS观测，并实时将观测数据传输到计算中心，计算中心根据这些观测值计算区域电离层、对流层、卫星轨道误差改正模型，并实时地将各基准站的观测值减去其误差改正，从而得到精确的观测值，再结合移动站的观测站，计算出移动站附近的虚拟参考站的相位差分改正，并实时地传给数据发布中心。数据发布中心实时接收计算中心的相位差分改正信息，并实时发布。用户接收到数据发布中心发布的相位差分改正信息，结合自身GPS观测值，组成双差相位观测值，快速确定整周模糊度参数和位置信息，完成实时定位。

任务5.3 GPS测量的实施

GPS测量按照实施过程，一般包括方案设计、外业实施及内业数据处理三个阶段。其工作程序可分为以下几个步骤：技术设计、选点埋石、外业准备、方案设计、外业施测、成果检核和内业数据处理。GPS测量尽管有精度高、速度快等优越性，但为了获取可靠的观测成果，也必须有科学的技术设计、严谨的工作管理，并且必须遵循统一的技术规范。

5.3.1 GPS测量控制网技术设计

GPS网技术设计是进行GPS测的基础性工作，它是根据国家现行规范、规程，针对GPS控制网的用途及用户要求，设计者在实地踏勘的基础上，按照测区已有控制点的分布、测区范围特点，提出的对GPS测量的网形、精度及基准等的具体设计。

1. GPS控制网技术设计的依据

设计依据主要是GPS测量规范(规程)和测量任务书或合同。规范(规程)是国家测绘管理部门和行业部门所制定的技术标准和法规，应根据实际实施的最新版本执行；测量任务书或合同是测量施工单位上级主管部门或合同甲方下达的技术要求文件，这种技术文件是指令性的，它规定了测量任务的范围、目的、精度和密度要求，提交成果资料的项目和时间，完成任务的经济指标等。

在GPS测量方案设计时，一般首先依据测量任务书提出的GPS网的精度、点位密度和经济指标，结合国家标准或其他行业规范(规程)，现场具体确定点位及点间的连接方式、各点设站观测的次数、时段长短等布网施测方案。

2. GPS控制网的精度密度设计

1）GPS测量的精度标准及分级

GPS测量精度取决于控制网的用途和定位技术所能达到的精度。精度指标通常以网中相邻点间弦长标准差来表示，即：

$$\sigma=\sqrt{a^2+(bd)^2} \tag{5-8}$$

式中：a——GPS接收机标称精度中的固定误差；

b——比例误差系数；

d——相邻点之间的距离。

GPS网的等级及相邻点间平均距离和精度要求见表5-1，该表摘自建设部颁发的《全球定位系统城市测量技术规程》(CJJ 73—2010)将GPS测量划分为二、三、四等和一、二级。

表5-1 GPS测量的主要技术指标

等级	平均距离(km)	基线向量的弦长精度		最弱边相对中误差
		a(mm)	$b\times10^{-1}$(mm/km)	
二等	9	≤10	≤2	1/120000
三等	5	≤10	≤5	1/80000

（续）

等级	平均距离 (km)	基线向量的弦长精度		最弱边相对中误差
		a(mm)	$b\times10^{-1}$(mm/km)	
四等	2	≤10	≤10	1/45000
一级	2	≤10	≤10	1/20000
二级	<1	≤15	≤20	1/10000

注：当边长小于200m时，边长中误差应小于20mm。

2）GPS定位的密度设计

各种不同的任务要求和服务对象，对GPS网分布有着不同的要求，一般所需的网点应满足测图、加密和工程测量的需要。两相邻点间距离有如下规定：各级GPS相邻点间平均距离应符合规范或规程要求，最小距离可为平均距离的1/3～1/2，最大距离为平均距离的2～3倍，在特殊情况下，个别点的间距也可结合任务和服务对象，对GPS点分布要求作出具体的规定。

3. GPS网的基准设计

通过GPS测量获得WGS-84坐标，在实际工程应用中，需要的是国家坐标系(1954北京坐标系或1980西安坐标系)或地方坐标系。故在技术设计阶段，必须明确GPS成果所采用的坐标系统和起算数据，即明确GPS网所采用的基准，称GPS网的基准设计。

GPS网的基准包括位置基准、方位基准和尺度基准。位置基准一般由GPS网中起算点坐标确定；方位基准一般由给定的起算方位角值确定，也可将GPS基线向量的方位作为方位基准；尺度基准由GPS网中起算点间的坐标反算距离确定，也可利用电磁波测距边确定或直接采用GPS基线向量的距离确定。

4. GPS网图形设计

1）几个基本概念

(1) 观测时段：测站上开始接收卫星信号进行观测到停止，连续观测的时间间隔。

(2) 同步观测：两台及以上接收机同时对同一组卫星进行的观测。

(3) 同步观测环：三台及以上接收机同步观测获得的基线向量所构成的闭合环。

(4) 独立观测环：由独立观测获得的基线向量所构成的闭合环。

(5) 异步观测环：在构成多边形闭合环的所有基线向量中，只要有非同步观测基线向量，则该多边形环路称异步观测环。

(6) 独立基线：对于N台GPS接收机构成的同步观测环，有$J[J=N(N-1)/2]$条同步观测基线，其中独立基线数为$N-1$。除独立基线外的其他基线称为非独立基线。

(7) 星历：不同时刻卫星在轨道上的坐标值。

2）GPS网的图形设计

GPS网应由一个或若干个独立观测环构成，以增加检核条件，提高网的可靠性，也可采用附合路线形式。各同步环之间或采用点连式、边连式及混连式等基本形式构成(图5.11)。

(1) 点连式。相邻同步图形之间仅有一个公共点连接，非同步图形之间缺少闭合条件，可靠性差，一般不单独使用，如图 5.11(a)所示。

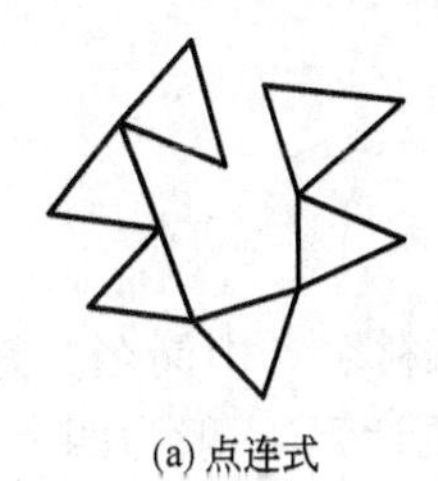

(a) 点连式

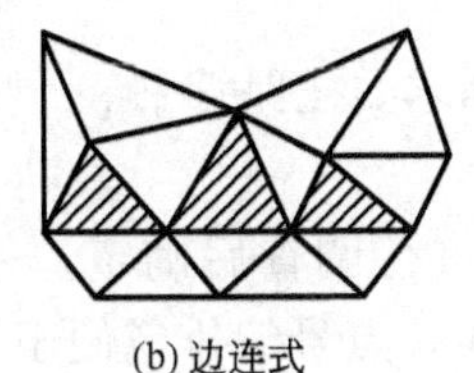

(b) 边连式

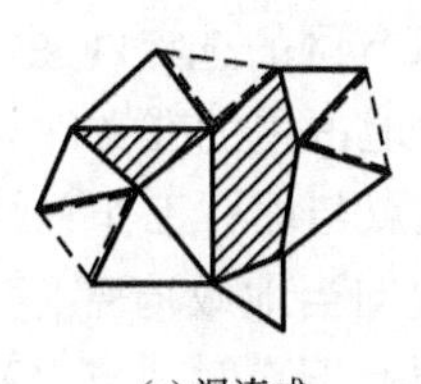

(c) 混连式

图 5.11 GPS 常用网形

(2) 边连式。同步图形之间由一条公共基线连接，有较多的复测边和非同步图形闭合条件，可靠性好。但当仪器台数相同时，观测时段将较点连式大为增加，如图 5.11(b)所示。

(3) 混连式。基于上述两种连接方式的结合，既能保证网的图形强度，又能减少外业工作量，降低成本，是较好的布网方式。如图 5.11(c)所示为在点连式基础上加测几条虚线所示线段。

(4) 网连式。相连同步图形之间有两个以上的公共点相连接、图形密集，几何强度和可靠性都很高，但至少需四台以上接收机，一般适用于精度要求较高的控制测量中。

5.3.2 选点与埋石

1. GPS 控制点选择的原则

由于 GPS 测量点间不要求通视，图形结构比较灵活，故选点比常规控制测量的选点要简便，但由于点位的选择对于保证观测工作顺利进行和保证测量成果的可靠性具有重要意义，在选点工作前，除应收集和了解测区的地理情况和原有控制点分布及标架、标型、标石的完好状况，决定其适宜的点位外，选点应遵循以下原则。

(1) 点位应选易于安置接收设备、视野开阔的位置。视场周围 15°以上不应有障碍物，以避免 GPS 信号被吸收或遮挡。

(2) 点位应远离大功率无线电发射源(如电视台、微波站等)，其距离不小于 200m；远离高压输电线，其距离不得小于 50m，以避免电磁场对 GPS 信号的干扰。

(3) 点位附近不应用大面积水域或强烈干扰卫星信号接收的物体，以减弱多路径效应的影响。

(4) 点位应选交通方便、有利于其他观测手段扩展与联测的地方。

(5) 点位应选在地面基础稳定、易于点保存的地点。

(6) 选点人员应按技术设计进行踏勘，在实地按要求选定点位。

(7) 网形应利于同步观测及边、点联结。

(8) 利用旧点时，应对旧点进行评估，看其是否符合使用要求。

2. 控制点环视图绘制

环视图是反映控制点周围一定截止高度角范围内天顶通视情况的专用图件，是外业选点工作的重要成果，绘制方法有圆周型和断面型，具体操作可在 GPS 系统课程中学习。

3. 标志埋设与点之记绘制

GPS 网点一般应埋设具有中心标志的标石，以精确标志点位。点的标石和标志必须稳定、坚固，以利于长久保存和利用。每个点位标石埋设结束后，应填写点的记录并提交以下资料。

(1) 点的记录。

(2) GPS网的选点网图。

(3) 土地占用批准文件与测量标志委托保管书。

(4) 选点与埋石工作总结。

点名应向当地政府部门或群众进行调查后确定，一般取村名、山岗名、地名、单位名。利用原有旧点时，点名不宜更改，点号编排应便于计算机计算(一般为四个字符)。

5.3.3 GPS数据采集与内业数据处理

1. GPS数据采集

GPS网采用相对定位方法，故数据采集时至少使用2台或2台以上接收机进行同步观测。对于不同等级应使用不同的观测方法，观测时对卫星高度截止角、同时观测有效卫星数、有效卫星总数、观测时段、重复设站数、时段长度、采样间隔等应按相应规范对仪器进行设置或数据下载后进一步处理。

外业观测时应注意天线的安置有利于减弱相位中心误差的影响，天线固定、仪高量测、气象参数的测量等外业观测记录应及时且齐全。开机观测后应注意查看有关观测卫星数量、卫星号以及存贮介质等情况。在一个时段中不允许关闭又重启接收机、改变卫星高度角、改变天线位置、改变采样间隔、关闭或删除文件等功能键。外业记录中气象元素、仪高一般在始、中、末各记录一次。

观测过程中人员不得离开测站，不得靠近接收机使用手机或对讲机。

2. 内业数据处理

1) 数据预处理

外业观测结束后，应及时卸载有关资料并进行数据处理，以便于对外业数据的质量进行检核。检核的内容有：数据剔除率、复测基线的长度差、同步环闭合差、独立环闭合差及附和路线坐标闭合差、预处理后基线分量及边长的重复性、各时段间的较差，检核结束后再确定需要重测或补测的测站。

2) GPS网平差

在各项检核通过后，得到各独立基线向量和相应的精度，在此基础上便可进行平差计算。

(1) GPS网无约束平差。在地心坐标WGS-84坐标系中，以一个点的三维坐标作为起算数据进行网的整体无约束平差，平差结果提供各控制点在WGS-84坐标系中的三维坐标，以及基线边长和相应的精度信息，其平差后基线向量改正数的绝对值应满足相应规范的要求。

(2) GPS网的约束平差。为建立国家或城市、工矿等统一的坐标系，GPS网应与国家或城市等已有的控制点进行联测，将原有高级点的已知坐标(或已知距离、方位角)作为强制约束条件，进行GPS网的二维或三维约束平差。平差结果应是在国家坐标系或城市、工矿地方体系中的三维或二维坐标值。

GPS测量工作结束后，应按规范要求编写技术总结报告，其内容涉及施测项目的概况和测量工作的设计、作业、数据处理和精度，特别是经验教训和对成果的分析。上交成果

包括技术设计书、展点图、点之记、野外观测记录、各项检核计算与质量分析、数据处理资料、图件和软盘等。

项目小结

本项目主要介绍了GPS定位技术的发展过程，GPS卫星信号，GPS定位基本原理，GPS测量的实施。

本项目的重点内容是：GPS定位原理，GPS测量的实施。

本项目的教学目标是：了解GPS测量技术的发展历程，了解GPS测量技术应用方法；掌握GPS系统的构成，GPS信号的组成；能利用GPS进行野外观测；了解GPS数据处理的过程。

习　题

一、填空题

1. NNSS是__________的简称，GLONASS是__________(国家)的全球定位系统，GALILEO是__________在1992年2月提出的计划。

2. GPS系统主要是由__________、__________和__________三大部分组成。

3. GPS测量使用的测距码有：__________、__________和__________。

4. 差分技术中利用坐标差或伪距改正作为修正值的作业模式，能满足__________定位精度，主要用于导航和水下测量等领域，而RTK技术，可获得__________精度。

二、选择题

1. GPS定位的实质就是根据高速运动的卫星瞬间位置作为已知的起算数据，采取(　　)的方法，确定待定点的空间位置。

A. 空间距离前方交会　　B. 空间距离后方交会
C. 空间距离侧方交会　　D. 空间角度交会

2. GPS监控系统，主要由分布在全球的五个地面站组成，按其功能分为主控站、监测站和(　　)。

A. 副控站　　B. 修正站　　C. 协调站　　D. 注入站

3. GPS信号接收机，根据接收卫星的信号频率，可分(　　)。

A. 美国机和中国机　　B. 单屏机和双屏机　　C. 单频机和双频机　　D. 高频机和低频机

4. GPS工作卫星，均匀分布在(　　)轨道上。

A. 4个　　B. 5个　　C. 6个　　D. 7个

5. GPS卫星中所安装的时钟是(　　)。

A. 分子钟　　B. 原子钟　　C. 离子钟　　D. 石英钟

三、简答题

1. GPS的全名是什么？系统研制的最初目的是什么？

2. GPS系统由哪几部分组成？各部分的作用是什么？

3. GPS信号是怎样产生的？

4. GPS测量可分为哪几类？

5. 什么是RTK技术？什么是CORS系统？

6. GPS运用于控制测量时它的基本作业过程是什么？数据处理的流程是什么？

项目6

导线测量

教学目标

掌握直线定向的含义与方位角的推算方法、坐标正反算的基本原理与方法；掌握导线测量外业工作的主要内容与工作流程，以及闭合导线、双定向附合导线、单定向附合导线、无定向附合导线，以及支导线的计算；熟悉前方交会、侧方交会、后方交会、全站仪自由设站及极坐标法测量等基本原理与应用。

教学要求

能力目标	知识要点	权重
了解控制测量的类型与等级	平面控制测量的分类与等级	5%
掌握方位角的推算	方位角的基本定义及方位角推算	10%
掌握坐标的正算与反算	坐标正算	5%
	坐标反算	5%
掌握导线测量的外业工作	踏勘选点及观测工作方法与要求	10%
掌握导线的内业计算	闭合导线的计算	15%
	附合导线的计算	20%
	支导线计算	5%
	导线错误的检查	5%
熟悉前后方交会、全站仪极坐标测量	前方交会、侧方交会、后方交会	10%
	全站仪后方交会、极坐标法	10%

项目导读

测量工作的目的是为了获得点的三维空间位置，而导线测量是获得其平面位置的一种重要方法，其在国家平面控制测量、工程勘测和施工测量中被广泛应用。

本项目主要介绍导线测量的基本类型与等级、导线测量外业工作的主要内容与方法，以及导线内业计算和交会测量。

知识点滴

国家基本平面控制网

国家为了满足国防、科研及经济建设等各种不同的需要，必须在全国领土范围内建立精密的控制网，这就是国家大地控制网。用以控制平面位置的为基本平面控制网；用以控制高程的为基本高程控制网。

国家基本控制网按照精度不同，分为一、二、三、四等，由高级到低级逐步建立。

国家一等平面控制网主要采用纵横三角锁的形式布设，如图 6.1 所示。三角形边长约 20～25km。在锁系交叉处精密测定起始边长，在起始边两端还用天文测量的方法测定天文方位角，用来控制误差传播和提供起算数据。一等三角锁的主要作用是统一全国坐标系统，控制以下各级控制测量，并为研究地球形状及大小提供精确资料。

国家二等平面控制网主要采用三角网布设，一般称为二等全面网。它是以连续三角网的形式布设在一等锁环内的地区。我国二等网平均边长为 13km，网的中间通常选一条边，测定其边长并进行天文测量。二等全面网的作用是满足测图控制的需要。由于一、二等锁网中要进行天文测量，所以常称之为国家天文大地网。

国家三、四等平面控制网是在二等三角网的基础上，根据需要，采用插网方法布设。当受地形限制时，也可采用插点法进行施测。三等三角网平均边长为 8km，四等网边长一般为 2～6km。三、四等控制测量主要为地区测图提供首级控制。

任务 6.1 全站仪导线测量

6.1.1 控制测量概述

在地形图测绘或工程建设中，为了保证成图的精度并提高工作效率，测量工作必须遵循“从整体到局部，先控制后碎部”的原则。为此，必须在测区范围内布设一定密度的点并精确测定其位置，作为下一步测量工作的基础，这些点称之为控制点，其所组成的图形称之为控制网，建立控制网所进行的测量工作称为控制测量。测定控制点平面位置的工作称为平面控制测量，方法有三角测量、全球定位系统(简称 GPS，分静态或动态)测量、导线测量等。测定控制点高程的工作称为高程控制测量，方法主要有水准测量、三角高程测量和 GPS 高程测量。本项目主要介绍平面控制测量。

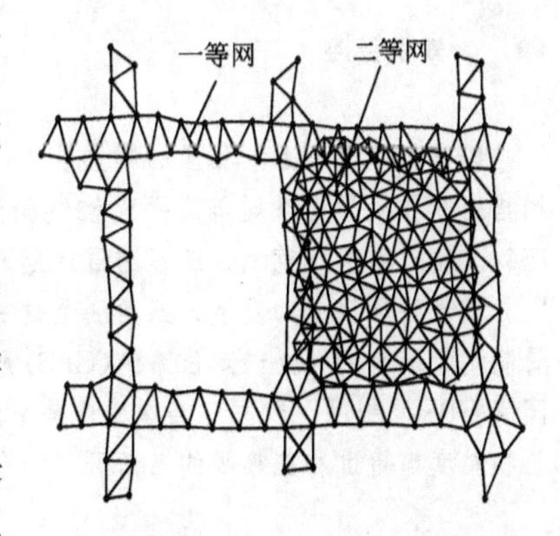

图 6.1 国家平面控制网

三角测量是一种传统的平面控制测量手段，它是利用三角测量的原理建立的。在地面上选定一系列点构成连续三角形，如图 6.1 所示，这种网形结构称为三角网。测定各三角形顶点的水平角，再根据起始边边长、方位角、起始点坐标来推求各顶点平面位置的测量方法称为三角测量。

将地面上一系列点连成折线，如图 6.2 所示在点上依次测定各折线的边长、转折角，再根据起始数据推求各点的平面位置的测量方法，称为导线测量，其控制网称为导线网。

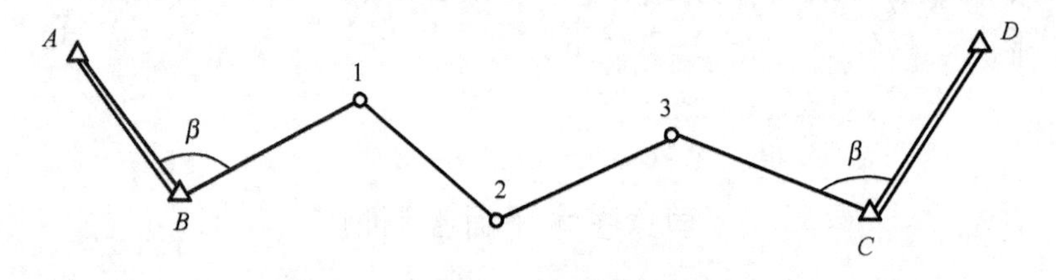

图 6.2 附合导线

利用全球定位系统(GPS)建立的控制网称为 GPS 控制网。

1. 国家平面控制网

国家平面控制网的传统测量方法就是三角测量和精密导线测量。国家三角网按控制测量次序、施测方法和精度分为一、二、三、四等四个等级，其中一等精度最高，其点位坐标由天文观测获得。以一等点为骨干基础依次逐级控制，即低一级三角网建立在高一级三角网的基础上并受高一级角网的控制。各级三角网中三角形的边长也从一等的平均 25km 逐次降到四等的平均 2～6km。如图 6.1 所示为国家基本平面控制网。表 6-1 为国家基本平面控制网三角测量主要技术指标。

表 6-1 国家基本平面控制网三角测量主要技术指标

等级	平均边长 (km)	测角中误差 (″)	三角形最大闭合差 (″)	起始边相对中误差
一	20～25	±0.7	±2.5	1/350000
二	13	±1.0	±3.5	1/250000
三	8	±1.8	±7.0	1/150000
四	2～6	±2.5	±9.0	1/100000

知识链接

国家制定了一系列相应的测量规范，对各种控制测量的技术要求做了详细的规定。在测量工作中要严格遵守和执行测量规范。平面控制测量作业应遵循的测量规范有《国家三角测量和精密导线测量规范》、《城市测量规范》、《工程测量规范》以及《全球定位系统(GPS)测量规范》等。

随着科学技术的发展，三角测量这一传统定位技术基本已被 GPS 定位技术所取代。2009 年国家测绘局制定了最新的《全球定位系统(GPS)测量规范》，将 GPS 控制网分为 A～E 五级，其中 A、B 两级属于国家 GPS 控制网。我国已经建成覆盖全国的 A 级网点 27 个，平均边长 500km；B 级网点 800 个，其边长和精度都超过相应等级的三角网。

由于三角测量选点构网要求高、外业和内业工作量大、技术相对落后等，现已退出实际应用，基本被全球定位系统GPS(Global Positioning System)测量、全站仪导线测量所取代。GPS测量技术将在后续相关课程中专门学习。

2. 城市平面控制网与工程控制网

为城市和工程建设需要而建立的平面控制网称为城市平面控制网，它一般以国家控制网为基础，布设成不同等级的控制网。对于城市平面控制网，中小城市一般以国家三、四等网作为首级控制网，面积较小的城市(小于10km^2)可用四等及四等以下的小三角网或一级导线网作为首级控制。与国家等级网相似，城市平面控制网可布设成三角网、精密导线网、GPS网，只是相应等级的平均边长较短。三角网、边角网和GPS网的精度等级依次为二、三、四等和一、二级；导线网的精度等级依次为三、四等和一、二、三级。建立城市控制网的规定和要求均列于《城市测量规范》(CJJ/T 8—2011)中。

根据《城市测量规范》(CJJ/T 8—2011)，用于平面控制测量的导线分为三、四等及一、二、三级。各等级导线测量的技术指标见表6-2。

表6-2 电磁波测距导线测量的主要技术要求

等级	闭合环或附合线长度(km)	平均边长(m)	测距中误差(mm)	测角中误差(″)	导线全长相对闭合差
三等	≤15	3000	≤18	≤1.5	≤1/60000
四等	≤10	1600	≤18	≤2.5	≤1/40000
一级	≤3.6	300	≤15	≤5	≤1/14000
二级	≤2.4	200	≤15	≤8	≤1/10000
三级	≤1.5	120	≤15	≤12	≤1/6000

工程控制网是为满足各类工程建设、施工放样、安全监测等而布设的控制网。按用途分为测图控制网和专用控制网两大类。测图控制网是在各项工程建设的规划设计阶段，为测绘大比例尺地形图而建立的控制网；专用控制网是为工程建筑物的施工放样或变形观测等专门用途而建立的控制网。工程控制网一般根据工程的规模大小、工程建设所处位置的地形、工程建筑的类别等布设成不同的形式，精度要求也不一样。例如为满足道路建设的需要，一般布设成导线网，精度要求相对较低，而为满足大型工业厂房的设备安装、水利水电工程等一般布设成三角网，而且精度相对较高。国家制定了相应的测量规范《工程测量规范》(GB 50026—2007)。

3. 图根控制网

小区域平面控制网是指为满足小区域(<15km^2)测图和施工所需而建立的平面控制网。小区域控制网一般根据面积大小和精度要求分级布网，即：国家或城市控制点—首级控制—图根控制。在测区范围内建立统一的精度最高的控制网，称为首级控制网。由于国家等级控制点和首级控制点的密度不能完全满足测图的需要，我们必须建立直接为测图服务的控制网，即图根控制网。对于较小测区，图根控制可作为首级控制。组成图根控制网的控制点称为图根控制点，简称图根点。图根点有两个作用：一是直接作为测站点，进行碎部测量；二是作为临时增设测站点的依据。根据《城市测量规范》(CJJ/T 8—2011)，图根点的密度应根据测图比例尺和地形条件确定，平坦开阔地区图根点密度应符合表6-3的规定，地形复杂、隐蔽及城市建筑区，图根点密度应满足测图需要，并结合具体情况进

行加密。本课程主要介绍地形图测图图根控制测量。

表 6-3　平坦开阔地区图根点的密度

测图比例尺	1∶500	1∶1000	1∶2000
数字测图法图根点密度(点/km²)	≥64	≥16	≥4

全站仪导线测量是图根控制测量的主要方式之一。当采用全站仪进行导线测量时，其技术指标应符合表 6-4 的要求。

表 6-4　图根光电测距导线测量主要技术指标

比例尺	附合导线长度(m)	平均边长(m)	导线相对闭合差	测回数 DJ6	方位角闭合差(″)	测距	
						仪器类型	方法与测回数
1∶500	900	80	≤1/4000	1	$\pm 40\sqrt{n}$	Ⅱ级	单程观测 1
1∶1000	1800	150					
1∶2000	3000	250					

6.1.2　直线定向

测量工作的基本目的是确定地面点的空间位置及相互关系。两点间平面位置的相对关系由两个参数决定，即两点间的水平距离和两点间的直线方向。其中直线方向是相对于某个基准来确定的。所谓直线定向就是确定直线的方向，即确定其相对于某个基准方向的水平角度。

1. 基准方向及其相互关系

测量工作中，常用的基准方向有三个，简称“三北方向”。

(1) 真北方向，即真子午线方向。地面上各点的真北方向都指向地球北极，各点的真北方向之间并不平行。真北方向用天文测量的方法测定。

(2) 磁北方向，即磁子午线方向。罗盘磁针静止时所指的方向为地磁的南极、北极，其中指向南极的方向简称磁的北方向。地面上各点的磁北方向都指向地磁的南极，因而各点间的磁北方向也不平行。

(3) 坐标北方向，即高斯平面直角坐标系的纵轴的北方向。在同一投影带内，所有坐标纵线都与中央子午线(纵轴)平行。

由于地球磁场的南极与地球自转的北极不一致，地面各点的磁北方向与真北方向不重合。同一点的磁北方向偏离真北方向的夹角称作磁偏角，用δ表示。磁北方向偏向真北方向以东称之为东偏，δ取正号，相反则为西偏，δ取负号。地面上各点的磁偏角不是一个定值，它随地理位置的不同而异。即使在同一地点，由于时间的不同磁偏角也会有所差异。

知识链接

我国磁偏角的变化大约在$-10^\circ\sim+6^\circ$，北京地区的磁偏角为西偏，约-5°左右。由于磁极的变化，磁偏角也在变化。

地球上各点的真子午线间不平行，中央子午线投影后为直线作为坐标纵轴，其他子午线投影后为曲线。同一点的坐标纵轴北方向偏离真子午线北方向间的夹角称为子午线收敛角，用γ表示，如图6.3所示。坐标纵轴北方向在真子午线北方向以东称之为东偏，γ取正号；相反则为西偏，γ取负号。地面点某点的子午线收敛角计算式为：

$$\gamma=\Delta\lambda\sin\varphi \tag{6-1}$$

式中：$\Delta\lambda$——地面点经度与中央子午线经度之差；

φ——地面点的纬度。

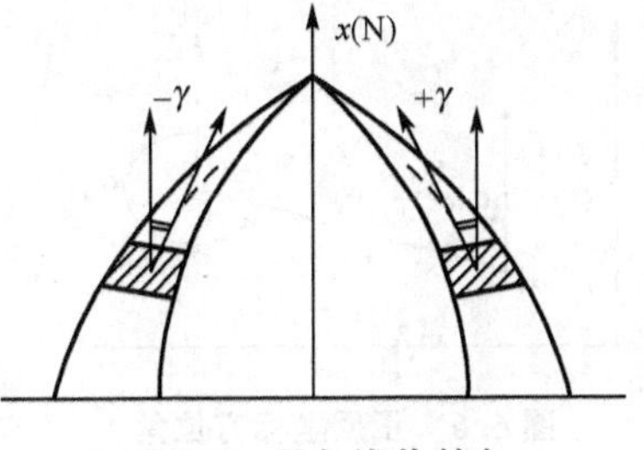

图6.3　子午线收敛角

从式(6-1)中可以看出，纬度愈低子午线收敛角愈小，当地面点在赤道时，$\gamma=0$；纬度愈高，子午线收敛角愈大，在两极时，$\gamma=\Delta\lambda$。

特别提示

在测量中，均以真北方向为准，磁北方向和坐标北方向偏向真北方向以东称之为东偏，δ和γ取正号；相反则为西偏，δ和γ取负号，即谓东偏为正，西偏为负。

2. 方位角

直线的方向用方位角来表示。从基准方向的北端起，顺时针旋转至直线的水平夹角称该直线的方位角。方位角的角值范围为0～360°。

因基准方向不同而有不同的方位角。以真子午线北方向为基准方向的方位角为真方位角，用A表示；以磁子午线北方向为基准方向的方位角为磁方位角，用A_m表示；以坐标纵轴北方向为基准方向的方位角为坐标方位角，以α表示。表示三北方向之间关系的图称之为三北方向关系图(图6.4)，测量上常将该图绘在地图图廓线下方。根据已知的三北方向之间存在的角度关系(图6.5)，三种方位角之间可以根据公式(6-2)，(6-3)进行换算。即

$$A=A_m+\delta \tag{6-2}$$

$$A=\alpha_{AB}+\gamma \tag{6-3}$$

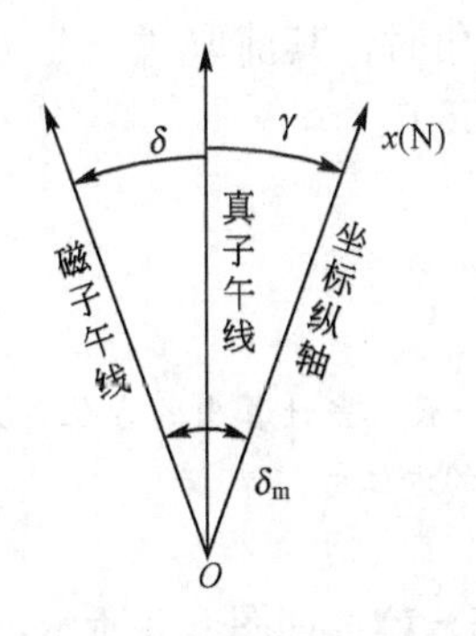

图6.4　三北方向关系图

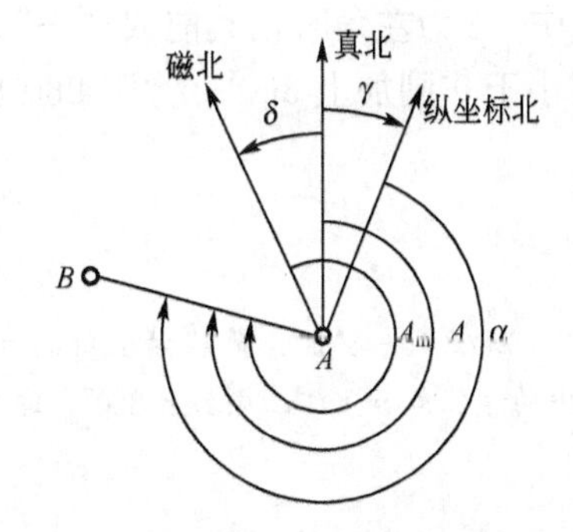

图6.5　三种方位角关系图

3. 正反坐标方位角

一条直线的坐标方位角，由于开始点的不同而存在两个不同的值。如图6.6所示，直线AB的坐标方位角为α_{AB}，而直线BA的坐标方位角则为α_{BA}。两者互为直线AB的正反

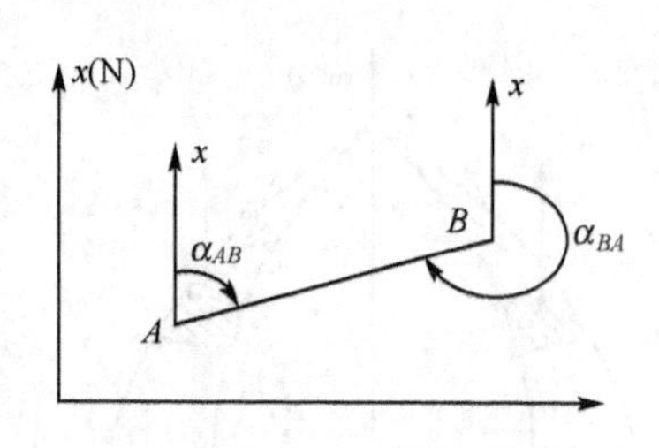

图 6.6　正反坐标方位角

方位角，从图中可以看出，两者存在互补的关系，即

$$\alpha_{AB}=\alpha_{BA}\pm180° \tag{6-4}$$

由于真子午线之间或磁子午线之间相互并不平行，所以正、反真方位角和正、反磁方位角不存在上述关系。

特别提示

当 α_{BA} 小于 180°时取"+"，而当 α_{BA} 大于 180°时取"−"。

(1) 正反坐标方位角相差 180°。

(2) 真(磁)的正反方位角不是相差 180°，这给测量计算带来不便，故测量工作中常用坐标方位角进行直线定向。

4. 坐标方位角的推算

实际工作中并不需要直接测定每条直线的坐标方位角，而是通过与已知坐标方位角的直线连测后，推算出各直线的坐标方位角。在推算线路左侧的夹角称为左角，可用 $\beta_{左}$ 表示；在推算线路右侧的夹角称为右角，可用 $\beta_{右}$ 表示。

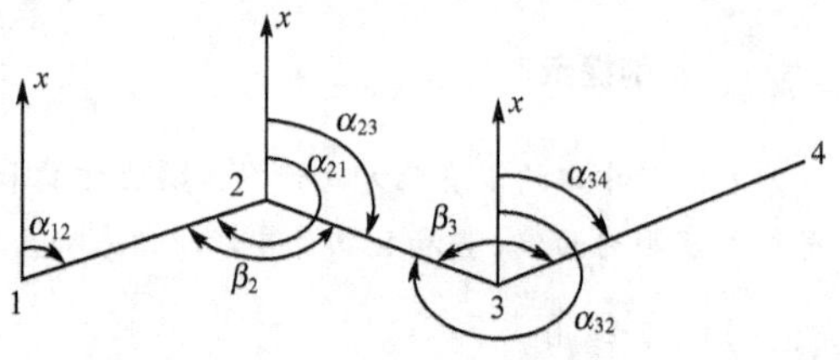

图 6.7　坐标方位角的推算

如图 6.7 所示，已知 12 边的方位角 α_{12}，以及 2、3 点处的转折角 β_2(右角)、β_3(左角)，则：

23 边的坐标方位角为(右角公式)：

$$\alpha_{23}=\alpha_{21}-\beta_2=\alpha_{12}+180°-\beta_2 \tag{6-5}$$

34 边的坐标方位角为(左角公式)：

$$\alpha_{34}=\alpha_{32}+\beta_3=\alpha_{23}+180°+\beta_3 \tag{6-6}$$

当利用式(6-5)和式(6-6)计算得到的坐标方位角值小于 0°则加上 360°；大于 360°则减去 360°。

由式(6-5)和式(6-6)可得出推算坐标方位角的一般公式：

$$\alpha_{前}=\alpha_{后}+180°\pm\beta \tag{6-7}$$

式(6-7)中，β 为左角时，其前取"+"，β 为右角时，其前取"−"。如果计算得到的坐标方位角值小于 0°则加上 360°；大于 360°则减去 360°。

特别提示

在运用式(6-5)和式(6-6)时，前后方位角的方向必须一致；当计算出的方位角大于 360°，应减去 360°，如果计算出的方位角小于 0°，应加上 360°，即为该直线的方位角。

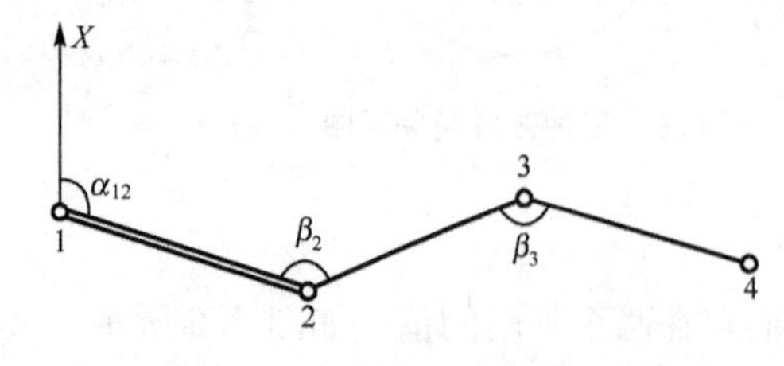

图 6.8　坐标方位角的推算例题

【例 6-1】 如图 6.8 所示，已知 12 边的方位角 $\alpha_{12}=110°15'$，在 2 点测得夹角 $\beta_2=142°20'$，在 3 点测得夹角 $\beta_3=145°10'$，求 α_{23}，α_{34} 和 α_{43}。

解： 由题意可知，α_{12}、α_{23} 和 α_{34} 是同一方向的方位角，所以可以直接运用推算公式计算；而 α_{43} 是 α_{34} 的反方位角，所以可用正反方位角的关系来计算；再由图 6.8 可知，按 1、2、3、4 的推算方向，β_2为左角，而β_3为右角。

根据式(6－7)，23 边方位角为：

$$\alpha_{23}=\alpha_{12}+180°+\beta_2=101°30'+180°+142°20'=423°50'$$

此时方位角大于 360°，应减去 360°。

所以

$$\alpha_{23}=423°50'-360°=63°50'$$

根据式(6－7)，34 边方位角为：

$$\alpha_{34}=\alpha_{23}+180°-\beta_3=63°50''+180°-145°10'=98°40'$$

再根据正反坐标方位角的关系，则

$$\alpha_{43}=\alpha_{34}\pm180°=98°40'+180°=278°40'$$

5. 象限角及其与坐标方位角的关系

由坐标纵轴的北端或南端起，沿顺时针或逆时针方向量至直线的锐角，称为该直线的象限角，用 R 表示，其角值范围为 0°～90°(图 6.9)。在表示直线的象限角时，应表示其所在的象限，如北东 45°，也可表示为 NE45°。

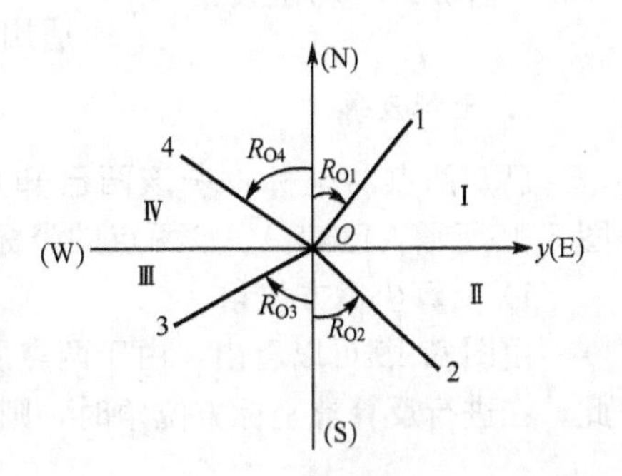

图 6.9 象限角

象限角与坐标方位角的关系见表 6－5。

表 6－5 象限角与坐标方位角的关系

象限	象限名称	坐标方位角值域(°)	由坐标方位角求象限角	由象限角求坐标方位角
Ⅰ	北东 NE	0～90	$R=\alpha$	$\alpha=R$
Ⅱ	南东 SE	90～180	$R=180°-\alpha$	$\alpha=180°-R$
Ⅲ	南西 SW	180～270	$R=\alpha-180°$	$\alpha=180°+R$
Ⅳ	北西 NW	270～360	$R=360°-\alpha$	$\alpha=360°-R$

特别提示

方位角的角值范围是 0°～360°，而象限角的角值范围是 0°～90°。

6.1.3 坐标计算原理

地面上两点间的直角坐标值差称为坐标增量。用 Δx_{AB} 表示 A 点到 B 点的纵坐标增量，用 Δy_{AB} 表示 A 点到 B 点的横坐标增量。坐标增量有方向性和正负意义，Δx_{BA}、Δy_{BA} 表示 B 点到 A 点的纵、横坐标增量，其符号与 Δx_{AB}、Δy_{AB} 相反。

1. 坐标正算

已知一个点的坐标及该点到未知点的水平距离和坐标方位角，计算未知点的坐标的方法称为坐标正算。如图 6.10 所示，已知 $A(x_A、y_A)$、S_{AB}、α_{AB}，求 $B(x_B、y_B)$。

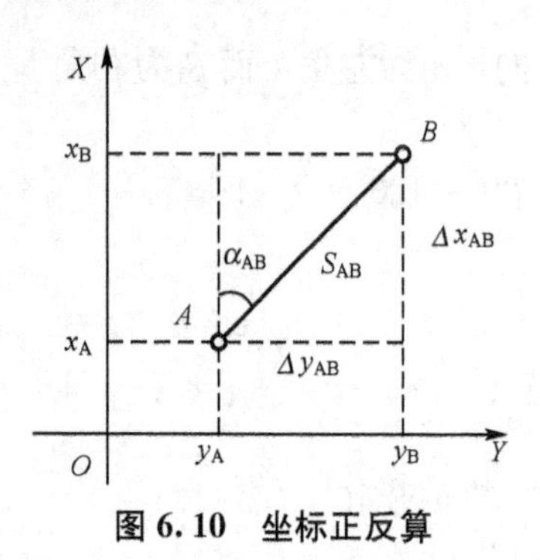

图 6.10　坐标正反算

1）计算坐标增量

$$\begin{cases}\Delta x_{AB}=S_{AB}\cdot\cos\alpha_{AB}\\ \Delta y_{AB}=S_{AB}\cdot\sin\alpha_{AB}\end{cases}\tag{6-8}$$

2）计算坐标值

$$\begin{cases}x_B=x_A+\Delta x_{AB}\\ y_B=y_A+\Delta y_{AB}\end{cases}\tag{6-9}$$

上述式(6－8)和式(6－9)是依据在第一象限的方位角导出的，当坐标方位角落在其他象限时，公式仍然适用。

2. 坐标反算

已知两点的坐标，求该两已知点间的距离与坐标方位角的方法称为坐标反算。如图 6.10所示，已知 A、B 两点的坐标 $A(x_A、y_A)$、$B(x_B、y_B)$，求 S_{AB}、α_{AB}。

1）反算坐标方位角

由图 6.10 可以看出，由于两点所处的位置不同，则两点所连直线的方向就不同。因此，在进行反算求坐标方位角时，则是根据 Δx，Δy 先求出该直线的象限角。

因
$$\tan R=\left|\frac{\Delta y_{AB}}{\Delta x_{AB}}\right|$$

故
$$R=\arctan\left|\frac{\Delta y_{AB}}{\Delta x_{AB}}\right|\tag{6-10}$$

再根据 Δx_{AB}、Δy_{AB} 的正负，判断该直线位于第几象限，并根据表 6－5 的坐标方位角与象限之间的关系进行换算。

2）反算距离

可利用两点间的坐标增量按勾股定理进行计算，即

$$S_{AB}=\sqrt{\Delta x_{AB}^2+\Delta y_{AB}^2}\tag{6-11}$$

也可按两点间的坐标增量和该边的坐标方位角进行计算，即

$$S_{AB}=\frac{\Delta x_{AB}}{\cos\alpha_{AB}}=\frac{\Delta y_{AB}}{\sin\alpha_{AB}}\tag{6-12}$$

【例 6－2】　已知 A 点的坐标 $x_A=106.580\text{m}$，$y_A=649.886\text{m}$，B 点的坐标 $x_B=174.789\text{m}$，$y_B=619.024\text{m}$，求 AB 边的坐标方位角和水平距离。

解： $D=\sqrt{\Delta x^2+\Delta y^2}=\sqrt{(174.789-106.580)^2+(619.024-649.886)^2}=74.886\text{m}$

$$象限角\ R_{AB}=\arctan\frac{|\Delta y_{AB}|}{|\Delta x_{AB}|}=\arctan\frac{|619.024-649.886|}{|174.789-106.580|}=24°20'42''$$

因为 Δx_{AB} 是正值、Δy_{AB} 是负值，可判断该直线在第四象限。

所以

$$\alpha_{AB}=360°-24°20'42''=335°39'18''$$

6.1.4　导线测量的工作流程

1. 导线布设的形式

测量生产工作中，导线测量的布设形式主要有以下几种。

1）闭合导线

闭合导线是指从某点出发，经过若干个待定导线点后仍回到该点的导线。它主要有以下三种形式。

(1) 具有两个已知点的闭合导线，如图 6.11(a)所示。

(2) 具有一个已知点的闭合导线，如图 6.11(b)所示。

(3) 无已知点的闭合导线，如图 6.11(c)所示。

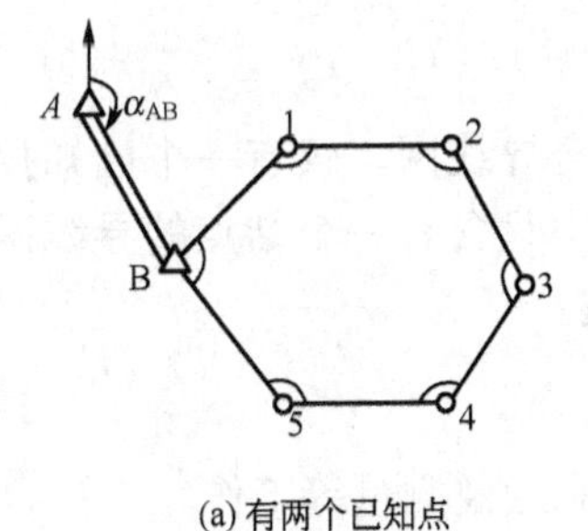

(a) 有两个已知点

(b) 有一个已知点

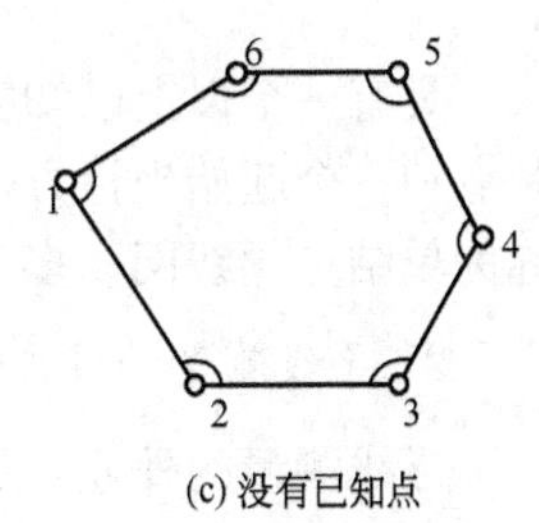

(c) 没有已知点

图 6.11 闭合导线形式

2）附合导线

附合导线是指从一个已知点出发，经过若干个待定点以后，附合到另一个已知点的导线。一般适用于带状的测区。它主要有以下三种形式。

(1) 具有两个连接角的附合导线，也称双定向附合导线，如图 6.12(a)所示。

(2) 具有一个连接角的附合导线，也称单定向附合导线，如图 6.12(b)所示。

(3) 无连接角的附合导线，也称无定向附合导线，如图 6.12(c)所示。

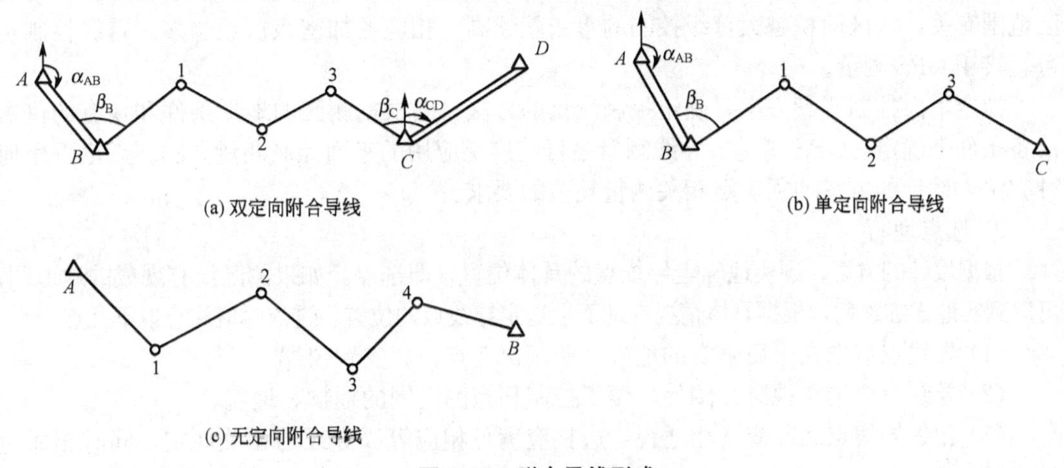

图 6.12 附合导线形式

3）支导线

支导线是指从一个已知点出发，既不附合到另一个已知点，也不回到起始点的导线，如图 6.13 所示。支导线不具备检核条件，故支导线不宜超过 3 个点。

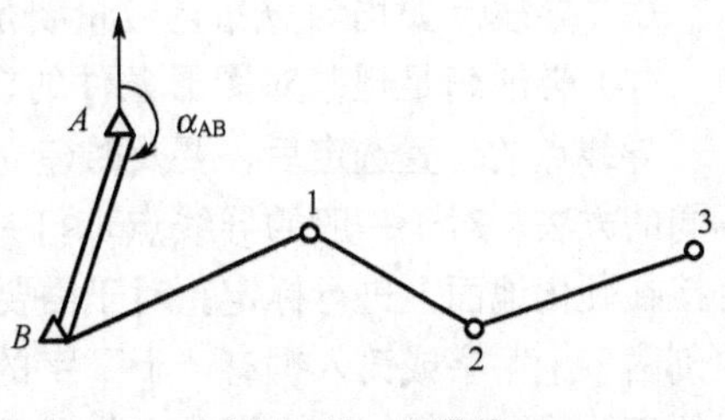

图 6.13 支导线

4）导线网

分为附合导线网［图 6.14(a)］和自由导线网［图 6.14(b)］两种形式。

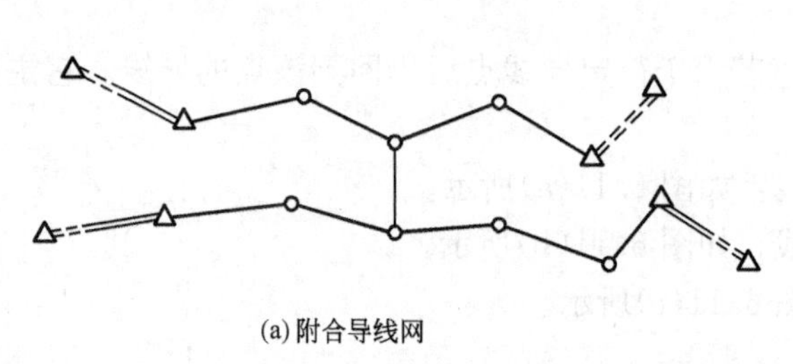

(a) 附合导线网

(b) 自由导线网

图 6.14　导线网

具有一个以上已知控制点或具有符合条件的导线网称为附合导线网。仅有一个已知控制点和一个起始坐标方位角的导线网称为自由导线网。导线网中只含有一个结点的导线网称为单结点导线网；多于一个结点的导线网称为多结点导线网。

2. 导线测量的外业工作

导线测量的外业工作包括勘测设计、选点埋石、角度测量和距离测量等工作。

1）勘测设计

在地形测图任务确定之后，首先要收集有关资料，着手地形平面控制测量的设计工作。要收集测区内和测区附近已有的各级控制点成果资料和各种比例尺地形图，并到测区实地勘察测区范围大小、地形条件、交通条件，以及控制点的保存情况。

拟定平面控制测量方案首先要考虑起算数据的问题。平面控制测量的起算数据可以利用测区内或附近的国家等级控制点。如果没有可利用的控制点，也可以利用 GPS 测量的方法获得起算数据。

拟定平面控制测量方案要确定首级控制的等级及加密方案。首级控制的等级主要与测区范围有关，测区面积越大首级控制的等级就越高，相应的加密级次也越多。首级控制也可直接用 GPS 测量。

拟定平面控制测量方案要确定控制测量的方法。要根据测区的地形条件和现有的仪器设备条件来确定。GPS 测量、导线测量是目前广泛应用的平面控制测量方法。无论采用何种方法，设计的方案均须满足相关测量规范的要求。

2）选点埋石

根据设计的方案，到实地确定导线点的具体位置，即选点。如果测区没有现成的地形图，可以到实地详细踏勘，根据具体情况在地面上选定导线点的位置。选点时应注意以下几点。

（1）导线点应选在土质坚实的地方，便于保存点位，安置仪器。

（2）导线点应选在视野开阔处，便于控制和施测周围的地物和地貌。

（3）相邻导线点之间应互相通视，边长应满足相应等级导线的相关规定，同时相邻边长比应大于 1∶3。

（4）导线点要均匀分布且数量要足够，以便于控制整个测区。

（5）必须满足规范对图形条件的要求。

导线点的位置选定后，要及时建立标志。根据导线点使用期限和导线的等级，可能采用不同的方法。对于一般的导线点，打一木桩并在桩顶钉一铁钉，如图 6.15 所示，或用油漆直接在硬化地面上进行标定。对于需要长期保存或等级导线点，应埋入混凝土桩或石桩，桩顶刻凿“十”字或铸入锯有“十”字的钢筋，如图 6.16 所示。在桩顶或侧面写上编号，为了便于寻找，应做好点之记或在附近明显地物上用红油漆作标记，如图 6.17 所示。

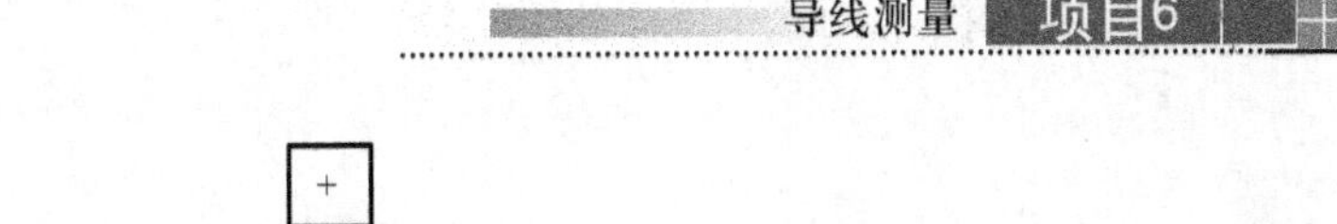

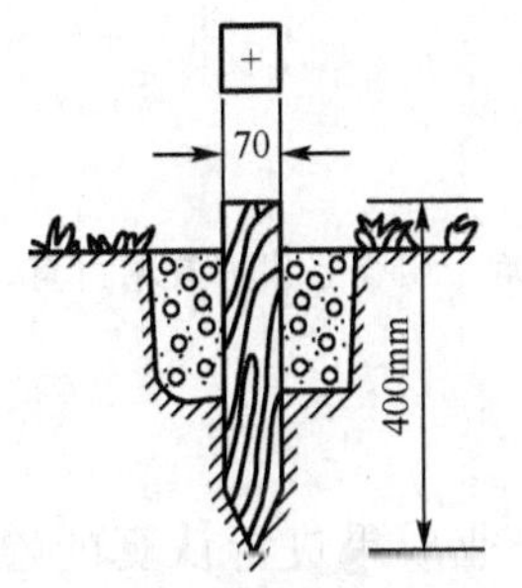

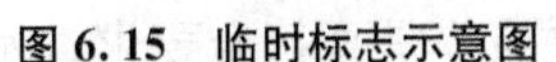
图 6.15 临时标志示意图

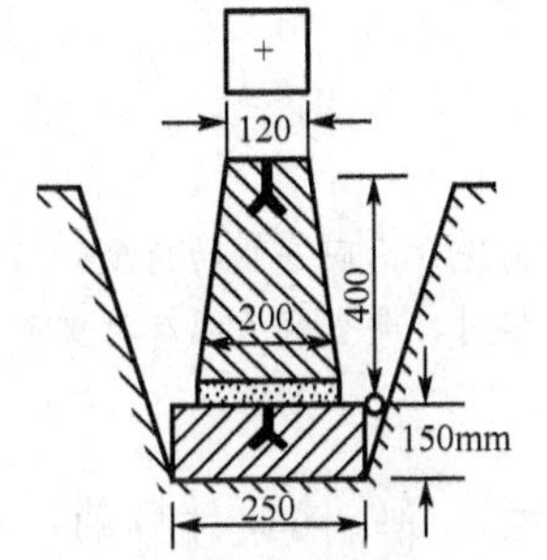

图 6.16 永久性标志示意图

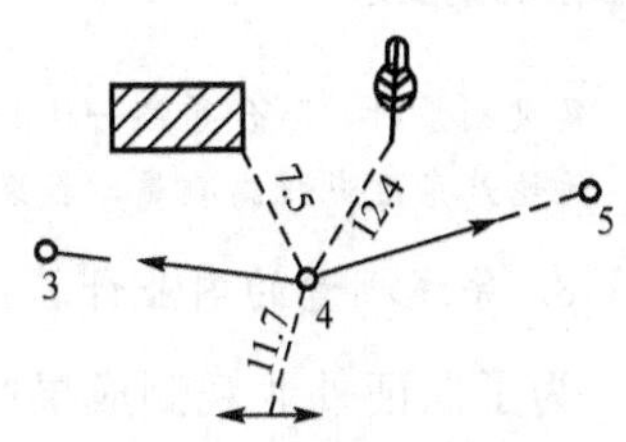

图 6.17 点之记略图

3）角度测量

导线转折角采用测回法观测，通常观测左角。对于闭合导线，若按逆时针方向编号，则观测的既是多边形的内角也是前进方向的左角。对于支导线，应分别观测左右角，以作校核。

当观测短边间的转折角时，测站偏心与目标偏心对转折角的影响十分明显。因此，应对所用的仪器及光学对点器做严格的检校，并且要特别仔细进行对中和精确照准。

对于有连接角的导线，要特别注意该角的观测。

角度测量时，观测的测回数及限差须满足城市测量规范规定的要求，见表 6－6。

表 6－6 导线测量水平角观测的技术要求

等级	测回数			方位角闭合差(″)
	DJ1	DJ2	DJ6	
三等	8	12	—	$\pm 3\sqrt{n}$
四等	4	6	—	$\pm 5\sqrt{n}$
一级	—	2	4	$\pm 10\sqrt{n}$
二级	—	1	3	$\pm 16\sqrt{n}$
三级	—	1	2	$\pm 24\sqrt{n}$

4）距离测量

采用全站仪进行距离测量时，均需观测气压与温度并记入手簿。大气改正通常由全站仪自动完成计算。

距离观测读数的次数、测回数等指标均须满足规范规定的要求，见表 6－7。对于电磁波测距的首级图根导线，边长应单向测量。

表 6－7 测距的主要技术要求

等级	仪器精度等级	每边测回数		总测回数	一测回读数较差(mm)	单测回间较差(mm)	往返或不同时段的较差(mm)
		往	返				
四等	Ⅰ级仪器	1	1	2	≤5	≤7	$\leqslant 2(a+b\times D)$
	Ⅱ级仪器			4	≤10	≤15	
一级	Ⅱ级仪器	1	—	2	≤10	≤15	
二、三级	Ⅱ级仪器	1	—	1	≤10	≤15	

注：一测回是指照准目标一次，一般读数 4 次，可根据仪器出现的离散程度和大气透明度作适当增减，往返测回数各占总测回数的一半。

特别提示

角度测量时，附合导线一律测导线前进方向同一侧的角度，通常测左角；闭合导线一般测内角。无论是角度或距离测量，成果不合格时，要查找原因及时重测。

3. 导线测量的内业计算

为了保证外业观测成果的质量，导线内业计算前，应对外业成果进行认真的检查。检查内容包括：角度观测和距离观测记录是否符合要求；各项限差是否符合要求；水平距离的换算是否正确和水平角的计算是否正确。发现问题及时查明原因，如属观测原因则应返工重测。检查完毕后，检查者应在记录手簿的相应位置签署检查者的姓名及检查日期。

根据检查后的外业成果，整理出导线内业计算所必需的连接角、各转折角、各水平距离，以及已知点坐标、起算方位角等，并绘制导线测量观测量略图，作为导线内业计算的基础资料。导线观测略图绘制后，应严格校对，防止抄录错误。

特别提示

工程测量规范规定，图根控制测量内业计算时，方位角计算值取值到 1″，边长及坐标计算值取值到 0.001m，坐标成果取值到 0.01m。

1) 双定向附合导线的计算

(1) 角度闭合差的计算与分配。如图 6.18 所示，已知数据及观测值均标注在导线略图上，根据起始边方位角及导线左角，按式(6-6)(左角公式)计算各边坐标方位角。

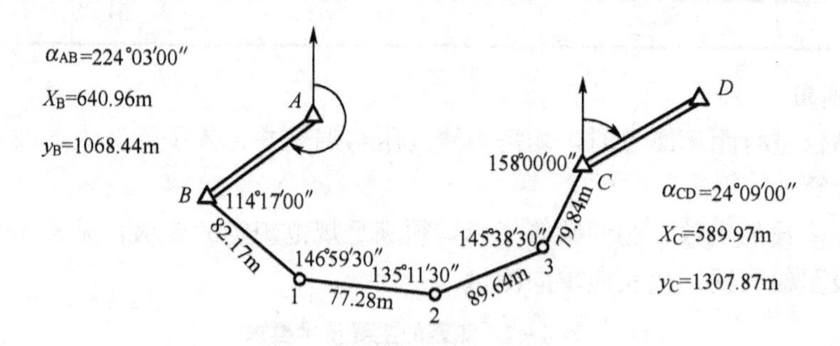

图 6.18　附合导线略图

$$\alpha_{B1}=\alpha_{AB}+180°+\beta_B$$

$$\alpha_{12}=\alpha_{B1}+180°+\beta_1$$

……

$$\alpha'_{CD}=\alpha_{BC}+180°+\beta_C$$

将以上各式相加，并考虑正反方位角的转换得到

$$\alpha'_{CD}=\alpha_{AB}-n\cdot 180°+\sum\beta_i$$

由于转折角及连接角观测中存在误差，故算出的 α'_{CD} 与已知 α_{CD} 不相等，即产生角度闭

合差 f_β，则

$$f_\beta = \alpha'_{CD} - \alpha_{CD} = \alpha_{AB} - \alpha_{CD} - n \cdot 180 + \sum \beta_{左}$$

写成一般表达式为

$$f_\beta = \alpha_{始} - \alpha_{终} - n \cdot 180° + \sum \beta_{左} \tag{6-13}$$

若转折角为右角，则

$$f_\beta = \alpha_{始} - \alpha_{终} + n \cdot 180° - \sum \beta_{右} \tag{6-14}$$

按照首级图根导线的技术要求(表6-4)，规定角度闭合差的容许值 $f_{\beta容}$ 为

$$f_{\beta容} = \pm 40''\sqrt{n} \tag{6-15}$$

若 $|f_\beta| > |f_{\beta容}|$，即角度闭合差超过容许值，首先应检查计算过程，若无计算错误，再检查外业观测数据，对错误或可疑数据应重新观测，直到满足精度要求为止。

若 $|f_\beta| \leqslant |f_{\beta容}|$，即角度闭合差没有超出容许值，说明精度达到要求，则可进行角度闭合差的调整。由于角度观测是在相同条件下进行的，故认为各角所产生的误差是相等的。因此，角度闭合差的调整方法是：将角度闭合差按相反的符号平均分配到各转折角值中，此分配值称为角度改正数，以 $v_{\beta i}$ 表示，即：

$$v_{\beta i} = -\frac{f_\beta}{n} \tag{6-16}$$

为了计算方便，可使角度改正数凑整到秒，余数分配给短边所夹的转折角。

校核：

$$\sum v_{\beta i} = -f_\beta \tag{6-17}$$

则改正后角值($\beta_{i改}$)等于观测值加上改正数，即

$$\beta_{i改} = \beta_i + v_{\beta i} \tag{6-18}$$

校核：

$$\sum \beta_{i改} = \sum \beta_{理} \tag{6-19}$$

当附合导线计算时角度为右角时，闭合差的改正数符号与 f_β 的符号相同。

(2) 推算各边方位角。根据改正后的各转折角，以式(6-6)推算各边方位角并附合到 CD 边上。此时，推算出来的 CD 边方位角 α'_{CD} 应与该边的已知坐标方位角 α_{CD} 相同。

特别提示

(1) 对于附合导线应首先满足方位角闭合条件，即根据已知坐标方位角 α_{AB}，通过各转折角的观测值推算出 CD 边的坐标方位角 α'_{CD} 应等于已知的 α_{CD}。如果不相等，即产生角度闭合差 f_β。

(2) 角度闭合差没有超出容许值时，则可进行角度闭合差的调整。角度闭合差的调整方法是：将角度闭合差按相反的符号平均分配到各转折角值中，其分配值称为改正数。为了计算方便，可使角度改正数凑整到秒，余数分配给短边所夹的转折角。

(3) 作为检核，改正数之和应与角度闭合差大小相等符号相反(角度为右角时，闭合差的改正数符号与 f_β 的符号相同)；同时，由改正后的各角度值推算的 α'_{CD} 应等于已知的 α_{CD}。

(3) 计算坐标增量及增量闭合差。根据坐标正算式(6-8)，计算各边的坐标增量，即 $\Delta x = S \cdot \cos\alpha$，$\Delta y = S \cdot \sin\alpha$。

附合导线纵、横坐标增量的代数和的理论值分别等于终点与始点的已知纵、横坐标差，即

$$\left.\begin{aligned}\sum \Delta x_{理} &= x_{终} - x_{始}\\ \sum \Delta y_{理} &= y_{终} - y_{始}\end{aligned}\right\} \tag{6-20}$$

但由于距离测量误差的影响，调整后的角度也会有剩余误差，所以计算出来的坐标增量总和 $\sum \Delta x_{计}$、$\sum \Delta y_{计}$ 并不等于已知的坐标增量，其差值为坐标增量闭合差，用 f_x、f_y 表示。

$$\left.\begin{aligned}f_x &= \sum \Delta x_{计} - (x_{终} - x_{始})\\ f_y &= \sum \Delta y_{计} - (y_{终} - y_{始})\end{aligned}\right\} \tag{6-21}$$

f_x、f_y 也可以理解为是推算的点 C' 位置与已知的 C 点位置在 x 轴、y 轴上的差异。两点之间的位移值称为导线全长闭合差。用 f_s 表示，按式(6-22)计算

$$f_s = \sqrt{f_x^2 + f_y^2} \tag{6-22}$$

f_s 表示的是导线闭合差的绝对值，它的大小也与导线的总长有关。导线全长相对闭合差用一个分子为1的分子式表示，按式(6-23)计算

$$k = \frac{f_s}{\sum S} = \frac{1}{\dfrac{\sum S}{f_s}} \tag{6-23}$$

式中：$\sum S$——导线各段边长之和。

按照式(6-23)计算得到的分子式，其分母应为整数。

根据工程测量规范规定，图根导线全长相对闭合差应达到表6-4的规定。实际工作中，一般要求 $k \leqslant \frac{1}{2000}$。

(4) 坐标增量闭合差的调整。

若 $k > k_{容}$，则说明导线测量结果不满足精度要求，应首先检查内业计算有无错误，若有错误，重新计算，若无错误，再检查外业观测数据，对错误或可疑数据重新观测。

若 $k \leqslant k_{容}$，则说明导线测量结果满足精度要求，可进行坐标增量闭合差调整。坐标增量闭合差的调整方法是：将坐标增量闭合差 f_x 和 f_y 分别以相反的符号，按与边长成正比例地分配到各坐标增量上，则各纵、横坐标增量的改正数 ν_{xi}、ν_{yi} 分别为：

$$\left.\begin{aligned}v_{xi} &= -\frac{D_i}{\sum D} f_x\\ v_{yi} &= -\frac{D_i}{\sum D} f_y\end{aligned}\right\} \tag{6-24}$$

$$\left.\begin{aligned}\sum v_{xi} &= -f_x\\ \sum v_{yi} &= -f_y\end{aligned}\right\}$$

由于凑整的原因，可能存在的微小不符值，应在适当的坐标增量上调整，以满足式(6-24)要求。

则改正后的坐标增量 $\Delta x_{i改}$ 和 $\Delta y_{i改}$ 等于坐标增量计算值加上改正数，即

$$\left.\begin{aligned}\Delta x_{i改} &= \Delta x_i + v_{\Delta xi}\\ \Delta y_{i改} &= \Delta y_i + v_{\Delta yi}\end{aligned}\right\} \tag{6-25}$$

$$\sum \Delta x_{改} = \sum \Delta x_{理}$$
$$\sum \Delta y_{改} = \sum \Delta y_{理} \tag{6-26}$$

(5) 导线点坐标计算。根据导线起始点的已知坐标及改正后的坐标增量，依次推算各导线点的坐标。

$$\left.\begin{array}{ll} x_1 = x_B + \Delta x_{B1} & y_1 = y_B + \Delta y_{B1} \\ x_2 = x_1 + \Delta x_{12} & y_2 = y_1 + \Delta y_{12} \\ \cdots & \cdots \\ x_C = x_3 + \Delta x_{3C} & y_C = y_3 + \Delta_{3C} \end{array}\right\} \tag{6-27}$$

推算的 $C(x_C, y_C)$ 应与已知值相同，以此进行检核。

算例(表 6-8)附合导线计算表(观测角为左角)。

特别提示

(1) 对于附合导线还应满足两个纵横坐标闭合条件，即由 B 点的已知坐标 $B(x_B, y_B)$，经各边、角推算求得的 C 点坐标 $C(x_C', y_C')$，应与已知的坐标 $C(x_C, y_C)$ 相等。如果不相等，即产生坐标增量闭合差 f_x、f_y。

(2) 计算导线全长闭合差 $f_s = \sqrt{f_x^2 + f_y^2}$ 和导线全长相对闭合差 $k = \frac{f_s}{\sum S} = \frac{1}{\frac{\sum S}{f_s}}$。导线全长相对闭合差应表示成分子为 1 的形式，分母取整。

(3) 导线全长相对闭合差没有超出容许值时，则可进行坐标增量的调整。坐标增量闭合差的调整方法是：将坐标增量闭合差 f_x、f_y 分别以相反的符号，按与边长成正比例地分配到各坐标增量上。

(4) 为了检核，纵、横坐标增量改正数之和应分别与纵、横坐标增量闭合差 f_x、f_y 大小相等、符号相反；同时，推算的 $C(x_C, y_C)$ 应与已知值相同。

2) 闭合导线的计算

闭合导线计算与附合导线计算基本相同。因为起闭点重合，所构成的图形为多边形，所以坐标方位角闭合差为

$$f_\beta = \sum \beta_i - (n-2) \times 180° \tag{6-28}$$

n 为多边形中角的个数，β 为内角值。

坐标增量闭合差为

$$\left.\begin{array}{l} f_x = \sum \Delta x_{计} \\ f_y = \sum \Delta y_{计} \end{array}\right\}$$

其他计算与附合导线相同。闭合导线算例(图 6.19和表 6-9)。

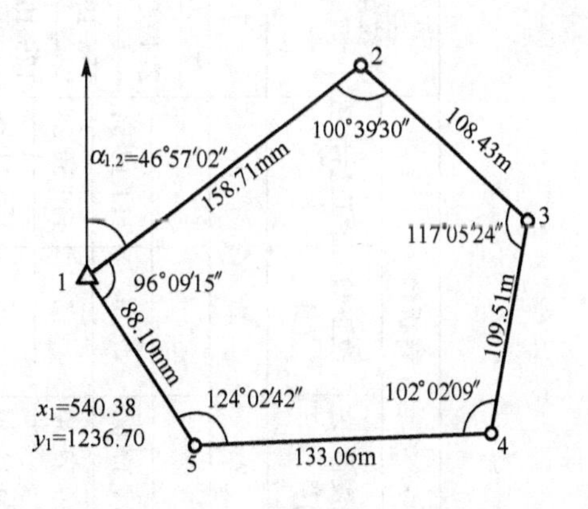

图 6.19 闭合导线略图

表 6-8　附合导线坐标计算表

点号	转折角			方位角 α (° ′ ″)	边长 D (m)	纵坐标增量 Δx			横坐标增量 Δy			纵坐标 x (m)	横坐标 y (m)
	观测值(左角)(° ′ ″)	改正数(″)	改正后角值(° ′ ″)			计算值(m)	改正数(cm)	改正后的值(m)	计算值(m)	改正数(cm)	改正后的值(m)		
1	2	3	4	5	6	7	8	9	10	11	12	13	14
A				224 03 00									
B	114 17 00	−6	114 16 54	158 19 54	82.17	−76.36		−76.36	+30.34	+1	+30.35	640.93	1068.44
1	146 59 30	−6	146 59 24	125 19 18	77.28	−44.68		−44.68	+63.05	+1	+63.06	564.57	1098.79
2	135 11 30	−6	135 11 24	80 30 42	89.64	+14.78	−1	+14.77	+88.41	+2	+88.43	519.89	1161.85
3	145 38 30	−6	145 38 24	46 09 06	79.84	+55.31		+55.31	+57.58	+1	+57.59	534.66	1250.28
C	158 00 00	−6	157 59 54	24 09 00								589.97	1307.87
D													
∑	700 06 30	−30	700 06 00		328.93	−50.95	−1	−50.96	+239.38	+5	+239.43		
辅助设计	$f_\beta=\alpha_{始}-\alpha_{终}-n\cdot180^\circ+\sum\beta_{左}=+30''$ $f_{\beta容}=\pm60''\sqrt{n}=\pm134''$ $\lvert f_\beta\rvert<\lvert f_{\beta容}\rvert$,说明符合要求 $f_x=\sum\Delta x_{计}-(x_C-x_B)=+0.01\text{m}$ $f_y=\sum\Delta y_{计}-(y_C-y_B)=-0.05\text{m}$					$f_D=\sqrt{n}=\sqrt{f_x^2+f_y^2}=0.05\text{m}$ $K=f_D/\sum D=1/6570$ $K_{容}=1/3000$ $K<K_{容}$,说明符合要求			略图 见图 6.18				

表 6－9 闭合导线坐标计算表

点号	转折角			方位角 α (° ′ ″)	边长 D (m)	纵坐标增量 Δx			横坐标增量 Δy			纵坐标 x (m)	横坐标 y (m)
	观测值(右角)(° ′ ″)	改正数 (″)	改正后角值 (° ′ ″)			计算值 (m)	改正数 (cm)	改正后的值(m)	计算值 (m)	改正数 (cm)	改正后的值(m)		
1	2	3	4	5	6	7	8	9	10	11	12	13	14
1												540.38	1236.70
				46 57 02	158.71	+108.34	+2	+108.36	+115.98	−2	+115.96		
2	100 39 30	+12	100 39 42									648.74	1352.66
				126 17 20	108.43	−64.18	+1	−64.17	+87.40	−2	+87.38		
3	117 05 24	+12	117 05 36									584.57	1440.04
				189 11 44	109.51	−108.10	+2	−108.08	−17.50	−2	−17.52		
4	102 02 09	+12	102 02 21									476.49	1422.52
				267 00 23	133.06	−6.60	+2	−6.58	−132.90	−2	−132.92		
5	124 02 42	+12	124 02 54									469.91	1289.60
				323 06 29	88.10	+70.46	+1	+70.47	−52.89	−1	−52.90		
1	96 09 15	+12	96 09 27									540.38	1236.70
				46 57 02									
2													
$\sum$	539 59 00	+60	540 00 00		597.81	−0.08	+8	0.00	+0.09	−9	0.00		

辅助设计：

$\sum\beta_{理}=(5-2)\times180°=540°$

$f_\beta=\sum\beta_{测}-\sum\beta_{理}=-60''$

$f_{\beta容}=\pm60''\sqrt{n}=\pm134''$

$|f_\beta|<|f_{\beta容}|$，说明符合要求

$f_x=\sum\Delta x_{计}=-0.08m$

$f_y=\sum\Delta y_{计}=+0.09m$

$f_D=\sqrt{f_x^2+f_y^2}=0.12m$

$K=f_{D}/\sum D=1/4980$

$K_{容}=1/3000$

$K<K_{容}$，说明符合要求

略图
见图 6.19

特别提示

(1) 对于闭合导线，与附合导线一样，也要满足角度闭合条件和坐标闭合的三个条件。

(2) 与附合导线计算不同的地方有两点：角度闭合差计算不同，坐标增量闭合差计算不同。

(3) 作为检核，改正数之和应与角度闭合差大小相等、符号相反；同时，改正后的各角度值之和应等于理论值(多边形内角和)。纵、横坐标增量改正数之和应分别与纵、横坐标增量闭合差 f_x、f_y 大小相等、符号相反；同时，改正后纵、横坐标增量改正数之和分别等于零。

(4) 表6-9闭合导线计算中，转折角为右角，第1个转折角 β_1，在推导1、2边方位角时才用到，故列在表格的最下面。

3) 支导线计算

支导线中没有多余观测值，因此也没有任何闭合差的产生，导线的转折角和计算的坐标增量不需要进行改正。支导线的计算步骤如下。

(1) 根据观测的转折角推算各边的坐标方位角。

(2) 根据各边的边长和坐标方位角计算各边的坐标增量。

(3) 根据各边的坐标增量推算各点的坐标。

4) 单定向附合导线的计算

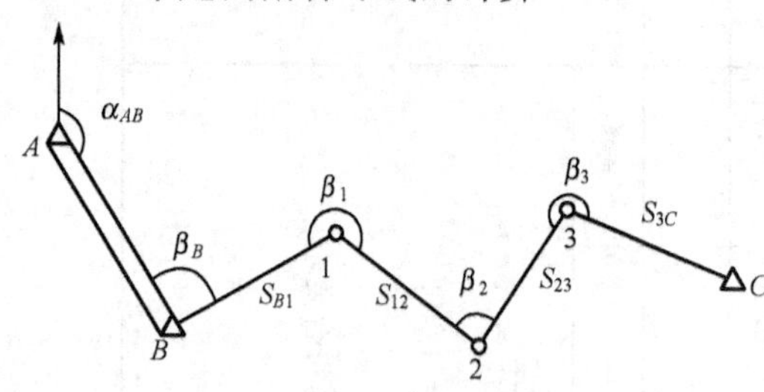

图 6.20 单定向支导线略图

如图6.20所示为仅有一个连接角的附合导线，A、B、C 为已知点，1、2、3为待定点，β_B、β_1…为转折角，S_{B1}、S_{12}…为导线边长。

单定向附合导线的计算与支导线的计算相似，只是增加了一个坐标条件。其计算步骤如下。

(1) 根据观测的转折角推算各边的坐标方位角。

(2) 根据各边的边长和坐标方位角计算各边的坐标增量。

(3) 计算导线坐标增量闭合差。

(4) 计算导线全长相对精度。如果达到规定的精度要求，则分配坐标增量闭合差。其分配方法同前述。

(5) 根据改正后的坐标增量推算各点坐标。

5) 无定向导线的计算

无定向附合导线的两端各仅有一个已知点，缺少起始边和终边的坐标方位角。如图6.21所示为某无定向附合导线的略图，在已知点 B、C 之间布设了5、6、7、8等4个待定点，观测了5条边和4个转折角(左角)。已知坐标及各边长、转折角观测值注于图上，计算方法与步骤如下。

(1) 假定坐标方位角的计算。无定向附合导线由于缺少起算坐标方位角，不能直接推算各边的方位角。但是，导线受两端已知点的控制，可以间接求得起始方位角。其方法是：先假定一条边的方位角作为起算方位角，计算导线各边的假定坐标增量，再进行改正。

如图6.21所示，假定起始边 $B5$ 坐标方位角假定为 $\alpha_{B5}=90°$(可以是任意角度)。将各观测转折角及边长填入表格，并计算各边的假定方位角、假定坐标增量，并求得假定坐标

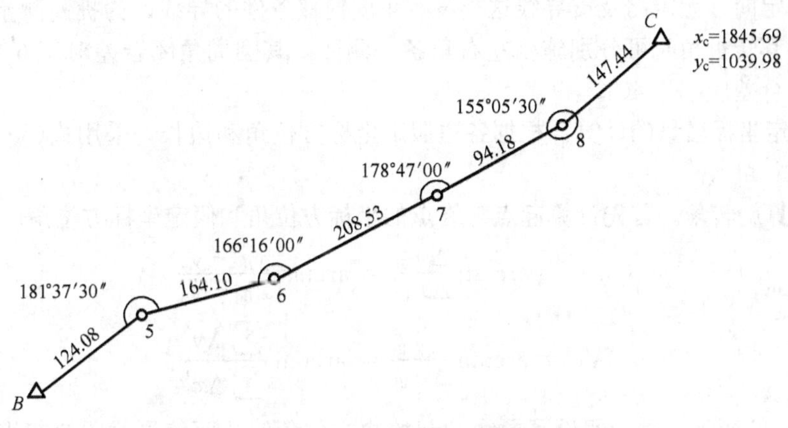

图 6.21 无定向导线略图

增量的和，作为 B、C 之间的坐标增量，即

$$\begin{cases}\Delta x_{BC}=\sum\Delta x\\ \Delta y_{BC}=\sum\Delta y\end{cases}$$

根据坐标反算式(6－10)、式(6－11)计算 B～C 间的方位角 α'_{BC} 和距离 L'_{BC}（BC 边称作闭合边）。同时根据 B、C 点的已知坐标，也反算出两点间的实际坐标方位角 α_{BC} 与距离 L_{BC}。它们之间的几何意义如图 6.22 所示。

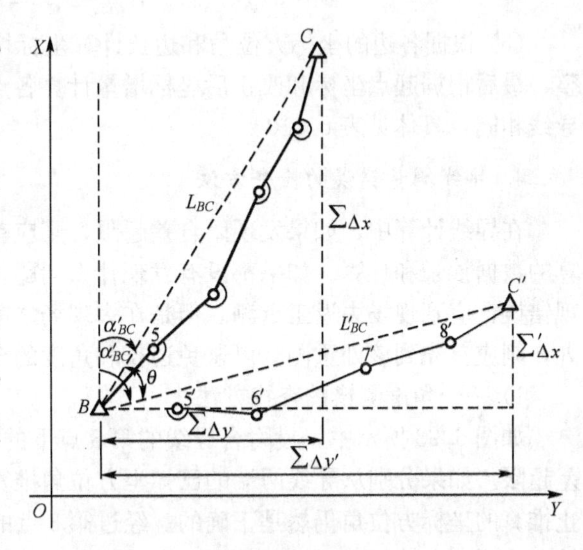

图 6.22 无定向导线计算的几何意义

假定方位角和计算假定坐标增量，相当于围绕 B 点把导线旋转一个角度 θ

$$\theta=\alpha'_{BC}-\alpha_{BC} \tag{6-29}$$

θ 称为真假方位角差（本例中 $\theta=46°56'01''$）。根据 θ 角可以将导线各边的假定方位角改正为真坐标方位角

$$\alpha_i=\alpha'_i-\theta \tag{6-30}$$

由于导线测量中存在误差，所以由假定坐标增量算得的 BC 间的假定距离 L'_{BC} 和根据 B、C 点坐标反算的实际距离 L_{BC} 之比称闭合边的真假长度之比

$$R=\frac{L_{BC}}{L'_{BC}} \tag{6-31}$$

本例中，$R=0.999986$，用此长度比去乘导线各边长观测值，得到改正后的边长。由于已经过上述二项改正，导线各边、角的数值已符合两端已知点坐标所控制的数值，因此其坐标增量总和应满足下式，作为计算检核。

$$\begin{cases}\sum\Delta x=x_C-x_B\\ \sum\Delta y=y_C-y_B\end{cases}$$

最后根据检核后的坐标增量，计算各待定点的坐标。

对于单定向、无定向及支导线这类没有角度检核条件的导线，为提高测量成果的可靠性，在观测其转折角时可分别施测左右角各一测回，其圆周角闭合差对于6″级仪器来说，其圆周角闭合差应小于40″。

(2) 假定坐标增量的计算。根据各边假定坐标方位角和边长，采用式(6-8)推算假定坐标增量$\Delta x'$和$\Delta y'$。

(3) 计算旋转角。首先计算起点与终点的坐标方位角和假定坐标方位角。

$$\alpha_{AB} = \arctan\frac{\Delta y_{AB}}{\Delta x_{AB}} = \arctan\frac{y_B - y_A}{x_B - x_A}$$

$$\alpha'_{AB} = \arctan\frac{\Delta y'_{AB}}{\Delta x_{AB}} = \arctan\frac{\sum\Delta y'}{\sum\Delta x'}$$

如图6.22所示，因为假设了导线的起始边方位角，从而使导线围绕起点旋转了一个角度θ。则

$$\theta = \alpha'_{AB} - \alpha_{AB}$$

(4) 坐标方位角的计算。将各边假定坐标方位角减去转折角θ，即得各边坐标方位角。

$$\alpha = \alpha' - \theta$$

(5) 根据各边的坐标方位角和边长计算坐标增量，然后计算坐标增量闭合差并进行调整，最后根据起点坐标和改正后坐标增量计算各点坐标。此部分计算与两个连接角的附合导线相同，具体见表6-10。

4. 导线测量错误的检查方法

在导线计算中，如果发现闭合差超限，则应首先检查导线测量外业观测记录、内业计算的数据抄录和计算。如果都没有发现什么问题，则说明导线外业中边长或角度测量中出现错误，应到现场去返工重测。但是在去现场之前，如果能分析判断出错误可能发生在某处，则应首先到该处重测，以避免边长和角度的全部返工。

1) 一个角度测错的查找方法

如图6.23所示中，设附合导线的第3点上的转折角β_3发生了$\Delta\beta$的错误，使角度闭合差超限。如果分别从导线两端的已知坐方位角推算各边方位角，则到测错角度的第3点为止推算的坐标方位角仍然是正确的。经过第3点的转折角β_3以后，导线边的坐标方位角开始向错误方向偏转，而且会越来越大。因此，一个转折角测错的查找方法为：分别从导线两端的已知点坐标及已知坐标方位角出发，按支导线计算导线各点的坐标，得到两套坐标。如果某一个导线点的两套坐标值非常接近，则该点的转折角最有可能测错。

对于闭合导线，查找方法也相类似，只是从同一个已知点及已知坐标方位角出发，分别沿顺时针方向和逆时针方向按支导线法计算出两套坐标，去寻找两套坐标值最为接近的导线点。

2) 一条边长测错的查找方法

当角度闭合差在允许范围内而坐标增量闭合差超限时，说明边长测量有错误。如图6.24所示中，设导线边23发生错误ΔD。由于其他各边和各角没有发生错误，因此，从第3点开始及以后各点均产生一个平行于23边的位移量ΔD。如果其他各边和各角中的偶然误差可以忽略不计，则计算的导线全长闭合差即等于

表 6-10 无定向附合导线坐标计算表

点号	转折角(左)(° ′ ″)	假定方位角(° ′ ″)	边长(m)	假定坐标增量(m)		改正后方位角(° ′ ″)	改正后边长(m)	坐标增量(m)		坐标(m)		点号
				$\Delta x'$	$\Delta y'$			Δx	Δy	x	y	
	1	2	3.00	4	5	6	7.00	8.00	9	10	11	
B										1230.88	637.45	B
		90 00 00	124.08	0	124.08	43 03 59	124.08	90.65	84.73			
5	181 37 30									1321.53	758.18	5
		91 37 30	164.10	−4.65	164.03	44 41 29	164.10	116.10	−0.01 115.41			
6	166 16 00									1438.19	873.58	6
		77 53 30	208.53	43.74	203.89	30 57 29	208.52	178.81	107.26			
7	178 47 00									1617	980.84	7
		76 40 30	94.18	21.71	91.64	29 44 29	94.18	81.77	46.72			
8	155 05 30									1698.77	1027.56	8
		51 46 00	147.44	91.25	115.81	4 49 59	147.44	146.92	12.42			
C										1845.69	1039.98	C
		$\sum$	715.78	+152.05	+699.45			+614.81	+366.54	+614.81	+366.53	

$L'=715.79\text{m}$ $\quad L=715.78\text{m}$ $\quad K=\dfrac{L}{L'}=\dfrac{715.78}{715.99}=0.999986$ $\quad \delta\Delta x=0$

$a'=77°44'08''$ $\quad a=30°48'07''$ $\quad \theta=a'-a=46°56'01''$ $\quad \delta\Delta y=+0.01\text{m}$

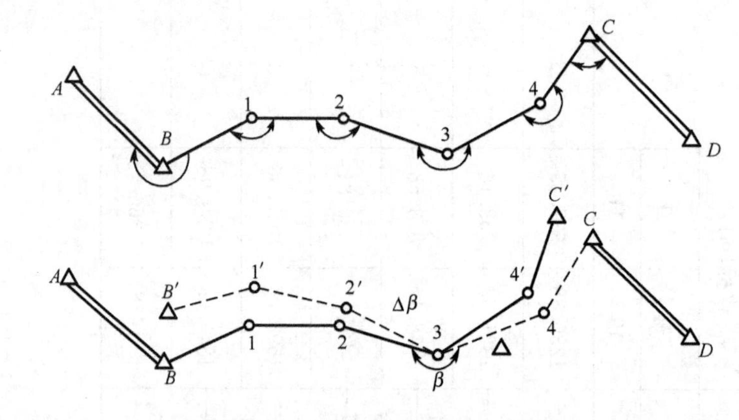

图 6.23　导线中一个转折角测错

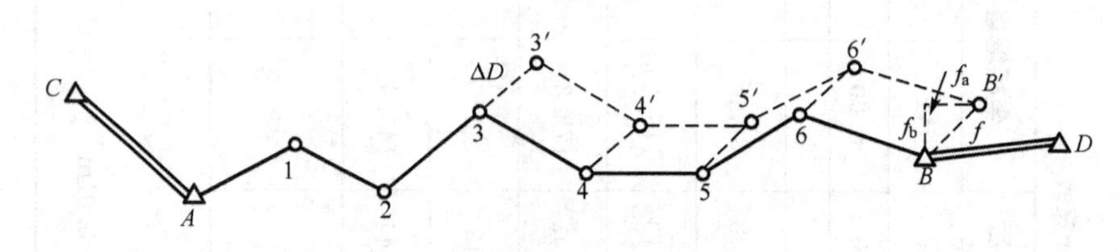

图 6.24　导线中一条边测错

$$f=\sqrt{f_x^2+f_y^2}=\Delta D$$

此时，可按下式计算导线全长闭合差的方位角 a_f 即等于 23 边的坐标方位角 a_{23}。

先计算出象限角 $R_f=\arctan\left|\frac{f_y}{f_x}\right|$，再将象限角转换为方位角.

根据这个原理，可以查找有可能发生测距错误的导线边。

如果哪条边的坐标方位角等于或接近于 a_f，则该边可能含有错误。在导线测量中如果存在一个角度或一个边长的测量错误可按此法进行查找。

任务6.2　交会测量

当测图区域的图根点密度不够时，除用图根导线测量、实时动态 GPS - RTK(Real - time Kinematic)、连续运行卫星定位服务综合系统 CORS(Continuous Operational Reference System)进行加密外，还可采用交会定点的方法进行。

1. 前方交会

在三角形 ABP 中，A、B 为已知点，其坐标分别为 x_A、y_A，x_B、y_B。已测得 α_1、β_1 的角度，通过解三角形求得 P 点的坐标 x_P、y_P(图 6.25)。

为提高交会点的坐标精度，要求三角形中任一角的角度均应在 30°～150°。同时，为确保交会点坐标成果的可靠性，一般要求通过两组前方交会分别求得 P 点的坐标，最后取两组成果的平均值作为最后的结果。

由于角度测量中存在误差，即通过两组前方交会求得的两组坐标不相等，使 P 点产生位移，一般规范中规定允许的最大位移不大于测图比例尺精度的 2 倍。

前方交会的计算通常有两种方法。

1）直接计算法

$$\begin{cases} x_P = \dfrac{x_A \cot\beta_1 + y_B \cot\alpha_1 + y_B - y_A}{\cot\alpha_1 + \cot\beta_1} \\ y_P = \dfrac{y_A \cot\beta_1 + x_B \cot\alpha_1 + x_A - x_B}{\cot\alpha_1 + \cot\beta_1} \end{cases} \tag{6-32}$$

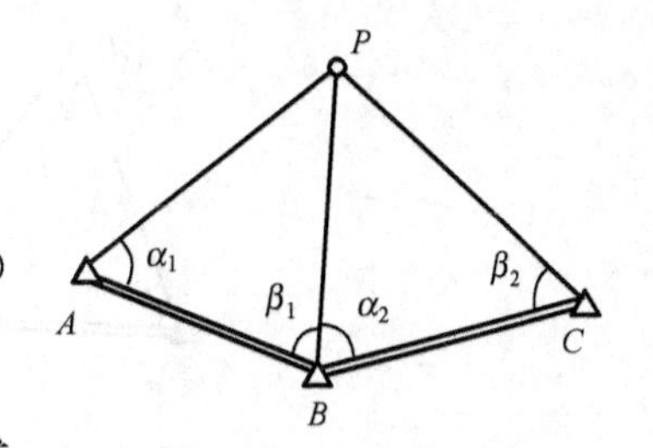

图 6.25 前方交会

式(6-32)也叫余切公式或戎格公式。在推导这个公式时，A、B、P是按逆时针依次编号的，所以在应用这个公式进行计算时，必须注意三点也是逆时针编号的，同时保持A点对应的是α角，B点对应的是β角。

2）间接计算法

根据已知的A、B点的坐标，反算AB之间的边长D_{AB}与坐标方位角α_{AB}，再按支导线进行计算。根据正弦定理计算D_{AP}、D_{BP}

$$\begin{cases} D_{AP} = D_{AB}\dfrac{\sin\beta}{\sin\gamma} \\ D_{BP} = D_{AB}\dfrac{\sin\alpha}{\sin\gamma} \end{cases} \tag{6-33}$$

式中：$\gamma = 180 - \alpha - \beta$

未知边方位角的计算：

$$\begin{aligned} a_{AP} &= a_{AB} - \alpha \\ a_{BP} &= a_{BA} + \beta \end{aligned} \tag{6-34}$$

P点的坐标计算：

$$\begin{cases} x_P = x_A + D_{AP}\cos\alpha_{AP} \\ y_P = y_A + D_{AP}\sin\alpha_{AP} \end{cases} \tag{6-35}$$

$$\begin{cases} x_P = x_B + D_{BP}\cos\alpha_{BP} \\ y_P = y_B + D_{BP}\sin\alpha_{BP} \end{cases} \tag{6-36}$$

以上两组数据分别由A、B推算，所得结果应当相等，作为计算的检核。

2. 侧方交会

侧方交会与前方交会相似，只是其观测的两个角度中，有一个不是在已知点上。如图 6.26所示。A、B为已知点，P为待求点，α、γ为观测角。

侧方交会仍按前方交会的方法计算。如果利用戎格公式，须先计算出另一个已知点所对应的内角。

3. 后方交会

传统意义上的后方交会是指后方角度交会，与全站仪内置程序中的“后方交会”有不同的含义。全站仪内置的后方交会是边角后方交会。

如图 6.27 所示，A、B、C为已知点，P为待求点，在P点上观测了α、β，可计算出P点的坐标。这种在未知点上设站，观测 3 个已知点方向间的 2 个水平角，再根据 3 个已知点坐标及 2 个观测角求得待定点坐标的方法，称之为后方交会。

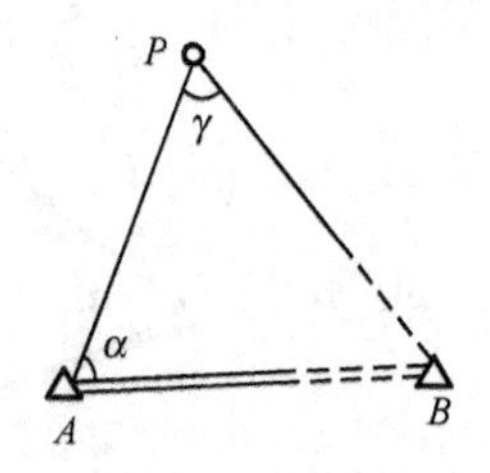

图 6.26 侧方交会

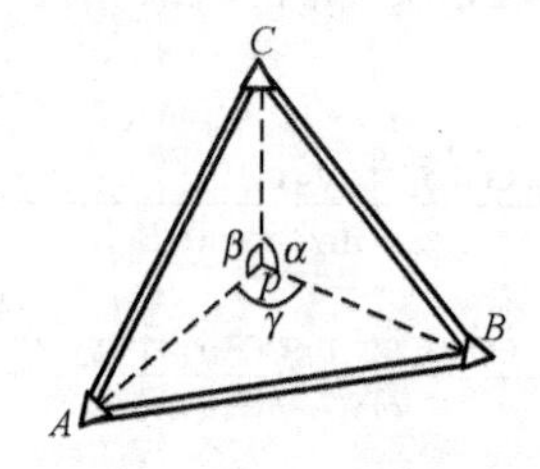

图 6.27 后方交会

后方交会的计算方法有许多种，在此仅介绍比较常用的仿权公式。

$$\begin{aligned} x_P &= \frac{P_a \cdot x_A + P_b \cdot x_B + P_c \cdot x_C}{P_a + P_b + P_c} \\ y_P &= \frac{P_a \cdot y_A + P_b \cdot y_B + P_c \cdot y_C}{P_a + P_b + P_c} \end{aligned} \tag{6-37}$$

其中

$$\begin{aligned} P_a &= \frac{1}{\cot A - \cot\alpha} \\ P_b &= \frac{1}{\cot B - \cot\beta} \\ P_c &= \frac{1}{\cot C - \cot\gamma} \end{aligned} \tag{6-38}$$

式中：$\gamma=180-\alpha-\beta$

利用式(6-38)计算时，A、B、C 角可以根据各点的已知坐标反算坐标方位角，再根据方位角计算各内角；也可以根据各已知点反算各边长，用余弦定理计算各内角。同时要注意 A、B、C 三角与 α、β、γ 的对应关系，A 与 α、B 与 β、C 与 γ 同对一条边(见图6.27)。

为使成果有检核条件，后方交会时一般会观测四个方向，组成两组后方交会图形以获得同一点的两组坐标。当两组坐标间的坐标差小于测图比例尺精度的 2 倍时，取其平均值作为最后成果。

应用后方交会时，应注意：不要选三个已知点在近似于一条直线上，因为 A、B、C 某角可能为 0°或 180°，此时 $\cot A$(或 $\cot B$、$\cot C$)将为∞；另外，P 点也不能选在 A、B、C 三点构成的外接圆上，否则观测角 α、β 角值不变，且任一种计算公式均无法解算。以仿权公式为例：

$$A=\alpha \quad B=\beta \quad \gamma=360-\alpha-\beta$$

则

$$P_a=\frac{1}{\cot A-\cot\alpha}=\infty$$

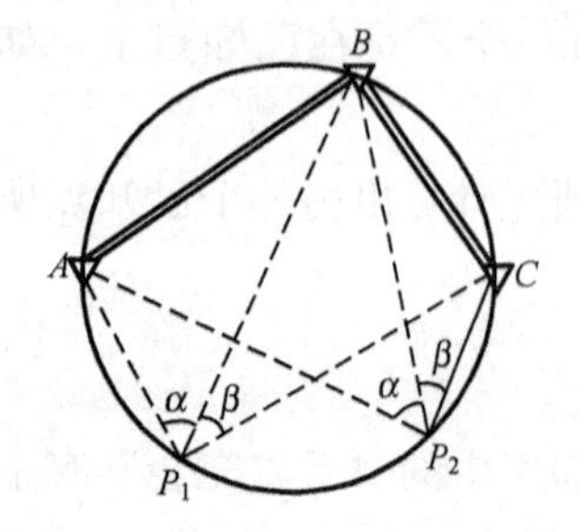

图 6.28 后方交会的危险圆

测量上把已知△ABC 的外接圆称作后方交会的危险圆，如图 6.28 所示。为避免 P 点落在危险圈上或靠近危险圆，选用的已知点应尽可能地分布在 P 点的四周，P 点位置离危险圆的距离不得小于该圆半径的 1/5。

4. 全站仪后方交会

全站仪的内置程序中有后方交会，由于使用该法设站方便自由，故生产上通常称之为自由设站法，其实质是边角后方交会。作业时，选择通视良好的需要设置图根控制点的位置，安置全站仪瞄准多个已知点(至少两个)进行测边和测角，即可解算出测站点的坐标。此法方便且有较高的精度。

如图6.29所示，A、B为已知控制点，P为待定图根点(测站)，在P点安置全站仪分别测得平距S_1、S_2及夹角γ。根据A、B两点的坐标反算求得D_{AB}，利用正弦定理求得A、B的内角，按前方交会的公式(直接或间接)计算得到P点的坐标。

5. 全站仪极坐标法

坐标测量是全站仪的基本功能之一。其基本原理是利用极坐标的方法测量水平角度与距离，以推算待定点的坐标。

如图6.30所示，A、B为已知点，P为待定点，在A点安置仪器，以B点为定向方向测出水平角β和水平距离D，则可根据A点的已知坐标和AB的方位角推算出P点的坐标，即

$$\begin{cases} x_P = x_A + D\cos(\alpha_{AB} + \beta) \\ y_P = y_A + D\cos(\alpha_{AB} + \beta) \end{cases} \tag{6-39}$$

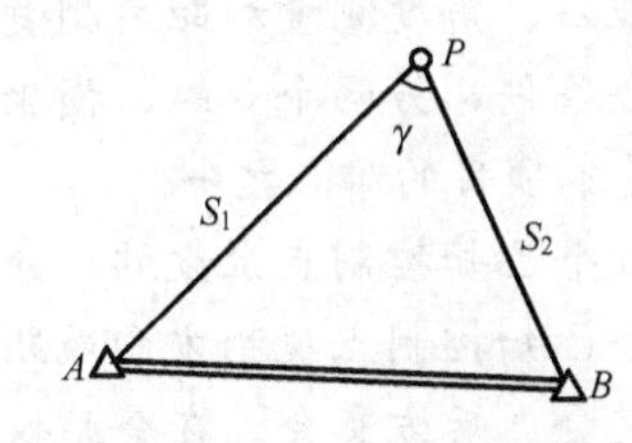

图6.29 全站仪后方交会

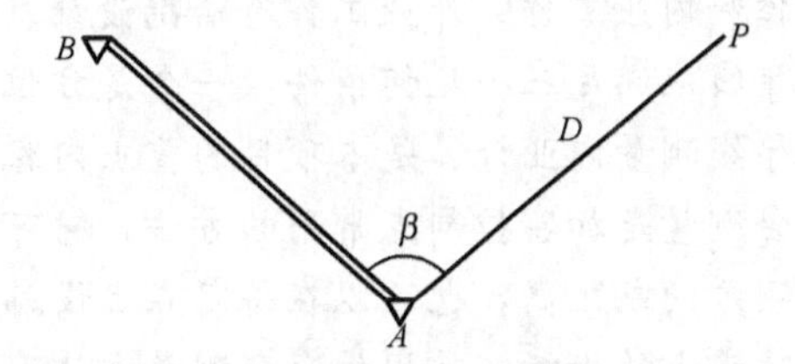

图6.30 极坐标法

用全站仪极坐标法进行图根点的加密，操作简单，布点灵活，并可在同一测站上同时放射性地测定多个图根点的坐标。

全站仪进行坐标测量的工作步骤如下。

(1) 如图6.30所示安置仪器于已知点A，量取仪器高；输入已知点A的坐标和高程。

(2) 于B点安置棱镜。进入全站仪坐标测量模式，瞄准棱镜，键入B点坐标或AB边方位角；按测量键，如果输入的是B点坐标，则将测量得出的B点坐标与已知坐标进行对比，如差值在限差范围内，则定向工作完成。

(3) 在待求点P点立棱镜，输入棱镜高，瞄准棱镜并测量。

(4) 显示P点的坐标和高程。

当采用电磁波极坐标法布点加密时，平面位置测量的技术指标应符合表6-11的规定。

表6-11 光电测距极坐标法测量技术的要求

项目	仪器类型	方法	测回数	最大边长			固定角不符值(″)
				1∶500	1∶1000	1∶2000	
测距	II级	单程测量	1	200	400	800	—
测角	DJ6	方向法、联测两个已知方向	1	—	—	—	≤±40

项目小结

本项目在介绍国家平面控制网、城市平面控制网和工程控制网的基础上，主要介绍了小区域平面控制测量的方法，直线定向、导线测量外业施测和成果计算，最后介绍了交会测量加密控制点的方法。

本项目的重点内容是图根导线的布设形式及外业工作，坐标正算与坐标反算，闭合导线、附合导线的坐标计算。本项目的难点是：方位角推算，坐标反算中的方位角计算，闭合导线和附合导线的坐标计算。

直线定向是确定两点之间位置的关键，标准方向有真子午线方向、磁子午线方向和坐标纵轴方向，对应的有真方位角、磁方位角和坐标方位角。其中坐标方位角是工程中最常见也是应用最多的。坐标方位角的推算是必须要掌握的内容，也是本项目的难点之一。

控制测量分为平面控制测量和高程控制测量。导线测量是平面控制测量的一种方法。图根导线的布设形式主要有附合导线、闭合导线和支导线。导线测量的工作分为外业工作和内业工作。外业工作有踏勘设计、选点埋石、角度测量和距离测量。附合和闭合导线应满足三个几何条件：一个是方位角闭合条件，另两个是纵、横坐标闭合条件。导线测量内业计算是本项目的重点内容，也是本项目的难点之一。

交会测量是加密控制点常用的方法，它可以在数个已知控制点上设站，分别向待定点观测方向或距离，也可以在待定点上设站向数个已知控制点观测方向或距离，而后计算待定点的坐标。常用的交会测量方法有前方交会、后方交会。在全站仪被广泛应用的情况下，常用极坐标法进行加密。

习　　题

一、填空题

1. 小地区控制测量的导线通常可布设成________、________和________。

2. 导线角度闭合差调整的方法是反符号按________平均分配闭合差。

3. 闭合导线纵、横坐标增量之和的理论值应为________。

4. 导线相对闭合差为导线全长闭合差与导线全长之________。

5. 导线坐标增量闭合差的调整方法是反符号按________比例分配。

6. 确定直线与________之间的夹角关系的工作称为直线定向。

7. 有两条直线，*AB* 的丈量相对误差为 1/3200，*CD* 的丈量相对误差为 1/4800，则 *AB* 的丈量精度________于 *CD* 的丈量精度。

8. 利用 GPS 全球定位技术可同时测出地面点的________坐标。

9. 交会测量分为________、________和________ 3 种形式。

10. 交会测量经常用在________控制测量中。

二、选择题

1. 某导线全长 620m，纵横坐标增量闭合差分别为 $f_x=0.12$m，$f_y=-0.16$m，则导线全长闭合差为(　　)。

A. －0.04m　　B. 0.14m　　C. 0.20m　　D. 0.28m

2. 某导线全长620m，纵横坐标增量闭合差分别为 $f_x=0.12$m，$f_y=-0.16$m，则导线相对闭合差为(　　)。

A. 1/2200　　B. 1/3100　　C. 1/4500　　D. 1/15500

3. 导线测量的外业工作不包括(　　)。

A. 选点　　B. 测角　　C. 量边　　D. 闭合差调整

4. 确定直线与(　　)之间夹角关系的工作称为直线定向。

A. 标准方向线　　B. 东西方向线　　C. 水平线　　D. 基准线

5. 以知 AB 两点间边长为188.43m，AB的方位角为146°07′00,″，则 AB 两点之间的 x 坐标增量为(　　)m。

A. 156.43　　B. －156.43　　C. 105.05　　D. －105.05

6. 坐标增量是两点平面直角坐标之(　　)。

A. 和　　B. 差　　C. 积　　D. 比

7. 直线的正反坐标方位角之间相差(　　)。

A. 180°　　B. 0°　　C. 360°　　D. 90°

8. 具有全球、全天候、连续实时的精密三维导航与定位能力的全球定位系统是(　　)。

A. GIS　　B. RS　　C. GPS　　D. GES

三、简答题

1. 选定导线点应注意哪些问题？导线测量的外业工作有哪些？
2. 小地区控制测量的导线通常布设成哪几种形式？
3. 导线坐标计算的一般步骤是什么？
4. 在直线定向时，标准方向通常有哪几种？
5. 什么是小地区控制测量？什么是图根控制测量、图根点？
6. 什么是方位角、象限角？两者之间是什么关系？

四、计算题

1. 如果一条直线 AB 的坐标方位角 $\alpha_{AB}=250°30'45''$，试求 α_{BA}、R_{AB} 和 R_{BA}。

2. 已知四边形1234，按逆时针编号，其内角分别为 $\beta_1=92°30'$，$\beta_2=105°18'$，$\beta_3=76°32'$，$\beta_4=86°20'$，现已知 $\alpha_{12}=130°15'$，求其他各边的方位角，并化为象限角。

3. 如图6.31所示为一闭合导线 $ABCDA$ 的观测数据，已知 $x_A=1000.00$m，$y_A=1000.00$m，试用表格计算各导线点的坐标。

4. 如图6.32所示为一附合导线 $AB12CD$ 的观测数据，已知 $x_B=200.00$m，$y_B=200.00$m，$x_C=155.37$m，$y_C=756.06$m，试用表格计算各导线点的坐标。

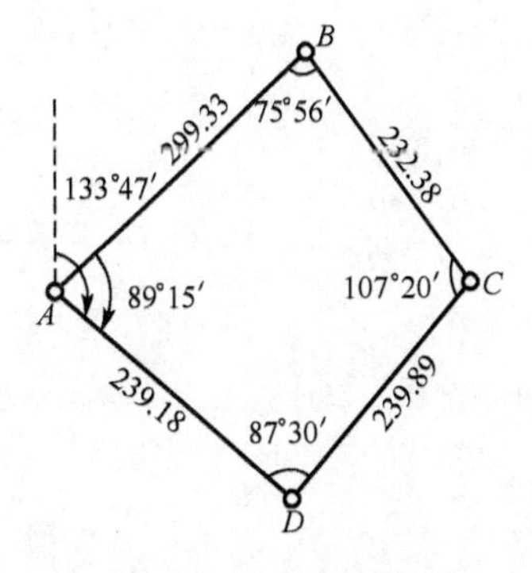

图6.31　闭合导线

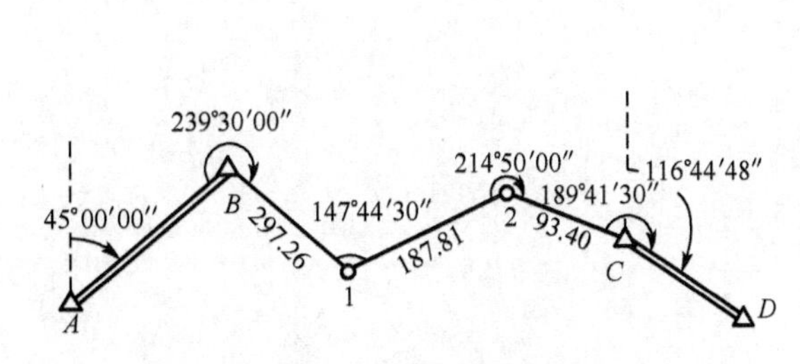

图6.32　附合导线

第三篇

高程控制测量

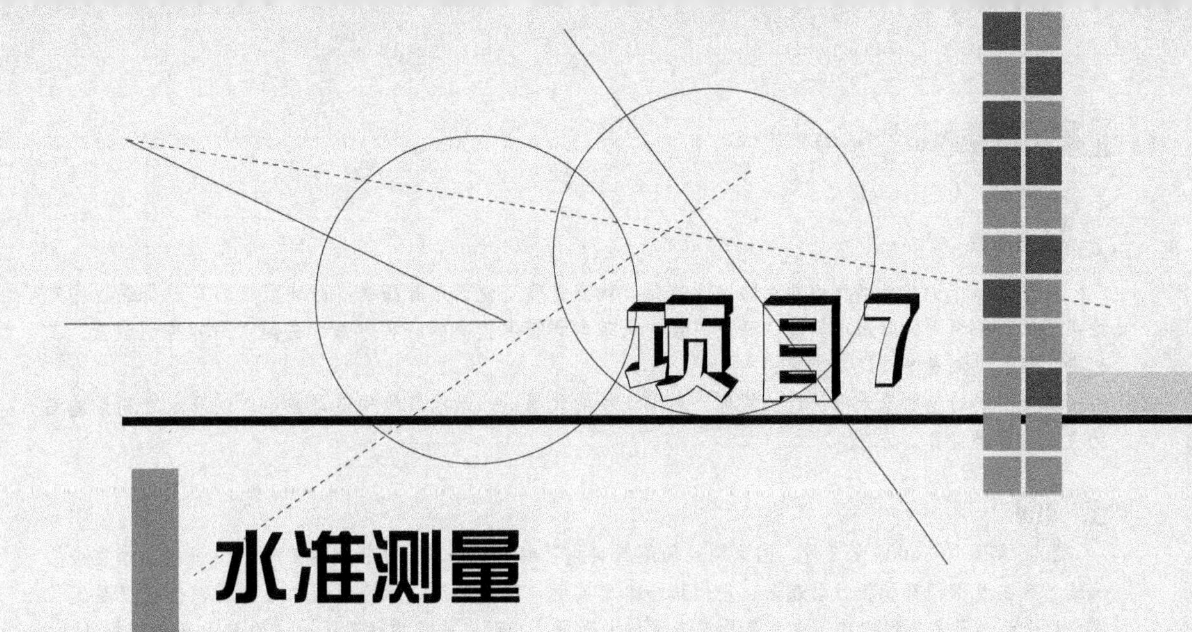

水准测量

教学目标

掌握水准测量原理，水准仪的构造、操作与检校，能熟练操作使用水准仪；掌握普通水准测量的施测程序、施测方法，水准路线高差闭合差的调整；掌握三、四等水准测量方法及成果计算，能进行普通水准测量和三、四等水准测量的施测及成果计算；熟悉水准测量误差的影响和消除方法。

教学要求

能力目标	知识要点	权重
掌握水准测量原理	水准测量原理	5%
掌握水准仪的操作	水准仪的构造	5%
	水准器的作用	5%
	水准仪的使用	10%
掌握水准仪的检校	水准仪应满足的几何条件	5%
	圆水准器的水准轴应平行于竖轴	5%
	十字丝的横丝应垂直于竖轴	5%
	管水准轴应平行于视准轴	5%
掌握水准测量的施测及成果计算	普通水准测量的观测、记录	5%
	三、四等水准测量的观测、记录	10%
	水准路线的观测、成果计算	10%
熟悉测量误差的影响和消除方法	仪器误差	5%
	观测误差	5%
	外界因素的影响	5%
掌握三角高程测量施测与计算	三角高程测量原理	5%
	三角高程测量观测、成果计算	10%

章节导读

在测量工作中，要确定地面点的空间位置，就需要确定地面点的高程，而地面点的高程是通过测定两点间的高差得到的。水准测量是高差测量中最基本和精度较高的一种方法，在国家高程控制测量、工程勘测和施工测量中被广泛应用。

本项目所讨论的是水准测量的原理，水准测量的仪器——水准仪的构造与使用，以及水准测量施测的方法与成果计算。

引例

2006 年 7 月—2007 年 3 月，国家测绘局组织实施了我国部分名山高程测量工程，19 座名山所在省的测绘行政主管部门都积极行动起来。他们结合本省实际，科学施测，综合运用水准测量、全球卫星定位系统(GPS)、三角高程测量、重力测量等多种技术手段，相继完成了本行政区域内的名山高程测量任务，获得了高精度的峰顶高程信息，如图 7.1 所示。

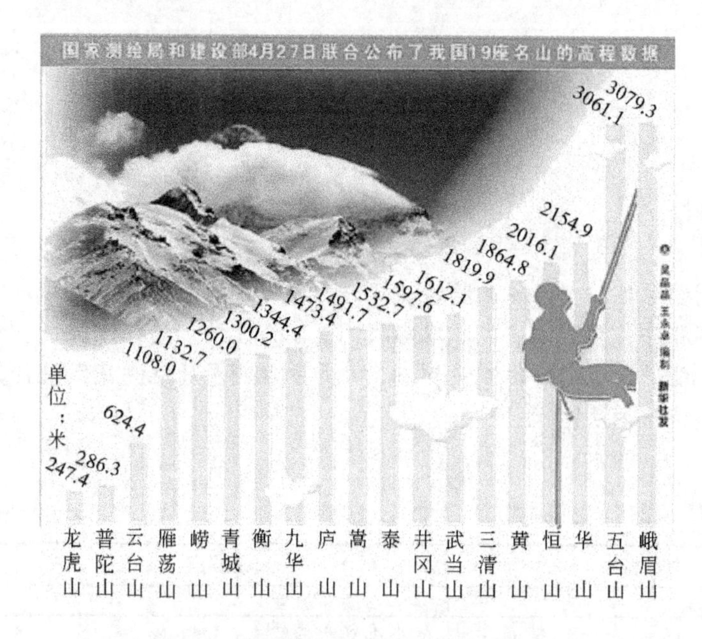

图 7.1　我国首次为 19 座名山定“身高”

2005 年 3 月我国开始了珠峰复测大型科考活动。历时 2 个多月艰苦卓绝的探测，5 月 22 日第一批登顶队员 11 时 08 分成功登顶，珠峰峰顶测量成功进行。此后第二批队员冲击峰顶，同时继续进行数据采集及之后的复杂数据计算工作。为了得出更精确的权威数据，我国这次测量珠峰高度采用了经典测量与卫星 GPS 测量相结合的技术方案，并首次在珠峰测量中动用了冰雪深雷达探测仪。

野外测量工作结束后，科研人员在西安和北京全面展开数据计算工作，把水准测量数据、重力测量数据、卫星观测数据和其他所有测量数据放在数据中心进行处理，公布测量方法、依据、观测手段等，进行院士专家的评估，得出了珠峰高度的最终数据 8844.43m。

案例小结

水准测量是测定两点间高差的主要方法，也是最精密的方法。学习和掌握水准仪的使用方法、水准测量的施测方法及成果计算，为今后工作打好基础。

知识点滴

水准仪的发展历史

水准仪是在17～18世纪发明了望远镜和水准器后出现的。20世纪初，在制造出内调焦望远镜和符合水准器的基础上生产出了微倾式水准仪。50年代初出现了自动安平水准仪，60年代研制出激光水准仪。1990年瑞士徕卡公司生产出第一台数字水准仪。

在我国，S_3 等级的自动安平水准仪年产量已经达到近20万台，主要是供出口，产量已经居于世界第一位。

确定地面点高程的工作称为高程测量。根据所使用的仪器和施测方法的不同，高程测量分为水准测量、三角高程测量和GPS高程测量等。水准测量是高程测量中最基本、最精密的一种方法，在国家高程控制测量、工程勘测和施工测量中被广泛应用。

任务7.1 高程控制测量概述

国家高程控制测量主要采用水准测量方法进行，建立的高程控制网称为国家水准网。按照精度要求的不同，分为一、二、三、四等水准测量，其布设原则同样也是遵循“由高级到低级，逐级控制”的原则来布设的。另外用三角高程测量作为高程控制的补充。一、二等水准测量利用高精度水准仪和精密水准测量方法施测，其成果作为全国范围内的高程控制和进行科学研究之用。三、四等水准测量除用于国家高程控制网加密外，在小地区常用于建立首级高程控制网。

为城市建设及各种工程建设需要而建立的城市高程控制网分为二、三、四等水准测量和三角高程测量。根据城市范围的大小，城市首级高程控制网可布设成二等或三等水准网，用三等或四等水准网作为进一步的加密，在四等以下布设直接为测绘大比例尺地形图用的图根水准网。

小区域高程控制测量包括三、四等水准测量，三角高程测量和图根水准测量。在小区域范围内建立高程控制网，应根据测区面积的大小和工程要求，采用分级建立的方法。一般情况下，以国家或城市等级水准点为基础，在整个测区建立三、四等水准网或水准路线，用图根水准测量或三角高程测量方法测定图根点的高程。本项目主要介绍三、四等水准测量和图根水准测量。

任务7.2 水准测量原理

知识链接

绝对高程(或称高程，海拔)是从地面点沿铅垂线到大地水准面的距离。相对高程(或称假定高程)是地面点到任意水准面的距离。高差是地面两点间的高程之差。

水准测量是利用水准仪所提供的一条水平视线，测定两点间的高差，根据某一已知点的高程和两点间的高差，计算出另一待定点的高程。如图 7.2 所示，已知地面 A 点高程 H_A，欲求 B 点高程 H_B。首先需测定 A、B 两点间的高差 h_{AB}，安置水准仪于 A、B 两点之间，并在 A、B 两点上分别竖立水准尺，利用水平视线读出 A 点尺上的读数 a 和 B 点尺上的读数 b，则两点间高差为：

$$h_{AB}=a-b \tag{7-1}$$

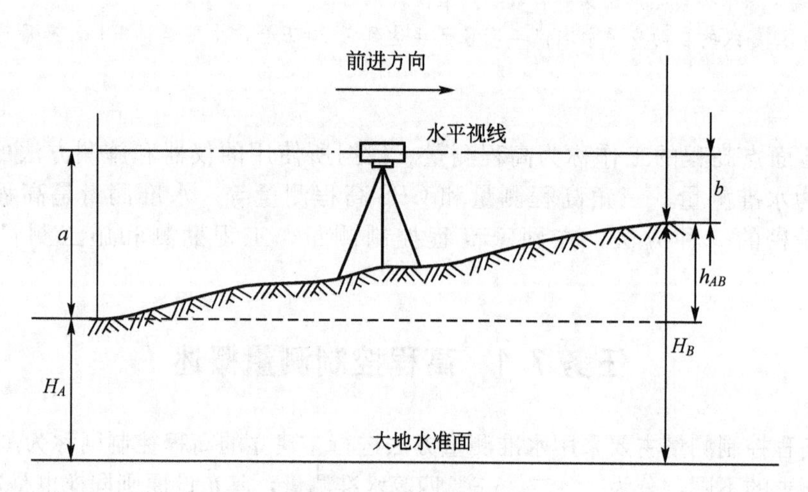

图 7.2　水准测量原理

测量是由已知点向未知点方向前进的，按测量的前进方向，A 点称为后视点，a 称为后视读数；B 点称为前视点，b 称为前视读数；两点间高差总是等于后视读数减去前视读数。高差可正可负，当 $a>b$ 时，高差 h_{AB} 为正值，说明 B 点比 A 点高；反之，高差 h_{AB} 为负值，说明 B 点低于 A 点。

计算高程的方法有两种：一是直接利用实测高差 h_{AB} 计算 B 点高程的方法，称高差法，即

$$H_B=H_A+h_{AB} \tag{7-2}$$

二是由仪器的视线高程计算高程，称为视线高法。由图 7.2 可知，A 点的高程加后视读数就是仪器的视线高程，用 H_i 表示，即

$$H_i=H_A+a \tag{7-3}$$

由此得 B 点的高程为

$$H_B=H_i-b=H_A+a-b \tag{7-4}$$

由于此种方法安置一次仪器，可以测出若干个前视点待定高程，大大提高了工作效率，因此，该方法在工程测量中应用比较广泛。

特别提示

本项目是采用高差法计算待定点的高程。视线高法主要是在工程测量中应用比较普遍，如断面测量、土地平整等，因此，本书不介绍视线高法。

任务7.3 水准仪及其使用

水准测量所使用的仪器为水准仪，工具为水准尺和尺垫。

水准仪按其精度可分为 DS_{05}、DS_1、DS_3 和 DS_{10} 四个等级。“D”、“S”分别是“大地测量”和“水准仪”的汉语拼音的第一个字母。下标数字是指各等级水准仪每千米往返测高差中数的中误差，以毫米为单位。DS_{05}、DS_1 型属于精密水准仪，DS_{05} 型主要用于国家一等水准测量和地震水准测量，DS_1 型主要用于国家二等水准测量和精密工程测量。DS_3 型为普通水准仪，可用于国家三等和四等水准测量、图根水准测量和一般工程测量，是工程上使用最普遍的一种水准仪。DS_{10} 型主要用于一般工程水准测量。

按水准仪的构造分类，可分为微倾式水准仪、自动安平水准仪和数字水准仪等。本任务着重介绍 DS_3 型微倾式水准仪。

7.3.1 DS_3 型微倾式水准仪的构造

DS_3 型水准仪主要由望远镜、水准器和基座3部分组成。如图7.3所示是国产 DS_3 型微倾式水准仪。

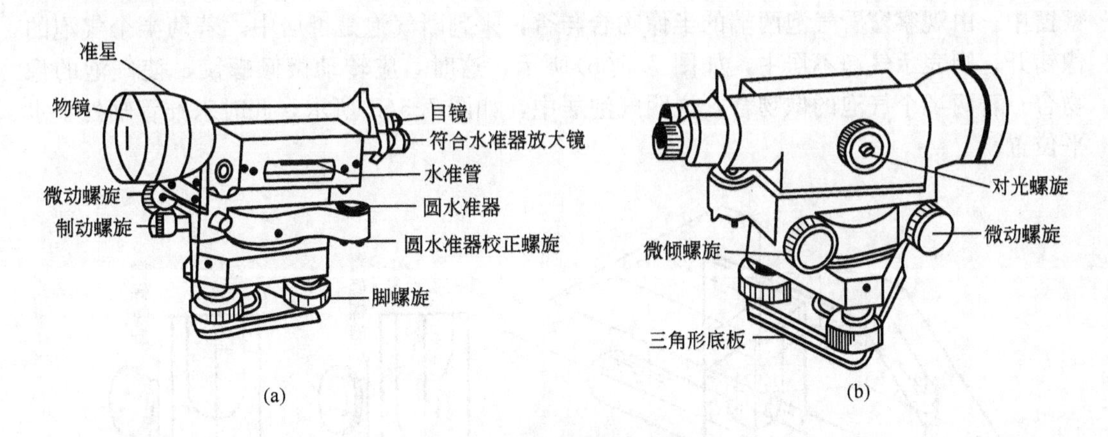

图7.3 DS_3 微倾式水准仪

1. 望远镜

望远镜的作用：一方面是提供一条瞄准目标的视线；另一方面是将远处的目标放大，提高瞄准和读数的精度。如图7.4所示为与经纬仪上的望远镜一样，水准仪的望远镜也由物镜、目镜、调焦透镜和十字丝分划板组成。望远镜的对光通过旋转调焦螺旋，使调焦透镜在望远镜镜筒内平移来实现。

十字丝是用来瞄准目标和读数的，其形式如图7.4所示。十字丝的横丝用来瞄准目标和读取读数，视距丝用来测定距离。十字丝交点和物镜光心的连线，称为望远镜的视准轴，是用来瞄准目标和读数的视线。

2. 水准器

同经纬仪一样，水准仪的水准器分为管水准器(也称为水准管)和圆水准器两种。管水

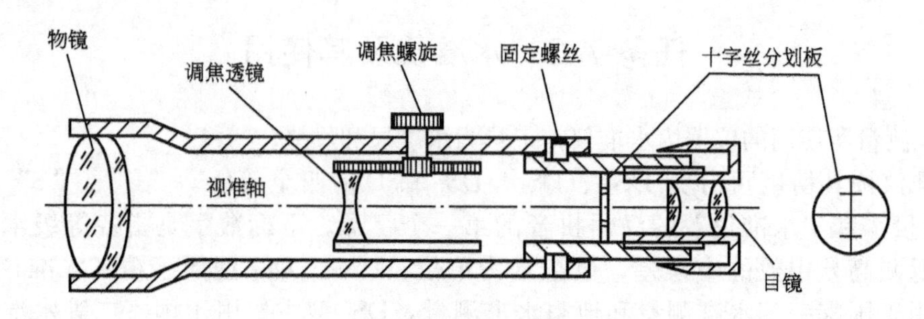

图 7.4　望远镜构造

准器是用来指示视准轴是否水平的装置，圆水准器用来指示仪器竖轴是否竖直。

1）管水准器

DS_3 型水准仪的水准管分划值一般为 20″/2mm。由于水准仪上的水准管是与望远镜连在一起的(图 7.3)，当水准管轴与望远镜视准轴互相平行时，水准管气泡居中，视线也就水平了。因此水准管和望远镜是水准仪的主要部件，水准管轴与视准轴互相平行是水准仪构造的主要条件。

为了提高水准管气泡居中的精度，DS_3 微倾式水准仪多采用符合水准器，如图 7.5(a)所示。通过符合棱镜的反射作用，使气泡两端的影像反映在望远镜旁的符合气泡观察窗中。由观察窗看气泡两端的半像吻合与否，来判断气泡是否居中。若两半个气泡的像错开，则表示气泡不居中，如图 7.5(b)所示，这时，应转动微倾螺旋，使气泡的像吻合；若两半个气泡的像吻合，说明气泡居中，如图 7.5(c)所示，此时水准管轴处于水平位置。

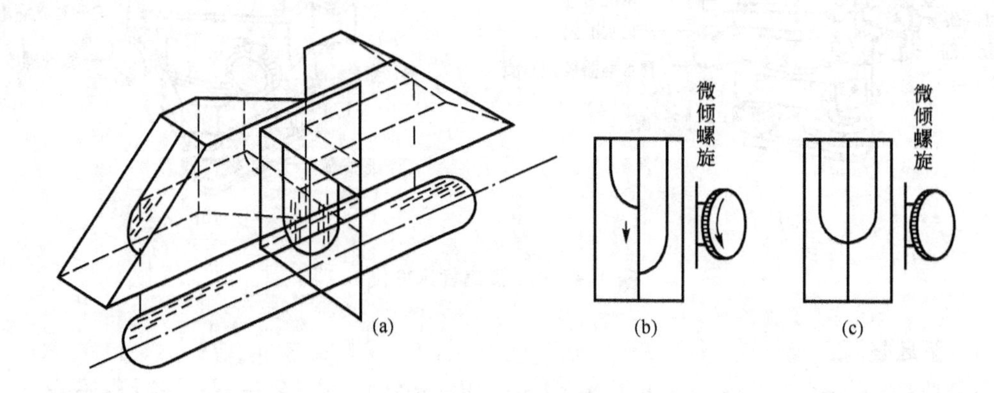

图 7.5　符合水准器

2）圆水准器

水准仪的圆水准器安装在托板上，其圆水准器轴与仪器的竖轴互相平行，所以当圆水准器气泡居中时，表示仪器的竖轴已基本处于铅垂位置。由于圆水准器的分划值，一般为 8′～10′，精度较低，故只用于仪器的概略整平。

3）基座

基座的作用是支撑仪器的上部并通过连接螺旋使仪器与三脚架相连。它主要由轴座、脚螺旋、底板和三角压板构成(图 7.3)。调节脚螺旋可使圆水准器气泡居中。

特别提示

水准管的作用是精确整平仪器。使用时，需调节微倾螺旋使水准管气泡居中。
圆水准器的作用是粗略整平仪器。使用时，需调节脚螺旋使圆水准气泡居中。

7.3.2 水准尺和尺垫

水准尺是水准测量的主要工具，使用干燥而良好的木材制成。常用的水准尺有塔尺和双面尺两种，如图 7.6 所示。

塔尺长度有 2m 和 5m 两种，用两节或三节套接在一起，尺的底部为零点，尺上有黑白相间的分划，尺面分划为 1cm，有的为 0.5cm，每一米和分米处均注有数字，如图 7.6(a)所示。塔尺多用于等外水准测量和地形测量。

双面水准尺的长度有 2m 和 3m 两种，最小分划单位为厘米，每分米注有数字。它有两面分划，正面是黑白分划，称为黑面尺；反面是红白分划，称为红面尺。黑面尺的尺底为零，而红面尺的尺底则从某一常数开始，即其中一根尺子的尺底读数为 4.687m，另一根尺为 4.787m，这样的两根水准尺称为一对水准尺，如图 7.6(b)所示。这样做是为了使水准测量过程中在红面上的读数不致与黑面读数近似，以便于发现读数错误。

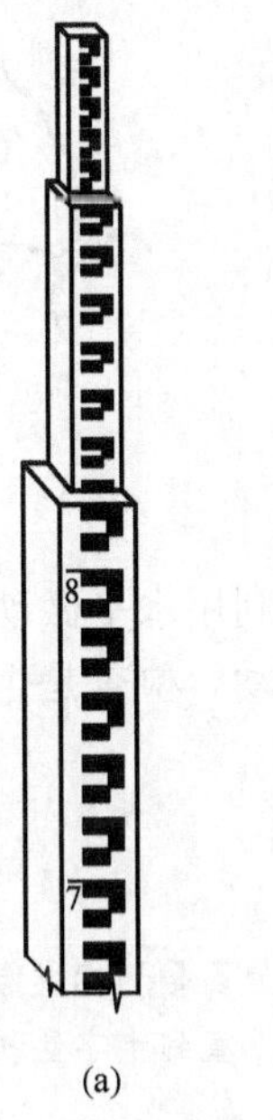

黑面 红面

(a) (b)

图 7.6 水准尺

尺垫是用生铁铸成，如图 7.7 所示。一般为三角形，中央有一突起的半球体，其顶点用来竖立水准尺和标志转点。

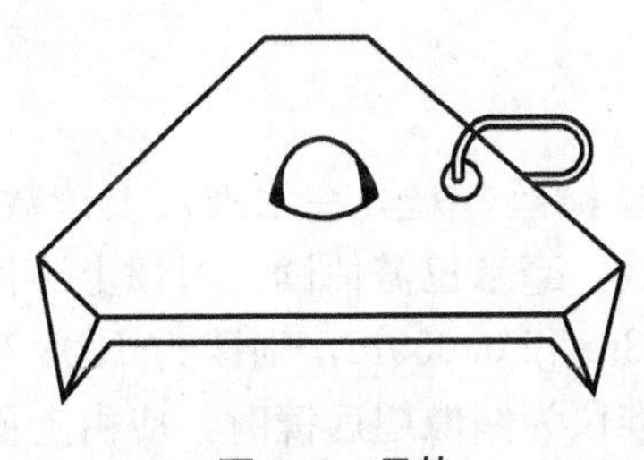

图 7.7 尺垫

7.3.3 水准仪的使用

1. 安置与粗略整平

为测定 A、B 两点之间的高差，首先在 A、B 之间安置水准仪。撑开三脚架，使架头大致水平，高度适中，稳固地架设在地面上；用连接螺旋将水准仪固连在脚架上，然后旋转脚螺旋使圆水准器的气泡居中，即粗平，其方法如下。

粗平的目的是借助于圆水准器气泡居中，使仪器竖轴竖直，仪器大致水平。整平时，气泡移动方向始终与左手大拇指的运动方向一致。先用两手分别以相对方向转动两个脚螺旋，如图 7.8(a)所示；然后再转动第三个脚螺旋使气泡居中，如图 7.8(b)所示。

2. 瞄准水准尺

先将望远镜对向明亮的背景，转动目镜调焦螺旋使十字丝清晰；松开制动螺旋，转动望远镜，利用望远镜筒上的准星和照门瞄准水准尺；拧紧制动螺旋，转动物镜调焦螺旋，

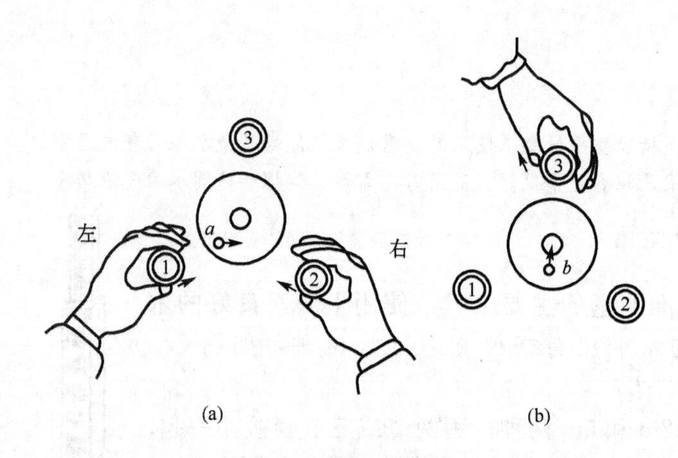

图 7.8　圆水准气泡整平

使目标清晰；利用水平微动螺旋，使十字丝竖丝瞄准尺边缘或中央，同时观测者的眼睛在目镜端上下微动，检查是否存在视差。如有视差则应消除。

知识链接

视差产生的原因是目标成像的平面和十字丝平面不重合造成的。消除的方法是重新仔细地进行目镜对光和物镜对光，直到十字丝和水准尺均呈像清晰，眼睛上下移动时读数稳定为止。

3. 精确整平

转动微倾螺旋，使水准管气泡两端的半像吻合，此时，水准管轴水平，水准仪的视准轴也精确水平。

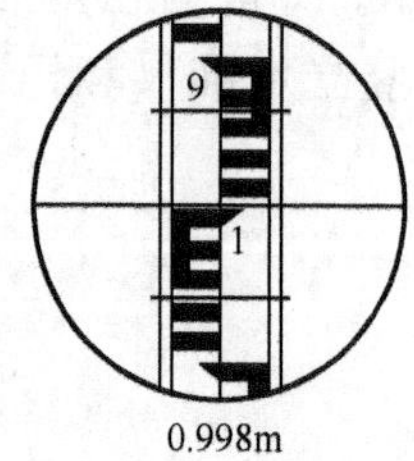

图 7.9　水准尺读数

4. 读数

水准管气泡居中后，立即用十字丝横丝(中丝)在水准尺上读数，需读出米、分米、厘米、毫米四位读数，毫米位需估读。习惯上不读小数点，直接报读四位数字，如 1.208m 和 0.659m，则读为 1208 和 0659。读数时应自小而大进行，当水准仪为倒像望远镜时，应由上而下读数；当水准仪为正像望远镜时，应由下而上读数(图 7.9)。

特别提示

在使用水准仪时切记，每次读数前，必须使管水准器气泡居中，以保证视线水平，即先精平后读数，读数后还要检查管水准器气泡是否完全符合。只有这样，才能取得准确的成果。

在读数时，一定要注意消除视差，否则难以得到准确的读数；还要注意望远镜是呈正像还是倒像，避免读数错误；记录者应该把观测者所报的读数复诵一遍，以免出差错。

7.3.4　自动安平水准仪

自动安平水准仪的特点是没有管水准器和微倾螺旋。在粗略整平之后，即在圆水准气泡居中的条件下，利用仪器内部的自动安平补偿器，就能获得视线水平时的正确读数，省略了精平过程，从而提高了观测速度和整平精度。

1. 自动安平补偿器的原理

水准仪内置自动安平补偿器的种类很多，常用的是采用吊挂光学棱镜的方法，借助重力的作用达到视线自动补偿的目的。如图7.10所示为我国DSZ_3型自动安平水准仪的结构示意图，其补偿器由一套安装在调焦透镜和十字丝分划板之间的棱镜组组成。其中屋脊棱镜固定在望远镜筒内，下方用交叉的金属丝吊挂着两个直角棱镜。悬挂的棱镜在重力的作用下，能与望远镜作相对的偏转。棱镜下方还设置了空气阻尼器，以保证使悬挂的棱镜尽快地停止摆动。

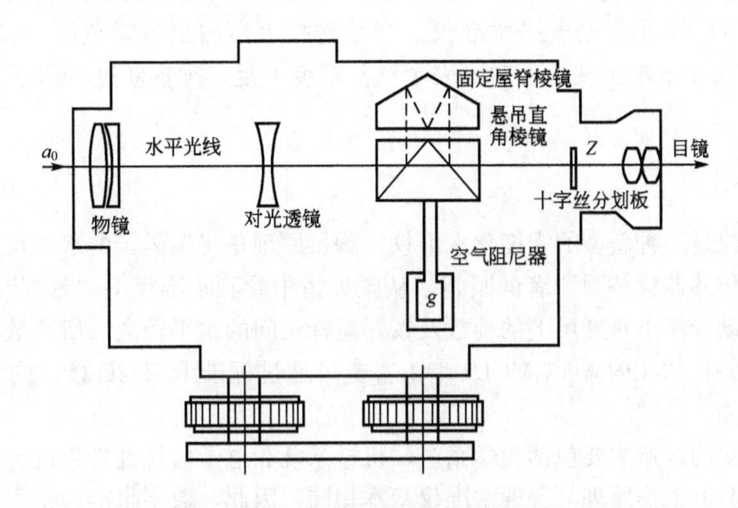

图7.10 DSZ_3型自动安平水准仪构造

如图7.11所示，当视线水平时，水准尺上读数α_0随着水平视线进入望远镜，到达十字丝交点B，则读得视线水平时的读数。当望远镜视准轴倾斜了一个小角α时，十字丝交点由B移到A，而水平光线仍通过B点。如果在距十字丝交点s处的光路上装置一个补偿器，使水平光线偏转一个角β，恰好通过十字丝交点A，则由图可知，补偿器的作用是使水平光线发生偏转，而偏转角的大小正好能够补偿视线倾斜所引起的读数偏差。因为α和β角都很小，从图7.11可知，即

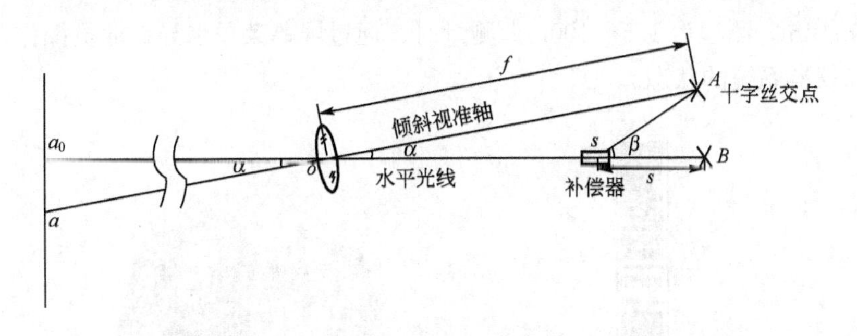

图7.11 自动安平原理

$$f\alpha=s\beta \tag{7-5}$$

式中：f——物镜和对光透镜的组合焦距；

s——补偿器至十字丝分划板的距离；

α——视线的倾斜角；

β——水平视线通过补偿器后的偏转角。

在设计时，只要满足式(7－5)的关系，即可达到补偿的目的。

2. 自动安平水准仪的使用

使用自动安平水准仪进行水准测量，只要把仪器安置好，令圆水准器气泡居中，即可用望远镜瞄准水准尺读数。为了确保补偿装置正常发挥作用，仪器上一般都设有补偿控制按钮，按下按钮，可把补偿器轻轻触动。待补偿器稳定后，看尺上读数是否有变化，如无变化，说明补偿器正常，可以读数。有的仪器附有自动警告装置，如北京光学仪器厂生产的 DSZ_{3-1} 型自动安平水准仪。当警告指示窗内出现绿色时，表示可以读数；当指示窗内上端或下端出现红色时，表示整平精度不足，须重新进行整平，使红色消失后方可读数。

7.3.5 数字水准仪

数字水准仪是一种新型的智能化水准仪。测量原理是将编码了的水准尺影像进行一维图像处理，用传感器代替观测者的眼睛，从望远镜中看到水准尺上“刻划”的测量信号，由微处理器自动计算出水准尺上的读数及仪器至标尺间的水平距离。所测数据可在仪器显示屏上显示，并存储在内置 PCMCIA 卡上；也可通过标准 RS232C 接口向计算机或相关数据采集器传输。

数字水准仪的构造主要包括光学系统、机械系统和电子信息处理系统。其光学系统和机械系统两部分的工作原理与普通水准仪基本相同，因此，数字水准仪也可和普通水准仪的测量原理一样，瞄准一般水准尺进行光学读数。在进行数字化水准测量时，应使用刻有二进制条形码的专业水准尺，如图 7.12 所示。该水准尺编码的影像通过一个光束分离器的作用，将能到达的光全部分解为红外光和可见光两部分，由机内电子信息处理系统自动处理、计算，并显示测量结果。测量时，视线自动安平补偿器和物像的调焦对光均由仪器内置的电子设备自动监控完成。

如图 7.13 所示为德国蔡司(Zeiss)厂生产的 DiNil2 数字水准仪。该仪器高程测量的精度(每千米往返测高差中数的中误差)为 0.3～1.0mm，测距精度为 0.5×10^{-6} m/km～1.0×10^{-6} m/km，测程为 1.5～100m。测量时，通过屏幕菜单引导作业员操作，并能显示测量成果和仪器系统的状态。

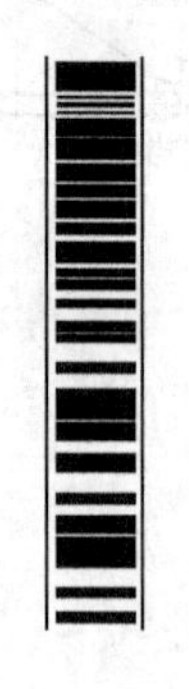

图 7.12　条形编码尺

图 7.13　数字水准仪

任务 7.4 水准测量方法

7.4.1 水准点

水准测量的目的是依据已知高程点来引测其他待定点的高程，这些用水准测量方法建立的高程控制点称为水准点，常以 BM 表示。

根据水准点的等级要求和不同用途，水准点可分为永久性和临时性两种。永久性的高程控制点一般用钢筋混凝土制成，或直接刻制在不受破坏的基岩上，如图 7.14(a)所示。有些水准点也可设置在稳定的墙脚上，称为墙脚水准标志，如图 7.14(b)所示。临时性水准点可在固定建筑物(如房屋基石、闸墩、桥墩、石碑)或暴露的岩石上凿一记号作为标志，也可钉一大木桩，桩顶应钉入有圆球表面的铁钉以标示点位，如图 7.15 所示。

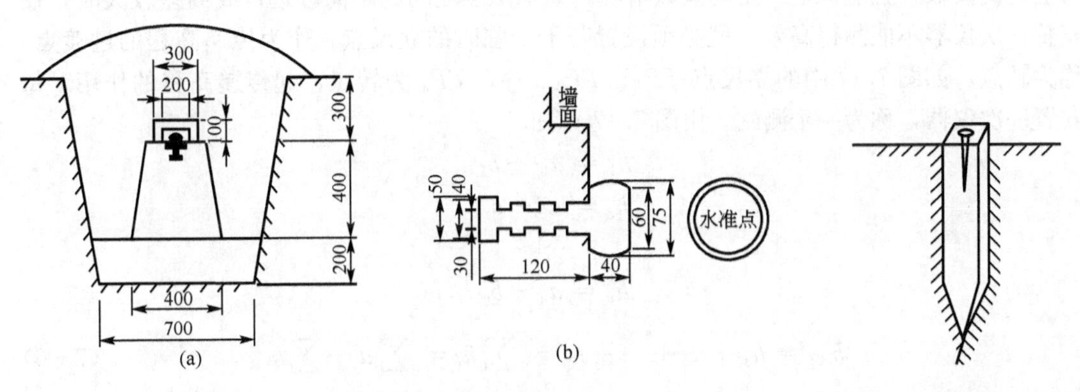

图 7.14 水准标志埋设图(单位：mm)

图 7.15 临时性水准点

7.4.2 水准路线

为了便于观测和计算各点的高程，检查和发现测量中可能产生的错误，必须将各点组成一条适当的施测路线，使之有可靠的校核条件，该施测路线称为水准路线。在水准路线上，两相邻水准点之间称为一个测段。

水准路线有以下三种形式。

1. 闭合水准路线

如图 7.16(a)所示，从已知水准点 BM_A 出发，沿环线顺序测定各高程待定点 1、2、3、4，最后返回到起始点，称为闭合水准路线。

2. 附合水准路线

如图 7.16(b)所示，从一水准点 BM_A 出发，沿各待定高程点顺序进行水准测量，最后附合到另一水准点 BM_B 上。

3. 支水准路线

若从一已知水准点出发，既没有附合到另一水准点上，也没有闭合到原来的水准点，就称其为支水准路线。如图 7.16(a)所示中的 BM_A、5、6 点。

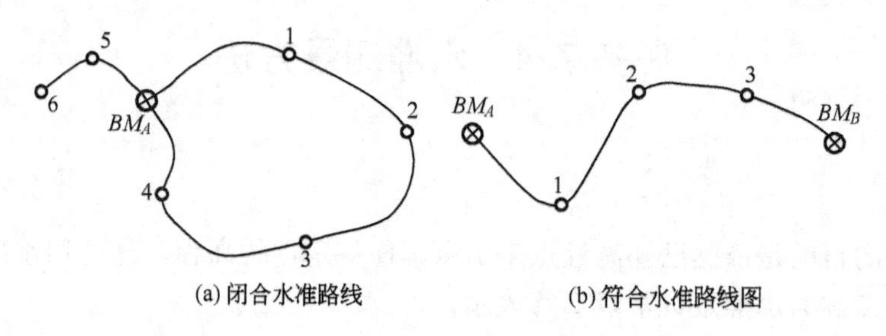

(a) 闭合水准路线　　(b) 符合水准路线图

图 7.16　水准路线

7.4.3　普通水准测量的方法

在图 7.2 所表示的水准测量是 A、B 两点相距不远的情况下，水准仪可以直接在水准尺上得到读数，且能保证一定的读数精度。如果两点之间的距离较远，或高差较大时，仅安置一次仪器不能测得高差，就必须设置若干个临时的立尺点，作为传递高程的过渡点，称为转点。如图 7.17 中的立尺点 TP_1、TP_2、…、TP_n 为转点，起传递高程的作用。每安置一次仪器，称为一个测站。由图 7.17 可知

$$h_1 = a_1 - b_1$$
$$h_2 = a_2 - b_2$$
$$\cdots$$
$$h_n = a_n - b_n$$

$$h_{AB} = h_1 + h_2 + \cdots + h_n = \sum_{n-1}^{n} h_i = \sum a - \sum b \tag{7-6}$$

此时

$$H_B = H_A + h_{AB} = H_A + \sum a - \sum b \tag{7-7}$$

具体观测方法如下。

(1) 在已知点 BM_A 立水准尺作为后视尺，再选合适的地点为转点 TP_1，踩实尺垫，在尺垫上立前视尺。选择合适的地点为测站，安置水准仪。要求前视距离与后视距离大致相等。

(2) 观测者首先将水准仪粗平，然后瞄准后视尺，水准仪精平后读取后视读数；再瞄准前视尺，精平后读取前视读数。记录者记录读数并计算出一个测站的高差。

(3) 记录者计算完毕，通知观测者搬往下一个测站。原后尺手也同时前进到下一个站的前视点 TP_2。原前尺手在原地 TP_1 不动，把尺面转向下一个测站，成为后视尺。按照前一站的方法观测。重复上述过程，一直观测至待定点 B。

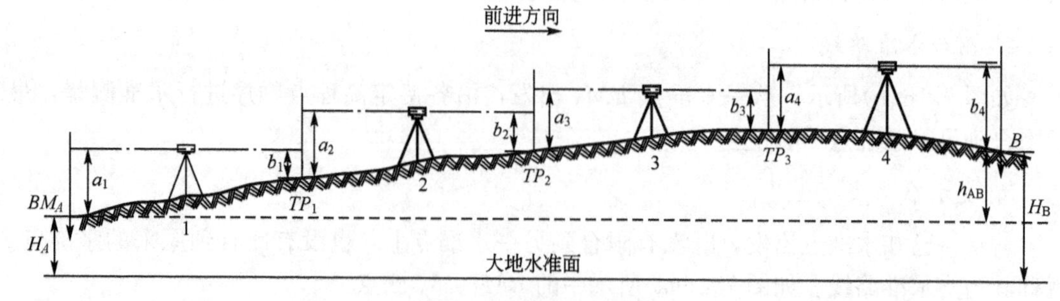

图 7.17　普通水准测量

观测数据的记录计算见表 7-1。

表 7-1 观测数据的记录计算

测站	测点	后视读数(m)	前视读数(m)	高差(m)		高程(m)	备注
				+	−		
1	A	1.832		1.261		19.632	已知高程
	TP_1		0.571				
2	TP_1	1.624		1.114			
	TP_2		0.510				
3	TP_2	0.713			0.921		
	TP_3		1.634				
4	TP_3	1.214			0.501		
	B		1.715			20.585	
$\sum$		5.383	4.430	2.375	1.422		
计算校核	$\sum a-\sum b=5.383-4.430=0.953$　$\sum h=0.953$ $H_{终}-H_{始}=20.585-19.632=0.953$						

特别提示

在观测过程中，如果发现圆水准气泡不居中了，应重新调整圆气泡使其居中，并应重新读取该测站的后视读数和前视读数。

在观测过程中为了减少误差，应注意使前、后视距离相等。

在已知水准点和待求水准点上，不要放置尺垫；在转点上必须放置尺垫。

当一测站的观测、记录和计算全部结束后，才允许搬站。搬站时，应注意不要碰动前视尺的尺垫。

7.4.4 水准测量的校核方法

在水准测量中，测得的高差总是不可避免地含有误差。为了判断测量成果是否存在错误及是否符合精度要求，必须采取相应的措施进行校核。

1. 计算校核

计算检核就是检核计算结果是否正确，如公式(7-8)。

$$\sum a-\sum b=\sum h=H_{终}-H_{始} \tag{7-8}$$

2. 测站校核

计算检核无法判定各测站高差测量的正确性，若某测站高差由于某种原因测错，则由此计算的待定点高程也不正确。因此，对每一测站的高差都必须采取措施进行检核测量，这种检核称为测站检核。常用的测站检核方法有改变仪器高法和双面尺法。

1) 双面尺法

将水准仪安置在两立尺点之间，高度不变。分别读取后视 A 点、前视 B 点水准尺的黑面和红面读数各一次，测得两次高差，以检核测站成果的正确性。黑红面高差之差不超过容许值(等外水准为 6mm)，则认为符合要求，取其平均值作为最后结果。否则，必须重测。

2) 改变仪器高法

在同一测站上用不同的仪器高度测得两次高差，以相互进行比较。即测得第一次高差后，改变仪器高度 10cm 以上，重新安置水准仪，再测一次高差。两次所测高差之差不超过容许值(等外水准为 6mm)，则认为符合要求，取其平均值作为最后结果。否则，必须重测。

测站校核可以校核本测站的测量成果是否符合要求，但整个水准路线测量成果是否符合要求甚至有错，则不能判定。例如，假设迁站后，转点位置发生移动，这时测站成果虽符合要求，但整个路线测量成果都存在差错，因此，还需要进行下述的路线校核。

3) 路线校核

(1) 闭合水准路线。对于闭合水准路线，各测站高差之和的理论值应等于零，即 $\sum h_{理}=0$。但由于测量含有误差，往往 $\sum h\neq 0$，则产生高差闭合差。高差闭合差为高差的观测值与其理论值之差，即

$$\Delta h=\sum h_{测} \tag{7-9}$$

高差闭合差 Δh 的大小反映了测量成果的质量，闭合差的允许值 $\Delta h_{允}$ 视水准测量的等级不同而异，对图根水准测量

$$\left.\begin{aligned}&\Delta h_{允}=\pm 40\sqrt{L}\text{mm(平地)}\\ &\text{或 }\Delta h_{允}=\pm 12\sqrt{n}\text{mm(山地)}\end{aligned}\right\} \tag{7-10}$$

式中：L——路线长度(km)

n——测站数。

若高差闭合差的绝对值大于 $\Delta h_{允}$，说明测量成果不符合要求，应当重测。

(2) 附合水准路线。对于附合水准路线，测得的高差总和 $\sum h_{测}$ 应等于两水准点的已知高差($H_{终}-H_{始}$)。实际上，两者往往不相等，其差值即为高差闭合差：

$$\Delta h=\sum h_{测}-(H_{终}-H_{始}) \tag{7-11}$$

高差闭合差的允许值与式(7.10)相同。

(3) 支水准路线。对于支水准路线，要求往返观测，往测和返测的高差的绝对值应相等，符号相反。往返测高差的代数和不等于零即为闭合差：

$$\Delta h=h_{往}+h_{返} \tag{7-12}$$

高差闭合差的允许值按式(7.10)计算，但路线长度或测站数以单程计。

图根水准测量的主要技术指标见表 7-2。

表 7-2 图根水准测量的主要技术指标

每千米高差全中误差(mm)	附合路线长度(mm)	水准仪型号	视线长度(mm)	观测次数		往返较差、附合或环线闭合差(mm)	
				附合或闭合路线	支水准路线	平地	山地
20	≤5	DS10	≤100	往一次	往返各一次	$40\sqrt{L}$	$12\sqrt{n}$

7.4.5 水准测量的注意事项

1. 观测

(1) 观测前，必须对仪器进行认真必要的检校，使之达到该满足的精度要求。

(2) 仪器放到三脚架头上后，手要抓牢仪器，并立即把连接螺旋旋紧，观测中，作业人员一定不要离开仪器，以保证仪器的安全。

(3) 仪器应安置在土质坚实的地方，并将三脚架踩实，防止仪器下沉。

(4) 水准仪至前、后视水准尺的距离应尽量相等。

(5) 每次读数一定要消除视差；符合水准器气泡严格居中后方可读取中丝读数，读数时应仔细、果断、迅速、准确。

(6) 每测站观测时，应首先使圆水准气泡严格居中。在每测站观测时，圆水准气泡只能调一次，否则将会改变仪器的高度，使观测前、后尺时视线不是一条水平视线，而给观测的高差带来误差。

(7) 晴天阳光下，应撑伞保护仪器。

(8) 搬站时，应将三脚架收拢，用一只胳膊握住三脚架，另一只手托住仪器，稳步前进，远距离搬运时，应装箱。

(9) 因测站观测超限，在本站观测时发现，应立即重测；迁站后发现，则应从水准点或间歇点开始重测。

2. 记录

(1) 一切外业原始观测值和记事项目，必须在现场用铅笔直接记录在手簿中，记录的文字和数字应端正、整洁、清晰，杜绝潦草模糊。

(2) 听到观测员读数后，要复诵一遍，无误后，应立即直接记录到表格相应栏中，严禁记入别处，而后转抄。

(3) 字体要清晰、工整，大小要适中，按照记录字体的要求进行书写。每站的高差必须当场计算，合格后方可搬站。

(4) 外业手簿中的记录和计算的修改以及观测结果的淘汰，禁止擦拭、涂抹与刮补，而应以横线或斜线正规划去，并在本格内的上方写出正确数字和文字。除计算数据外，所有观测数据的修改和淘汰，必须在备注栏内注明原因及重测结果记于何处，重测记录前需加“重测”二字。

(5) 凡有正、负意义的量，在记录计算时，都应带上“+”“-”号，正号不能省略。对于中丝读数，要求读记四位数，前后的0都要读记。

(6) 在同一测站内不得有两个相关数字“连环更改”。例如：更改了标尺的黑面前两位读数后，就不能再改同一标尺的红面前两位读数。否则就叫连环更改。有连环更改记录应立即废去重测。

(7) 对于黑红面四个中丝读数的尾数有错误(厘米和毫米)的记录，不论什么原因都不允许更改，而应将该测站观测结果废去重测。

3. 立尺

(1) 水准点(已知点或待定点)上都不要放尺垫，只有转点才放尺垫。转点应选在土质坚实的地方，立尺前，必须将尺垫踏实。

(2) 水准尺必须竖直，应立在尺垫中央半球形的顶部，两手扶尺，保持水准尺稳定。

(3) 水准仪搬站时，作为前视点的立尺员，应保护好作为转点的尺垫，尺子可从尺垫上拿下，不能受到碰动。

任务7.5 水准路线高差闭合差的调整与高程计算

通过对外业原始记录、测站检核和高差计算数据的严格检查，并经水准路线的检核，外业测量成果已满足了有关规范的精度要求，但高差闭合差仍存在。所以，在计算各待求点高程时，必须首先按一定的原则把高差闭合差分配到各实测高差中去，使调整后的高差闭合差为零，最后用改正后的高差值计算各待求点高程，上述工作称为水准测量的内业。

7.5.1 附合水准路线高差闭合差的调整

如图7.18所示是一附合水准路线示意图。已知水准点 BM_A、BM_B 的高程分别是 $H_A=10.032$m，$H_B=11.105$m，各测段的观测高差及路线长度如图7.18所示，计算各待定高程点1、2、3的高程。

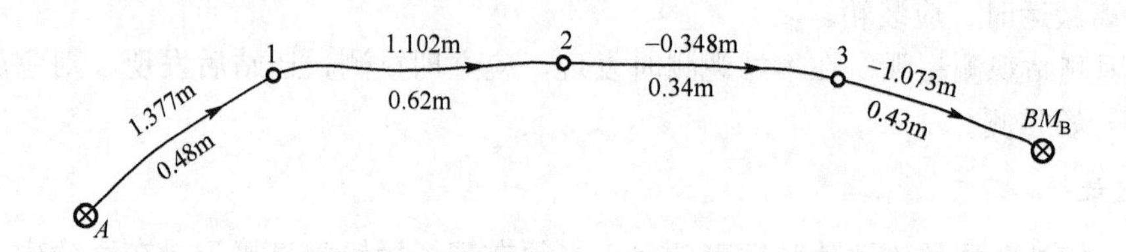

图7.18 附合水准路线

计算步骤如下。

1. 高差闭合差的计算

根据式(7.11)计算高差闭合差

$$\Delta h=\sum h-(H_B-H_A)=1.058-(11.105-10.032)=-0.015(\mathrm{m})$$

根据式(7.10)计算闭合差允许值

$$\Delta h_{允}=\pm 40\sqrt{L}=\pm 40\sqrt{1.87}=\pm 55(\mathrm{mm})$$

$|\Delta h|<|\Delta h_{允}|$，观测满足精度要求，可对 Δh 进行调整。

2. 高差闭合差的调整

因为在同一条水准路线上，可以认为观测条件是相同的，则各测站产生误差的机会相等，故闭合差的调整原则是：将闭合差反符号，按与距离或测站数成正比进行分配。各测段的高差改正数 V_i 按式(7.13)计算：

$$\left.\begin{aligned} V_i &= -\frac{\Delta h}{\sum n}\times n_i\ (\text{山地}) \\ \text{或}\quad V_i &= -\frac{\Delta h}{\sum L}\times L_i\ (\text{平地}) \end{aligned}\right\}\qquad (7-13)$$

式中：$\sum n$——测站总和；

$\sum L$——水准路线总长度，以千米计；

n_i——某测段的测站数；

L_i——某测段的距离，以千米计。

在本例中，与测站数成正比进行分配，则 BM_A 至第一点的高差改正数为：

$$V_1 = -\frac{\Delta h}{\sum L} \times L_1 = -\frac{-0.015}{1.87} \times 0.48 = +0.004(\text{m})$$

同法可求得其余各测段高差的改正数，并列于表 7－3 中第 4 栏内。算得的高差改正数总和应与闭合差的数值相等而符号相反，可用来校核计算是否正确。在计算中，如因尾数取舍而不符合此条件，应通过适当取舍令其符合要求。

3. 计算改正后的高差和各点高程

相应测段的实测高差加改正数即为改正后高差。改正后高差的总和应等于 BM_A 和 BM_B 的高差，如不相等，说明计算有误。根据检核过的改正高差，从起始点 BM_A 开始，逐点推算出各点的高程，列入表 7－3 的第 6 栏中。最后算得的 BM_B 点高程应与已知的 BM_B 点高程相等，否则说明高程计算有误。

表 7－3　附合水准路线水准测量计算表

点号	距离 (km)	实测高差 (m)	改正数 (m)	改正后高差 (m)	高程 (m)
BM_A					10.032
	0.48	+1.377	+0.004	+1.381	
1					11.413
	0.62	+1.102	+0.005	+1.107	
2					12.520
	0.34	−0.348	+0.003	−0.345	
3					12.175
	0.43	−1.073	+0.003	−1.070	
BM_B					11.105
$\sum$	1.87	+1.058	0.015	+1.073	11.105−10.032 =+1.073
辅助计算	$\Delta h=\sum h-(H_B-H_A)=1.058-(11.105-10.032)=-0.015\text{m}$ $\Delta h_{允}=\pm 40\sqrt{L}=\pm 40\sqrt{1.87}=\pm 55\text{mm}$ $\lvert\Delta h\rvert<\lvert\Delta h_{允}\rvert$，观测满足精度要求				

7.5.2　闭合水准路线高差闭合差的调整

闭合水准路线的计算与附合水准路线计算的步骤和方法相同，区别仅是闭合差的计算方法不同。

如图 7.19 所示已知 B 点的高程为 16.163m，各测段改正数及高差见表 7－4，计算其余各点的高程。

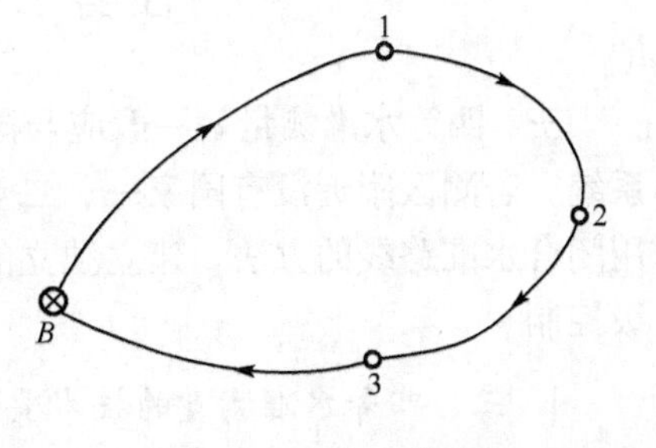

图 7.19　闭合水准路线

计算过程如下。

首先计算高差闭合差：

表 7-4 闭合水准路线水准测量计算表

点号	测站数	实测高差(m)	改正数(m)	改正后高差(m)	高程(m)
B					16.163
	11	+2.311	−0.016	+2.295	
1					18.458
	14	−2.813	−0.021	−2.834	
2					15.624
	9	−1.244	−0.013	−1.257	
3					14.367
	10	+1.810	−0.014	+1.796	
B					16.163
$\sum$	44	+0.064	−0.064	0	
辅助计算	$\Delta h=\sum h=0.064\text{m}$ $\Delta h_{允}=\pm 12\sqrt{n}=\pm 12\sqrt{44}=\pm 79.6(\text{mm})$ $\lvert\Delta h\rvert<\lvert\Delta h_{允}\rvert$，观测满足精度要求。				

$$\Delta h=\sum h=+0.064\text{m}$$

$$\Delta h_{允}=\pm 12\sqrt{n}=\pm 12\sqrt{44}=\pm 79.6(\text{mm})$$

如果高差闭合差小于容许值，可反符号与测站数成正比进行调整。每个测段的改正数可按式(7-13)进行计算，并填入表 7-4 中第 4 列。

各段改正数的总和应与闭合差的数值相等而符号相反，用来校核计算是否正确。将每段实测高差加上改正数，即得每段改正后高差。改正后高差的总和应等于零，如不为零，说明计算有误。最后，根据 B 点的高程和改正后的高差，计算各点的高程。

7.5.3 支水准路线高差闭合差的调整

支水准路线闭合差的调整方法是：取往测和返测高差绝对值的平均值作为两点的高差值，其符号与往测相同，然后根据起点高程和各段平均高差推算各测点的高程。

特别提示

在计算过程中，改正数的总和应与闭合差大小相等、符号相反。如因尾数取舍而不符合此条件，应通过适当取舍令其符合。

任务 7.6 三、四等水准测量

三、四等水准测量，一般应与国家一、二等水准网联测，使整个测区具有统一的高程系统。若测区附近没有国家一、二等水准点，则在小区域范围内可假定起算点的高程，采用闭合水准路线的方法，建立独立的首级高程控制网。对于较小测区，图根控制可作为首级控制。

1. 三、四等水准测量的技术要求

(1) 对于三等水准测量，采用中丝读数法，进行往返观测。用下丝减去上丝读数计算

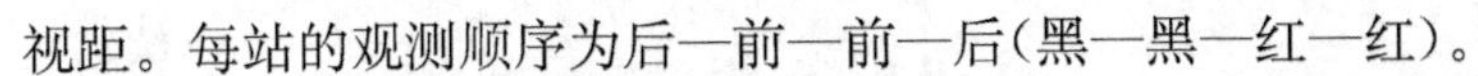

视距。每站的观测顺序为后—前—前—后(黑—黑—红—红)。

(2) 对四等水准测量，采用中丝读数法，可直接读取视距，每站的观测顺序为后—后—前—前(黑—红—黑—红)。当水准路线为附合路线或闭合路线时，采用单程观测；当采用单面标尺时，应变动仪器高度并观测两次。支水准路线应进行往返观测或单程双转点法观测。

(3) 每测段的往测和返测的测站数应为偶数。由往测转为返测时，两根标尺应互换位置，并重新整置仪器。

根据工程测量规范，三、四等水准测量的精度要求见表 7-5。

表 7-5 水准测量的主要技术要求

等级	路线长度(km)	水准仪	水准尺	观测次数		往返较差、附合或环线闭合差	
				与已知点联测	附合或环线	平地(mm)	山地(mm)
三	≤50	DS_1	铟瓦	往返各一次	往一次	$\pm 12\sqrt{L}$	$\pm 4\sqrt{n}$
		DS_3	双面		往返各一次		
四	≤10	DS_3	双面	往返各一次	往一次	$\pm 20\sqrt{L}$	$\pm 6\sqrt{n}$

注：L 为路线长度(km)，n 为测站数。

三、四等水准测量一般采用双面尺法观测，其在一个测站上的技术要求见表 7-6。

表 7-6 水准观测的主要技术要求

等级	水准仪的型号	视线长度(m)	前后视较差(m)	前后视累积差(m)	视线离地面最低高度(m)	黑红面读数较差(mm)	黑红面高差较差(mm)
三等	DS_1	100	3	6	0.3	1.0	1.5
	DS_3	75				2.0	3.0
四等	DS_3	100	5	10	0.2	3.0	5.0

2. 三、四等水准测量的观测程序和记录方法

三、四等水准测量的观测应在通视良好，成像清晰稳定的情况下进行。下面以一个测段为例，介绍三、四等水准测量双面尺法观测的程序，其记录与计算参见表 7-7。

表 7-7 三、四等水准测量观测手簿

<table>
<tr><td rowspan="4">测站编号</td><td rowspan="4">测点编号</td><td rowspan="2">后尺</td><td>下丝</td><td rowspan="2">前尺</td><td>下丝</td><td rowspan="4">方向及尺号</td><td colspan="2" rowspan="2">标尺读数(m)</td><td rowspan="4">K 加黑减红(mm)</td><td rowspan="4">高差中数(m)</td><td rowspan="4">备注</td></tr>
<tr><td>上丝</td><td>上丝</td></tr>
<tr><td colspan="2">后距</td><td colspan="2">前距</td><td rowspan="2">黑面</td><td rowspan="2">红面</td></tr>
<tr><td colspan="2">视距差 d(m)</td><td colspan="2">∑d(m)</td></tr>
<tr><td rowspan="4"></td><td rowspan="4"></td><td colspan="2">(1)</td><td colspan="2">(4)</td><td>后</td><td>(3)</td><td>(8)</td><td>(14)</td><td rowspan="4">(18)</td><td rowspan="4">$K_{01}=4.787$
$K_{02}=4.687$</td></tr>
<tr><td colspan="2">(2)</td><td colspan="2">(5)</td><td>前</td><td>(6)</td><td>(7)</td><td>(13)</td></tr>
<tr><td colspan="2">(9)</td><td colspan="2">(10)</td><td>后—前</td><td>(15)</td><td>(16)</td><td>(17)</td></tr>
<tr><td colspan="2">(11)</td><td colspan="2">(12)</td><td></td><td></td><td></td><td></td></tr>
</table>

（续）

测站编号	测点编号	后尺 下丝 / 上丝 / 后距 / 视距差 d(m)	前尺 下丝 / 上丝 / 前距 / $\sum d$(m)	方向及尺号	标尺读数(m) 黑面	标尺读数(m) 红面	K加黑减红(mm)	高差中数(m)	备注
1	BM_1-Z_1	1.571	0.739	后 01	1.384	6.171	0	+0.8325	
		1.197	0.363	前 02	0.551	5.239	−1		
		37.4	37.6	后—前	+0.833	+0.932	+1		
		−0.2	−0.2						
2	Z_1-Z_2	2.121	2.196	后 02	1.934	6.621	0	−0.0745	
		1.747	1.821	前 01	2.008	6.796	−1		
		37.4	37.5	后—前	−0.074	−0.175	+1		
		−0.1	−0.3						$K_{01}=4.787$ $K_{02}=4.687$
3	Z_2-Z_3	1.914	2.055	后 01	1.566	6.353	0	−0.0605	
		1.539	1.678	前 02	1.626	6.314	−1		
		37.5	37.7	后—前	−0.060	+0.039	+1		
		−0.2	−0.5						
4	Z_3-BM_2	1.965	2.141	后 02	1.832	6.519	0	−0.1745	
		1.700	1.874	前 01	2.007	6.793	+1		
		26.5	26.7	后—前	−0.175	−0.274	−1		
		−0.2	−0.7						
每页校核	$\sum(9)=138.8$ $-)\sum(10)=139.5$ $=-0.7$ 总视距 $=\sum(9)+\sum(10)=278.3$(m)		$\sum[(3)+(8)]=32.380$ $-)\sum[(6)+(7)]=31.334$ $=+1.046$			$\sum[(15)+(16)]$ $=+1.046$		$\sum(18)=+0.523$ $2\sum(18)=+1.046$	

1）测站观测程序

(1)三等水准测量每测站照准标尺分划顺序。

① 后视标尺黑面，精平，读取上、下、中丝读数，记为(1)、(2)、(3)。

② 前视标尺黑面，精平，读取上、下、中丝读数，记为(4)、(5)、(6)。

③ 前视标尺红面，精平，读取中丝读数，记为(7)。

④ 后视标尺红面，精平，读取中丝读数，记为(8)。

三等水准测量测站观测顺序简称为：“后—前—前—后”（或黑—黑—红—红），其优点是可消除或减弱仪器和尺垫下沉误差的影响。

(2) 四等水准测量每测站照准标尺顺序。

① 后视标尺黑面，精平，读取上、下、中丝读数，记为(1)、(2)、(3)。

② 后视标尺红面，精平，读取中丝读数，记为(8)。

③ 前视标尺黑面，精平，读取上、下、中丝读数，记为(4)、(5)、(6)。

④ 前视标尺红面，精平，读取中丝读数，记为(7)。

四等水准测量测站观测顺序简称为："后—后—前—前"（或黑—红—黑—红）。

2) 测站计算与校核

(1) 视距计算。

后视距离：(9)=[(1)-(2)]×100。

前视距离：(10)=[(4)-(5)]×100。

前、后视距差：(11)=(9)-(10)。

前、后视距累积差：本站(12)=本站(11)+上站(12)。

(2) 同一水准尺黑、红面中丝读数校核。

前尺：(13)=(6)+K-(7)。

后尺：(14)=(3)+K-(8)。

(3) 高差计算及校核。

黑面高差：(15)=(3)-(6)。

红面高差：(16)=(8)-(7)。

校核计算：红、黑面高差之差(17)=(15)-[(16)±0.100] 或(17)=(14)-(13)。

高差中数：(18)=[(15)+(16)±0.100]/2。

在测站上，当后尺红面起点为4.687m，前尺红面起点为4.787时，则取+0.100；反之，则取-0.100。

3) 每页计算校核

(1) 高差部分。

每页上，后视红、黑面读数总和与前视红、黑面读数总和之差，应等于红、黑面高差之和，还应等于该页平均高差总和的两倍，即

对于测站数为偶数的页：

$$\sum[(3)+(8)]-\sum[(6)+(7)]=\sum[(15)+(16)]=2\sum(18)$$

对于测站数为奇数的页：

$$\sum[(3)+(8)]-\sum[(6)+(7)]=\sum[(15)+(16)]=2\sum(18)\pm0.100$$

(2) 视距部分。

末站视距累积差值：

$$\text{末站}\ (12)=\sum(9)-\sum(10)$$

$$\text{总视距}=\sum(9)+\sum(10)$$

3. 成果计算与校核

在每个测站计算无误后，并且各项数值都在相应的限差范围之内时，根据每个测站的平均高差，利用已知点的高程，推算出各水准点的高程，其计算与高差闭合差的调整方法，前面已经讲述，这里不再重复，至此完成了三、四等水准测量的整个过程。

特别提示

在三、四等水准测量过程中，要严格按照规定的顺序进行观测和读数。另外是否超限，记录员有一个简便的算法，即一般情况下，前两位数不会读错，关键看后两位。由于黑面读数加87等于红面读数后两位，观测员读完黑面读数后，记录员可心算加上87，算出红面读数后两位的正确读数，并记在心里，等观测员读出红面读数后，记录员马上将后两位数进行比较，如在±3mm(四等要求)内，则成果合格，并记入手簿，否则应重测。最后还应检核前两位是否正确。

任务7.7 水准仪的检验与校正

如图7.20所示，微倾式水准仪的轴线应满足下列条件，才能提供水平视线。

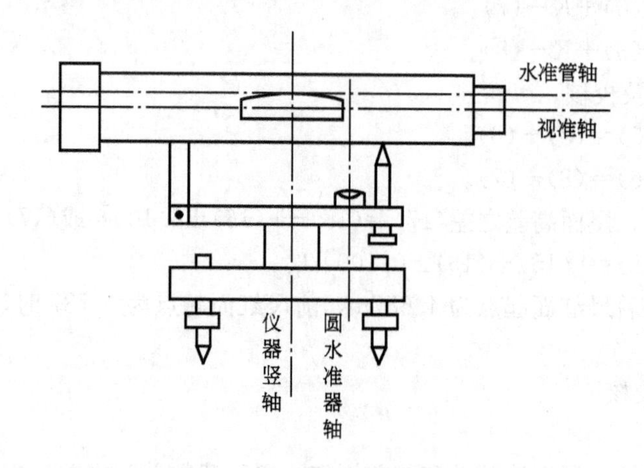

图7.20 水准仪的主要轴线

(1) 圆水准器轴平行于仪器的竖轴。

(2) 十字丝横丝垂直于竖轴。

(3) 水准管轴平行于视准轴。

视线的水平由调节微倾螺旋使水准管气泡居中来实现，所以第三个条件是主要条件。

这些条件在仪器出厂时已经过检验与校正得到满足。但由于仪器长期使用以及在搬运过程中可能出现的震动和碰撞等原因，使各轴线之间的关系发生变化。所以，在进行水准测量工作之前，应首先对水准仪进行严格的检验和认真的校正，以保证测量成果的质量。

7.7.1 圆水准器的检验与校正

1. 检验

检验的目的是判断圆水准器轴是否平行于仪器竖轴。

首先用脚螺旋使圆水准器气泡居中，此时圆水准器轴处于竖直位置。如图7.21(a)所示，若仪器竖轴与圆水准器轴不平行，且交角为δ，则竖轴与竖直位置便偏差δ角。将仪器绕竖轴旋转180°，如图7.21(b)所示。此时圆水准器轴与铅垂线的交角为2δ，显然气泡不居中。说明仪器圆水准器轴不平行于竖轴，需要校正。

2. 校正

首先稍松位于圆水准器下面中间部位的固定螺丝，然后调整其周围的三个校正螺丝，如图 7.22 所示，使气泡向居中位置移动偏离量的一半，如图 7.21(c)所示。此时，圆水准器轴与竖轴平行。然后再用脚螺旋整平，使圆水准器气泡居中。此时，竖轴就与圆水准器轴同时处于竖直位置，如图 7.21(d)所示。校正工作一般需反复进行，直至仪器旋转到任何位置时圆水准器气泡均居中为止，最后应注意固紧固定螺丝。

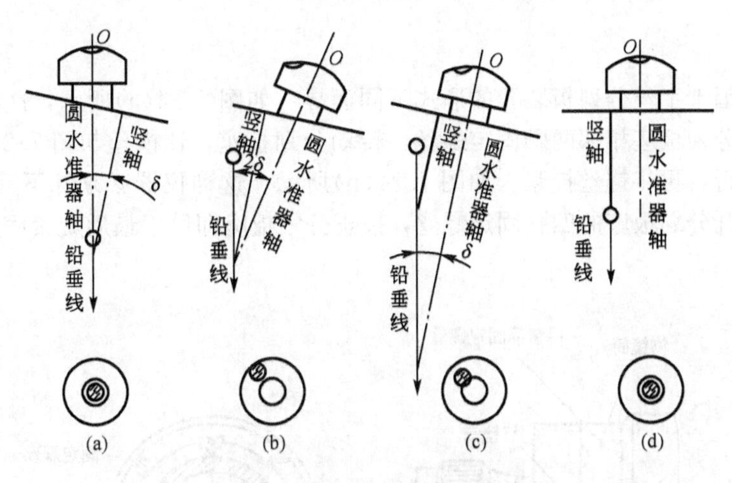

图 7.21 圆水准器检验校正原理

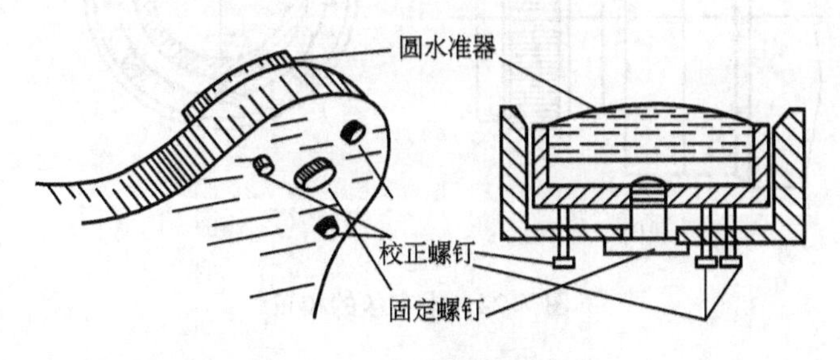

图 7.22 圆水准器校正螺丝

特别提示

当在野外没有工具进行校正时，可以旋转脚螺旋使气泡向居中位置移动偏离量的一半，在这种情况下进行观测，可以减少误差。

7.7.2 十字丝的检验与校正

1. 检验

检验的目的是保证十字丝横丝垂直于仪器竖轴。

首先安置好仪器，用十字丝横丝的一端对准一个明显的点状目标 P，如图 7.23(a)所示。然后固定制动螺旋，转动水平微动螺旋。如果目标点 P 始终沿横丝移动，如图 7.23(b)所示，则说明横丝垂直于竖轴，不需要校正。否则，如图 7.23(c)和(d)所示，则需要校正。

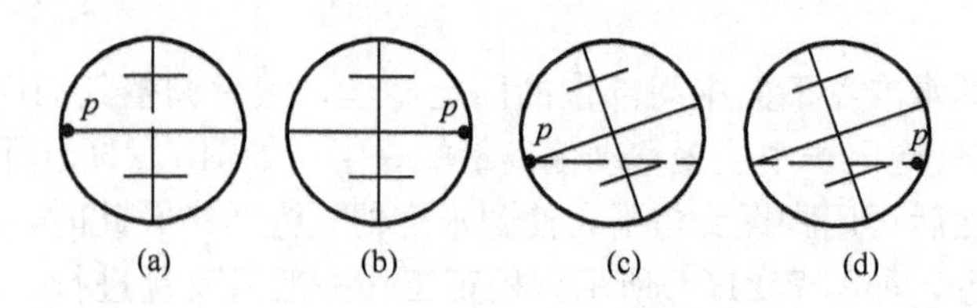

图 7.23 十字丝检验校正

2. 校正

校正方法因十字丝分划板装置的形式不同而异。如图 7.24(a)所示，这种仪器可直接用螺丝刀松开分划板座相邻两颗固定螺丝，转动分划板座，让横丝与图 7.23(c)中所示的虚线重合或平行，再将螺丝拧紧。如图 7.24(b)所示，这种仪器必须卸下目镜处的外罩，再用螺丝刀松开分划板座的四颗固定螺丝，拨正分划板座即可。最后旋紧固定螺丝，并旋上外罩。

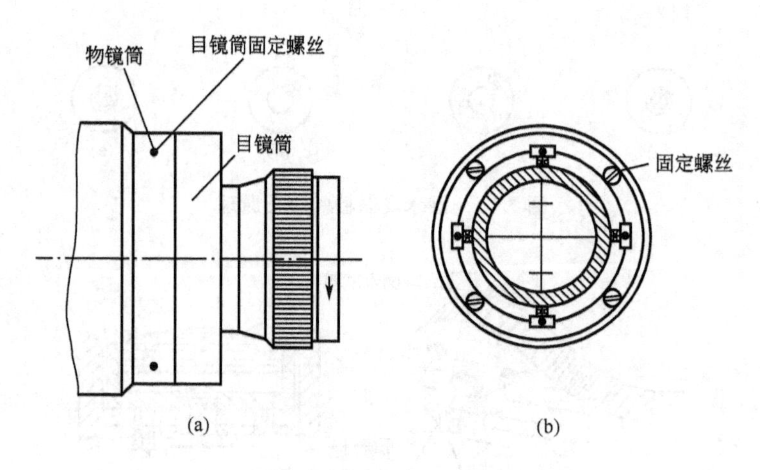

图 7.24 十字丝的校正

当在野外没有工具进行校正时，可以用十字丝的交点读数。

7.7.3 管水准器的检验与校正

1. 检验

检验目的是保证望远镜视准轴平行于水准管轴。

检验场地的安排如图 7.25 所示，在 S_1 处安置水准仪，从仪器向两侧各量出约 40m，定出等距离的 A、B 两点，打木桩或放置尺垫标志之。

(1) 在 S_1 处精确测定 A，B 两点的高差 h_{AB}。需进行测站检核，若两次测出的高差之差不超过 3mm，则取其平均值 h_{AB} 作为最后结果。由于距离相等，两轴不平行的误差 Δh，可在高差计算中消除，故所得高差值不受视准轴误差的影响。

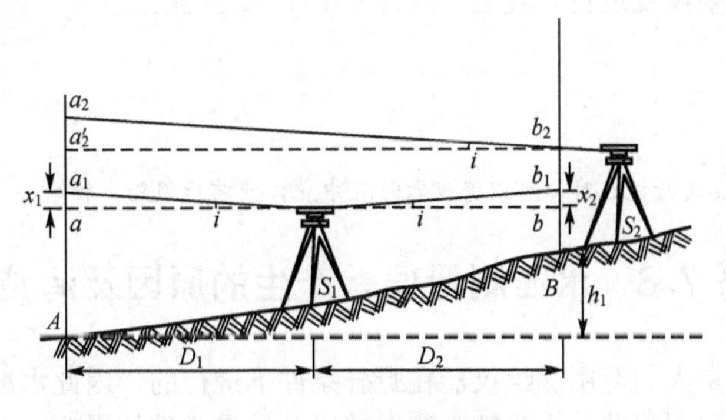

图 7.25 水准管轴的检验

(2) 安置仪器于 B 点附近的 S_2 处，离 B 点约 3m 左右，精平后读得 B 点水准尺上的读数为 b_2，因仪器离 B 点很近，两轴不平行引起的读数误差可忽略不计。故根据 b_2 和 A，B 两点的正确高差 h_{AB} 算出 A 点尺上应有读数为 $a_2'=b_2+h_{AB}$。然后，瞄准 A 点水准尺，读出水平视线读数 a_2，如果 a_2 与 a_2' 相等，则说明两轴平行。否则存在 i 角，其值为

$$i=\frac{\Delta h}{D_{AB}}\rho'' \tag{7-14}$$

式中：$\Delta h=a_2-a_2'$；

$\rho''=206265''$。

对于 DS_3 型微倾水准仪，i 角值不得大于 20″。如果超限，则需要校正。

2. 校正

转动微倾螺旋使中丝对准 A 点尺上正确读数 a_2'，此时视准轴处于水平位置，但管水准气泡必然偏离中心。为了使水准管轴也处于水平位置，达到视准轴平行于水准管轴的目的，可用拔针稍松水准管一端的左右两颗校正螺丝，再拨动上、下两个校正螺丝，如图 7.26所示，使气泡的两个半像符合。

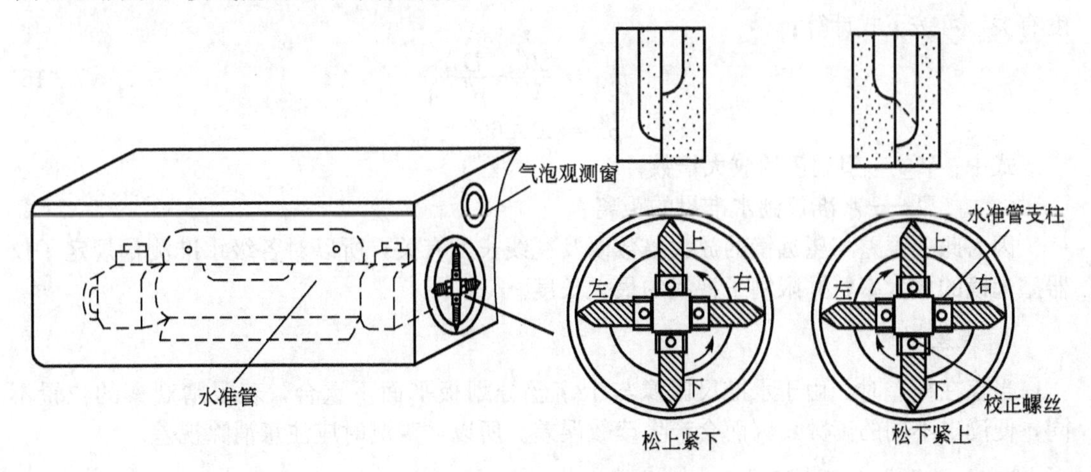

图 7.26 水准管的校正

这项检验校正要反复进行，直至 i 角误差小于 20″为止。

特别提示

当在野外没有工具进行校正时，可以将仪器放置中点，使前后视距离相等。

任务 7.8 水准测量误差产生的原因及消减方法

由于测量工作是人们使用测绘仪器在野外条件下进行的，因此水准测量的误差必然要包括水准仪本身的仪器误差、人为的观测误差以及外界条件的影响三个方面。

7.8.1 仪器误差

仪器误差主要是指水准仪经检验校正后的残余误差和水准尺误差两部分。

1. 残余误差

水准仪经检验校正后的残余误差，主要表现为水准管轴与视准轴不平行，虽经校正但仍然残存的少量误差等。这种误差的影响与距离成正比，观测时若保证前、后视距大致相等，便可消除或减弱此项误差的影响。这就是水准测量时为什么要求前后视距相等的重要原因之一。

2. 水准尺误差

由于水准尺的刻划不准确，尺长发生变化、弯曲等，会影响水准测量的精度，因此水准尺需经过检验符合要求后，才能使用。有些尺子的底部可能存在零点差，可在一水准测段中使用测站数为偶数的方法予以消除。

7.8.2 观测误差

1. 读数误差

在水准尺上估读毫米数的误差 m_V，与人眼的分辨率、望远镜的放大倍数以及视线长度有关，可按下式计算：

$$m_V = \frac{60''}{V} \cdot \frac{D}{\rho''} \tag{7-15}$$

$$\rho'' = 206265''$$

式中：V——望远镜的放大倍数；

D——水准仪到水准尺的距离。

因为此项误差与望远镜的放大倍数以及视线长度有关，所以对各级水准测量规定了仪器望远镜的放大率，并限制了视线的最大长度。

2. 视差影响

当存在视差时，由于水准尺影像与十字丝分划板平面不重合，若眼睛观察的位置不同，便读出不同的读数，因而会产生读数误差。所以，观测时应注意消除视差。

3. 水准管气泡居中误差

设水准管分划值为 τ，居中误差一般为 $\pm 0.1\tau$，采用符合式水准器，气泡居中精度可

提高一倍，故居中误差 m_τ 为

$$m_\tau=\pm\frac{0.1\tau}{2\rho''}D \tag{7-16}$$

对于 DS_3 水准仪，其水准管的分划值 $\tau=30''$，当视距为 100m 时，居中误差 $m_\tau=0.73$mm。因此，作业前必须认真进行仪器的检验和校正，特别是 i 角误差的检校。另外，每次读数前，应使符合水准管气泡严格居中。只要细心，由此引起的误差是可以不予考虑的。

4. 水准尺倾斜误差

如图 7.27 所示，水准尺倾斜将使尺上的读数增大，设 $\gamma=3°30'$，如在水准尺上 1m 处读数时，将会产生2mm 的误差。视线离地面越高，读取的数据误差就越大。因此作业时使水准标尺保持垂直竖立是重要的。由于此项误差的影响是系统性的(无论前视或后视都使读数增大)，所以此误差在高差中会抵消一部分。只要认真扶尺，这项影响在最后成果中将不占主要地位。

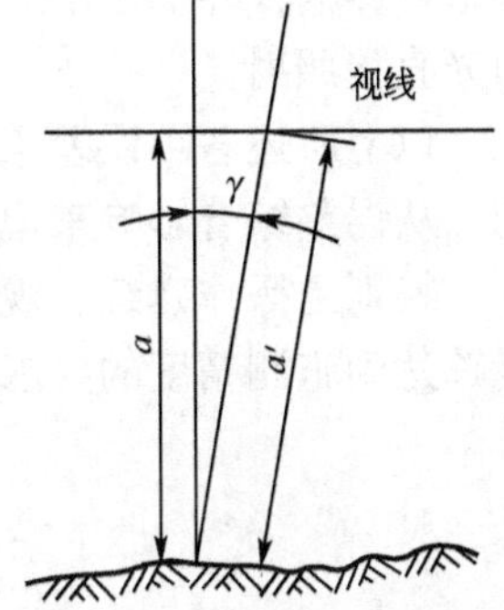

图 7.27 水准尺倾斜

7.8.3 外界条件的影响

1. 仪器下沉和尺垫下沉

在土质较松软的地面上进行水准测量时，易引起仪器和尺垫的下沉。前者可能使观测视线降低，造成测量高差的误差，若采用“后—前—前—后”的观测顺序可减弱其影响；后者尺垫通常放置在转点上，其下沉将使下一测站的后视读数增大，使测量的高差增加。因此实际测量时，应选择坚固稳定的地方作转点，并尽量将仪器脚架和尺垫在地面上踩实，精度要求高时，可采用往返观测取平均值的方法来减少尺垫下沉误差的影响。

2. 地球曲率和大气折光的影响

在项目 1 中已经介绍了用水平面代替大地水准面的限度，地球曲率对测量高差的影响与距离成正比。而大气折光的作用使得水准仪本应水平的视线成为一条曲线，它对测量高差的影响规律与地球曲率的影响相同，如图 7.28 所示。地球曲率和大气折光对测量高差的综合影响为

$$f=C-r=\frac{D^2}{2R}-\frac{D^2}{2\times 7R}=0.43\frac{D^2}{R} \tag{7-17}$$

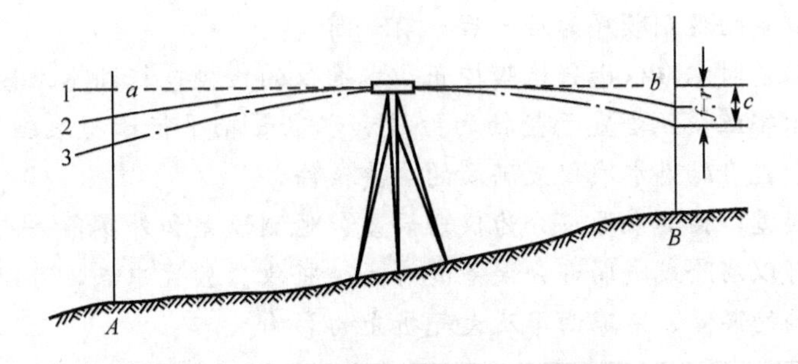

图 7.28 地球曲率与大气折光的影响

1—水平视线；2—折光后视线；3—与大地水准面平行的线

式中：C——用水平面代替大地水准面对标尺读数的影响；

r——大气折光对标尺读数的影响；

D——仪器到水准尺的距离；

R——地球的平均半径为 6371km。

观测时，可使后视与前视距离相等，从而减少地球曲率和大气折光的影响；视线离地面过低，受折光的影响有所增加，一般应使视线离地面的高度不少于 0.3m。

3. 温度影响

温度的变化不仅引起大气折光的变化，而且仪器受到烈日的照射，水准管气泡将产生偏移，影响仪器的水平，从而产生气泡居中的误差。因此，观测时应注意撑伞遮阳，避免阳光直接照射。

以上所述各项误差来源，都是采用单独影响进行分析的，而实际情况则是综合性的影响。从误差综合影响来说，这些误差将互相抵消一部分。所以，作业时只要注意按规定施测，特别是操作熟练、观测速度提高的情况下，各项外界影响的误差都将大大减小，完全能够达到施测精度的要求。

项目小结

本项目学习的内容是测量的三项基本工作之一，也是全书的重点内容之一。掌握和了解水准测量的原理、方法，以及水准仪的构造和使用具有非常重要的意义。

水准测量是用水准仪和水准尺测定两点高差的方法。两点间高差等于后视读数减去前视读数。终点的高程等于起点的高程加起点至终点之间的高差。

水准仪可以提供一条水平视线，它由望远镜、水准器及基座组成，其中水准器分为管水准器和圆水准器。管水准器的作用是精确整平仪器，圆水准器是粗略整平仪器。水准仪的操作过程是粗平、瞄准、精平和读数，在读数时应注意消除视差。

水准测量的成果检核包括测站检核、计算检核及路线检核。测站检核是采用变动仪器高法或双面尺法检核每站的观测结果是否正确；计算检核是检核每站的计算是否正确；路线检核是通过高差闭合差检核整条水准路线的观测成果是否符合要求。水准路线的形式有闭合水准路线、附合水准路线和支水准路线。

三、四等水准测量一般用于小区域的首级高程控制，图根水准测量主要用于测定图根点的高程。当采用双面尺法进行观测时，三等水准测量观测顺序为后—前—前—后，四等水准测量的观测顺序为后—后—前—前。

测量之前必须对水准仪进行检验校正。水准仪的检校包括圆水准器轴平行于仪器竖轴的检校、十字丝横丝垂直于竖轴的检校和水准管轴平行于视准轴的检校，其中，水准管轴平行于视准轴是水准仪应满足的主要条件。

水准测量误差，按其来源可分为仪器误差、观测误差和外界条件的影响。采取一定的观测方法可以消除或减弱部分误差的影响。将仪器放置中点，可以消除水准管轴不平行于视准轴的误差、地球曲率及大气折光的影响。

习　题

一、填空题

1. 过管水准器零点的切线叫做________。

2. 物镜光心与________的连线叫做视准轴。

3. 水准测量中，要消除地球曲率对观测高差的影响，所采用的方法是________。

4. 水准仪的视准轴应与管水准器轴________。

5. 水准器的划分值越小，说明其灵敏度就越________。

6. 视差的产生原因是目标成像与十字丝分划板平面________。

7. 水准测量中，为消除 i 角误差对观测高差的影响，在安置仪器时，应尽量使________。

8. 在水准测量中，若后视点 A 的读数大于前视点 B 的读数，则说明 A 点比 B 点________。

9. 三等水准一测站上的观测步骤________。

10. 水准仪的圆水准器轴与________平行。

二、选择题

1. 水准仪主要由(　　)所构成。

A. 望远镜、水准器

B. 望远镜、水准器、基座

C. 照准部、水平度盘、基座

D. 照准部、水准器、基座

2. 水准仪上的水准器中，(　　)。

A. 管水准器整平精度高于圆水准器

B. 管水准器的整平精度低于圆水准器

C. 管水准器用于粗平

D. 圆水准器用于精平

3. 水准器的分划值越小，说明(　　)。

A. 其灵敏度越低

B. 整平精度越高

C. 水准管的圆弧半径越小

D. 使气泡居中越容易

4. 水准仪的轴线主要有(　　)。

A. 视准轴、水准管轴、圆水准器轴、仪器竖轴

B. 视准轴、照准部、水准管轴、仪器竖轴

C. 视准轴、横轴、竖轴、水准管轴

D. 水准管轴、圆水准器轴、竖轴、横轴

5. 水准测量是利用水准仪所提供的(　　)，通过读取垂直竖立在两点上的水准尺读数而测得高差的。

A. 倾斜视线

B. 水平视线

C. 铅垂线

D. 方向线

6. 水准仪的脚螺旋的作用是用来(　　)。

A. 精确整平仪器

B. 整平管水准管

C. 整平圆水准器

D. 既可整平水准管，又可整平圆水准器

7. 在水准测量中，若后视点 A 读数大，前视点 B 的读数小，则有(　　)。

A. A 点比 B 点低

B. A 点比 B 点高

C. A 点与 B 点可能同高

D. A 点与 B 点的高程取决于仪器的架设高度

8. 四等水准测量的观测顺序为(　　)。

A. 后—前—前—后

B. 后—前

C. 后—后—前—前

D. 前—后

9. 水准仪的圆水准器轴应与(　　)平行。

A. 十字丝横丝

B. 管水准器轴

C. 视准轴

D. 仪器竖轴

三、简答题

1. 水准测量中，为什么要求前后视距相等？

2. 简述水准仪的操作步骤。

3. 水准路线有哪几种布设形式？

4. 水准仪有哪些轴线？应满足哪些条件？

5. 什么是转点？转点的作用是什么？

四、计算题

1. 水准测量的观测结果如图7.29所示，单位为m。已知A点高程为11.213m，请计算出终点B的高程，并进行校核计算。

2. 某闭合水准路线的观测成果如图7.30所示，单位为m。已知水准A点的高程为25.313m，请评定其成果是否合格，如若合格。请调整闭合差并推算各点高程。

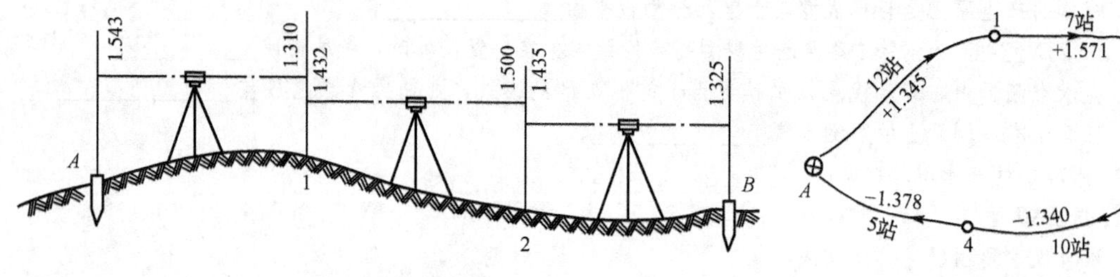

图7.29　水准测量　　**图7.30　某闭合水准路线测量**

3. 请完成下列四等水准测量表格计算，见表7-8。

表7-8　四等水准测量观测手簿

点号	后尺 下丝 / 上丝	前尺 下丝 / 上丝	方向及尺号	标尺读数		K+黑-红	高差中数	备注
	后距 / 视距差	前距 / 累积差		黑面	红面			
A-TP1	1.614	0.774	后1	1.384	6.171			
	1.156	0.326	前2	0.551	5.239			
			后—前					
TP1-TP2	2.188	2.252	后2	1.934	6.622			
	1.682	1.758	前1	2.008	6.796			
			后—前					
TP2-TP3	1.922	2.066	后1	1.726	6.512			
	1.529	1.668	前2	1.866	6.554			
			后—前					

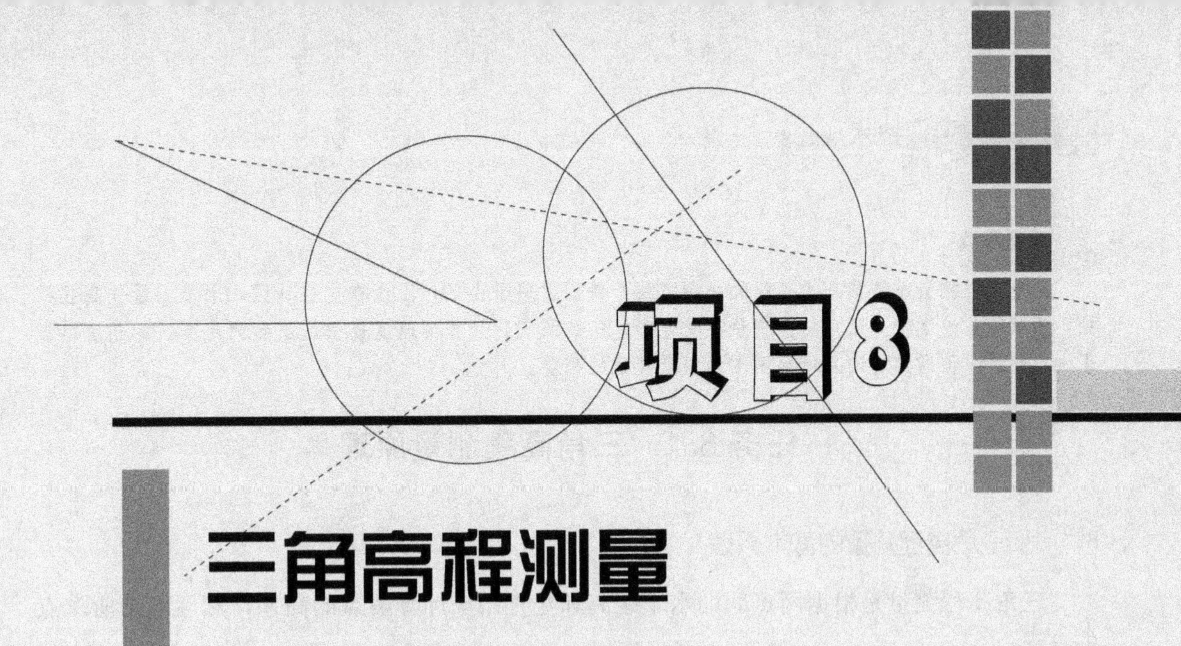

项目8

三角高程测量

教学目标

掌握三角高程测量的原理及施测方法，能进行三角高程测量。

教学要求

能力目标	知识要点	权重
掌握三角高程测量施测与计算	三角高程测量原理	20%
	三角高程测量观测、成果计算	80%

项目导读

三角高程测量是测量图根高程的一种方法，特别适用于山区，因为在这些地区，水准测量作高程控制，困难大且速度慢。三角高程测量不受地形起伏的限制，且施测速度较快，虽然测定高差的精度略低于水准测量，但通常能满足地形测图图根点高程的需要。

任务 8.1 三角高程测量原理

8.1.1 三角高程测量的基本原理

三角高程测量是根据两点间的水平距离和竖直角来计算两点的高差，然后求出所求点的高程。

如图 8.1 所示，在 A 点安置经纬仪或全站仪，用望远镜中丝瞄准 B 点觇标的顶点，测得竖直角 α，并量取仪器高 i 和觇标高 v，若测出 A、B 两点间的水平距离 D，则可求得 A、B 两点间的高差，即

$$h_{AB}=D\tan\alpha+i-v \tag{8-1}$$

如果用测距仪测得 AB 两点间的斜距 D'，则高差 h_{AB}

$$h_{AB}=D'\cdot\sin\alpha+i-v \tag{8-2}$$

B 点高程为

$$H_B=H_A+h_{AB}$$

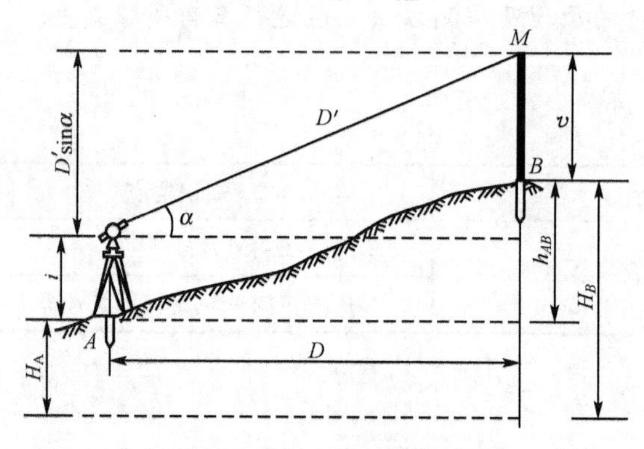

图 8.1 三角高程测量示意图

三角高程测量一般应采用对向观测法，如图 8.1 所示，即由 A 向 B 观测称为直觇，再由 B 向 A 观测称为反觇，直觇和反觇称为对向观测。采用对向观测的方法可以减弱地球曲率和大气折光的影响。当对向观测所求得的高差较差满足表 8-1 的要求时，则取对向观测的高差中数为最后结果，即

表 8-1 图根三角高程测量的主要技术要求

仪器类型	中丝法测回数		垂直角较差、指标差较差(″)	对向观测高差、单向两次高差较差(m)	各方向推算的高程较差(m)	附和线段或环线闭合差	
	经纬仪三角高程测量	高程导线				经纬仪三角高程测量(m)	光电测距三角高程测量(mm)
DJ6	1	对向 1 单向 2	≤25	≤0.4×S	≤0.2H	$\pm0.1H\sqrt{n_s}$	$\pm40\sqrt{[D]}$

注：S 为边长(km)，H 为基本等高距(m)，D 为测距边边长(km)，ns 为边数。

$$h_{中}=\frac{1}{2}(h_{AB}-h_{BA}) \tag{8-3}$$

式(8-1)适用于A、B两点距离较近(小于300m)的三角高程测量，此时水准面可近似看成平面，视线可视为直线。当距离超过300m时，就要考虑地球曲率及观测视线受大气折光的影响。

8.1.2 地球曲率和大气折光对高差的影响

式(8-1)和式(8-2)是在假定地球表面为水平面，观测视线为直线的条件下导出的，当地面上两点间距离小于300m时是适用的。实际上，当望远镜视线在瞄准标尺上某点时，由于视线通过不同密度的大气层，产生折光现象，观测视线不能成为直线，而是一条曲线。如图8.2所示，$MN=P$就是大气折光影响，称为大气垂直折光差，简称气差。

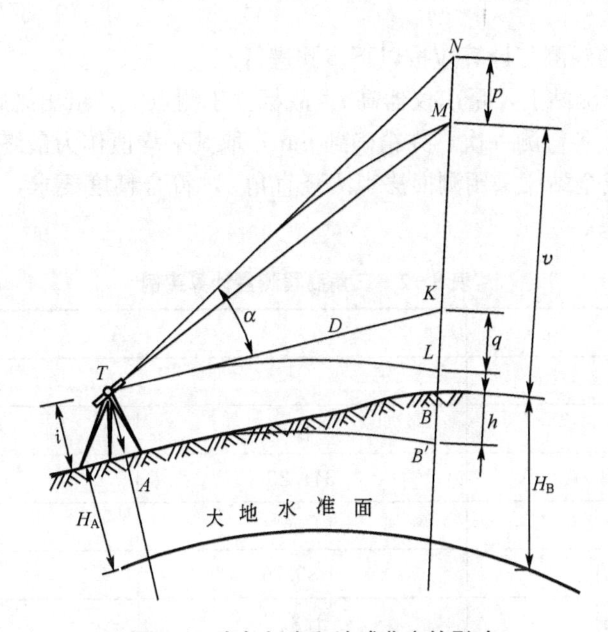

图8.2 大气折光和地球曲率的影响

地球曲率的影响是由于通过T点的水准面不是水平面TK，面是弧面TL，$KL=q$就是由于地球曲率而产生的高程误差，q称为地球曲率差，简称球差。

如果两点间距离大于300m，就要考虑地球曲率和大气垂直折光的影响，即必须加入球差改正和气差改正，以上两项改正合称为球气差改正，简称两差改正。

此时，A、B两点的高差为

$$h=D\tan\alpha+i-v+(q-p)=D\tan\alpha+i-v+f \tag{8-4}$$

$$f=q-p$$

式中：f——球差和气差的改正数。

根据项目1所述，地球曲率对高程的影响为

$$q=\frac{D^2}{2R}$$

研究表明，大气垂直折光差约为球差的$\frac{1}{7}$，即

$$p=\frac{D^2}{14R}$$

于是两差改正 f 为

$$f=q-p=\frac{D^2}{2R}-\frac{D^2}{14R}\approx 0.43\frac{D^2}{R}$$

式中：D——两点的水平距离；

R——地球半径，其值 6371km。

三角高程测量一般都采用对向观测。即由 A 点观测 B 点，又由 B 点观测 A 点，取对向观测所得高差绝对值的平均数可抵消两差的影响。

任务 8.2 三角高程测量的观测与计算

三角高程测量的观测与计算应按以下步骤进行。

(1) 安置仪器于测站上，量出仪器高 i；觇标立于测点上，量出觇牌高 v。仪器和觇牌的高度应在观测前后各量测一次，并精确到 mm，取其平均值作为最终高度。

(2) 用经纬仪或全站仪采用测回法观测竖直角 α，符合精度要求，见表 8-2，取其平均值为最后观测成果。

表 8-2 三角高程测量计算实例

起算点	A	
待定点	B	
往返测	往	返
距离 D 或 D'	341.23	341.23
竖直角 α	$+14°06'30''$	$+2°32'18''$
$D\cdot\tan\alpha$(m)	+85.76	−80.77
仪器高 i(m)	1.31	1.41
目标高 v(m)	−3.80	−4.00
两差改正 f(m)	+0.01	+0.01
单向高差(m)	+83.37	−83.36
平均高差(m)	+83.36	
起算点高程(m)	279.25	
待求点高程(m)	362.61	

(3) 采用对向观测，其方法同前两步。

(4) 用式(8-2)计算高差。当对向观测高差较差符合精度要求时，取其平均值为最后观测成果。最后计算高程。表 8-2 是三角高程测量观测与计算实例。

三角高程路线尽可能组成闭合或附合路线，并尽可能起闭于高一等级的水准点上。若闭合差在表 8-1 所规定的容许范围内，则将闭合差反符号按照与各边边长成正比例的关系分配到各段高差中，最后根据起始点的高程和改正后的高差，计算出各待求点的高程。

项目小结

三角高程测量是进行图根高程测量的一种方法，特别适用于山区。三角高程测量不受地形起伏的限制，且施测速度较快。三角高程测量一般都采用对向观测，以消除两差的影响；并组成闭合或附合路线，通过路线闭合差，判断成果是否超限。

习　题

一、填空题

1. 三角高程测量是根据两点间的________和________计算两点的高差，然后求出所求点的高程。
2. 三角高程测量为了消除两差影响，一般采用________观测方法。

二、选择题

1. 三角高程测量的观测值不包括(　　)。

A. 竖直角　　B. 仪器高度
C. 觇标高度　　D. 水平角

2. 三角高程测量中，两差指的是(　　)。

A. 地球曲率差、指标差　　B. 读数误差、照准误差
C. 地球曲率差、大气折光差　　D. 指标差、度盘刻划误差

三、简答题

1. 简述三角高程测量的原理。
2. 简述三角高程测量方法施测两点间高差的步骤和方法。

四、计算题

根据表8-3中的外业观测数据和起算点的高程，按表格计算点 $P1$ 的高程。

表8-3　三角高程测量计算表格

待求点	P	
起算点	E	
观测	往测	返测
水平距离 D(m)	521.730	521.730
竖直角 α	3°21′24″	−2°59′43″
$D\tan\alpha$(m)		
仪高 i(m)	1.515	1.470
觇标高 l(m)	3.200	3.000
高差改正 f(m)		
高差(m)		
往返测高差之差(m)		
限差 0.4D(m)		
平均高差(m)		
起算点高程(m)	37.140	
待求点高程(m)		

第四篇

数字地形图测绘及应用

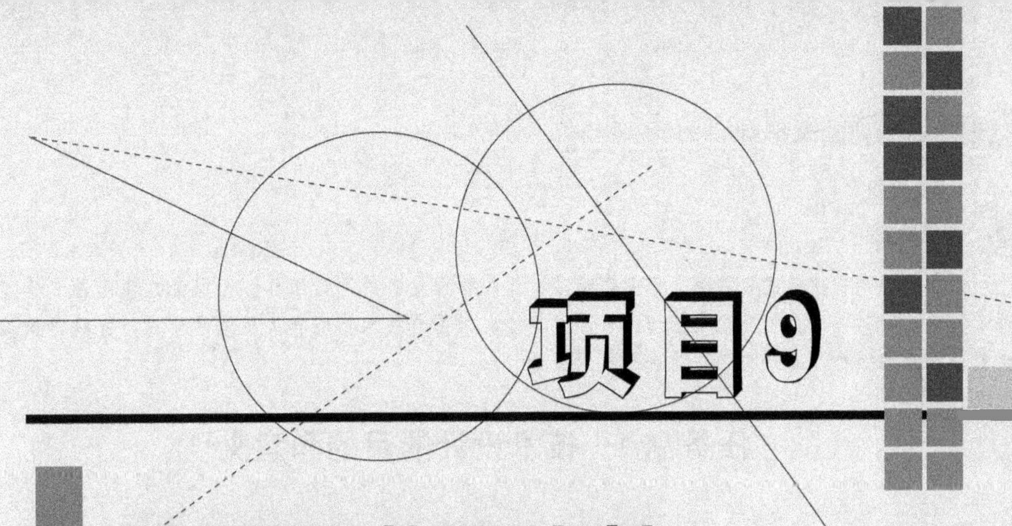

编制技术设计书

教学目标

掌握编制技术设计书的目的、意义和原则，掌握技术设计的要求和依据，熟悉数字技术设计书编写的过程和技术设计书的主要内容。

教学要求

能力目标	知识要点	权重
掌握编制技术设计书的目的和意义	技术设计的目的和意义	10%
掌握编制技术设计书的原则	技术设计的原则	10%
掌握技术设计的要求	技术设计的要求	10%
掌握技术设计的依据	技术设计的依据	10%
熟悉数字测图设计书编写的过程	数字测图技术设计书编写的过程	20%
熟悉数字测图设计书的主要内容	数字测图技术设计书的主要内容	40%

项目导读

数字测图是一项精度要求高、作业环节多、组织管理复杂的测绘工作。为保证数字测图工作能够合理安排、正确实施，各工序之间密切配合，使测绘成果符合技术标准和满足顾客要求，并获得最佳的社会效益和经济效益，必须在工作前进行技术设计。

任务 9.1　技术设计的目的和意义

1. 技术设计的目的

数字测图技术设计就是根据测图比例尺、测图面积和测图方法及用图单位的具体要求，结合测区的自然地理条件和本单位的仪器设备、技术力量及资金等情况，灵活运用测绘理论和方法，制订技术上可行、经济上合理的技术方案、作业方法和实施计划，并将其编写成技术设计书，作为作业的技术依据。

进行技术设计的目的就是制订切实可行的技术方案，保证测绘工作科学、高效地进行；保证测绘产品符合技术标准和用户要求，并获得最佳的社会效益和经济效益。

测绘技术设计分为项目设计和专业技术设计。项目设计由承担项目的法人单位负责，专业技术设计由具体承担相应测绘专业任务的法人单位负责。项目设计是对测绘项目进行的综合性整体设计；专业技术设计是对测绘专业活动的技术要求进行设计，它是在项目设计基础上，按照测绘活动内容进行的具体设计，是指导测绘生产的重要技术依据。对于工作量较小的项目，可根据需要将项目设计和专业技术设计合并为项目设计。当测区较小，任务简单，用图单位也没有特殊要求时，技术设计可以从简。对于小范围的大比例尺地形测图及修测、补测等，可以只作简单的技术说明。

2. 技术设计的意义

技术设计的意义就在于技术设计文件是测绘生产的主要技术依据，也是影响测绘成果(或产品)能否满足客户要求和技术标准的关键因素。

任务 9.2　技术设计的原则和要求

1. 技术设计的原则

(1) 技术设计应依据技术输入内容，充分考虑用户的要求，引用适用的国家、行业或地方的相关标准，重视社会效益和经济效益。

(2) 技术设计方案应先考虑整体而后局部，兼顾发展；要根据作业区实际情况，考虑作业单位的资源条件(如人员的技术能力和软、硬件配置情况等)，选择最适用的方案。

(3) 积极采用适用的新技术、新方法和新工艺。

(4) 认真分析和充分利用已有的测绘成果和资料；对于外业测量，必要时应进行实地勘察，并编写踏勘报告。

2. 技术设计的要求

(1) 技术设计书须呈报上级主管部门或测绘任务的委托单位审批，批准后的技术设计

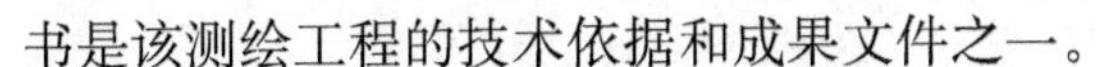

书是该测绘工程的技术依据和成果文件之一。

在测图工作实施过程中，如要求对设计书的内容作原则性变动时，可由生产单位提出修改意见，报原审批单位批准后实施，未经批准的设计书不得擅自实施。

(2) 对设计人员的要求。

① 具备完成有关设计任务的能力，具有相关的专业理论知识和生产实践经验。

② 明确各项设计输入内容，认真了解、分析作业区的实际情况，并积极收集类似设计内容执行的有关情况。

③ 了解、掌握本单位的资源条件(包括人员的技术能力，软、硬件装备情况)、生产能力、生产质量状况等基本情况。

④ 对其设计内容负责，并善于听取各方意见，发现问题，应按有关程序及时处理。

(3) 对技术设计书编写的要求。

① 内容明确，文字简练，对标准或规范中已有明确规定的，一般可直接引用，并根据引用内容的具体情况，明确所引用标准或规范名称、日期及引用的章、条编号，且应在引用文件中列出；对作业生产中容易混淆和忽视的问题，应重点描述。

② 名词、术语、公式、符号、代号和计量单位等应与有关法规和标准一致。

③ 技术书的幅面、封面、内文的格式和字体应符合规范的要求，如正文中标题用小四号黑体，正文用小四号宋体，条文的注、图和表中的数字、文字用五号宋体等。

任务 9.3 技术设计的依据

(1) 上级下达任务的文件或合同书。

(2) 有关的法规和技术规范。

与数字测图相关的规范有：《城市测量规范》、《工程测量规范》、《地籍测量规范》、《1∶500 1∶1000 1∶2000 外业数字测图技术规程》、《1∶500 1∶1000 1∶2000 地形图图式》、《1∶500 1∶1000 1∶2000 地形图数字化规范》、《1∶500 1∶1000 1∶2000 地形图要素分类与代码》、《数字测绘成果质量检查与验收》、《测绘技术总结编写规定》等。

(3) 测区已有资料。

(4) 地形测量的生产定额、成本定额和装备标准等。

任务 9.4 技术设计的过程

1. 策划

技术设计实施前，承担设计任务的单位或部门的总工或技术负责人对测绘技术设计进行策划，并对整个设计过程进行控制。必要时也可以指定相应的技术人员负责。

2. 设计输入

设计输入是设计的依据，由技术设计负责人确定并形成书面文件，并由设计策划负责人或单位总工对其适宜性和充分性进行审核。

3. 设计输出

主要包括项目设计书、专业技术设计书及相应的技术设计更改单。在编写设计书时，当用文字不能清楚、形象地表达其内容和要求时，应增加设计附图。

4. 设计评审

在技术设计的适当阶段，应对技术设计文件进行评审，以确保达到规定的设计目标。

5. 设计验证(必要时)

为确保技术设计文件满足输入的要求，必要时对技术设计文件进行验证。

6. 设计审批

为确保测绘成果满足规定的使用要求或已知的预期用途的要求，应对技术设计文件进行审批。

7. 设计更改

技术设计文件一经批准，不得随意更改。当确需更改或补充有关的技术规定时，应对更改或补充的内容进行评审、验证和审批后，方可实施。

任务 9.5 数字测图设计书的主要内容

1. 任务概述

说明项目名称、来源、测区范围、地理位置、行政隶属、成图比例尺、采集内容、任务量等基本情况，以及拟采取的技术依据，要求达到的主要精度指标、质量要求、主要进度指标、计划开工日期及完成限期、项目承接单位及产品接收单位等。

2. 测区自然地理概况

根据需要说明与设计方案或作业有关的测区自然地理概况，重点介绍测区社会、自然、地理、经济和人文等方面的基本情况。测区自然地理概况主要包括：海拔高程、相对高差、地形类别和困难类别；居民地、道路、水系、植被等要素的分布与主要特征；气候、风雨季节、交通情况及生活条件等。

3. 已有资料利用情况

说明已有资料的全部情况，包括控制测量成果的施测单位与年代，采用的平面、高程基准，资料的数量、形式，施测等级、精度；现有地图的比例尺、等高距、施测单位和年代，采用的图式规范，平面和高程系统等。并对其主要质量进行分析评价，提出已有资源利用的可能性和利用方案。

4. 引用文件

引用文件主要需说明专业技术设计书编写中所引用的标准、规范或其他技术文件。文件一经引用，便构成专业技术设计书设计内容的一部分。

作业依据主要需列出如下内容。

（1）任务文件及合同书。

（2）国家及部门颁布的有关技术规范、规程及图式。

（3）经上级部门批准的有关部门制定的适合本地区的一些技术规定。

5. 成果主要技术指标和规格

说明作业或成果的比例尺、坐标系统、平面和高程基准、投影方式、成图方法、成图基本等高距、数据精度、数据格式、基本内容及其他主要技术指标等。

6. 技术方案设计

1）测量仪器的基本要求

规定测量仪器的类型、数量、精度指标及对仪器校准或检定的要求，规定作业所需的专业应用软件及其他配置。

2）控制测量方案

（1）包括平面控制测量和高程控制测量方案。

（2）应首先说明首级平面控制网和高程控制网的布设要求，包括：首级控制网的等级、起始数据的选择、加密方案及网形结构、点的密度和标石类型及埋设、使用仪器和施测方法、平差方法、各类限差要求及应达到的精度。

（3）规定各类图根控制网的布设，标志的设置，观测使用的仪器、测量方法和测量限差的要求等。

(4)方案确定后，应绘制测区平面和高程控制测量设计图。

3）数据采集作业方法和技术要求

(1)规定野外地形数据采集方法，作业模式选择，包括：采用全站仪、全球定位系统(GPS)测量要求；坐标和高程的测量方法；碎部测量的设站要求。

（2）规定野外数据采集的内容、要素代码、精度要求，如：野外草图的绘制方法与要求；碎部测量数据取位及测距最大长度要求；高程注记点的间距、分布及位数要求；测绘内容及取舍要求；外业数据文件及其格式要求等。

（3）规定属性数据的内容和要求。

（4）规定数据记录要求。

（5）规定数据编辑、接边、处理、检查和成图工具等要求，通过对数据进行处理，最后成果输出。数据处理是数字化成图的主要工序之一，其目的是将用不同方法采集的数据进行转换、分类、计算、编辑，为图形处理提供必要的绘图信息数据文件。图形处理是将数据处理成果转换成图形文件。成果输出就是将图形文件按照选定的分幅与编号方法和图幅大小，存储入库，并利用打印机、绘图机等输出设备打印出来。

4）特殊要求

（1）委托方提出的特殊要求。

（2）拟定所需的主要物资及交通工具等，指出物资供应、通信联络、业务管理及其他特殊情况下的应对措施或对作业的建议等；采用新技术、新仪器测图时，需规定具体的作业方法、技术要求、限差规定和必要的精度估算和说明。

5）质量控制及质量检查

检查验收是保证测图成果质量的重要手段之一。应说明数字地形图的检测方法，实地检测工作量与要求，中间工序检查的方法与要求，自检、互检、组检的方法与要求，各级各类检查结果的处理意见等。

6）上交和归档成果及其资料的内容和要求

包括地形图图形文件(分幅图、测区总图)、绘制出的分幅地形图、成果说明文件、控制测量成果文件、数据采集原始数据文件、图根点成果文件、碎部点成果文件及图形信息数据文件等。

7. 工作量与进度计划

根据设计方案，分别计算各工序的工作量；根据工作量统计和计划投入生产实力；参照生产定额，分别列出进度计划和各工序的衔接计划。

8. 经费预算

根据设计方案和进度计划，参照有关生产定额和成本定额，编制分期经费及总经费预算，并作必要的说明。

9. 建议与措施

为顺利、按时完成测图任务，确保工程质量，技术设计书中应就以下方面提出措施。

(1) 如何组织力量、提高效益、保证质量等方面提出建议。

(2) 说明业务管理、物资供应、食宿安排、交通设备、安全保障等方面必须采取的措施。

(3) 充分、全面、合理预见工程实施过程中可能遇到的技术难题、组织处理漏洞和各种突发事件等，并有针对性地制订处理预案，提出切实可行的解决方法。

10. 附录

需进一步说明的技术要求，有关的设计附图、附表。

如：××测区测量标志设计图；××测区 GPS 测量技术设计图；××测区导线测量技术设计图；××测区水准测量技术设计图；××测区地形控制测量技术设计图；××测区地籍测量技术设计图；××测区其他的技术设计图。

项目小结

本项目主要介绍了编制技术设计书的目的、意义和原则，技术设计的要求和依据，数字技术设计书编写的过程和技术设计书的主要内容。

本项目的重点内容是：技术设计的要求和依据，数字技术设计书编写的过程和技术设计书的主要内容。

本项目的教学目标是使学生掌握编制技术设计书的目的、意义和原则，掌握技术设计的要求和依据，熟悉数字技术设计书编写的过程和技术设计书的主要内容。

习　题

一、填空题

1. 测绘技术设计分为＿＿＿＿＿设计和＿＿＿＿＿设计。

2. 测绘技术设计的过程包括__________、__________、__________、__________、__________和__________六个步骤。

二、选择题

技术设计的依据有(　　)。

A. 上级下达任务的文件或合同书

B. 有关的法规和技术标准

C. 地形测量的生产定额、成本定额和装备标准等

D. 测区已有资料

三、简答题

1. 编制技术设计书的目的、意义和原则是什么?

2. 技术设计的要求和依据是什么?

3. 简述数字技术设计书编写的过程。

4. 简述技术设计书的主要内容。

项目10

数字地形图测绘

教学目标

掌握数字测图的基本思想，数字测图系统的构成，数字测图的基本过程以及作业模式；掌握利用全站仪进行数据采集的方法，掌握数据通讯的概念和基本方法，掌握利用数字成图软件进行数字地形图编辑的方法。具备利用全站仪测绘地形图的能力，具备利用南方CASS软件绘制编辑数字地形图的能力。

教学要求

能力目标	知识要点	权重
掌握数字测图的基本知识	数字测图的基本思想	5%
	数字测图系统的构成	5%
	数字测图的基本过程	5%
	数字测图的作业模式	5%
掌握数据采集和数据通信的方法	测图前的准备工作	10%
	碎部点的选择	15%
	野外数据采集	15%
	数据通信	15%
掌握数字地形图的绘制与编辑	内业成图——CASS软件	15%
	地形图的编辑与整饰	10%

项目导读

本项目介绍了数字地形图测绘的基本过程、作业模式，碎部点选择的方法，野外数据采集的方法和过程，以及如何将全站仪数据导入计算机，介绍了利用内业成图软件编辑生成数字地图的方法。学会测绘数字地形图是每个测绘工作者必须掌握的基本技能。

知识链接

地形图测绘的方法

大比例尺地形图可采用航空摄影测量法、传统测绘法和数字测图法。传统的地形图测绘实质上是将测得的观测值用图解的方法转化为图形，方法可分为量角器配合经纬仪测图法、大平板仪测图法和经纬仪配合小平板仪测图法等。对于经纬仪测图，是采用视距测量方法，读取水平角、竖直角读数及水准尺的上、中、下丝读数；计算水平距离和高差，进而推算待求点 B 点的高程，如图 10.1 所示。在平板仪测量中，确定地面点平面位置所需要的水平角和水平距离，通常是按投影的原理用图解的方法直接将其描绘在图板上，进而获得地面点在图板上的位置；地面点的高程位置一般用三角高程测量和视距测量方法获得。由于地形图是由测绘人员利用量角器、比例尺等工具，按图示符号展绘在白纸或聚酯薄膜上，所以这种测图方法又称为白纸测图。

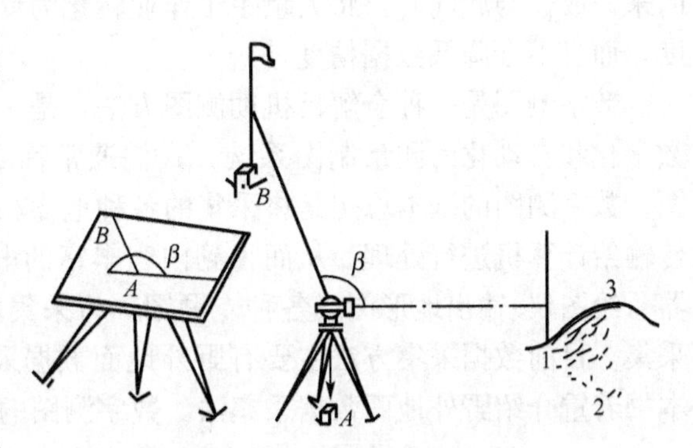

图 10.1　经纬仪测图示意

摄影测量方法测图是利用摄影或遥感的手段获取目标物的影像数据，利用数字摄影测量系统对影像进行处理和量测，从而获取数字地形图的一种方法。

数字测图是一种全解析机助测图方法；这是一套从野外数据采集到内业制图全过程实现数字化和自动化的测量制图系统，人们通常称之为数字化测图(简称数字测图)或机助成图。广义的数字测图主要包括利用全站仪、GPS 等测量仪器进行野外数字测图(或称地面数字测图)；利用手扶数字化仪或扫描数字化仪将纸质地形图数字化；利用航空相片、遥感相片进行数字化测图等方法。在实际工作中，大比例尺数字化测图主要指野外数字测图。本书主要介绍野外数字化测图方法。

任务 10.1　数字测图方法

10.1.1　数字测图的基本思想

传统的地形测图(白纸测图)实质上是将测得的观测值(角度、距离、高差)用图解的方法转化为图形。这一转化过程几乎都是在野外实现的，因此劳动强度较大；其次，传统的测图方式主要是手工作业，人工读取、计算和记录外业测量数据，人工绘制地形图，这将使测得的数据精度大幅度降低。特别是在信息剧增，建设日新月异的今天，一幅单纯的纸质地图已难以承载诸多的图形信息，变更、修改也极不方便，难以适应当前经济建设的需要。

随着电子测绘仪器高精度，自动化功能的实现，以及计算机软硬件和图形、图像处理技术的不断发展，使着地图从单一的纸质产品变成了多种形式的数字产品。

数字测图技术是随着电子测绘仪器向高精度、自动化功能的实现，计算机硬件、软件技术以及图形、图像以及通讯技术的不断发展，使得地图从纸质迈向了数字，从单一跃向了多元。除了通常意义上的数字地形图，即数字线划图(Digital Line Graphic，DLG)，目前还有数字高程模型(Digital Elevation Model，DEM)、数字栅格图(Digital Raster Graphic，DRG)及数字正射影像图(Digital Orthophoto Map，DOM)，使得地图的内涵和外延有了非常大的拓展。

数字测图就是要实现丰富的地形信息和地理信息数字化、作业过程的自动化或半自动化。它希望尽可能缩短野外测图时间，减轻野外劳动强度，而将大部分作业内容安排到室内来完成。与此同时，将大量手工作业转化为计算机软件来完成，这样不仅能减轻劳动强度，而且不会降低数据精度。

数字测图是一种全解析机助测图方法，是一套从野外数据采集到内业制图全过程实现数字化和自动化的测量制图系统，人们通常称之为数字化测图(简称数字测图)或机助成图。数字测图的基本思想是将采集的各种地物和地貌信息转化为数字形式，通过数据接口传输给计算机进行处理，从而得到内容丰富的电子地图，需要时由图形输出设备(如显示器、绘图仪)输出地形图或各种专题图。将采集的信息转换为数字这一过程通常称为数据采集。目前数据采集方法主要有野外地面数据采集法、原图数字化法和航片数据采集法。本书着重介绍野外地面数据采集法。数字测图的基本思想与过程如图 10.2 所示。

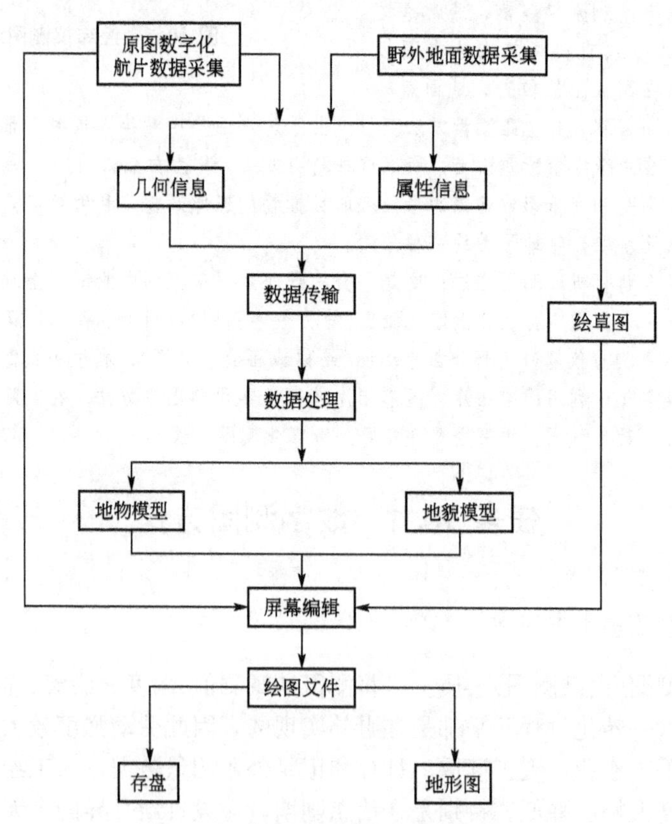

图 10.2　数字测图的基本思想与过程

数字测图是经过计算机软件自动处理(自动计算、自动识别、自动连接、自动调用图式符号等)，自动绘出所测的地形图。因此，数字测图时必须采集绘图信息，它包括点的定位信息、连接信息和属性信息。

(1) 定位信息也称点位信息，主要包括点号和点位坐标及其高程。其坐标与高程最好是用仪器在外业测量中测得，以 X，Y，$Z(H)$表示三维坐标。点号在测图系统中是唯一的，根据它可以提取点位坐标。

(2) 连接信息是指测点的连接关系，它包括连接点号和连接线型，据此可将相关的点连接成一个地物。上述两种信息合称为图形信息，又称为几何信息。以此可以绘制房屋、道路、河流、地类界、等高线等图形。

(3) 属性信息又称为非几何信息，包括定性信息和定量信息。属性的定性信息用来描述地图图形要素的分类或对地图图形要素进行标名，一般用拟定的特征码(或称地形编码)和文字表示。有了特征码就知道它是什么点，对应的图式是什么。属性的定量信息是说明地图要素的性质、特征或强度的，例如面积、楼层、人口、产量、流速等，一般用数字表示。

10.1.2 数字测图系统

数字测图是通过数字测图系统来实现的。数字测图系统是以计算机为核心，在外连输入、输出的硬件和软件设备的支持下，对地形空间数据进行采集、输入、处理、绘图、存储、输出和管理的测绘系统，如图 10.3 所示。数字测图系统有一系列硬件和软件组成。用于野外数据采集的硬件设备有全站仪或 GPS 接收机等；用于室内数据采集的设备有数字化仪、扫描仪、数字摄影测量工作站等；用于室内输出的设备有光盘、显示器、打印机和数控绘图仪等；便携机或微机是数字测图系统的硬件控制设备，既用于数据处理，又用于数据采集和成果输出。

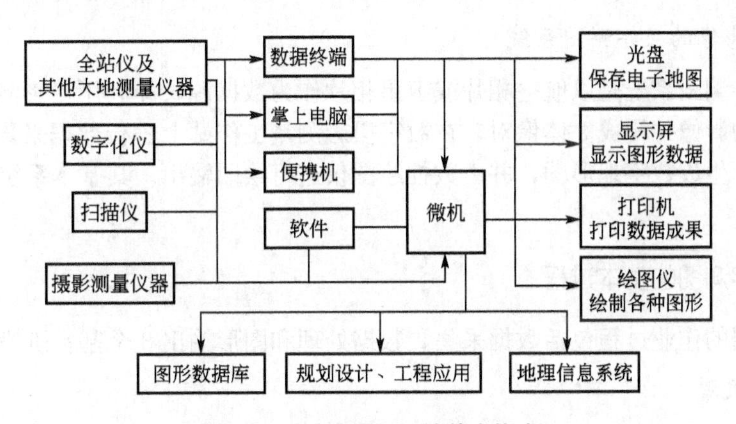

图 10.3 数字测图系统基本构成

数字测图的软件是数字测图系统的关键，一个功能比较完善的数字测图系统软件，应集数据采集、数据处理(包括图形数据的处理、属性数据及其他数据格式的处理)、图形编辑与修改、成果输出与管理于一身，且通用性强，稳定性好，并提供与其他软件进行数据转换的接口。目前，国内测绘行业使用的数字测图软件很多，使用比较集中的主要有：广州南方测绘仪器公司开发的地形地籍成图系统 CASS 系列软件，北京清华山维新技术开发有限公司开发的电子平板全息测绘系统 EPSW 系列软件，武汉瑞得信息工程有限公司开发的数字化测图系统 RDMS 系列软件，浙大万维科技有限公司的 WalkISurvey 系统等。另外，还有多个用于数字地图的矢量化软件和用于野外数据采集的掌上平板。

根据数据来源和采集方法的不同，数字测图系统主要分为以下 3 种形式。

1. 地面数字测图系统

地面数字测图系统是利用全站仪或 RTK GPS 接收机在野外直接采集有关地形信息，并将其传输到便携式计算机中，经过测图软件进行数据处理形成绘图数据文件，最后由数控绘图仪输出地形图。由于全站仪和 RTK GPS 接收机具有方便、灵活的特点及较高的测量精度，因此在城镇大比例尺测图和小范围大比例尺工程测图中有着广泛的应用。

2. 基于现有地形图的数字成图系统

各种比例尺的纸质地形图是十分宝贵的地理信息资源，通过地图数字化的方法可以将其转换成数字地图。地图数字化的方法主要有两种：一种是手扶跟踪数字化，即利用数字化仪对地形图各种地物、地貌要素，通过手扶跟踪的方法逐点进行采集，经采集结果自动传输到计算机中，并由相应的成图软件处理成数字地图；另一种是扫描数字化，即首先通过扫描仪将原图扫描成数字图像，再在计算机屏幕上进行逐点采集或半自动跟踪，也可直接对各种地图要素进行自动识别与提取，最后由相应的成图软件处理成数字地图，如图 10.3 所示。

地图数字化的两种方法中，手扶跟踪数字化方法精度低、速度慢、劳动强度大、自动化程度低，尽管在地图数字化技术发展的初期曾是地图数字化的主要方法，但目前已不适宜大批量现有地形图的数字化工作；地图扫描数字化法则可充分利用数字图像处理、计算机视觉、模式识别和人工智能等领域的先进技术，提供从逐点采集、半自动跟踪到自动识别与提取的多种互为补充的采集手段，具有精度高、速度快、自动化程度高等优点，它已经成为地图数字化的主要方法。

3. 基于影像的数字测图系统

这种数字测图系统是以航空相片或卫星相片作为数据源，即利用摄影测量与遥感的方法获得测区的影像并构成立体像对，在数字摄影测量工作站上进行数据采集，经过软件进行数据处理，生成数字地形图，并由数控绘图仪进行绘图输出。其基本系统构成如图 10.3 所示。

10.1.3 数字测图的基本过程

数字测图的作业过程包括数据采集、数据处理和图形输出 3 个基本阶段。

1. 数据采集

野外采集数据是通过全站仪或 RTK GPS 接收机实地测定地形特征点的平面位置和高程，将这些点位信息自动存储在仪器内的存储器或电子手簿中，再传输到计算机中，若野外使用便携机，可直接将点位信息存储到便携机中。每个地形特征点的记录内容包括点号、平面坐标、高程、属性编码和与其他点之间的连接关系等。点号通常是按测量顺序自动生成的；平面坐标和高程是全站仪(或 RTK GPS 接收机)自动解算的；属性编码指示了该点的性质，野外通常只输入简编码或不输编码，可用草图等形式形象记录碎部点的特征信息；点与点之间的连接关系表明按何种连接顺序构成一个有意义的实体，通常采用绘草图的形式或在便携机上边测边绘。由于目前测量仪器的测量精度高，很容易达到亚厘米级的定位精度，所以地面数字测图是数字测图中精度最高的一种，是城镇大比例尺(尤其是

1∶500)测图中主要的测图方法。

对于已有纸质地形图的地区，如纸质地形图现势性较好，图面表示清楚、正确，图纸变形较小，则数据采集可在室内通过数字化仪和扫描仪在相应地图数字化软件的支持下进行。用数字化仪数字化得到的数字化图的精度一般低于原图，加上作业效率低，这种数字化法逐渐被扫描仪数字化所取代。利用扫描仪可快速获取原图的数字图像，但获得的是栅格数据，需要通过矢量化软件处理才能得到地形图的矢量绘图信息。

2. 数据处理

数据处理是数字测图过程的中心环节，它直接影响最后输出地形图的质量和数字地图在数据库中的管理。这里讲的数据处理阶段是指在数据采集以后到图形输出之前对图形数据的各种处理。数据处理主要包括建立地图符号库、数据预处理、数据转换、数据计算、图形生成及文字注记、图形编辑与整饰、图形裁剪、图幅接边、图形信息的管理与应用等。通过计算机软件进行数据处理，最后生成可进行绘图输出的图形文件。

数据处理是数字测图的关键阶段。在数据处理时，既有对图形数据进行交互处理的，也有批处理的。数字测图系统的优劣取决于数据处理的功能。

3. 图形输出

图形输出是数字测图的最后阶段，是数字测图的主要目的。经过图形处理以后，即可得到数字地图，也就是形成了一个图形文件，存储在磁盘或磁带上，可永久保存。通过对层的控制，可以编制和输出各种专题地图(包括平面图、地籍图、地形图、管网图、带状图、规划图等)，以满足不同用户的需要；也可采用矢量绘图仪、栅格绘图仪、图形显示器等绘制或显示数字地图；还可以将该数字地图转换成地理信息系统的图形数据，建立和更新 GIS 图形数据库。

10.1.4 数字测图的作业模式

作业模式是数字化测图内、外业作业方法、作业流程的总称。由于使用的设备不同，软件设计者思路不同，数字测图就有不同的作业模式。就目前地面数字测图而言，可区分为两大作业模式，即数字测记模式(简称测记式)和电子平板测绘模式(简称电子平板)，如图 10.4 所示。

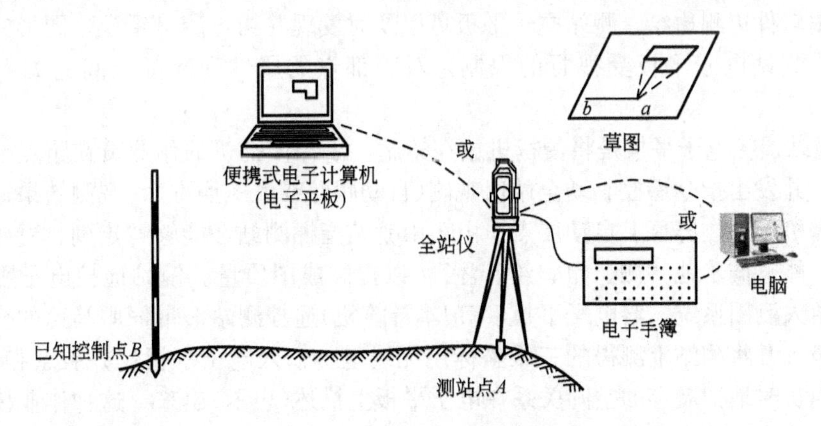

图 10.4 数字测图的作业模式

1. 数字测记模式

数字测记模式是一种野外数据采集、室内成图的作业方法。根据野外数据采集硬件设备的不同，可进一步分为全站仪数字测记模式和 RTK GPS 数字测记模式。

(1) 全站仪数字测记模式是目前最常用的测记式数字测图作业模式，该模式是利用全站仪实地测定地形点三维坐标，并用电子手簿(或全站仪内存储器)自动记录观测数据；再到室内将采集的数据传输给计算机，并利用绘图软件人工编辑成图或自动绘图。该方法野外采集数据速度快、效率高。全站仪数字测记模式又分为无码作业和有码作业两种形式。无码作业就是采取到镜站手工绘制草图的形式，记录所测点的属性和与其他点的连接关系，因此又称之为草图法；有码作业是在采集坐标的同时，输入地物编码，并在室内采用编码法成图。

(2) RTK GPS 数字测记模式是采用 GPS 实时动态定位技术，实地测定地形点三维坐标，并自动记录定位信息。用 RTK GPS 采集数据的最大优点是不需要测站(控制点)与碎部点(待测点)之间通视，并且移动站(用于采集碎部点)与基准站(控制点)的距离在 15km 以内可达厘米级测量精度。目前，移动站的设备已高度集成，接收机、天线、电池与对中杆集成于一体，质量仅几千克，野外采集数据非常方便。采集数据时，在移动站绘制草图或记录绘图信息，供内业绘图使用。在非居民区、地表植被较矮小或稀疏区域的地形测图中，用 RTK GPS 比全站仪采集数据效率更高。

2. 电子平板测绘模式

电子平板测绘模式就是“全站仪＋便携机＋相应测图软件”实施外业测图的作业模式。这种模式利用便携机(笔记本电脑)的屏幕模拟测图板在野外直接测图，即把全站仪测定的碎部点实时地展绘在计算机屏幕上，用软件边测边绘。这种作业模式可以在现场完成绝大部分测图工作，实现数据采集、数据处理、图形编辑现场同步完成，实现了内外业一体化。但该方法对设备要求较高，便携机不适应野外作业环境(如供电时间短，液晶屏幕看不清，怕灰尘、风沙等)是主要的缺陷。目前该方法主要用于房屋密集的城镇地区的测图工作。

电子平板测绘模式按照便携机所处位置，又分为测站电子平板和镜站遥控电子平板。

(1) 测站电子平板是将装有测图软件的便携机直接与全站仪相连，在测站上实时地展点，用绘图软件边测边绘。测站电子平板可以及时发现并纠正测量错误，图形的数学精度高；缺点是测站电子平板受视野的限制，对碎部点的属性和碎部点间的关系不易判断准确。

(2) 镜站遥控电子平板是将便携机放在镜站，手持便携机的作业员在跑点现场指挥立镜员跑点，并发出指令遥控驱动全站仪观测(自动跟踪或人工照准)，观测结果通过无线电传输到便携机，并在屏幕上自动展点。由于由镜站指挥测站，能够“走到、看到、绘到”，不易漏测；能够同步地“测、量、绘、注”，以提高成图质量。镜站遥控电子平板作业模式可形成单人测图系统，给电子平板(笔记本计算机)遥控测站上带伺服马达的全站仪瞄准镜站反光镜，并将测站上测得的三维坐标用无线电传输入电子平板仪并展点和注记高程，绘图员迅速实时地把展点的空间关系在电子平板上描述(表示)出来。这种作业模式现已实现无编码作业，测绘准确，效率高，代表未来的野外测图发展方向。但该测图模式由于需数据传输的无线通信设备，需高档便携机及带伺服马达的全站仪，设备较贵；而且野外实测绘图、跑镜均由一个人奔走、操作，工作量太大、分工不平衡，也制约了该技术的应用。

10.1.5 数字测图的优点

1. 测图过程自动化程度高

传统测图方式主要是手工作业，需要人工记录，人工计算距离、高差，人工绘制地形图，图纸数据的获取需要人工在图纸上量算所需要的坐标、距离和面积。数字测图则使野外测量自动解算、自动记录，利用计算机及绘图软件绘制成图，并向用图者提供可处理的数字地图，用户可自动提取图数信息。数字测图具有效率高，劳动强度低，错误(读错、记错、展错)几率小的优点，并且绘得的地形图精确、美观、规范。

2. 图形数字化，便于保存管理

用磁盘保存的数字地图，存储了图中具有特定含义的数字、文字、符号等各类数据信息，可方便地传输、处理和供多用户共享。数字地图不仅可以自动提取点位坐标、两点间距离、方位，自动计算面积、土方，自动绘制纵横断面图，还可以方便地将其传输到AutoCAD等软件设计系统中，以便工程设计部门进行计算机辅助设计。数字测图成果以数字信息保存，避免了图纸变形(伸缩)带来的各种误差。数字地图的管理既节省空间，又操作方便。

3. 点位精度高

传统的平板仪白纸测图，地物点平面位置的误差主要受解析图根点的测定误差和展绘误差，测定地物点的视距误差、方向误差，地形图上地物点的刺点误差等影响，综合影响使地物点平面位置的测定误差图上约为±0.5mm(1∶1000比例尺)。经纬仪视距高程法测定地形点高程时，即使在较平坦地区，视距为150m，地形点高程测定误差也达±0.06m，而且随着倾斜角的增大，高程测定误差会急剧增加。在数字测图过程中，数字地形图能较好地体现外业测量精度，这是因为全站仪测量的数据在记录、存储、处理、成图的过程中，原始测量数据的精度毫无损失，并与测图比例尺无关。

4. 便于成果更新

数字测图的成果是以点的定位信息和属性信息存入计算机的，当实地有变化时，只需输入变化信息的坐标、编码，经过编辑处理，很快便可以得到更新后的地形图，从而确保地形图的可靠性与现势性。

5. 能以多种形式输出成果

由于数字测图成果以数字信息保存，因此可以显示或打印各种需要的资料信息，如可打印数据表格；当对绘图精度要求不高时，可用打印机打印图形；可以利用绘图仪绘制出各种比例尺的地形图、专题图，以满足不同用户的需要；可以从显示器上观看不同视角的立体图，可以输出立体景观图等。

6. 便于成果的深加工与利用

数字测图分层存放，可使地面信息无限存放，不受图面负载量的限制，从而便于成果的深加工利用，拓宽测绘工作的服务面。比如CASS软件共定义了26个层(用户还可以根据需要定义新层)，房屋、电力线、铁路、植被、道路、水系、地貌等均存于不同的层中，通过关闭层、打开层等操作提取相关信息，可方便地得到所需测区内各类专题图、综合图，如路网图、管线图、地形图等；在数字地籍图的基础上，可以综合相关内容，补充加工成不同用户所需的城市规划用图、城市建设用图、房地产图及各种管理用图和工程用图等。

任务 10.2　全站仪数据采集与数据通信

10.2.1　特征点选择

野外数据采集主要是利用全站仪或 RTK GPS 接收机等测量仪器在野外直接测定地物或地貌特征点的位置，并记录特征点的属性及其连接关系，为内业成图提供必要的信息。地物和地貌的特征点又称为碎部点，它是数字测图的基础工作，直接决定成图质量与效率。《工程测量规范》(GB 50026—2007)规定了全站仪数字测图的最大视距长度，见表 10-1。

表 10-1　地物点、地形点测距的最大长度

测图比例尺	测距最大长度(m)	
	地物点	地形点
1∶500	160	300
1∶1000	300	500
1∶2000	450	700

1. 地物特征点的选择

地物特征点主要是地物轮廓的转折点，连接这些特征点，便可得到与实地相似的地物形状。一般情况下，主要地物凹凸部分在图上大于 0.4mm 时均应表示出来。

如测量房屋时，应选房角点，围墙、电力线的转折点，道路河岸线的转弯点、交叉点，电杆、独立树的中心点等。测量电杆时一定要注意电杆的类别和走向。成排的电杆不必每一个都测，可以隔一根测一根或隔几根测一根，因为这些电杆是等间距的，在内业绘图时可用等分插点画出，但有转向的电杆一定要实测。测量道路可测路的一边，量出路宽。

2. 地貌特征点的选择

地貌特征点应选在最能反映地貌特征的山脊线、山谷线等地性线上，如山顶、鞍部、山脊和山谷的地形变换处、山坡倾斜变换处和山脚地形变换的地方。

3. 地形特征点的信息

地形特征点的信息包括几何信息和属性信息。几何信息由定位信息和连接信息组成。定位信息即点的 X、Y、H，主要通过全站仪、GPS 等仪器测定；连接信息则由测量人员在现场通过观察等方法获得；属性信息主要用来说明地图要素的性质、特征或强度，例如面积、楼层、人口、流速等，一般用不同的符号或文字注记来表示。属性信息又分为定性信息和定量信息。如房屋的结构为砖结构，即表示其定性信息；楼层为三层，即表示其定量信息。

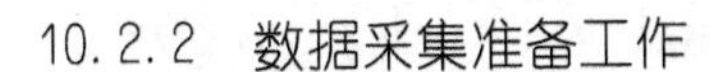

10.2.2 数据采集准备工作

外业数字测图一般以测区为单位统一组织作业。通常要根据委托方的任务要求确定测区范围。当测区较大或投入作业组较多时，可在测区内按自然带状地物(如街道线、河沿线等)为边界线构成分区界限，对测区进行“作业区”划分，分成若干相对独立的分区。各分区的作业与数据组织、处理相对独立，应避免重测或漏测。在数字测图工作实施前期，需在实地踏勘、收集资料的基础上，做好技术设计，进行测图控制网测量，也称图根控制测量。

1. 设备资料准备

实施数字测图前，应根据作业单位的具体情况和技术指导书要求的作业方法，准备好全站仪、GPS接收机、三脚架、对中杆、棱镜、测伞、小钢尺、草图纸、皮尺、铅笔、锤子、钉子、油漆、工作底图、对讲机、充电器、电子手簿或便携机、备用电池、通信电缆、控制成果和技术资料。外业测量前应为全站仪、GPS接收机、对讲机充足电并准备多块电池。

图纸资料主要包括测区的相关已有地形图，尽可能多地搜集各种比例尺的测区地形图，依据自然地块划分测区、估算工作量，制订合理的工作计划。另外将已有的图纸资料复印出来，作为工作草图。

控制资料主要包括测区可能要用到的各种控制点成果，如国家等级控制点、GPS点、导线点等。

在数据采集之前，最好提前将测区的全部已知成果输入电子手簿或便携机，以方便调用。

当有地物跨越不同分区时，该地物应完整地在某一分区内采集完成。测区开始施测前，应做好测区内标准分幅图的图幅号编制，并建立测区分幅信息，如图幅号、图廓点坐标范围、测图比例尺等。

2. 人员配备与要求

1) 观测员(1人)

(1) 负责操作全站仪，观测并记录观测数据及编码。当全站仪无内存或磁卡时，一般会配备电子手簿，观测员负责操作电子手簿，并记录观测数据。

(2) 数据采集时测站人员应注意经常与草图员核对点号或编码。

2) 草图员(1人)

草图员也称为领尺员。

(1) 负责指挥跑尺员跑点，现场勾绘草图，选择支导线。

(2) 要求对图示图例必须熟悉，以保证草图的简洁、正确，对于复杂地区，局部可用手机照相辅助说明。

(3) 应注意经常与测站观测员核对点号及编码。

(4) 要保证草图的质量，草图员绘制草图的好坏将直接影响到内业成图速度与质量。

3) 跑尺员(若干)

(1) 负责现场跑尺。

(2) 根据测图比例尺对地物、地貌等要素进行合理取舍。

(3) 对于跑尺经验不足者，可由草图员指挥跑尺。

4) 制图员(若干)

(1) 由草图员完成内业制图任务。

(2) 也可以将外业测量和内业制图人员分开，草图员只负责绘草图，内业制图员根据草图和坐标文件连线成图。

对于草图法测图，一般生产单位的人员配置为：观测员 1 名、领尺员 1～2 名、跑尺员 1～3 名。领尺员负责画草图和室内成图，是小组的核心成员。通常白天进行外业观测，晚上进行内业成图。使用测记法有码作业，观测员 1 名，跑尺员 1～3 名。对于电子平板法测图，人员配置为：观测员 1 名、电子平板操作人员 1 名、跑尺员 1～3 名。

10.2.3 野外碎部点采集的方法和要求

1. 数据采集的基本方法

数据采集的方法很多，主要可概括为以下几种具有代表性的方法。

1) 极坐标法

如图 10.5(a)所示，根据已知控制点 A、B 测出角度 β 距离 d，据此确定地形点 P 的位置。例如，利用全站仪测量碎部点采用的就是典型的极坐标法，全站仪可将观测值直接换算成坐标，再根据坐标确定点位。

2) 相对坐标定位法

当采用 GPS-RTK 技术测量时，则利用空中卫星信号和控制点坐标联合解算出地形点的坐标和高程，从而达到定位的目的。

3) 方向交会法

如图 10.5(b)所示，根据控制点 A、B 和 C、D 测得角度 β_1、β_2，由 β_1、β_2 交会出地形点 P 的位置。

4) 距离交会法

如图 10.5(c)所示，根据控制点 A、B 和 C、D 测得距离 d_1、d_2，由 d_1、d_2 交会出地形点 P 的位置。

5) 方向与距离交会法

如图 10.5(d)所示，根据 A、B 测得角度 β 和从已确定的点 C 测得距离 d，由方向 AP 和距离 d 交会出地形点 P 的位置。

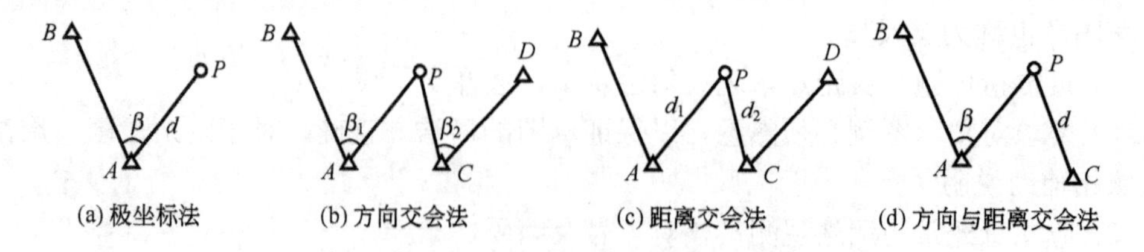

图 10.5 测定地形点的基本方法

目前数字测图确定地形点点位的主要方法就是全站仪极坐标法和 GPS 的相对坐标定位法，方向交会法和方向与距离交会法主要用于配合上述两种方法对不易到达或隐蔽地物进行测绘。另外还有像直角推测法、延长线求交点法等，从原理上讲，也是上述几种方法的结合或者称变通。

碎部点的高程在全站仪极坐标法中应用三角高程法确定，在GPS相对定位坐标法中根据空间坐标换算得到。对于重要高程点，必要时采用水准测量方法进行实测。

2. 地形图的精度要求

由于实际地形高低起伏、复杂多变，因此地形图测绘时往往将地形分类为平地、丘陵地、山地、高山地等几类。但由于地貌通常无法准确确定点位，对其精度要求也不高，因此往往以地物点的测量精度来衡量地形图的测绘精度。地形图的平面位置(坐标)精度以地物点相对于邻近图根点的坐标位置中误差来衡量；高程精度则主要是等高线相对于邻近图根点的高程中误差来衡量。不同规范对地形图上地物点分类和精度要求均有所差异。例如，2007年版《工程测量规范》(GB 50026—2007)对地形类别的划分及地物点的误差见表10-2；而2011年版《城市测量规范》(CJJ/T 8—2011)则不分地物类别，仍按地形起伏，要求平地、丘陵地的地物点的点位中误差不大于图上0.5mm，山地、高山地不大于图上0.75mm，要求稍高于《工程测量规范》(GB 50026—2007)。

表10-2 《工程测量规范》规定的地形图地物点精度要求

测区类别	点位中误差(图上)(mm)	等高线的高程中误差			
		平坦地	丘陵地	山地	高山地
一般地区	±0.8	$(1/3)h_d$	$(1/2)h_d$	$(2/3)h_d$	h_d
城镇建筑区、工矿区	±0.6				

注：表中h_d为基本等高距(m)。

10.2.4 草图法野外数据采集

知识链接

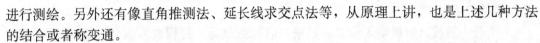

数字测图的数字测记模式分为有码作业和无码作业两种形式。无码作业就是采取到镜站手工绘制草图的形式，记录所测点的属性和与其他点的连接关系，因此又称之为草图法。

在数据采集之前，最好提前将测区的全部已知点成果输入到全站仪或电子手簿中，以方便野外调用，同时避免野外手动输入错误。草图采取现场绘制或在已有的工作底图上绘制，并配合记录信息。工作底图可以用旧地形图、晒蓝图或航片放大影像图(如快鸟图、谷歌地图)。

1. 草图法野外数据采集的作业步骤

(1) 在控制点上安置全站仪，完成仪器对中和整平，量取仪器高。要求对中偏差小于5mm，仪器高和棱镜高应精确到1mm。

(2) 全站仪开机，进行气象改正、加常数改正、乘常数改正、棱镜常数设置。

(3) 进入全站仪数据采集菜单，输入数据文件名。

(4) 进入测站点数据输入子菜单，输入测站点的坐标、高程(或从已有数据文件中调用)，输入仪器高。

(5) 进入后视点数据输入子菜单，输入后视点坐标、高程或方位角(或从已有数据文件中调用)，并在作为后视点的图根控制点上立棱镜，瞄准该棱镜并测量进行定向，并用其他点进行检核，检核偏差不应大于图上 0.2mm。需要注意的是，应选择较远的图根点作为定向点。每站测图过程中，应随时检查定向方向，要求归零差不大于 4′。

① 应选择较远的图根点作为定向点，以减小目标倾斜误差和仪器对中误差对观测的影响。
② 当输入定向点坐标或方位角以后，一定要瞄准定向点并进行测量。

(6) 进入前视点测量子菜单，将已知图根点作为碎部点进行测量，检核测量数据与已知数据是否一致，确认各项设置正确后，方可开始测量碎部点。要求实测定向点坐标及高程与已知值的差值应小于 3cm。

(7) 领尺员指挥跑尺员跑棱镜，观测员操作全站仪，并输入第一个观测点的点号(如 1)，按测量键进行测量，以采集碎部点的坐标和高程。全站仪自动保存第一个点的测量数据后，全站仪屏幕自动显示下一个立镜点的点号(点号自动顺序增加，如 2)。

(8) 依次测量其他碎部点。

(9) 领尺员绘制草图，直到本测站全部碎部点测量完毕。

(10) 全站仪搬到下一站，再重复上述过程。

下面以南方全站仪 NTS350 为例，讲解说明数据采集的过程。

1) 数据采集文件的选择

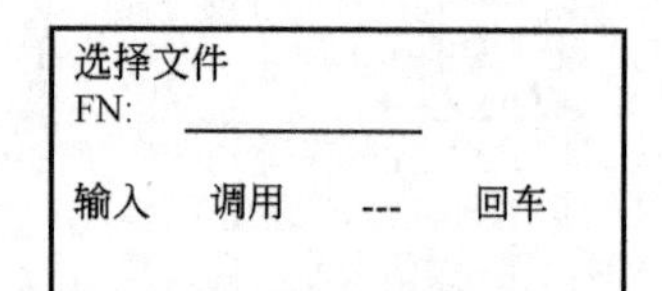

图 10.6 选择文件

首先必须选定一个数据采集文件，在启动数据采集模式之后即可出现文件选择显示屏如图 10.6 所示，由此可选定一个文件。

2) 坐标文件的选择(供数据采集用)

若需调用坐标数据文件中的坐标作为测站点或后视点坐标，则预先应由数据采集菜单的第 2 页选择一个坐标文件。

3) 输入测站点和后视点(定向点)数据

在数据采集模式下输入或改变测站点和定向角数值。

测站点坐标可按如下两种方法设定。

(1) 利用内存中的坐标数据来设定。

(2) 直接由键盘输入。

后视点定向角可按如下 3 种方法设定。

(1) 利用内存中的坐标数据来设定。

(2) 直接键入后视点坐标。

(3) 直接键入设置的定向角。

注意：后视方位角的设置需要通过测量来确定。

4) 进行待测点的测量，并存储数据

(1) 由数据采集菜单第 1 页，按 F3 (测量)键，进入待测点测量。

(2) 按 F1 (输入)键，输入待测点点号后，按 F4 确认。

(3) 按同样方法输入棱镜高，按[F3](测量)键。

(4) 照准目标点，按[F1]到[F3]中的一个键，例如按[F2](斜距)键，开始测量，或者按[F3](坐标)键，开始测量。测量结束，数据被存储，显示屏变换到下一个镜点；输入下一个镜点数据，如棱镜高，并照准该点，按[F4](同前)键，仪器将按照上一个镜点的测量方式进行测量，测量数据被存储。

按同样方式继续测量，按[ESC]键即可结束数据采集模式。

2. 注意事项

(1) 作业过程中和作业结束前，应对定向方位进行检查。

(2) 野外数据采集时，测站与测点两处作业人员必须时时联络。每观测完一点，观测员要告知绘草图者被测点的点号，以便及时对照全站仪内存中记录的点号和绘草图者标注的点号，保证两者一致。若两者不一致，应查找原因，是漏标点了，还是多标点了，或一个位置测重复了等，必须及时更正。

(3) 在野外采集时，能测到的点要尽量测，实在测不到的点可利用皮尺或钢尺量距，将丈量结果记录在草图上，室内用交互编辑方法成图。

(4) 全站仪测图，可按图幅施测，也可分区施测。按图幅施测时，每幅图应测出图廓线外5mm；分区施测时，应测出区域界线外图上5mm。

10.2.5 编码法野外数据采集

编码法野外数据采集就是数字测记模式中的有码作业形式。有码作业是在采集坐标的同时，输入地物编码，并在室内采用编码法成图。

按一定规则构成的符号串来表示地物属性和连接关系等信息，这种有一定规则的符号串称为数据编码。数据编码的基本内容包括地物要素编码(或称地物特征码、地物属性码、地物代码)、连接关系码(或连接点号、连接序号、连接线型)、面状地物填充码等。

1. 国家标准地形要素分类与编码

按照《1∶500　1∶1000　1∶2000外业数字测图技术规程》的规定，野外数据采集编码的总形式为：地形码+信息码。地形码是表示地形图要素的代码。

在《基础地理信息要素分类与代码》(GB/T 13923—2006)和《城市基础地理信息系统规范》(CJJ 100—2004)中对比例尺为1∶500、1∶1000、1∶2000的代码位数的规定是6位十进制数字码，具体代码结构如图10.7所示。左起第一位为大类码；第二位为中类码，是在大类基础上细分形成要素类；第三、四位为小类码，是在中类基础上细分形成要素类；第五、六位为子类码，是在小类基础上细分形成要素类。

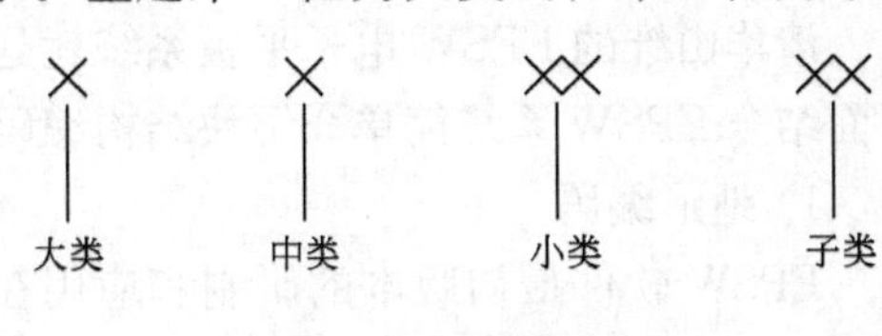

图10.7　碎部点编码规则

代码的每一位均用0～9表示。例如对于大

类，1 为定位基础，2 为水系，3 为居民地及附属设施，4 为交通，5 为管线，6 为境界与行政，7 为地貌，8 为植被与土质，见表 10-3。

表 10-3　1∶500　1∶1000　1∶2000 基础地理信息要素部分代码

分类代码	要素名称	分类代码	要素名称
100000	定位基础	300000	居民地及设施
110000	测量控制点	310000	居民地
110101	大地原点	310100	城镇、村庄
110103	图根点	310300	单幢房屋、普通房屋
110202	水准点	310302	建筑中房屋
110300	卫星定位控制点	310500	高层房屋
……	……	……	……

2. 全要素编码

全要素编码通常是由若干个十进制数组成，其中每一位数字都按层次分，都具有特定的含义。有的采用五位，有的采用六位、七位不等。每一种编码都有自己的特点，但一般都是用其中的三位表示地物编码，其他是将一些不是最基本的、规律的连接及绘图信息都纳入编码。

全要素编码方式的优点是各点编码具有唯一性，计算机易识别与处理，但外业直接编码输入较困难。目前多数测图系统采用图标菜单自动给出地形、地物符号编码，即选定屏幕菜单的绘图图标，就给定了对应的地形符号编码。

3. 块结构编码

块结构编码将整个编码分成几大部分，如分为点号、地形编码、连接点和连接线型四部分。其中点号表示测量的先后顺序，用 4 位数字表示；地形编码是采用相对简单的 3 位整数将地形要素分类编码；连接点是记录与碎部点相连接的点号，连接线型是记录碎部点与连接点之间的线型，用一位数字表示。

整个编码的各个区块往往是分别输入，相互结合而形成。虽然编码加上点号及其连接信息总长度也很长，但头 4 位地形点点号往往由测图系统自动累加生成，后面的连接信息可直接点也相对简单易输，所以真正需要掌握、输入的只是其中的 3 位地形编码。

地形编码是采用相对简单的 3 位整数将地形要素分类编码。分类情况参考地形图图式，大致以第 1 位为大类，但由于各大类下的地形要素有多有少，而 3 位码总共只有 999 个，因此大类的划分常有“借位”情况。例如，按早期版本的地形图图式，大类中“测量控制点”为“1”，其可编码区段为 100～199；“居民地和垣栅”为“2”，本来其可编码区段为 200～299，但其中测量控制点总数较少，而居民地数量则较多，因此可将数量不多的控制点中未用到的“1××”编码区段“借”给居民地要素使用。

清华山维的 EPSW 电子平板系统就是采用块结构编码方案，它分块输入，操作简单。下面结合 EPSW 系统简单介绍块结构编码方案。

1）地形编码

EPSW 软件最初版本的研制和应用在 20 世纪 90 年代后期，推出较早，并且最早使用电子平板测图系统模式，当时所依据的地形图图式是 1995 年版的《1∶500　1∶1000

1：2000地形图图式》(GB/T 7929—1995)，那时将地形要素归为9大类。而EPSW则在此基础上略作调整进行分类。

(1) 测量控制点。

(2) 居民地和垣栅。

(3) 工矿建筑物及其他设施。

(4) 交通及附属设施。

(5) 管线及附属设施。

(6) 境界。

(7) 水系及附属设施。

(8) 地貌与土质。

(9) 植被。

EPSW电子平板系统用3位数来表示每大类中的地形元素，第1位为类别号或者区块号，基本代表上述9大类(但对于太大和太小分类有些调整)；第2、第3位为顺序号，即地物符号在某大类中的中、小分类号。例如，编码为105的地物，“1”为大类，即控制点类；“05”为图式符号中顺序为5的控制点，即导线点；106为埋石图根点。又如201为居民地类的一般房屋中的混凝土房。由于每一大类中的符号编码不能多于99个，而符号最多的第6类(水系及附属设施)却有130多个，符号最少的第1类(控制点)只有9个，因此EPSW系统在上述9大类的基础上作了适当调整。EPSW系统将水系及附属设施的编码分为两段，由700～799和850～899表示；植被也相对较少，放在第一类编码中，编码为120～189；另外，将绘制符号的图元放在0类。这样，每个地物符号都基本上对应一个3位地形编码(简称编码)。

作业人员将3位地形编码全部记住是很困难的，但在通常作业中，稍经练习和记忆的测绘人员，记住常用编码应该没有太大问题，对于没有记住的少量不常用符号的编码则可采用替代法或记号法，在外业进行临时编码或做些编码标记进行代替，回到内业时再替换回准确编码。

另外，EPSW系统还采用了“无记忆编码”输入法。利用电子平板系统的大屏幕，将每一个地物和它的图式符号及汉字说明都编写在一个图块里，形成一个图式符号编码表(分主次页)，存储在便携机内，使用时只要按一下某个特定设置键(如［A］键)，编码表就可以显示出来；用光笔或鼠标点中所要的符号，其编码将自动送入测量记录中，所以无需记忆编码，随时可以查找。实际上，对于一些常用的编码，像导线点105、一般房屋点200等，多用几次也就记熟了。

2) 连接信息

连接信息可分解为连接点和连接线型。

当测点是独立地物时，只要用地形编码来表明它的属性，就可知道这是什么地物，相应的符号是什么。而如果测定的是一个线状或面状地物点，则就需要明确本点应与哪个点相连，以什么线型相连，才能测绘形成一个地物实体。其中所谓的线型，主要是指直线、曲线或圆弧线等。如图10.8所示为一个花坛，第2测点需与1点以直线相连，4点与3点(在弧线上)、3点与2点则以圆弧相连(圆

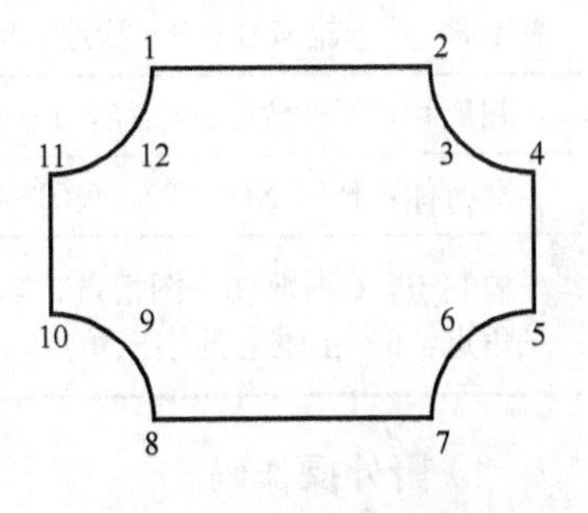

图10.8 线型及相连关系

弧至少需要测3个点才能绘出)，5点与4点又以直线相连……最后，12点与11点、12点与1点再用圆弧相连。花坛轮廓线从1点、2点、…、11点、12点，再连接回到1点，构成一个封闭图形。有了这些点位、编码，再加上连接信息，就可以正确地绘出该花坛了。

为了便于计算机的自动识别和输入，EPSW规定：1为直线，2为曲线，3为圆弧，空为独立点。连接线型只有4种，一般很容易区别和记忆。有时圆弧或曲线不容易分辨，用曲线代替圆弧进行连接处理，只要对地物点的位置和密度选择得当，对绘图影响不会太大。

4. 简编码方案

简编码是在野外作业时输入简单的提示性编码，经内业简码识别后自动转换为程序内部码，线面状地均符号代码，见表10-4。南方CASS地形地籍成图系统的作业码就是一个简编码方案，其野外操作码可区分为野外操作码(类别码)、连接关系码和点状地物符号码3种，其编码形式简单、规律性强、易记忆，并能同时采集测点的地物要素。

表10-4　线面状地物符号代码

坎类(曲)：K(U) ＋ 数(0—陡坎，1—加固陡坎，2—斜坡，3—加固斜坡，4—垄，5—陡崖，6—干沟)
线类(曲)：X(Q)＋数(0—实线，1—内部道路，2—小路，3—大车路，4—建筑公路，5—地类界，6—乡、镇界，7—县、县级市界，8—地区、地级市界，9—省界线)
垣栅类：W＋数(0，1—宽为0.5m的围墙，2—栅栏，3—铁丝网，4—篱笆，5—活树篱笆，6—不依比例围墙，不拟合，7—不依比例围墙，拟合)
铁路类：T＋数[0—标准铁路(大比例尺)，1—标(小)，2—窄轨铁路(大)，3—窄(小)，4—轻轨铁路(大)，5—轻(小)，6—缆车道(大)，7—缆车道(小)，8—架空索道，9—过河电缆]
电力线类：D＋数(0—电线塔，1—高压线，2—低压线，3—通信线)
房屋类：F＋数(0—坚固房，1—普通房，2—一般房屋，3—建筑中房，4—破坏房，5—棚房，6—简单房)
管线类：G＋数[0-架空(大)，1—架空(小)，2—地面上的，3—地下的，4—有管堤的]
植被土质：拟合边界：B—数(0—旱地，1—水稻，2—菜地，3—天然草地，4—有林地，5—行树，6—狭长灌木林，7—盐碱地，8—沙地，9—花圃)
不拟合边界：H-数(0—旱地，1—水稻，2—菜地，3—天然草地，4—有林地，5—行树，6—狭长灌木林，7—盐碱地，8—沙地，9—花圃)
圆形物：Y＋数(0—半径，1—直径两端点，2—圆周三点)
平行体：P＋[X(0～9)，Q(0～9)，K(0～6)，U(0～6)…]
控制点：C＋数(0—图根点，1—埋石图根点，2—导线点，3—小三角点，4—三角点，5—土堆上的三角点，6—土堆上的小三角点，7—天文点，8—水准点，9—界址点)

1) 野外操作码

(1) 野外操作码有1～3位，第一位是英文字母，大小写等价，后面是范围为0～99的数字，无意义的0可以省略，例如，A和A00等价、F1和F01等价。

(2) 野外操作码后面可跟参数，如野外操作码不到3位，与参数间应有连接符“-”，如有3位，后面可紧跟参数，参数有控制点的点名、房屋的层数、陡坎的坎高等。

(3) 野外操作码第一个字母不能是“P”，该字母只代表平行信息。

(4)“Y0”、“Y1”、“Y2”三个野外操作码固定表示圆，以便和老版本兼容。

(5) 可旋转独立地物要测两个点，以便确定旋转角。

(6) 野外操作码如以“U”，“Q”，“B”开头，将被认为是拟合的，所以如果某地物有的拟合，有的不拟合，就需要两种野外操作码。

(7) 房屋类和填充类地物将自动被认为是闭合的。

(8) 房屋类和符号定义文件第14类别地物如只测三个点，系统会自动给出第四个点。

(9) 对于查不到CASS编码的地物及没有测够点数的地物，如只测一个点，自动绘图时不做处理，如测两点以上按线性地物处理。

CASS预先定义了一个JCODE.DEF文件，用户可以编辑JCODE.DEF文件以满足自己的需要，但要注意不能重复。

例如：K0表示直折线型的陡坎；U0表示曲线型的陡坎；W1表示土围墙；T0表示标准铁路(大比例尺)；Y012.5表示以该点为圆心、半径为12.5m的圆。

操作码的具体构成规则如下。

(1) 对于地物的第一点，操作码＝地物代码。如图10.9所示中的1、5两点(点号表示测点顺序，括号中为该测点的编码，下同)。

(2) 连续观测某一地物时，操作码为“＋”或“－”。其中“＋”号表示连线依测点顺序进行；“－”号表示连线依测点顺序相反的方向进行，如图10.10所示。在CASS中，连线顺序将决定类似于坎类的齿牙线的画向，齿牙线及其他类似标记总是画向连线方向的左边，因而改变连线方向就可改变其画向。

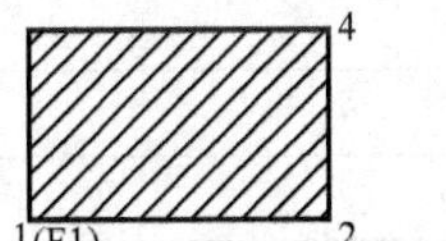

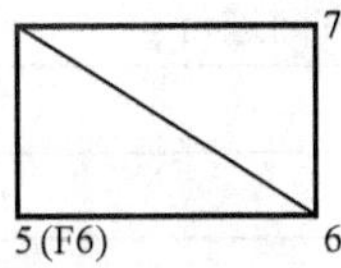

图10.9 地物起点的操作码

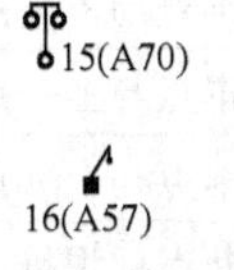

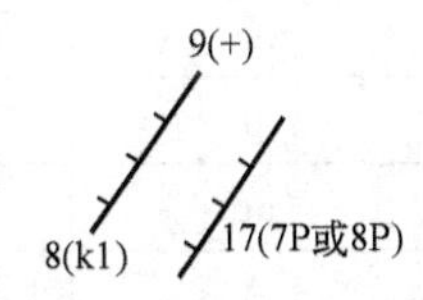

图10.10 连续观测点的操作码

(3) 交叉观测不同地物时，操作码为“n＋”或“n－”。其中“＋”、“－”号的意义同上，“n”表示该点应与以上n个点前面的点相连(n＝当前点号－连接点号－1，即跳点数)，还可用“＋A$”或“－A$”标识断点，A$是任意助记字符，当一对A$断点出现后，可重复使用A$字符，如图10.11所示。

(4) 观测平行体时，操作码为“p”或“np”。其中，“p”的含义为通过该点所画的符号应与上点所在地物的符号平行且同类，“np”的含义为通过该点所画的符号应与以上跳过n个点后的点所在的符号画平行体，对于带齿牙线的坎类符号，将会自动识别是堤还是沟。若上点或跳过n个点后的点所在的符号不为坎类或线类，系统将会自动搜索已测过的坎类或线类符号的点。因而，用于绘平行体的点，可在平行体的一“边”未测完时测对面点，也可在测完后接着测对面的点，还可在加测其他地物点之后他测平行体的对面点，如图10.12所示。

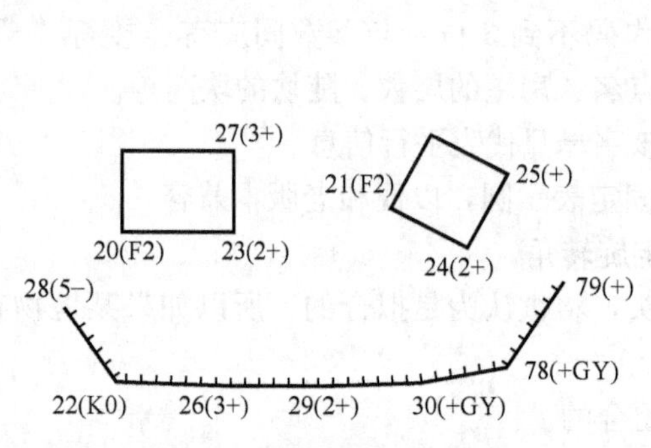

图 10.11 交叉观测点的操作码

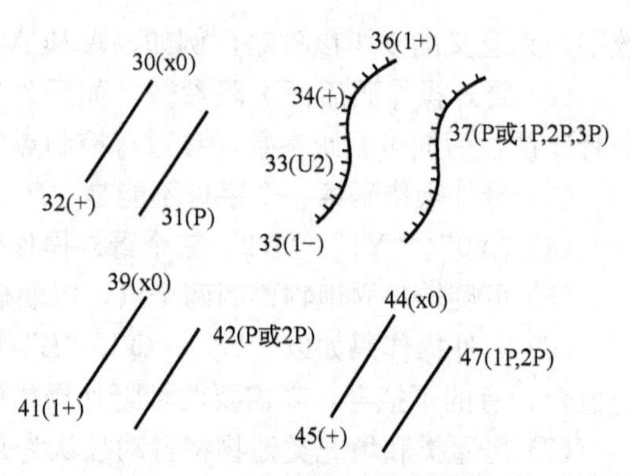

图 10.12 平行体观测点的操作码

2）连接关系码

连接关系码共有四种符号："＋"、"－"、"A＄"和"P"配合来描述测点间的连接关系。其中"＋"表示连接线依测点顺序进行；"－"表示连接线依测点相反顺序进行连接(图 10.13)；"P"表示绘平行体；"A＄"表示断点识别符，见表 10－5。

图 10.13 "十"、"－"符号的意义("十"、"－"表示连线方向)

表 10－5 描述连接关系的符号的含义

符号	含义
＋	本点与上一点相连，连线依测点顺序进行
－	本点与下一点相连，连线依测点顺序相反方向进行
n＋	本点与上 n 点相连，连线依测点顺序进行
n－	本点与下 n 点相连，连线依测点顺序相反方向进行
p	本点与上一点所在地物平行
np	本点与上 n 点所在地物平行
＋A＄	断点标识符，本点与上点连
－A＄	断点标识符，本点与下点连

3）点状地物符号码

点状地物符号码是对只有一个定位点的地物设计的编码，见表 10－6。

表 10－6 点状地物符号代码表

符号类别	编码及符号名称				
水系设施	A00 水文站	A01 停泊场	A02 航行灯塔	A03 航行灯桩	A04 航行灯船
	A05 左航行浮标	A06 右航行浮标	A07 系船浮筒	A08 急 流	A09 过江管线标
	A10 信号标	A11 露出的沉船	A12 淹没的沉船	A13 泉	A14 水井

（续）

符号类别	编码及符号名称				
土质	A15 石堆				
居民地	A16 学 校	A17 肥气池	A18 卫生所	A19 地上窑洞	A20 电视发射塔
	A21 地下窑洞	A22 窑	A23 蒙古包		

10.2.6 电子平板数据采集

知识链接

电子平板测绘模式就是“全站仪＋便携机＋相应测图软件”实施外业测图的作业模式。

1. 安置仪器

(1) 在点上架好仪器，并把便携机与全站仪用相应的电缆连接好，开机后进入CASS7.0界面。

(2) 设置全站仪的通信参数。

(3) 在主菜单选取“文件”中的“CASS7.0参数配置”屏幕菜单项后，选择“电子平板”选项卡，出现如图10.14所示对话框，选定所使用的全站仪类型，并检查全站仪的通信参数与软件中设置是否一致，单击“确定”按钮确认所选择的仪器。

2. 测站设置

1) 定显示区

定显示区的作用是根据坐标数据文件的数据大小定义屏幕显示区的大小。首先移动鼠标至“绘图处理”项，单击，然后选择“定显示区”项，即出现对话框，如图10.15所示。这时，输入控制点的坐标数据文件名，则命令行显示屏幕的最大最小坐标。

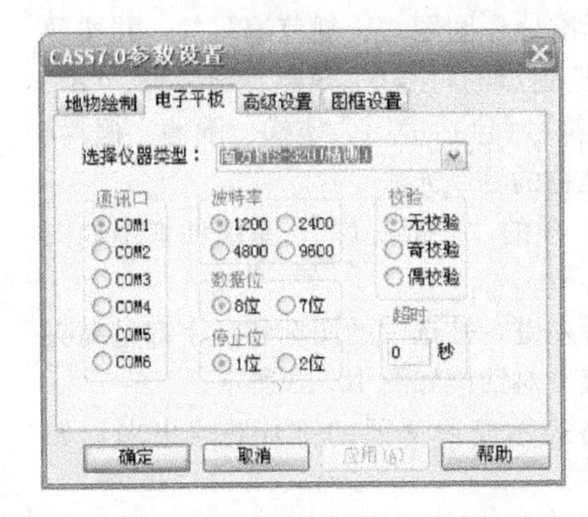

图10.14 “电子平板”选项卡

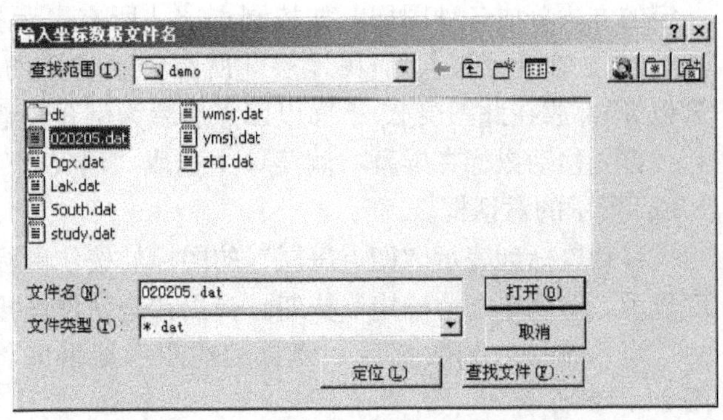

图10.15 “输入坐标数据文件名”对话框

2）测站准备工作

（1）移动鼠标至屏幕右侧菜单区之“电子平板”项处，单击，则弹出如图10.16所示的对话框，提示输入测区的控制点坐标数据文件名。选择测区的控制点坐标数据文件名，如C\CASS70\DEMO\020205.DAT。

（2）如果事前已经在屏幕上展出了控制点，则直接单击“拾取”按钮再在屏幕上捕捉作为测站、定向点的控制点；若屏幕上没有展出控制点，则手工输入测站点点号及坐标、定向点点号及坐标、定向起始值、检查点点号及坐标、仪器高等参数。

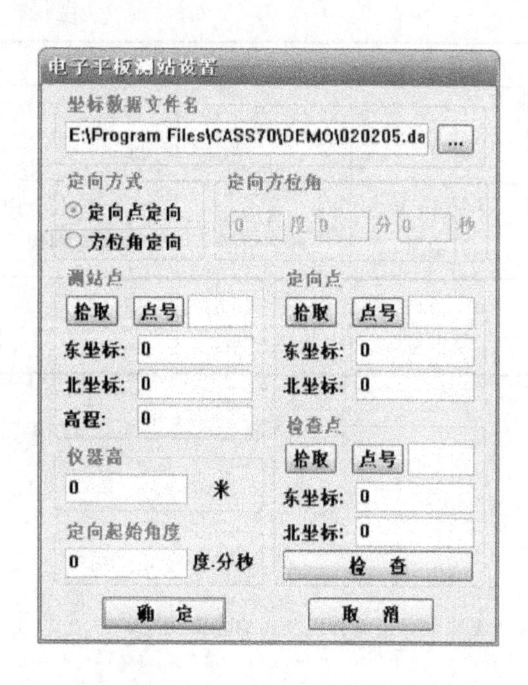

图10.16 “电子平板测站设置”对话框

检查点主要用来检查该测站的相互关系，系统根据测站点和检查点的坐标反算出测站点与检查点的方向值(该方向值等于由测站点瞄向检查点的水平角读数)。这样，便可以检查出坐标数据是否输错、测站点是否给错或定向点是否给错。

3. 碎部测量

当测站的准备工作都完成后，如用相应的电缆联好全站仪与计算机，输入测站点点号、定向点点号、定向起始值、检查点点号、仪器高等，便可以进行碎部点的采集、测图工作了。

在测图的过程中，主要是利用系统屏幕的右侧菜单功能，如要测一幢房子、一条电线杆等，需要用鼠标选取相应图层的图标；也可以同时利用系统的编辑功能，如文字注记、移动、复制、删除等操作；还可以同时利用系统的辅助绘图工具，如画复合线、画圆、操作回退、查询等操作；如果图面上已经存在某实体，就可以用“图形复制(F)”功能绘制相同的实体，这样就避免了在屏幕菜单中查找的麻烦。

CASS系统中所有地形符号都是根据最新国家标准地形图图式、规范编写的，并按照一定的方法分成各种图层，如控制点层［所有表示控制点的符号(三角点、导线点、GPS点等)都放在此图层］、居民地层［所有表示房屋的符号(包括房屋、楼梯、围墙、栅栏、篱笆等)都放在此图层］。下面以四点房屋为例介绍地物的测制方法。

首先移动鼠标在屏幕右侧菜单中选取“居民地”项的“一般房屋”，系统便弹出如图10.17所示的对话框。

移动鼠标到表示“四点房屋”的图标处按住鼠标左键，被选中的图标和汉字都呈高亮度显示。然后单击“确定”按钮，弹出“全站仪连接”对话框如图10.18所示。

当系统接收到数据后，便自动在图形编辑区将表示简单房屋的符号展绘出来，如图10.19所示。

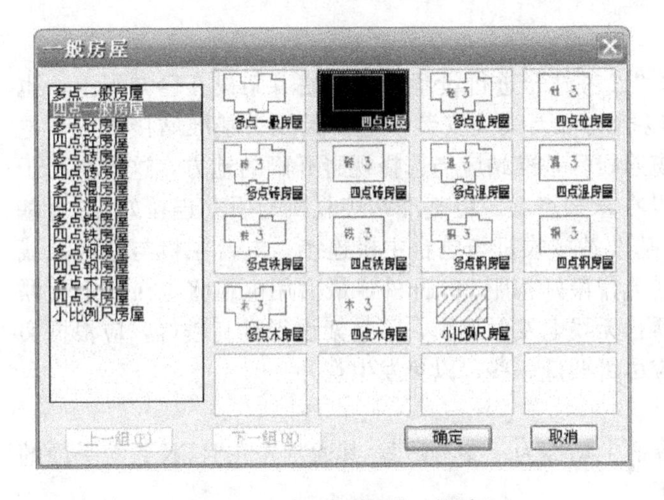

图 10.17 “一般房屋”对话框

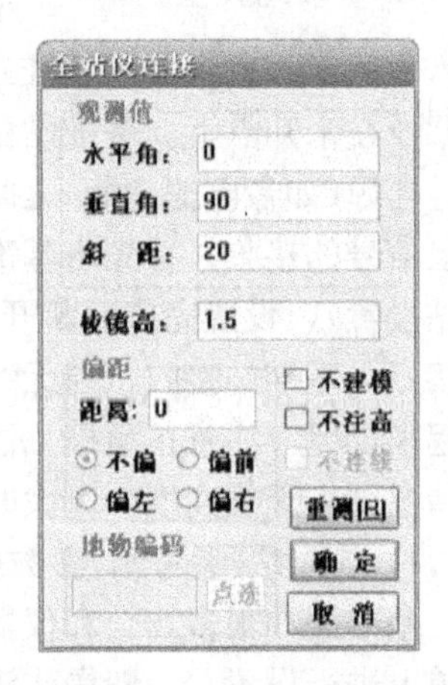

图 10.18 “全站仪连接”对话框

10.2.7 GPS-RTK 数据采集

使用 GPS-RTK(以下简称 RTK)技术进行数字地形图测绘，或者将 RTK 与全站仪联合进行数字测图也是一种数字测图行之有效的方法。RTK 定位精度高，可以全天候作业，每个点的误差均为不累积的随机偶然误差。外业操作十分简单，测量精度可达到厘米级，例如：其水平一般精度为 2～3cm，垂直精度约为 5cm 左右，能较好地满足大比例尺数字地形图测绘的精度要求。

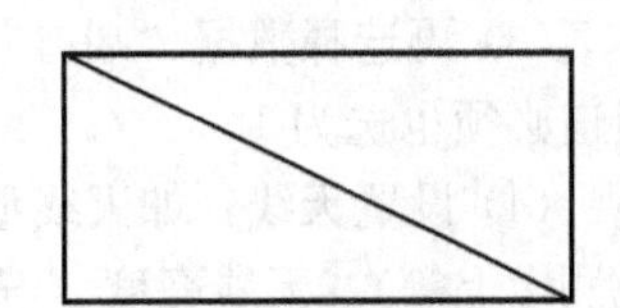

图 10.19 展绘出简单房屋的符号

采用 RTK 技术进行数字测图时，仅一人背着仪器在要测的碎部点上呆上 1～2s 并同时输入特征编码，通过电子手簿或 PDA 与便携机进行记录，在点位精度合乎要求的情况下，把一个区域内的地形地物点位测定后，回到室内或在野外由专业的数字测图软件编绘出所要求的数字地图。

利用 RTK 技术测定点位不需要点间通视，测定范围大、速度快、精度高(1～2s 就可达到厘米级精度)，仅一人就可以完成野外的数据采集工作，有效提高了数字测图的效率，目前已经成为了数字测图和 GIS 野外数据采集的手段之一。但它也有一定的局限性。

由于使用 GPS 以及 RTK 技术需要同步接收 5 颗以上的 GPS 卫信信号，因此比较适合在视野开阔、地形起伏较小、无高层地物遮挡的平原、旷野等地进行坐标定位测量作业。通常比较适用于非城区或新城区的图根控制测量，建筑物较少的开阔地带、农村地区的地形要素采集测量。但通常进行大比例尺数字测图地区往往既有农田、又有城区，既有开阔地带、也有大楼集中的建筑区。因此，用 GPS 与 RTK 技术进行数字地形图测绘具有一定的局限性。利用 RTK＋全站仪的方法可以很好地解决这些问题。在测区范围内利用 RTK 布设控制点，并在开阔地段直接采用 RTK 进行全数字野外数据采集；在 RTK 不容易到达或局限性较大的地方可在附近布设控制点，再利用全站仪进行测量，这样可以快速完成各种测量任务且精度也可保证。该技术目前已经达到了比较满意的测量效果和较好的精度要求，可以满足常规数字地形测量的要求。

1. 基准站设置

作业前，首先要对基准站(也称“参考站”)进行设置。基准站可架设在已知点上，也可架设在未知点上。基准站的架设包括电台天线的安装，电台天线、基准站接收机、电台、电源(如蓄电池电瓶)之间的电缆连线。基准站应当选择视野开阔的地方，这样有利于卫星信号的接收。首先将基准站架设在未知点上，将基准站接收机与手薄连接好(进行基准站设置)，设置完成后断开连接；基准站接收机与电台主机连接，电台主机与电台天线连接好；基准站接收机与无线电发射天线最好相距 3m 开外，最后用电缆将电台和电瓶联结起来，但应注意正负极。注意事项：无线电发射天线，不是架设得越高越好，应根据实际情况调整天线高度。风大时天线应尽量架低一些，以免发生意外。

1) 基准站(参考站)参数配置

基准站在很多场合和仪器操作界面上均称为“参考站”，其通常先在 RTK 系统手簿的菜单上进行设置，一般操作流程如下。

(1) 选择“参考站”的“实时模式”。

(2) 在“实时数据”处选择设置电台数据传输类型，即数据格式。要注意的是，参考站选了什么格式的数据，流动站必须与之相同。

(3) 再选择数据“端口”、数据传输通道等。注意，如果参考站通道选 1，流动站电台通道必须也选为 1。

(4) 设置天线：如天线型号，天线架设方式(例如，是架在三脚架上、对中杆上还是观测墩上等)，天线高度、偏离值，量测方法等。

(5) 设置“记录原始数据”是否需要存储，做 RTK 测量可以不需要存储记录原始数据。但为了保证可靠性和可追溯性也可选择保存数据。

2) 建立一个作业项目文件

进入作业项目设置菜单页，输入或选择作业项目名称、概况描述、创建者、编码表、坐标系等。

光标选取要选用的作业，按 F1 继续，这个作业被选用，以后要输入数据才能进入到这个作业里面。回到主菜单。

3) 连接仪器，设置仪器为参考站

仪器架设、连接后，系统菜单进入测量界面。如果参考站点 WGS-84 坐标已知，可预先把该点的坐标输入到仪器里面，在“点号”处选择参考站所在点的点号，并输入仪器高。再继续，参考站开始工作。

如果参考站点位的 WGS-84 坐标未知，则可通过测量，仪器自动测量出当前单点定位精度的 WGS-84 坐标，再输入点号、输入仪器高，完成参考站仪器设置。

设置好以后，查看各项参数正确与否、指示灯是否正常，然后参考站仪器才可以开始正常工作。

2. 流动站设置

首先设置流动站各项参数的配置集。前面步骤几乎同参考站设置一样，只是要注意设站类型为“流动站”。

3. RTK 测量

流动站手簿菜单进入测量界面。选择所建立的作业(项目)，选择建好的流动站的配置集。检查数据传输信号已联通，进行测量作业的初始化，观察动态测量作业指示信号，等待仪器测量作业初始化完成，得到固定解。只有固定解才满足一定的测量要求。

RTK测量时应输入点号，按键进行RTK观测。RTK测量固定解的精度应该在厘米级或者毫米级，主要看“RTK定位”后面的数值表示测量了几个历元。只要是固定解，测量几秒即可。再按键停止、保存，此点测量即完成，移动仪器到下一点重复测量。

4. 建立用户坐标系统

因为GPS接收机测量的坐标为WGS-84坐标(等同于我国最新启用的2000国家大地坐标系，即CGCS 2000坐标)，而我们的用户通常使用地方平面坐标或者原有国家坐标。所以必须建立一个转换关系，即建立一个面向用户应用的坐标系统，把GPS测量得到的CGCS 2000坐标转换成我们需要的坐标。

例如，在Leica的RTK型GPS接收机的电子手簿里面建立用户坐标系有三种方法：一步法，两步法，经典三维法。一般在不太大的区域工作(小于200km^2)我们可以选用一步法，在大区域工作可以选用两步法或经典三维法。

(1) 一步法是最简单的方法，这种方法不需要知道椭球参数，不需要知道投影方法，只需要知道一到多个点的已知用户平面坐标(用户平面坐标既可以是地方坐标，也可以是1954北京坐标系坐标或者1980西安坐标系坐标)和CGCS 2000坐标即可。

(2) 两步法和经典三维法必须知道地球椭球参数、投影方法(如高斯投影)，平面坐标必须是以1954北京坐标或者1980西安坐标等已知椭球参数的大地坐标系统，或者具备此类坐标系统基础的地方坐标；而且，经典三维法(又称七参数法)必须事先获取三个以上可靠控制点的已知坐标值。

要建立坐标系，我们必须同时获取每个已知点的地方坐标和CGCS 2000坐标，把这些坐标输入到GPS接收机手簿中，经过相应设置，就可以建立坐标系。

10.2.8 数据通信

所谓数据通信，是指计算机与计算机，或计算机与数据终端之间经通信线路而进行的信息交流与传送的通信方式。数据通信所要传输的信息是由一系列字母和数字组成的，而沿着传输线传送时，信息是以电信号形式传送。因此，实际上先要把传送的字符信息转换为二进制形式，再把二进制信息转换为一系列离散的电子脉冲信号，用于表示二进制信息。

用二进制来表示字母、数字和一些特殊符号，国际上通常使用美国标准信息交换码，即ASCⅡ码。数据通信时所传输的数据信息的二进制位数叫做数据位。它通常用7位二进制数表示，但有时也用8位二进制数表示。

例如：字母AASCⅡ为41H(或065)二进制信息为：1000001。

数字4ASCⅡ为34H(或052)二进制信息为：0110100。

1. 数据信息的传输方式

数据传输有串行传输和并行传输两种方式，它们的概念与队列行进的一路纵队和几路纵队是类似的。

在队列行进过程中，若按一路纵队前进时会慢一些，但每排仅一人，没有横向对齐问题，因而保持队列比较容易；而按几路纵队走时，会快得多，但每排有多人，存在横向对齐问题，因而保持队列比较困难。

1）串行传输

当采用串行方式通信时，数据信息是按二进制位的顺序由低到高一位一位地在一条信号线上传送。例如对于上例来说，串行传输形式如图 10.20 所示。

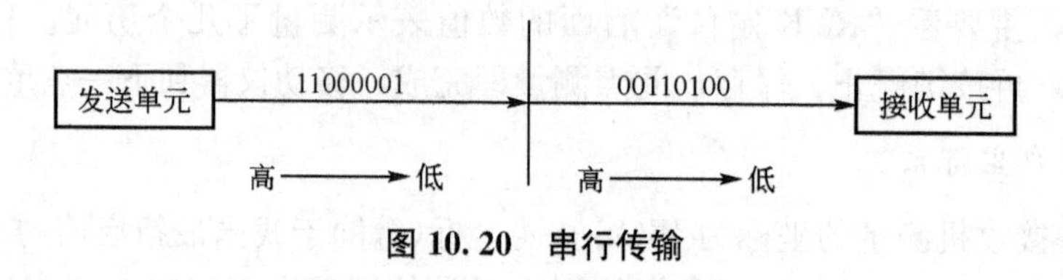

图 10.20　串行传输

这种方式传输速度慢，但设备要求简单，价格低廉，同时由于是在一条线上传输，每一个二进制数无论传输快慢，最终均能组成完整而准确的信息，信号质量高，因此是常用的信息交换方法。

与串行传输相对应，在各种输入、输出设备和计算机系统上常装有串行通信接口。所谓接口是指输入输出设备与计算机主机的连接设备。计算机系统最常用的串行接口是美国电子工业协会 EIA 规定的 RS－232C 标准接口，如计算机主机上的 COM1 和 COM2 两个标准接口。串行接口用于对通信速度要求不是很高的设备，如数字化仪、全站仪、鼠标等。在这些常用的输入输出设备上都有串行接口，可以很方便地用电缆直接与主机连接。

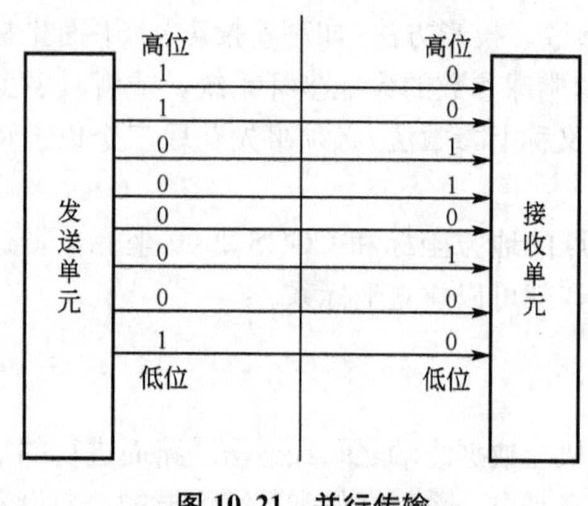

图 10.21　并行传输

2）并行传输

所谓并行传输，是指通过多条数据线将数据信息的各位二进制数同时并行传送，每位数要各占用一条数据线，如图 10.21 所示。

这种方式通信速度快，但各位数据必须要求同时发送，并按同一速度传送，接收单元才能收到完整而准确的信息，若各位数据发送速度快慢不一时，就可能收到错误信息。因而，必须使用专门技术和专门设备进行接收，其制作成本较大。这种方式常用于计算机内部指令和数据的传输。

与并行传输相对应，在计算机主机上都配有适用于多种打印机、绘图仪的并行接口，如 LPT1，LPT2 等。使用通行的并行打印机连接电缆，各种型号的打印机就能与计算机连接使用。

2. 数据传输速度

数据传输速度(也叫做波特率)的快慢，用位/秒 (b/s)表示，即每秒钟传输数据的位数。

例如：如果数据传送的速率为 120 个字符/s，而每个字符又包含 10 位(起始位 1 位，数据位 7 位，校验位 1 位，停止位 1 位)，则波特率为 1200(b/s)。

常见的波特率(b/s)有：75，150，300，600，1200，1800，2400，4800，9600 等。

3. 同步传输与异步传输

数据通信有两种数据传输的方法，即同步传输与异步传输。

1）同步传输

同步传输是指每一个数据位都是用相同的时间间隔发送，而接收时也必须以发送时的相同时间间隔接收每一位信息。也就是说，在同步方式下，接收单元与发送单元都必须在每一个二进制位上保持同步，而不论是否传输数据。

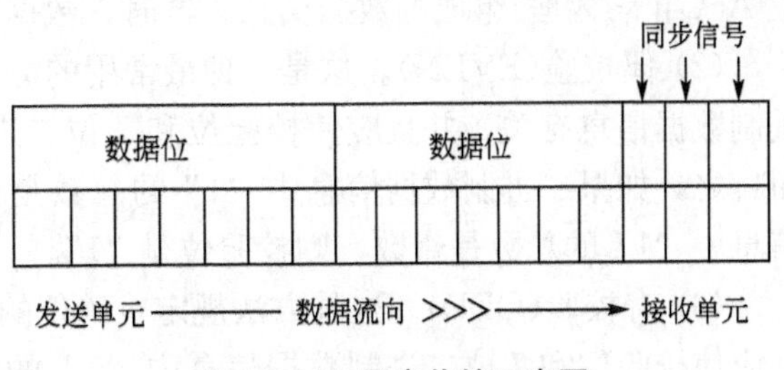

图 10.22 同步传输示意图

同步传输时，接收单元的时间间隔判别是根据传过来的信息中开头的几个同步信号来判断的，后面的数据就不再需要加同步信号，其通信方式如图10.22所示。

2）异步传输

串行通信常采用异步传输方式。在这种方式下，由于接收单元不能准确预计什么时候要接收下一个数据串，因此发送单元在发送任意数据串之前首先发送一位二进制数进行报警，称为起始位，起始位之值为“0”。在发送起始位“0”后，马上就接着发送数据串。当发送数据信息完毕后，相应地在其后加上1位成2位二进制数，用来表示数据传送结束，叫做停止位，其值为“1”。异步传输方式如图10.23所示。

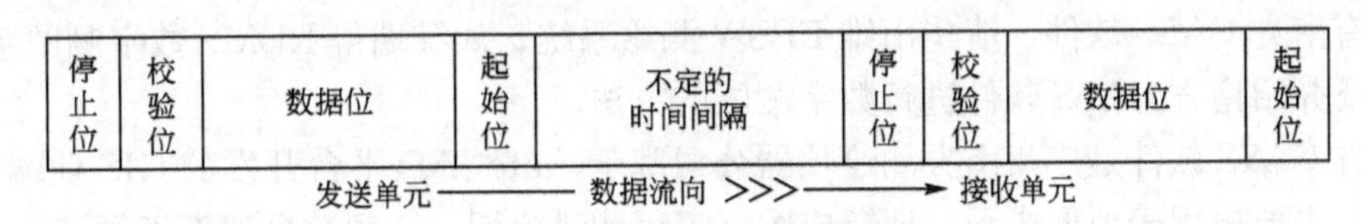

图 10.23 异步传输示意图

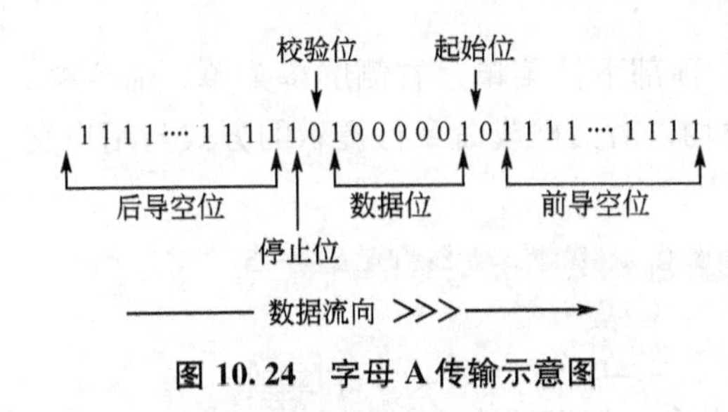

图 10.24 字母A传输示意图

如：发送一个字母A，其数据信息用7位ASCII码表示，为1000001，假定采用偶校验，再考虑数据的起始位和一位停止位，则数据信息应表示为1010000010，假设数据信息发送前后线路都是空的，则数据在线路中发送的形式如图10.24所示。

在数字测图作业中，由于全站仪传输的数据量一般不是很大，采用串行通信，故在全站仪的数据通信中一般采用异步传输方式。

4. 数据信息的校验

数据通信中，数据信号难免会遇到各种干扰。因此，发送单元发出的信息到了接收单元可能就会出现差错，尽管其出现差错的可能性很小，但一旦出现差错，所产生的影响则可能是巨大的。既然无法避免传输的差错，就得设法检测出这种差错，从而克服它们。

校验位，又称奇偶校验位，是指数据传输时接在每个7位二进制数据信息后面发送的第8位，它是一种检查传输数据正确与否的方法。即将1个二进制数(校验位)加到发送的二进制信息串后，让所有二进制数(包含校验位)的总和总保持是奇数或是偶数，以便在接收单元检核传输的数据是否有误。校验位通常有2种校验方式。

(1) 无校验(NONE)。这种方式规定发送数据信息时，不使用校验位。这样就使原来校验位所占用的第8位成为可选用的位，这种方法通常用来传送由8位二进制数(而不是7

位 ASCⅡ码数据)组成的数据信息。这时，数据信息就占用了原来由校验位使用的位置。

(2) 偶校验(EVEN)。这是一种最常用的方法，它规定校验位的值与前面所传输的二进制数据信息有关，并且应使校验位和 7 位二进制数据信息中“1”的总和总为偶数。换而言之，如果二进制数据信息中“1”的总数是偶数，则校验位为“0”；如果二进制数据信息中“1”的总数是奇数，则校验位是“1”。

(3) 奇校验(ODD)。这种方法规定校验位的值与它所伴随的二进制数据信息有关，并且应使校验位和 7 位二进制数据信息中“1”的总和总为奇数。也就是说，如果数据信息中所有二进制数“l”的总数是偶数，则校验位为“1”，如果所有二进制数“1”的总数是奇数，则校验位是“0”。

任务 10.3 数字成图软件

10.3.1 南方 CASS 测图软件

数字测图软件是数字测图系统的关键。现在国内测绘行业使用的数字测图软件较多，常用的有南方 CASS 软件、清华山维 EPSW 测绘系统、武汉瑞得 RDMS 数字测图系统等。这里主要介绍南方 CASS 软件进行数字测图的方法。

南方 CASS 软件是广州南方测绘仪器公司基于 AutoCAD 平台开发的 GIS 前端数据采集系统，主要应用于地形成图、地籍成图、工程测量应用、空间数据建库等领域。

1. CASS7.0 的操作界面简介

CASS7.0 的操作界面主要分为以下几部分：顶部下拉菜单、右侧屏幕菜单、命令栏、状态栏和工具条等，如图 10.25 所示。每个菜单均以对话框或命令行提示的方式与用户交互作答，操作灵活方便。

图 10.25 CASS7.0 的操作界面

2. 数据传输

使用数据线连接全站仪与计算机的COM口，设置好全站仪的通信参数，在CASS7.0的“数据处理”菜单下选择“读全站仪数据”子菜单，弹出如图10.26所示对话框。选中相应型号的全站仪，并设置与全站仪一致的通信参数，勾选“联机”复选框，在对话框最下面的“CASS坐标文件:”的空栏中输入想要保存的文件名，然后单击“转换”按钮，CASS便弹出一个提示对话框，按提示操作，全站仪即可发送数据，CASS软件将发送的数据保存在已设定好的数据文件中。

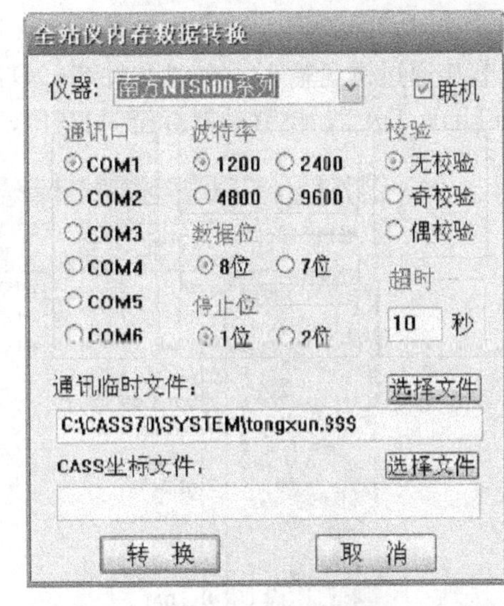

图10.26 “全站仪内存数据转换”对话框

如果想将以前传过来的数据(比如用超级终端传过来的数据文件)进行数据转换，可先选好仪器类型，再将仪器型号后面的“联机”选项取消。这时会发现，通信参数全部变灰。接下来，在“通讯临时文件”选项下面的空白区域填上已有的临时数据文件，再“CASS坐标文件:”选项下面的空白区域填上转换后的CASS坐标数据文件的路径和文件名，单击“转换”按钮即可。

注意：若出现“数据文件格式不对”提示时，有可能是以下的情形：①数据通信的通路问题，电缆型号不对或计算机通信端口不通；②全站仪和软件两边通信参数设置不一致；③全站仪中传输的数据文件中没有包含坐标数据，这种情况可以通过查看tongxun.$$$来判断。

特别提示

选中相应型号的全站仪以后，一定要设置与全站仪一致的通信参数，否则数据将无法传输。

10.3.2 绘制平面图

CASS软件根据作业方式的不同，分为“点号定位”、“坐标定位”、“编码引导”、“简码法”几种方法。本节以CASS自带的坐标数据文件为例，介绍利用“点号定位法”、“坐标定位法”和“简码法”绘制地物的方法。

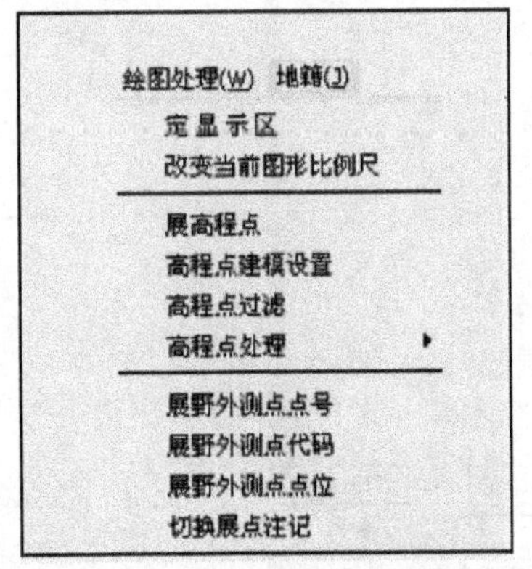

图10.27 数据处理下拉菜单

1. 点号定位法

以CASS自带的坐标数据文件为例，路径为C:\CASS 7.0\demo\study.dwg(以安装在C盘为例)。

1) 定显示区，展野外测点点号

定显示区的作用是根据输入坐标数据文件的数据大小定义屏幕显示区域的大小，以保证所有点可见。

首先移动鼠标至“绘图处理”项，单击，即出现如图10.27所示下拉菜单。然后移至“定显示区”项，使之以高亮显示，单击，即出现一个对话窗如图10.28所

示。这时，需要输入坐标数据文件名。可参考 WINDOWS 选择打开文件的方法操作，也可直接通过键盘输入，在“文件名(N)：”(即光标闪烁处)输入 C：\CASS 7.0\DEMO\STUDY.DAT，再移动鼠标至“打开(O)”处，单击。这时，命令区显示：

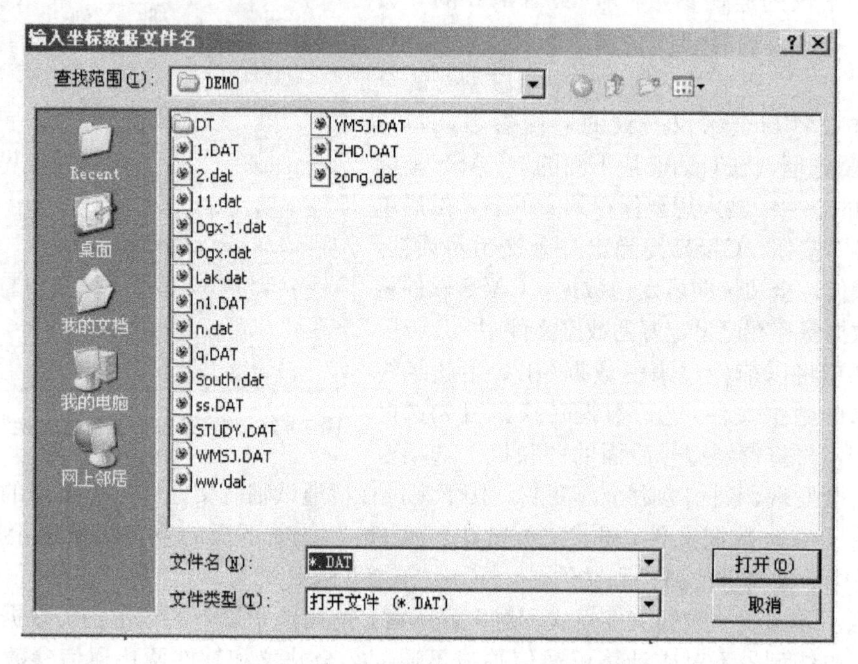

图 10.28 “输入坐标数据文件名”对话框

最小坐标(米)：X=31056.221，Y=53097.691。

最大坐标(米)：X=31237.455，Y=53286.090。

2) 选择测点点号定位成图法

移动鼠标至屏幕右侧菜单区之“测点点号”项，单击，即出现如图 10.29 所示的对话框。输入点号坐标数据文件名 C：\CASS 7.0\DEMO\STUDY.DAT 后，命令区提示：读点完成！共读入 106 个点。

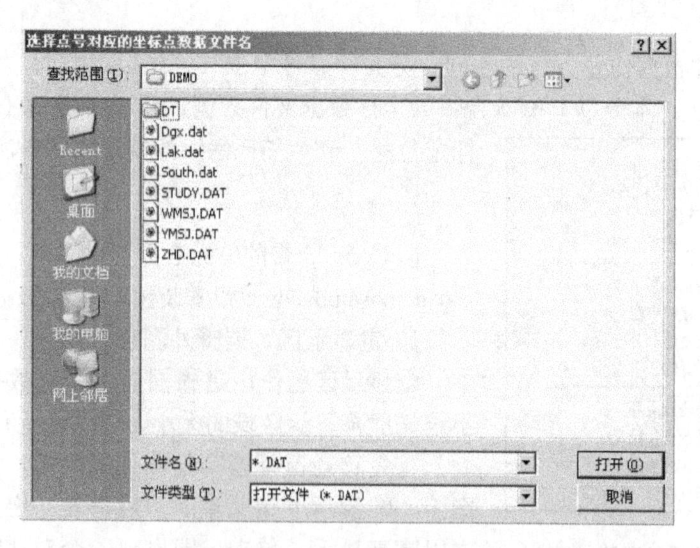

图 10.29 “选择点号对应的坐标点数据文件名”对话框

3）展点

先移动鼠标至屏幕的顶部菜单“绘图处理”项单击，这时系统弹出一个下拉菜单。再移动鼠标选择“绘图处理”下的“展野外测点点号”项，如图 10.30 所示，单击后，便出现如图 10.30 所示的对话框。

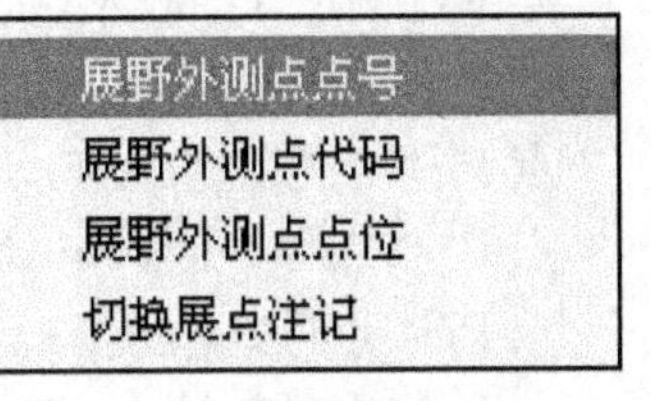

图 10.30 选择“展野外测点点号”

输入对应的坐标数据文件名 C：\CASS 7.0\DEMO\STUDY.DAT 后，便可在屏幕上展出野外测点的点号，如图 10.31 所示。

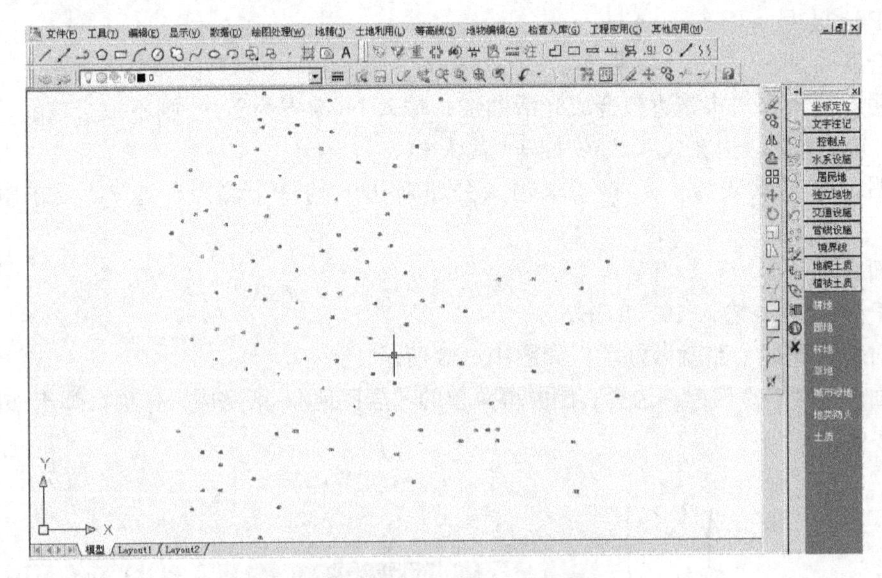

图 10.31 STUDY.DAT 展点图

4）绘平面图

下面可以灵活使用工具栏中的缩放工具进行局部放大以方便编图。先将左上角放大，选择右侧屏幕菜单的“交通设施/城际公路”按钮，弹出如图 10.32 所示的界面。

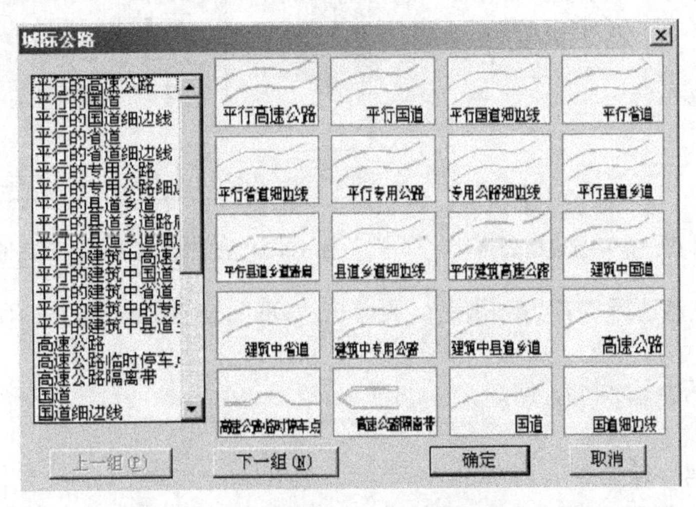

图 10.32 选择屏幕菜单“交通设施/城际公路”

找到“平行的高速公路”并选中，再单击“OK”，命令区提示：

绘图比例尺 1：输入 500，回车。

点 P/<点号>输入 92，回车。

点 P/<点号>输入 45，回车。

点 P/<点号>输入 46，回车。

点 P/<点号>输入 13，回车。

点 P/<点号>输入 47，回车。

点 P/<点号>输入 48，回车。

点 P/<点号>回车

拟合线<N>？输入 Y，回车。

说明：输入 Y，将该边拟合成光滑曲线；输入 N(缺省为 N)，则不拟合该线。

(1) 边点式/2. 边宽式<1>：回车(默认 1)。

说明：选 1(默认为 1)，将要求输入公路对边上的一个测点；选 2，要求输入公路宽度。

对面一点

点 P/<点号>输入 19，回车。

这时平行高速公路就做好了，如图 10.33 所示。

下面作一个多点房屋。选择右侧屏幕菜单的“居民地/一般房屋”选项，弹出如图 10.34 所示的界面。

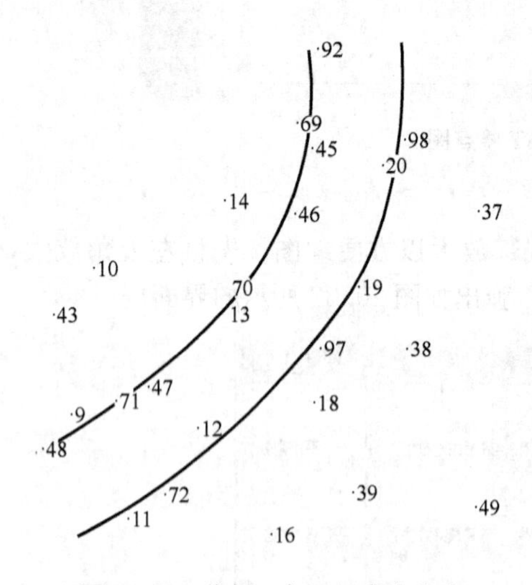

图 10.33　作好一条平行高速公路

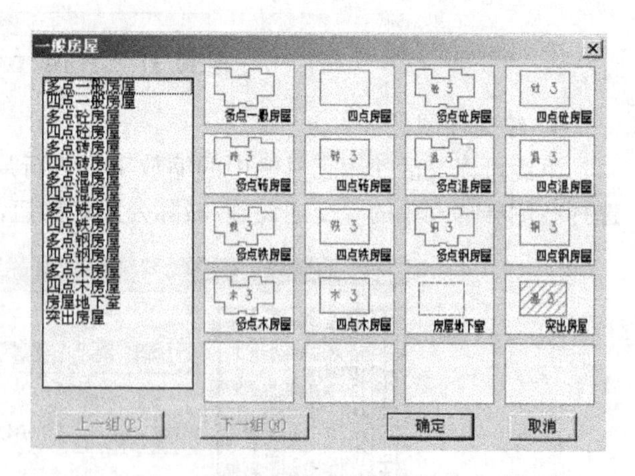

图 10.34　选择屏幕菜单“居民地/一般房屋”

先用鼠标左键选择“多点砼房屋”，再单击“OK”按钮。命令区提示：

第一点：

点 P/<点号>输入 49，回车。

指定点：

点 P/<点号>输入 50，回车。

闭合 C/隔一闭合 G/隔一点 J/微导线 A/曲线 Q/边长交会 B/回退 U/点 P/<点号>输入 51，回车。

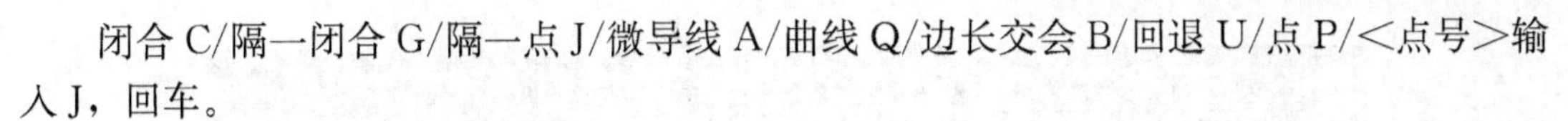

闭合 C/隔一闭合 G/隔一点 J/微导线 A/曲线 Q/边长交会 B/回退 U/点 P/＜点号＞输入 J，回车。

点 P/＜点号＞输入 52，回车。

闭合 C/隔一闭合 G/隔一点 J/微导线 A/曲线 Q/边长交会 B/回退 U/点 P/＜点号＞输入 53，回车。

闭合 C/隔一闭合 G/隔一点 J/微导线 A/曲线 Q/边长交会 B/回退 U/点 P/＜点号＞输入 C，回车。

输入层数：＜1＞回车(默认输 1 层)。

说明：选择多点砼房屋后自动读取地物编码，用户不须逐个记忆。从第三点起弹出许多选项，这里以“隔一点”功能为例，输入 J，输入一点后系统自动算出一点，使该点与前一点及输入点的连线构成直角。输入 C 时，表示闭合。

再做一个多点砼房，熟悉一下操作过程。命令区提示：

Command：dd

输入地物编码：＜141111＞141111。

第一点：点 P/＜点号＞输入 60，回车。

指定点：

点 P/＜点号＞输入 61，回车。

闭合 C/隔一闭合 G/隔一点 J/微导线 A/曲线 Q/边长交会 B/回退 U/点 P/＜点号＞输入 62，回车。

闭合 C/隔一闭合 G/隔一点 J/微导线 A/曲线 Q/边长交会 B/回退 U/点 P/＜点号＞输入 a，回车。

微导线-键盘输入角度(K)/＜指定方向点(只确定平行和垂直方向)＞用鼠标左键在 62 点上侧一定距离处点一下。

距离＜m＞：输入 4.5，回车。

闭合 C/隔一闭合 G/隔一点 J/微导线 A/曲线 Q/边长交会 B/回退 U/点 P/＜点号＞输入 63，回车。

闭合 C/隔一闭合 G/隔一点 J/微导线 A/曲线 Q/边长交会 B/回退 U/点 P/＜点号＞输入 j，回车。

点 P/＜点号＞输入 64，回车。

闭合 C/隔一闭合 G/隔一点 J/微导线 A/曲线 Q/边长交会 B/回退 U/点 P/＜点号＞输入 65，回车。

闭合 C/隔一闭合 G/隔一点 J/微导线 A/曲线 Q/边长交会 B/回退 U/点 P/＜点号＞输入C，回车。

输入层数：＜1＞输入 2，回车。

说明：“微导线”功能由用户输入当前点至下一点的左角(度)和距离(米)，输入后软件将计算出该点并连线。要求输入角度时若输入 K，则可直接输入左向转角，若直接用鼠标点击，只可确定垂直和平行方向。此功能特别适合知道角度和距离但看不到点的位置的情况，如房角点被树或路灯等障碍物遮挡时。

两栋房子和平行等外公路“建”好后，效果如图 10.35 所示。

类似以上操作，分别利用右侧屏幕菜单绘制其他地物。

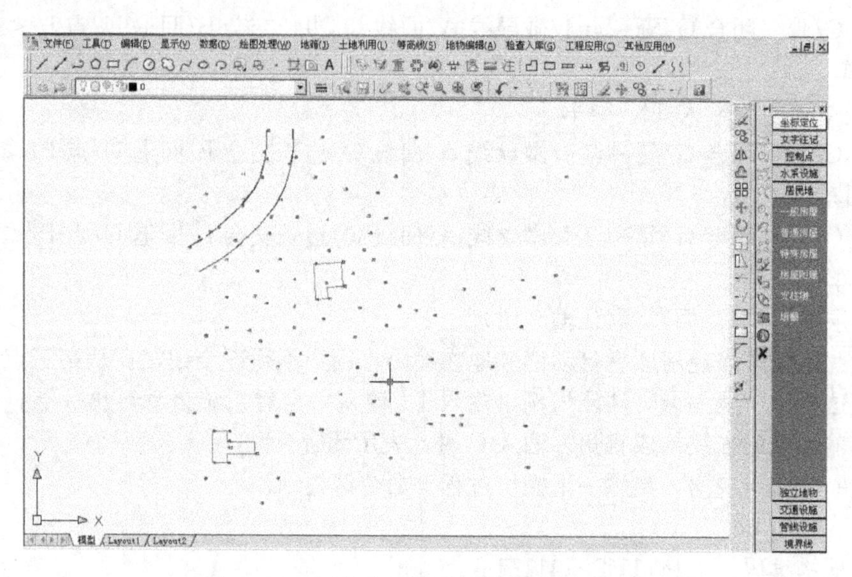

图 10.35 “建”好两栋房子和平行等外公路

在“居民地”菜单中，用 3、39、16 三点完成利用三点绘制 2 层砖结构的四点房；用 68、67、66 绘制不拟合的依比例围墙；用 76、77、78 绘制四点棚房。

在“交通设施”菜单中，用 86、87、88、89、90、91 绘制拟合的小路；用 103、104、105、106 绘制拟合的不依比例乡村路。

在“地貌土质”菜单中，用 54、55、56、57 绘制拟合的坎高为 1m 的陡坎；用 93、94、95、96 绘制不拟合的坎高为 1m 的加固陡坎。

在“独立地物”菜单中，用 69、70、71、72、97、98 分别绘制路灯；用 73、74 绘制宣传橱窗；用 59 绘制不依比例肥气池。

在“水系设施”菜单中，用 79 绘制水井。

在“管线设施”菜单中，用 75、83、84、85 绘制地面上输电线。

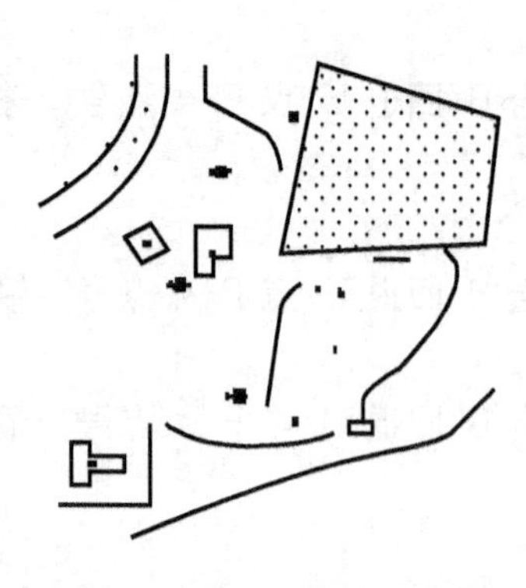

图 10.36 STUDY 的平面图

在“植被园林”菜单中，用 99、100、101、102 分别绘制果树独立树；用 58、80、81、82 绘制菜地(第 82 号点之后仍要求输入点号时直接回车)，要求边界不拟合，并且保留边界。

在“控制点”菜单中，用 1、2、4 分别生成埋石图根点，在提问“点名 . 等级:”时分别输入 D121、D123、D135。

最后选取“编辑”菜单下的“删除”二级菜单下的“删除实体所在图层”，鼠标符号变成了一个小方框，用左键点取任何一个点号的数字注记，所展点的注记将被删除。

平面图作好后效果如图 10.36 所示。

特别提示

如果需要在点号定位的过程中临时切换到坐标定位，可以按“P”键，这时进入坐标定位状态，想回到点号定位状态时再次按“P”键即可。

(2) 用“坐标定位法”绘制小路。本节以CASS自带的坐标数据文件“C：\CASS70\DEMO\YMSJ. DAT”为例，介绍利用“坐标定位法”绘制地物的方法。

首先定显示区，展野外测点点号，这一步操作同“点号定位法”；然后移动鼠标至右侧菜单“坐标定位/点号定位”处，选择“坐标定位”后，选择“展点”。移动鼠标至右侧菜单“交通设施/其他道路”处按左键，在弹出的对话框中选择“小路”，单击“确定”按钮，根据命令行的提示分别捕捉4、5、6、7、8五个点，按回车键结束，命令行提示：

拟合线<N>?

一般选择拟合，输入Y，按回车键，完成小路的绘制，如图10.37所示。

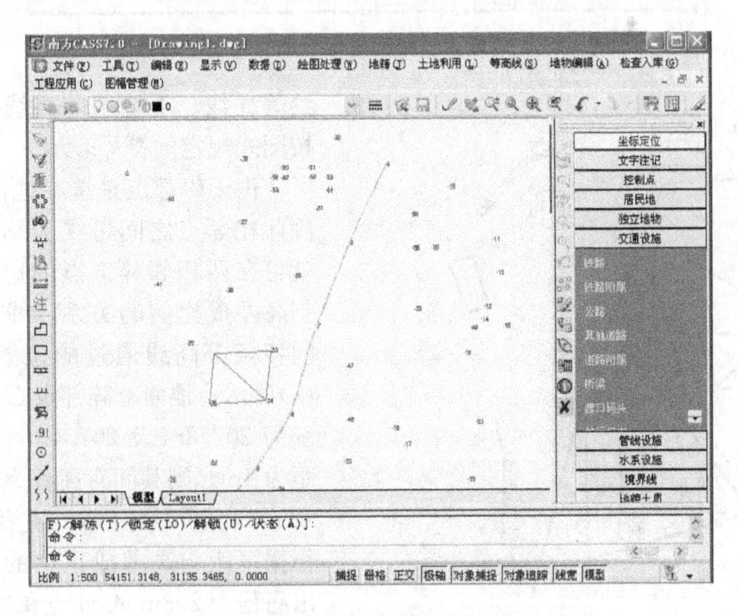

图10.37　绘制完成的普通房屋和小路

特别提示

在操作的过程中，可以嵌用CAD的透明命令，如放大显示、移动图纸、删除、文字注记等。

(3)“简码法”工作方式。移动鼠标至“绘图处理”项，按左键，即可出现下拉菜单。移动鼠标至“简码识别”项，该处以高亮度(深蓝)显示，单击，即出现如图10.38所示的对话窗。输入带简编码格式的坐标数据文件名(此处以C：\CASS70\DEMO\YMSJ. DAT为例)。当提示区显示“简码识别完毕!”，同时在屏幕绘出平面图形，如图10.39所示。

10.3.3　等高线的绘制

1. 手工勾绘等高线

在数字测图出现之前，传统方法都是采用手工勾绘等高线，例如经纬仪测绘法测图。勾绘等高线时，首先用铅笔轻轻描绘出山脊线、山谷线等地性线；再根据碎部点的高程勾

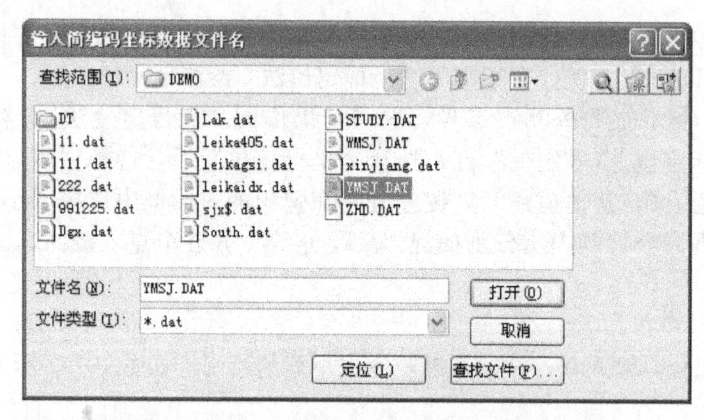

图 10.38 “输入简编码坐标数据文件名”对话框

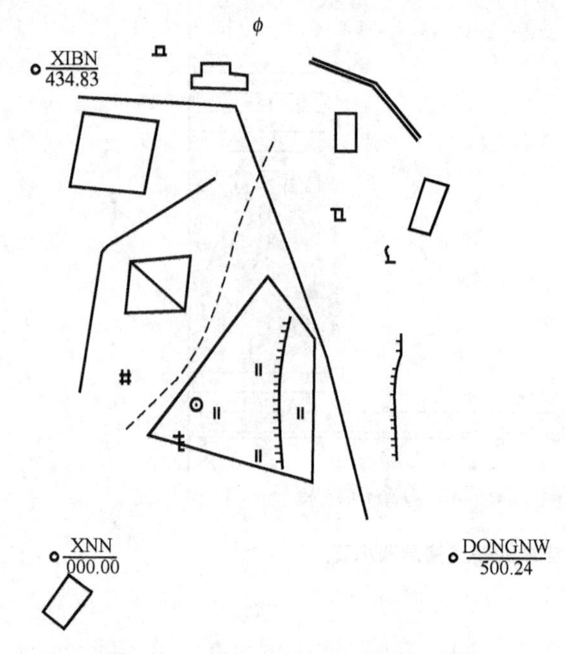

图 10.39 用 YMSJ.DAT 绘的平面图

绘等高线。不能用等高线表示的地貌应按图式规定的符号表示。

由于碎部点是选在地面坡度变化处，因此相邻点之间可视为均匀坡度。这样就可在两相邻碎部点的边线上，按平距与高差成比例的关系，线性内插出两点间各条等高线通过的位置。如图 10.40(a)所示，地面上碎部点 C 和 A 的高程分别为 202.8m 及 207.4m，若取基本等高距为 1m，则其间有高程为 203m、204m、205m、206m 及 207m 五条等高线通过。根据平距与高差成正比的原理，先目估出高程为 203m 的 m 点和高程为 207m 的 q 点，然后将 mq 的距离四等分，定出高程为 204m、205m、206m 的 n、o、p 点。同法定出其他相邻两碎部点间等高线应通过的位置。将高程相等的相邻点连成光滑的曲线，就得到了这一区域内的等高线，如图 10.40(b)所示。

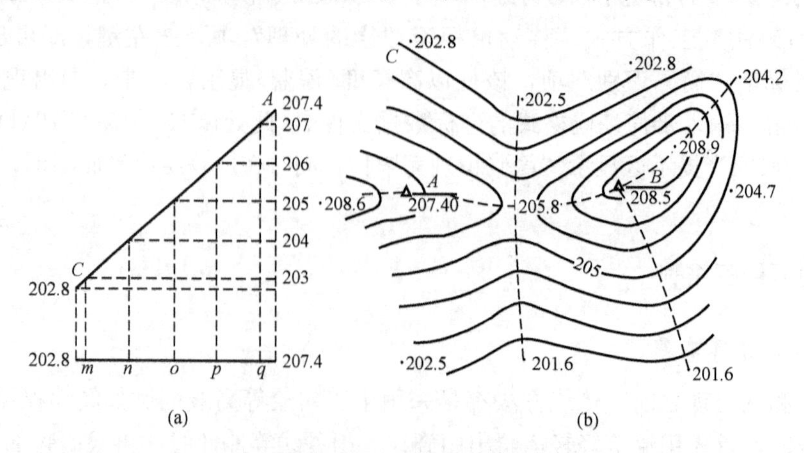

图 10.40 等高线的勾绘

勾绘等高线时，要对照实地情况，先画计曲线，后画首曲线并注意等高线通过山脊线、山谷线时要与之保持正交。

2. 计算机绘制等高线

在使用绘图软件绘制等高线之前，必须先将野外测的高程点建立数字地面模型(DTM)，然后在数字地面模型上生成等高线。

1) 数字地面模型的基本概念

数字地面模型(DTM)是一个表示地面特征的空间分布的数据阵列，最常用的是用一系列地面点的平面坐标 X、Y 及该地面点的高程 Z 或属性(如道路、房屋等)组成的数据阵列。若地面按一定格网形式有规则地排列，点的平面坐标 X、Y 可由起始原点推算而无需记录，这样地表面形态只用点的高程 Z 来表达，称之为数字高程模型(DEM)。这种矩形格网 DEM 存贮量最小，便于使用且容易管理，是目前使用最广泛的一种形式。其缺点是有时不能准确地表示地形的结构与细部。

为了能较好地顾及地貌特征点、线，以便真实地表示复杂的地形表面，较理想的数据结构是按地形特征采集的点按一定规则连接成覆盖整个区域且互不重叠的三角形，构成一个由不规则的三角网 TIN 表示的 DEM，称为三角网 DEM。

南方 CASS 软件建立的数字地面模型采用的就是三角网 DEM 形式。本节以 CASS 自带的坐标数据文件“C：\CASS70\DEMO\DGX.DAT”为例，介绍等高线的绘制过程。

2) 建立数字地面模型(构建三角网)

(1) 移动鼠标至屏幕顶部菜单“等高线”项，选择“建立 DTM”，出现如图 10.41 所示的对话框。首先选择建立 DTM 的方式，分为两种方式：由数据文件生成和由图面高程点生成。如果选择由数据文件生成，则在坐标数据文件名中选择坐标数据文件；如果选择由图面高程点生成，则在绘图区选择参加建立 DTM 的高程点。然后选择结果显示，分为三种：显示建三角网结果、显示建三角网过程和不显示三角网。最后选择在建立 DTM 的过程中是否考虑陡坎和地形线。单击“确定”按钮后生成如图 10.42 所示的三角网。

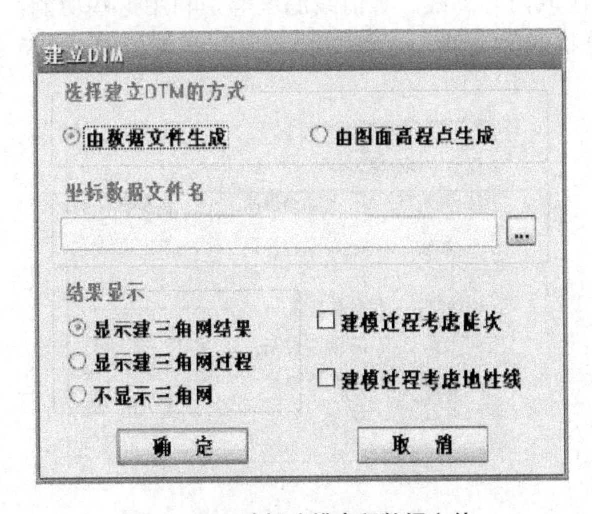

图 10.41 选择建模高程数据文件

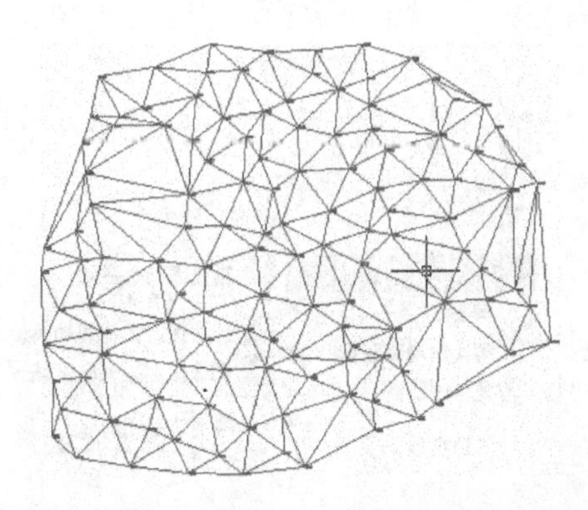

图 10.42 用 DGX.DAT 数据建立的三角网

(2) 修改数字地面模型(修改三角网)。一般情况下，由于地形条件的限制，在外业采集的碎部点很难一次性生成理想的等高线，如楼顶上控制点。另外还因现实地貌的多样性和复杂性，自动构成的数字地面模型与实际地貌不太一致，这时可以通过修改三角网来修改这些局部不合理的地方。

CASS 软件提供的修改三角网的功能有：删除三角形、增加三角形、过滤三角形、三角形内插点、删三角形顶点、重组三角形、删三角网、修改结果存盘等，根据具体情况可对三角网进行修改，并将修改结果存盘。

特别提示

修改了三角网后一定要进行修改结果存盘操作，否则修改无效！

(3) 绘制等高线。用鼠标选择“等高线”下拉菜单的“绘制等高线”项，弹出如图 10.43 所示对话框。根据需要完成对话框的设置后，单击“确定”按钮，CASS 开始自动绘制等高线，如图 10.44 所示。最后在“等高线”下拉菜单中选择“删三角网”。

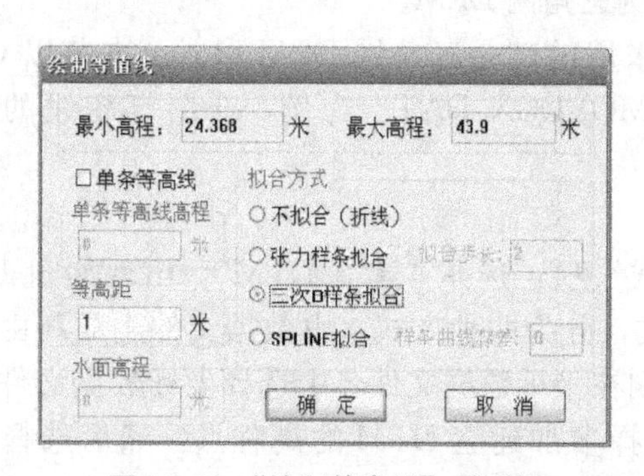

图 10.43 “绘制等高线”对话框

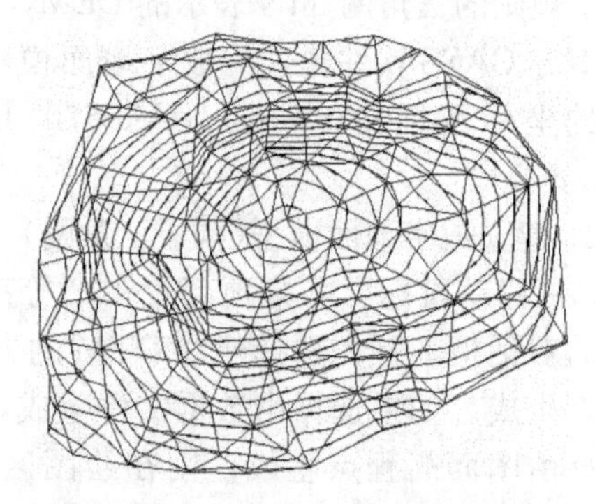

图 10.44 CASS 软件绘制的等高线

(4) 等高线的修饰。CASS 软件提供了以下等高线的修饰功能：等高线注记、等高线修剪、切除指定二线间等高线、切除指定区域内等高线、等值线滤波等，利用这些功能，可以给等高线加注记、切除穿注记和建筑物的等高线。“等高线修剪”菜单如图 10.45 所示。

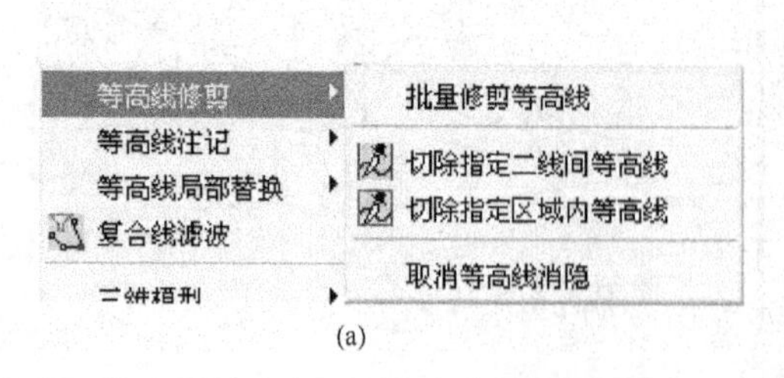

(a)

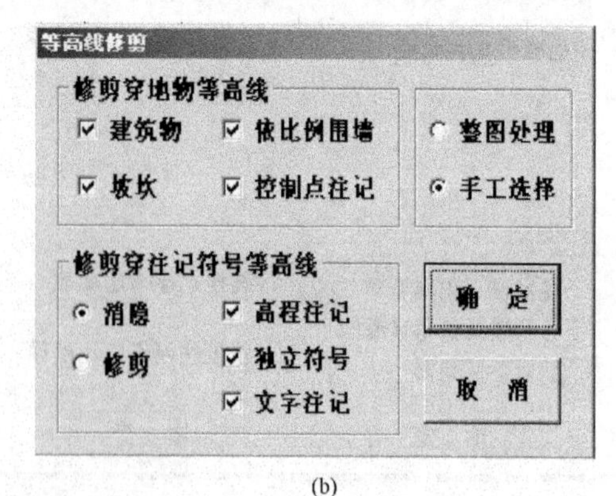

(b)

图 10.45 “等高线修剪”菜单

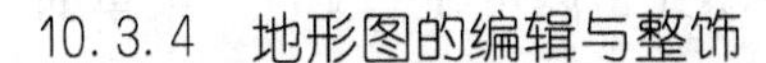

10.3.4 地形图的编辑与整饰

在大比例尺数字测图的过程中，由于实际地形、地物的复杂性，漏测、错测是难以避免的，这时必须要有一套功能强大的图形编辑系统，对所测地图进行屏幕显示和人机交互图形编辑，在保证精度情况下消除相互矛盾的地形、地物，对于漏测或错测的部分，及时进行外业补测或重测。另外，对于地图上的地物、地貌还需要数字、文字加以注记说明，如：道路、河流、街道名称等。图形编辑的另一个重要用途是对大比例尺数字化地图的更新，可以借助人机交互图形编辑，根据实测坐标和实地变化情况，随时对地图的地形、地物进行增加、删除或修改等，以保证地图具有很好的现势性。

对于图形的编辑，CASS7.0 提供“编辑”和“地物编辑”两种下拉菜单。其中“编辑”是由 AutoCAD 提供的编辑功能，包括图元编辑、删除、断开、延伸、修剪、移动、旋转、比例缩放、复制、偏移拷贝等；“地物编辑”是由南方 CASS 系统提供的对地物编辑功能，包括地物重构、线型换向、植被填充、土质填充、批量删剪、批量缩放、窗口内的图形存盘、多边形内图形存盘等。下面举例说明几种地物编辑方法。

1. 地物编辑

1）地物重构

地物重构就是根据图上地物的骨架线重新生成一遍图形。该功能可通过鼠标拖动或移动已有地物的骨架线，然后对复杂地物线型进行快速编辑和修改。特别是对于斜坡、电线杆、围墙、植被范围线等复杂线型的编辑来说，该功能非常有用。

2）线型换向

线型换向就是可以改变各种线型(如陡坎、栅栏)的方向。使用该功能时，用鼠标选取要改变方向的线型实体，则立即改变线型方向，如图 10.46 所示。

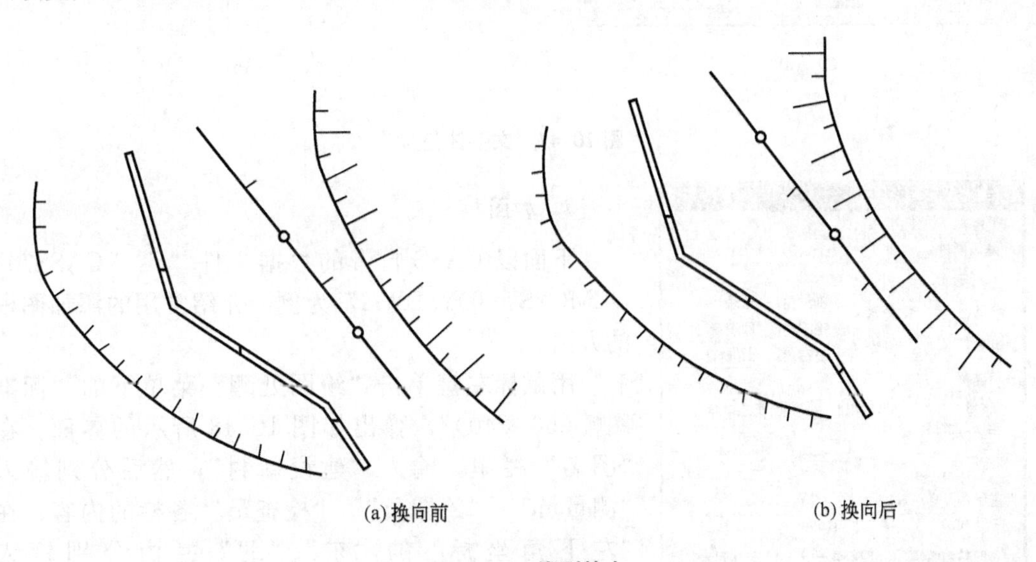

图 10.46 线型换向

3）植被填充

植被填充就是在指定区域内填充上植被符号。选择需要填充植被符号区域的边界线，系统会在封闭区域内填充植被符号，同时边界复合线的线型和图层也相应变化。这里需要注意的是，要求边界线由复合线绘制，并且封闭。植被符号填充密度可在“文件”菜单的“CASS参数配置”功能中进行设置。

2. 添加注记

下面以CASS自带的数据文件“C：\CASS70\DEMO\STUDY. DWG”为例，介绍常用的添加注记的方法。

首先在需要添加文字注记的位置绘制一条拟合的多功能复合线，然后用鼠标左键选取右侧屏幕菜单的“文字注记”项，在弹出的菜单中选择“注记文字”，弹出如图10.47(a)所示的对话框。在注记内容中输入“经纬路”并选择注记排列和注记类型，输入文字大小确定后，选择绘制的拟合多功能复合线即可完成注记，如图10.47(b)所示。

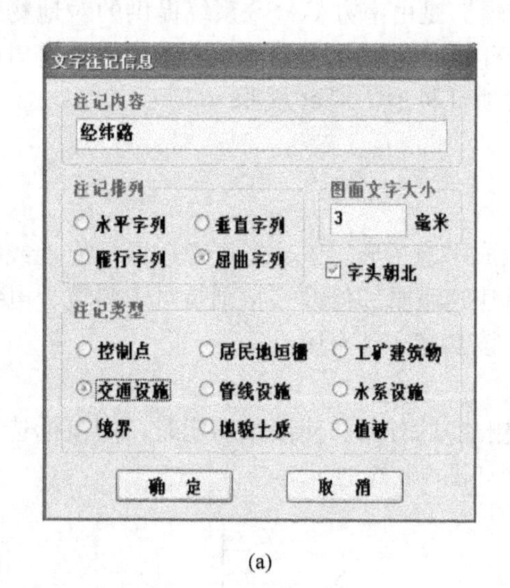

(a)

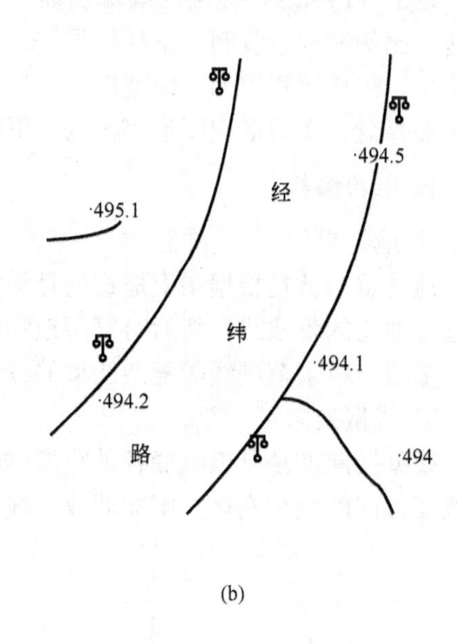

(b)

图10.47 文字注记

图名
建设新村
图幅尺寸
横向：5 分米
纵向：4 分米
测量员：张强
绘图员：刘媛媛
检查员：王海波
接图表
张村 沈家村 第二中学
西文村 李庄
砖厂 文苑新村 刘庄
左下角坐标
东：53073 北：31050
取整到图幅 取整到十米 取整到米
不取整,四角坐标与注记可能不符
删除图框外实体 确 认 取 消

图10.48 图幅整饰对话框

3. 加图框

下面以CASS自带的数据文件“C：\CASS70\DEMO\STUDY. DWG”为例，介绍常用的添加图框的方法。

用鼠标左键单击“绘图处理”菜单下的“标准图幅(50×40)”，弹出如图10.48所示的界面。在“图名”栏里，输入“建设新村”；然后分别输入“测量员”、“绘图员”、“检查员”各栏的内容；在“左下角坐标”的“东”、“北”栏内分别输入“53073”、“31050”；勾选“删除图框外实体”，然后单击“确认”按钮，系统便显示添加了图框的地形图，如图10.49所示。

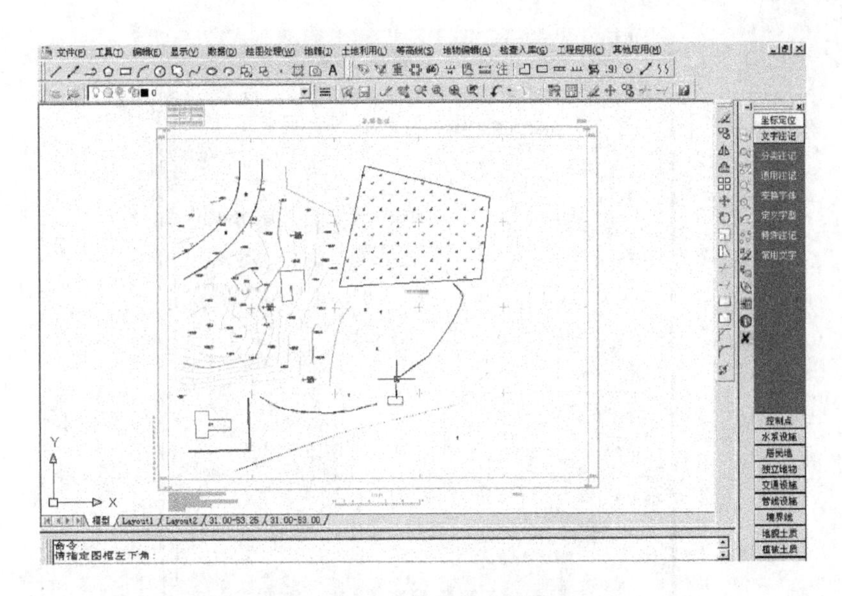

图 10.49 添加图框的地形图

4. 打印输出

设置“打印机配置”框(图 10.50)。

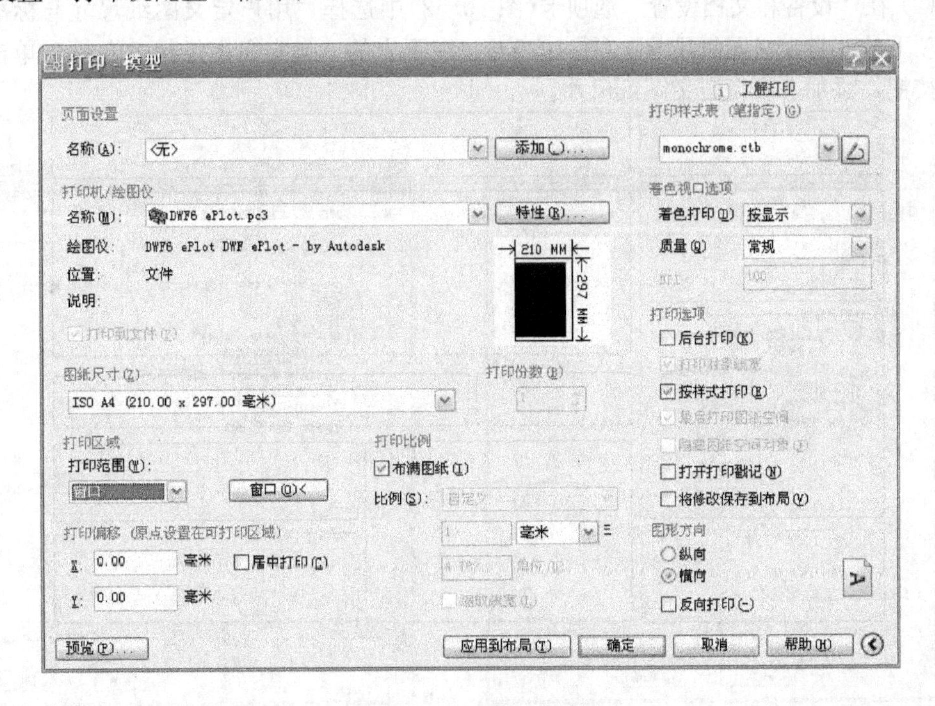

图 10.50 打印机对话框

首先，在“打印机配置”框中的“名称:”一栏中选择相应的打印机，然后单击“特性”按钮，进入“打印机配置编辑器”。

(1) 在“端口”选项卡中选取“打印到下列端口(P)”单选按钮并选择相应的端口(图 10.51)。

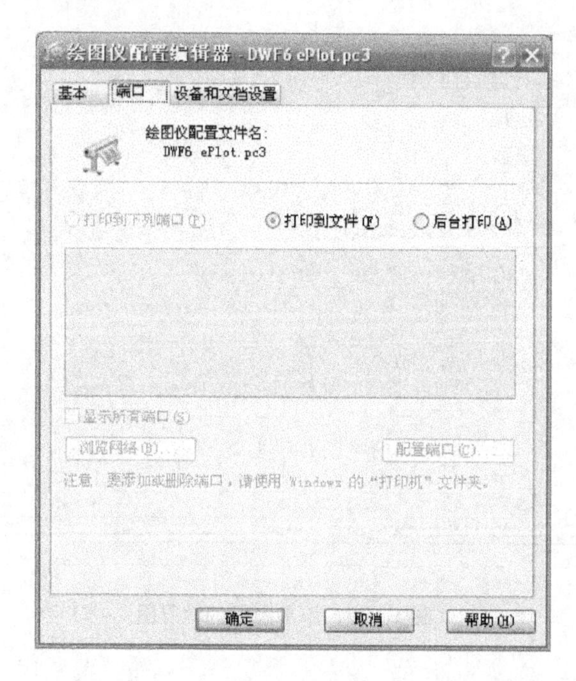

图 10.51　打印机配置编辑器“端口”设置

(2) 在“设备和文档设置”选项卡(图 10.52)中选择“用户定义图纸尺寸与标准”分支选项下的“自定义图纸尺寸”(图 10.53)。在下方的“自定义图纸尺寸”框中单击“添加”按钮，添加一个自定义图纸尺寸。

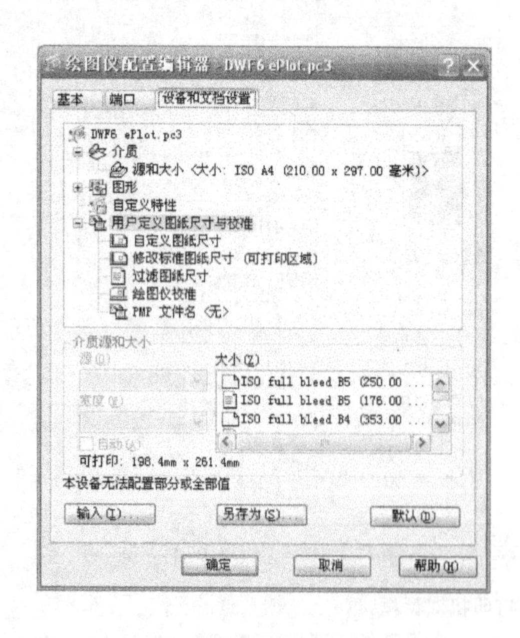

图 10.52　打印机配置编辑器“设备和文档设置”

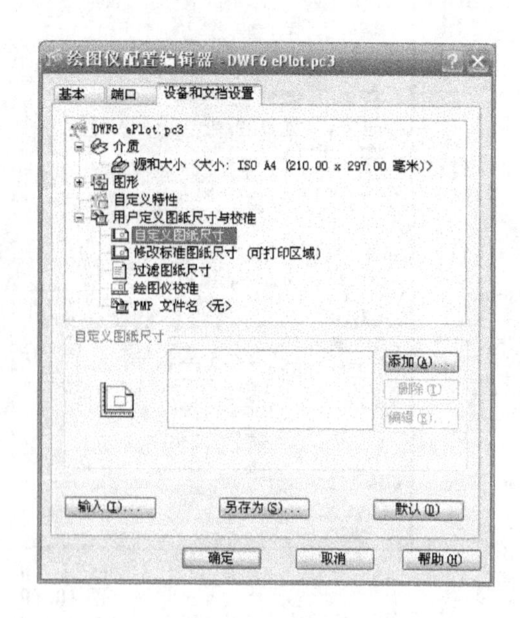

图 10.53　打印机配置的自定义图纸尺寸

① 进入“自定义图纸尺寸-开始”对话框(图 10.54)，选取“创建新图纸”单选框，单击“下一步”按钮。

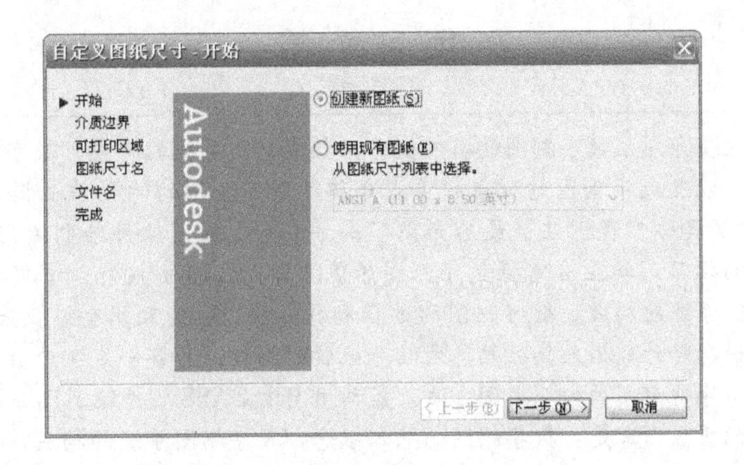

图 10.54 “自定义图纸尺寸开始”对话框

② 进入“自定义图纸尺寸-介质边界”窗口，设置单位和相应的图纸尺寸，单击“下一步”按钮。

③ 进入“自定义图纸尺寸-可打印区域”窗口，设置相应的图纸边距，单击“下一步”按钮。

④ 进入“自定义图纸尺寸-图纸尺寸名”窗口，输入一个图纸名，单击“下一步”按钮。

⑤ 进入“自定义图纸尺寸-完成”窗口，单击“打印测试页”按钮，打印一张测试页，检查是否合格，然后单击“完成”按钮。

选择“介质”分支选项下的“源和大小<…>”。在下方的“介质源和大小”框中的“大小(Z)”栏中选择已定义过的图纸尺寸。

选择“图形”分支选项下的“矢量图形<…><…>”。在“分辨率和颜色深度”框中，把“颜色深度”框里的单选按钮框置为“单色(M)”，然后，把下拉列表的值设置为“2 级灰度”，再单击最下面的“确定”按钮。这时，会出现“修改打印机配置文件”窗口，在窗口中选择“将修改保存到下列文件”单选按钮。最后单击“确定”按钮完成。

(3) 把“图纸尺寸”框中的“图纸尺寸”下拉列表的值设置为先前创建的图纸尺寸设置。

(4) 把“打印区域”框中的下拉列表的值置为“窗口”，下拉框旁边会出现按钮“窗口”，单击“窗口(O)<”按钮，鼠标指定打印窗口。

(5) 把“打印比例框”中的“比例(S):”下拉列表选项设置为“自定义”，在“自定义:”文本框中输入“1”毫米＝“0.5”图形单位(1∶500 的图为“0.5”图形单位；1∶1000 的图为“1”图形单位，以此类推)。

(6) 单击“预览(P)…”按钮对打印效果进行预览，最后单击“确定”按钮打印。

项目小结

本项目主要介绍了数字测图的基本概念，数字测图系统的构成，数字测图的过程和作业模式，以及数字测图的优点；重点介绍了数字测图的两种作业模式(测记式、电子平板式)的具体实现方法；最后介绍了南方 CASS 成图软件绘制地形图的方法。通过本项目的学习，学生应掌握数字测图的基本知识、基本技能；掌握数字测图概念、数字测图系统的构成，数字测图的过程和作业模式，能利用全站仪采用草图法、电子平板法进行野外数据采集；熟悉地物和地貌的测绘，具备一定测绘数字地形图的能力；熟悉数字地形图的内业成图方法，能利用南方 CASS 软件绘制、编辑地形图。

本项目的重点内容是：数字测图的基本概念，数字测图系统的构成，数字测图的过程和作业模式，数据通信；数字测图的两种作业模式(测记式、电子平板式)的具体实现方法；南方 CASS 成图软件绘制地形图的方法。本项目的难点是：地物、地貌特征点的选取，野外数据采集，CASS 软件的使用。

本项目的教学目标是使学生掌握数字测图的基本概念；掌握数字地形图野外数据采集的作业过程及方法，能利用全站仪进行数据采集，重点是草图法；熟悉南方 CASS 软件绘制地形图的方法，能利用 CASS 软件进行数据通信及地形图的绘制。

习　题

一、填空题

1. 测绘地形图时，碎部点的高程注记应字头向__________。
2. 数字测图的过程包括__________。
3. 数字测图必须采集绘图信息，它包括__________、__________和__________。
4. 数字测图的作业模式分为__________模式、__________模式。
5. 数字测图系统主要由以下三部分组成：__________、__________和__________。
6. 测记法数据采集通常区分为__________作业和__________作业。
7. 数据通信时所传输的数据信息的二进制位数叫做__________。
8. 在全站仪数据传输中，常用的校验方式有__________、__________和__________。

二、选择题

数据传输的速度称之为(　　)。

A. 波特率　　B. 字节　　C. 无校验　　D. 偶校验

三、简答题

1. 简述数字测图的基本思想，其测图过程包括哪三部分？
2. 测绘地形图时，应如何选择地物、地貌碎部点？
3. 简述数字测图的优点。
4. 叙述使用全站仪的数据采集功能进行数据采集的操作步骤。
5. 什么是测记法？
6. 什么是数字高程模型？简述利用南方 CASS 软件绘制等高线的方法。
7. 什么是数字测图系统？其基本构成是什么？
8. 什么是数据通信？数据传输的方式有哪些？

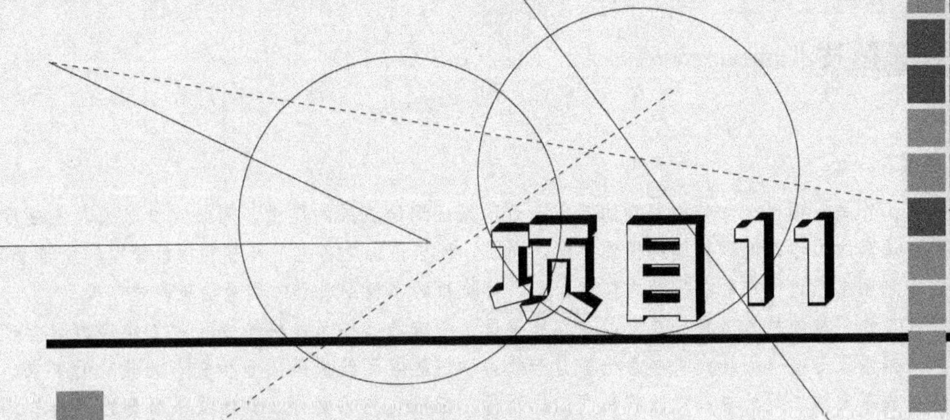

项目11

成果检查验收

教学目标

掌握编制技术设计书的目的、意义和原则，掌握技术设计的要求和依据，熟悉数字技术设计书编写的过程和技术设计书的主要内容。

教学要求

能力目标	知识要点	权重
掌握成果验收的依据	成果验收的依据	10%
掌握成果验收制度	成果验收制度	10%
掌握数字地形图的质量要求	数字地形图的质量要求	10%
掌握数字地形图检查方法	数字地形图检查方法	10%
熟悉数字地形图的验收	数字地形图的验收	20%
熟悉编写技术总结	编写技术总结	40%

项目导读

数字测图工作是一项十分细致而复杂的工作，为了保证测绘成果的质量，测绘人员必须具有高度的责任感、严肃认真的工作态度和熟练的操作技能，同时，还应该强化各生产环节的技术管理和质量管理，建立健全数字测图生产过程中的各项技术规定，并严格执行数字测图成果的质量检验验收制度。

检查验收工作需按照技术规范的要求，建立成果质量检查验收体系，将检查验收工作渗透到生产的每个环节。根据国家标准《测绘成果质量检查与验收》和《数字测绘成果质量检查与验收》的要求，对测绘地理信息成果实施二级检查一级验收制度；按照行业标准化指导文件《测绘成果质量检验报告编写基本规定》，编写测绘地理信息成果质量检验报告。

任务 11.1　成果验收的依据

1. 检查验收的含义

为了评定测绘成果质量，须严格按照相关技术细则或技术标准，通过观察、分析、判断和比较，适当结合测量、试验等方法对测绘成果质量进行符合性评价。

2. 数字测绘产品检查验收的几个基本术语

(1) 单位成果。为实施检查与验收而划分的基本单位。

(2) 批成果。在同一技术设计要求下生产的同一测区的、同一比例尺(或等级)单位的成果集合。

(3) 批量。批成果中单位成果的数量。

(4) 全数检查。对批成果中全部单位成果逐一进行的检查。

(5) 抽样检查。从批成果中抽取一定数量样本进行检查。

(6) 质量元素。说明质量的定量、定性组成部分，即成果满足规定要求和使用目的的基本特性。质量元素的适用性取决于成果的内容及成果规范，并非所有的质量元素适用于所有的成果。

(7) 质量子元素。质量元素的组成部分，描述质量元素的一个特定方面。

(8) 检查项。质量子元素的检查内容。说明质量的最小单位，质量检查和评定的最小实施对象。

(9) 详查。对单位成果质量要求的全部检查项进行的检查。

(10) 概查。对单位成果质量要求中的部分检查项进行的检查。部分检查项一般指重要的、特别关注的质量要求或指标，或系统性的偏差和错误。

3. 成果检查验收的依据

(1) 项目任务书、合同书和委托检查验收文件。

(2) 项目的技术设计书和有关的技术规定。

(3) 相关的法律法规、规范和标准，如：《城市测量规范》、《工程测量规范》、《地籍测量规范》、《1∶500　1∶1000　1∶2000 外业数字测图技术规程》、《1∶500　1∶1000　1∶2000 地形图图式》、《1∶500　1∶1000　1∶2000 地形图数字化规范》、《1∶500、1∶1000、1∶2000 地形图要素分类与代码》、《数字测绘成果质量检查与验收》、《测绘技术总结编写规定》。

任务 11.2 成果检查验收制度

数字测图成果质量检查和质量评定工作是保证成果合格、可靠的重要环节。测绘单位首先要根据所持有的测绘资质等级要求，建立完善的质量控制和检查管理的体系和机制。质量检查要根据数字测图技术的专业情况，有专门的技术支撑、人员配备和设备配置。同其他测绘工程(产品)一样，数字测图成果质量的控制和检查测绘成果一般实行两级检查一级验收制度。测绘成果质量评定采用百分制评分。

11.2.1 二级检查一级验收制度

数字测图成果质量通过二级检查一级验收方式进行控制。测绘成果应依次通过测绘单位作业部门的过程检查、测绘单位质量管理部门的最终检查和项目管理单位组织的验收或委托具有资质的专业检验单位进行检查验收。其基本要求如下。

测绘单位实施成果质量的过程检查和最终检查。过程检查采用全数检查，不作单位成果质量评定；最终检查一般也采用全数检查，涉及野外检查项的可采用抽样检查，样本以外的应实施内业全数检查，并逐幅评定单位成果质量等级。

各级检查工作应独立、按顺序进行，一般不得省略、代替或颠倒顺序。

验收一般对批成果中的单位成果进行抽样检查并评定质量等级。质量检验机构应对样本进行详查，必要时可对样本以外的单位成果的重要检查项进行概查。

1. 过程检查的要求

通过自查、互查的单位成果，才能进行过程检查。过程检查应逐单位成果详查。检查出的问题、错 误，复查的结果应在检查记录中记录。对于检查出的错误修改后应复查，直至检查无误为止，方可提交最终检查。

2. 最终检查的要求

通过过程检查的单位成果，才能进行最终检查。最终检查应逐单位成果详查。对野外实地检查项，应按有关规定进行抽样检查。检查出的问题、错误，复查的结果应在检查记录中记录。最终检查应审核过程检查记录。最终检查不合格的单位成果退回处理，处理后再进行最终检查，直至检查合格为止。最终检查合格的单位成果，对于检查出的错误修改后经复查无误，方可提交验收。

最终检查完成后，应编写检查报告，随成果一并提交验收。最终检查完成后，应书面申请验收。

3. 验收要求

单位成果最终检查全部合格后，才能进行验收。样本内的单位成果应逐一详查，样本外的单位成果根据需要进行概查。检查出的问题、错误，复查的结果应在检查记录中记录。验收应审核最终检查记录。验收不合格的批成果退回处理，并重新提交验收。重新验收时，应重新抽样。验收合格的批成果，应对检查出的错误进行修改，并通过复查核实。

验收工作完成后，应编写检验报告。

11.2.2　提交检查验收的资料

在最终检查和验收时，应按检查验收要求提交完整的成果资料。

成果资料一般应包括：项目技术设计书、技术总结；质量记录文本；控制测量数据、数字测图数据文件，包括图根控制测量数据、数字地形图测绘成图数据、图廓整饰信息文件、元数据文件等；辅助数据文件，如作为数据源使用的原图或复制的二底图；按检查要求制作的数字地图图形或影像数据输出的检查图或模拟图；技术规定或技术设计书规定的其他文件资料。提交验收时，还应包括检查报告。

11.2.3　检查验收的记录及存档

检查验收记录包括质量问题记录、问题处理的记录及质量评定的记录等。记录必须及时、认真、规范、清晰。检查、验收工作完成后，需编制检查报告、验收报告，并随测绘成果一起归档。

任务 11.3　检查验收工作的实施

11.3.1　检查工作的实施

(1) 作业人员经自查，确认无误后方可按规定整理上交资料成果。由测绘单位的测绘作业部门进行过程检查；在此基础上，由测绘单位质量管理部门进行最终检查，一、二级均为 100％的成果全面检查。对野外实地检查项，可抽样检查，样本量不应低于表 11－1 的规定。

表 11－1　样本确定表

批量	样本量
≤20	3
21～40	5
41～60	7
61～80	9
81～100	10
101～120	11
121～140	12
141～160	13
161～180	14
181～200	15
≥20	分批提交，批次数应最小，各批次的批量应均匀

注：当批量小于或等于 3 时，样本量等于批量，为全数检查。

(2) 在过程、最终检查时，如发现有不符合质量要求的成果时，应退给作业组、测绘作业部门进行返工重测或修改处理，然后再进行检查，直到检查合格为止。

(3) 测绘成果经最终检查、并对所指出问题返回作业人员进行修改处理后，按“单位成果质量评定方法”评定成果的质量，并按规定编写检查报告。检查报告经生产单位技术领导或主管质量的领导审核批准后，随成果一并提交检验。

(4) 测绘生产单位应书面向委托生产单位或任务下达部门申请验收。

11.3.2 验收工作的实施

(1) 验收工作应在单位测绘成果经最终检查合格后，才能进行。

(2) 检验批一般应由同一区域、同一测绘单位的测绘成果组成。同一区域范围较大时，可以按测绘时间不同分别组成检验批。

(3) 验收部门在验收时，一般根据检验批中的批量大小，按表 11－1 所定的样本量抽取检验样本。

(4)抽样方法可采用简单随机抽样法或分级随机抽样法。对困难类别、作业方法等大体一致的成果，可采用简单随机抽样法。否则，采用分级随机抽样法。

(5) 对样本进行详查。按规定进行成果质量核定，对样本以外的成果一般进行概查。如样本中经验收有质量不合格成果时，须进行二次抽样详查。

(6) 按相关规定判断检验批质量。经验收判为合格的检验批，被检单位要对检验中发现的问题进行处理；经验收判为一次检验未通过的检验批，要将检验批全部或部分退回被检单位，令其重新检查、处理，然后再重新复检。

(7) 凡是复检的成果，必须重新抽样。

(8) 验收工作完成后，按规定编制验收报告，验收报告须随成果归档，并送生产单位一份。

11.3.3 检查验收的内容与方法

1. 文件名及数据格式检查

检查文件名、命名格式与名称的正确性；检查数据格式、数据组织是否符合规定。

2. 数学基础的检查

检查所采用的坐标系统的正确性。将图廓点、首末公里网、经纬网交点、控制点等的坐标按检索条件在屏幕上显示，并与理论值和控制点的已知坐标值核定。

3. 数学精度的检查

(1) 选择检测点的一般规定。数字地形图平面检测点应是均匀分布、随机选取的明显地物点。平面和高程检测点的数量视地物复杂程度、比例尺等具体情况确定，每幅一般各选取 20～50 个点。

(2) 检测方法。野外测量采集数据的数字地形图，当比例尺大于 1∶5000 时，检测点的平面坐标和高程采用外业散点法按测站点精度施测。用钢尺或测距仪量测相邻地物点间距离，量测边数量每幅一般不少于 20 处。

(3) 检测数据的处理。分析检测数据，检查各项误差是否符合正态分布。检查点的平面和高程中误差按下列方法计算。

地物点的平面中误差按式(11-1)计算

$$M_x = \pm \sqrt{\frac{\sum_{i=1}^{n}(X_i - x_i)^2}{n-1}}$$

$$M_y = \pm \sqrt{\frac{\sum_{i=1}^{n}(Y_i - y_i)^2}{n-1}} \tag{11-1}$$

式中：M_x——坐标 X 的中误差(m)；

M_y——坐标 Y 的中误差(m)；

X_i——坐标 X 的检测值(m)；

Y_i——坐标 Y 的检测值(m)；

x_i——坐标 X 的原测值(m)；

y_i——坐标 Y 的原测值(m)；

n——检测点数。

相邻地物点之间间距中误差(或点状目标位移中误差、线状目标位移中误差)按式(11-2)计算：

$$M_s = \pm \sqrt{\frac{\sum_{i=1}^{n}\Delta S_i^2}{n-1}} \tag{11-2}$$

式中：ΔS——相邻地物点实测边长与图上同名边长较差(m)；

n——量测边条数。

高程中误差按式(11-3)计算：

$$M_h = \pm \sqrt{\frac{\sum_{i=1}^{n}(H_i - h_i)^2}{n-1}} \tag{11-3}$$

式中：H_i——检测点的实测高程(m)；

h_i——数字地形图上相应内插点高程(m)；

n——高程检测点的个数。

4. 接边精度的检查

通过量取两相邻图幅接边处要素端点的距离 Δd 是否等于 0 来检查接边精度，未连接的记录其偏差值；检查接边要素几何上的自然连接情况，避免生硬；检查面域属性、线划属性的一致情况，记录属性不一致的要素实体个数。

5. 属性精度的检查

(1) 检查各个层的名称是否正确，是否有漏层。

(2) 逐层检查各属性表中的属性项类型、长度、顺序等是否正确，有无遗漏。

(3) 按照地理实体的分类、分级等语义属性检索，在屏幕上将检测要素逐一显示或绘出要素全要素图(或分要素图)与地图要素分类代码表，和数字原图对照，目视检查各要素分层、代码、属性值是否正确或遗漏。

(4) 检查公共边的属性值是否正确。

6. 要素逻辑性的检查

(1) 用相应软件检查各层是否建立了拓扑关系及拓扑关系的正确性。

(2) 检查各层是否有重复的要素。

(3) 检查有向符号、有向线状要素的方向是否正确。

(4) 检查多边形的闭合情况，标识码是否正确。

(5) 检查线状要素的结点匹配情况。

(6) 检查各要素的关系是否合理，有无地理适应性矛盾，是否能正确反映各要素的分布特点和密度特征。

(7) 检查水系、道路等要素是否连续。

7. 整饰质量检查

(1) 检查各要素符号是否正确，尺寸是否符合图式规定。

(2) 检查图形线划是否连续光滑、清晰，粗细是否符合规定。

(3) 检查各要素关系是否合理，是否有重叠、压盖现象。

(4) 检查各名称注记是否正确，位置是否合理，指向是否明确，字体、字号、字向是否符合规定。

(5) 检查注记是否压盖重要地物或点状符号。

(6) 检查图面配置、图廓内外整饰是否符合规定。

8. 附件质量检查

(1) 检查所上交的文档资料填写是否正确、完整。

(2) 逐项检查元数据文件内容是否正确、完整。

任务 11.4 数字地形图的质量评定

11.4.1 数字地形图的质量要求

数字地形图的质量评价体系分为质量元素、质量子元素、检查项三个层次。

质量评定以质量元素为对象进行分类抽查。质量元素是说明质量的定量、定性组成部分，即成果满足规定要求和使用目的的基本特性。质量元素的适用性取决于成果的内容及其成果规范，并非所有的质量元素都适用于所有的成果。根据国家标准《测绘成果质量检查与验收》(GB/T 24356—2009)，大比例尺地形图的质量元素主要有如下几个方面：数学精度、数据及结构正确性、地理精度、整饰质量、附件质量等。而数字地形图作为数字成果，除上述因素外，还需考虑属性精度、完整性、逻辑一致性、时间精度等，可参见国家标准《数字测绘成果质量检查与验收》(GB/T 18316—2008)。

为了进一步量化质量元素，需用质量子元素来描述质量元素的某个特定方面。例如质量元素的数学精度，可分为数学基础、平面精度和高程精度三个质量子元素。

质量评定是以质量子元素的分数按出现的错漏扣分获得，质量元素的分数通过质量子元素加权平均法获得，单位质量的评分则通过质量元素加权平均法获得。

11.4.2 单位成果质量评定

单位成果质量评定通过单位成果质量分值评定质量等级。单位成果质量等级分为优级品、良级品、合格品、不合格品四级。概查只评定合格品、不合格品两级。详查评定四级质量等级。其主要评定规则如下。

(1) 根据质量检查的结果计算质量元素分值，当质量元素检查结果不满足规定的合格条件时，不计算分值，该质量元素为不合格。

(2) 根据质量元素分值，利用式(11-4)评定单位成果质量分值，附件质量可不参与计算。根据式(11-4)计算结果，评定单位成果质量等级见表11-2。

$$S=\min(S_i) \quad (i=1,2,\cdots,n) \tag{11-4}$$

式中：S——单位成果质量得分值；

S_i——第 i 个质量元素的得分值；

min——求最小值；

n——质量元素的总数。

式(11-4)实际是根据某个质量元素所有检查项的质量分值，将其中最小的质量分值确定为这个质量元素的质量分值。再根据各个质量元素的分值，将其中最小的质量分值确定为单位成果质量分值，最好评定单位成果质量等级。

表11-2　单位成果质量评定等级

质量得分	质量等级	质量得分	质量等级
90分≤S≤100分	优级品	质量元素检查结果不满足规定合格条件	不合格品
75分≤S<90分	良级品	位置精度检查中粗差比例大于5%	
60分≤S<75分	合格品	质量元素出现不合格	

11.4.3 批成果质量判断

批成果质量判断是通过表11-3的合格判定条件确定批成果的质量等级，批成果质量等级分为合格批、不合格批二级。

表11-3　批成果质量评定

质量等级	判定条件	后续处理
合格批	样本中未发现不合格单位成果，且概查时未发现不合格单位成果	测绘单位对验收中发现的各类质量问题均应修改
不合格批	样本中发现不合格单位成果，或概查时发现不合格单位成果，或不能提交批成果的技术性文档(如设计书、技术总结、检查报告等)和资料性文档(如接合表、图幅清单)	测绘单位对批成果逐一查改合格后，重新提交验收

11.4.4 出具数字测图成果检查报告

最终检查和质量评定工作结束后，测绘生产单位应编制检查报告。检查报告经生产单位领导审核后，随数字测图成果一并提交验收。检查报告的主要包括以下内容。

(1) 任务概况。

(2) 检查工作概况(包括仪器设备和人员组成情况)。

(3) 检查的技术依据。

(4) 主要技术问题及处理情况，对遗留问题的出理意见。

(5) 质量统计和检查结论。

11.4.5 大比例尺数字测图质量控制关键点

大比例尺数字测图的完整程序从基础控制测量开始，经过图根控制测量、野外数据采集、内业编辑成图等几个大的生产环节，每一生产环节的成果质量都会直接影响到下一环节的生产质量，各环节的质量控制关键点如下。

(1) 基础控制测量：关注各等级平面控制点(或GPS点)、水准点的选点和埋石，平面及高程控制网的布设，实施观测(包括仪器检校，水平角观测、距离测量，水准测量、三角高程测量，或者GPS测量)，观测成果的记录、整理、检验和计算等过程的质量监控。

(2) 图根控制测量：关注选点、埋石图根点的埋石情况、图根导线的布设，实施观测，平差计算等过程的质量监控。

(3) 野外数据采集：关注地物、地貌的准确测绘(包括合理取舍)及其点位信息、绘图信息的准确表达，有效高程注记点的准确采集，各类房屋属性、地理名称的调注等过程的质量监控。

(4) 内业编辑成图：关注对内业编辑软件的正确使用、对外业采集数据的属性赋值及符号化表达(即正确的分层与分类代码、图式符号的正确应用)、地物属性信息、地物之间逻辑关系的正确处理、图面整饰等过程的质量监控。

任务11.5 数字测图技术总结

测绘技术总结是在测绘任务完成后，对技术设计书和技术标准执行情况，技术方案、作业方法、新技术的应用，成果质量和主要问题的处理等进行分析研究、认真总结，并作出客观的评价与说明，以便于用户(或下工序)的合理使用，有利于生产技术和理论水平的提高，为制定和修订技术标准及有关规定积累资料。测绘技术总结是与测绘成果有直接关系的技术性文件，是永久保存的重要技术档案。

11.5.1 编写的依据

(1) 上级下达任务的文件或合同书。

(2) 技术设计书、有关法规和技术标准。

(3) 有关专业的技术总结。

(4) 测绘产品的检查、验收报告。

(5) 其他有关文件和材料。

11.5.2 编写的要求

(1) 内容要真实、完整、齐全。对技术方案、作业方法和成果质量应作出客观的分析和评价。对应用的新技术、新方法、新材料和生产的新品种要认真细致地加以总结。

(2) 文字要简明扼要，公式、数据和图表应准确，名词、术语、符号、代号和计量单位等均应与有关法规和标准一致。

(3) 项目名称应与相应的技术设计书及验收(检查)报告一致。幅面大小和封面格式按照《测绘技术总结编写规定》(CH/T 1001—2005)中的相关规定。

11.5.3 数字测图技术总结主要内容

1. 概述

数字测图技术总结主要包括以下内容。

(1) 任务名称、来源、目的、内容，生产单位，生产起止时间，生产安排概况。

(2) 测区范围、面积、行政隶属，测图比例尺，分幅、编号方法，自然地理和社会经济的特征，困难类别。

(3) 作业技术依据，采用的基准、系统、等高距，投影方法，图幅分幅与编号方法。

(4) 计划与实际完成工作量的比较，作业率的统计。

2. 利用已有资料情况

(1) 采用的基准和系统。

(2) 起算数据和资料的名称、等级、系统、来源和精度情况。

(3) 资料中存在的主要问题和处理方法。

3. 控制测量

1) 平面控制测量

包括采用的平面坐标系统、投影带和投影面，作业技术依据及执行情况，首级控制网及加密控制网的布设等级、起始数据的配置、加密层次及图形结构、点的密度，使用的仪器设备、觇标和标石情况，施测方法，测回数，记录方法及记录程序来源，出现的问题和处理方法等。

2) 高程控制测量

包括采用的高程系统，作业技术依据及其执行情况，首级高程网及加密网的网形、等级、点位分布密度，使用的仪器、标尺、记录计算工具等，埋石情况，施测方法，视线长度(最大、最小、平均)及其距地面和障碍物的距离，重测测段和数量等。

3) 内业计算

包括使用的软件来源、审查或验算结果，平差计算的计算方法及各项限差与实际测量结果的统计、比较，外业检测情况及精度分析等。

4) 数字测图作业方法、质量和有关技术数据

(1) 使用的仪器和主要测量工具的名称、型号、主要技术参数和验校情况。

(2) 图根控制点的布设、密度，标志的设置，施测方法和限差要求。

(3) 测图方法，使用仪器型号、规格，仪器检验情况，外业采集数据的内容、密度、特殊地物地貌的表示方法，图形接边情况，图形处理所用软件和成果输出的情况。

(4) 测图精度的统计、分析和评价，检查验收情况，存在的主要问题及处理结果等。

(5) 在整个作业过程中，采用了何种新技术、新方法和新材料。

4. 技术结论

(1) 对本测区成果质量、设计方案和作业方法等的评价。
(2) 重大遗留问题的处理意见。

5. 经验、教训和建议

(1) 作业过程中遇到的主要问题和特殊情况，采取的处理措施及其效果，对今后的生产提出的改进意见。
(2) 技术设计书、作业方法及组织措施等方面存在的不足，提出的改进意见和建议。
(3) 新技术、新方法、新材料应用的经验和教训。

6. 附图、附表

包括利用已有资料清单，控制点布设图，仪器、工具检验结果汇总表，精度统计表，上交测绘成果清单等。

7. 上交资料清单

项目完成后，需要上交的资料包括技术总结报告，项目工作总结，最终检查报告，仪器检验资料，控制点展点略图，控制测量成果文件、观测手簿、点之记，图根点成果文件，碎部点成果文件及图形信息数据文件，测区总图，地形分幅图及分幅网格等。

项目小结

本项目主要介绍了成果检查验收制度、检查验收工作的实施过程及方法、数字地形图的质量要求及质量评定，以及数字测图技术总结的主要内容。

本项目的重点内容是：成果检查验收制度、检查验收工作的实施过程、数字地形图的质量要求，以及数字测图技术总结的主要内容。

本项目的教学目标是使学生掌握成果检查验收制度，检查验收工作的实施过程，数字地形图的质量要求，熟悉数字测图技术总结的内容。

习　题

一、填空题

1. 测绘成果检查验收制度是______________。

2. 数字地形图的质量评价体系分为______________、______________和______________三个层次。

二、选择题

批成果的质量等级确定方法是(　　)。

A. 优、良　　　　B. 合格、不合格

C. 优、良、中、合格、不合格　　D. 优、良、合格、不合格

三、简答题

1. 测绘成果检查验收的含义是什么？
2. 什么是二级检查一级验收制度？
3. 简述过程检查、最终检查和验收各阶段的要求。
4. 应提交的检查验收资料有哪些？
5. 简述技术总结的编写依据。
6. 简述技术总结的编写内容。

项目12

地形图的应用

教学目标

掌握纸质地形图与数字地形图的基本应用，包括确定点的坐标、确定线长。掌握确定指定范围内的面积与土方量计算方法。掌握利用纸质地形图绘制断面图的基本方法，了解纸质地形图的野外应用方法，掌握利用数字地形图和成图软件绘制断面图和计算土方量的方法。

教学要求

能力目标	知识要点	权重
掌握纸质地形图的内业应用	确定点的平面位置、高程及两点间的距离	5%
	土地平整、确定直线的方向与地面坡度	15%
	确定汇水面积与绘制断面线	5%
了解纸质地形图的野外应用方法	地形图如何定向，如何确定站立点	5%
掌握纸质地形图面积测算方法	掌握解析法与透明方格法	10%
掌握数字地形图基本几何要素的应用查询操作方法	确定图上坐标、水平距离、坐标方位角	10%
	确定曲线的长度	5%
	确定实体面积	5%
	确定指定范围内的面积、统计面积、指定点围成的面积	10%
掌握数字地形图土方量的计算	由DTM计算土方量	5%
	方格法土方量计算	5%
	等高线法土方量计算	5%
	区域土方量平衡	5%
掌握利用数字地形图绘制断面图的方法	根据坐标文件绘制	5%
	根据等高线绘制	5%

项目导读

地形图提供了工程建设地区的地形和环境条件等资料，是建设必不可少的重要依据。随着电子技术的发展，地形图的应用也由纸质地形图慢慢演变成数字地形图的应用，但纸质地形图还是离不开人们的生活。

本项目主要介绍如何应用纸质与数字地形图来确定点的坐标、确定线长、确定指定区域面积、确定土方量等的计算与操作方法，以及如何应用纸质地形图在野外进行定向等知识。

任务 12.1 纸质地形图的应用

12.1.1 地形图的内业应用

1. 确定点的平面位置

1) 求任一点的地理坐标

如图 12.1 所示，欲求 M 点的地理坐标，可根据地形图四角的经纬度注记和黑白相间的分度带，初步知道 M 点在纬度 38°56′线以北，经度 115°16′线以东。再以对应的分度带用直尺绘出经度为 1′的网格，并量出经差 1′的网格长度为 57mm，纬差 1′的长度为 74mm；过 M 点分别作平行纬线 aM 和平行经线 bM 两直线，量得 aM=23mm，bM=44mm。则 M 点的经纬度按下式计算

$$\text{经度}\ \lambda_M = 115°16' + \frac{23}{57} \times 60'' = 115°16'24.2''$$

$$\text{纬度}\ \varphi_M = 38°56' + \frac{44}{74} \times 60'' = 38°56'35.7''$$

2) 求任一点的平面直角坐标

欲求(图 12.2)中 K 点的平面坐标，过 K 点分别作平行于 X 轴和 Y 轴的两线段 ab 和 cd。分别量出 aK、cK 并按比例尺计算其实地长度，设 aK=632m，cK=361m，则

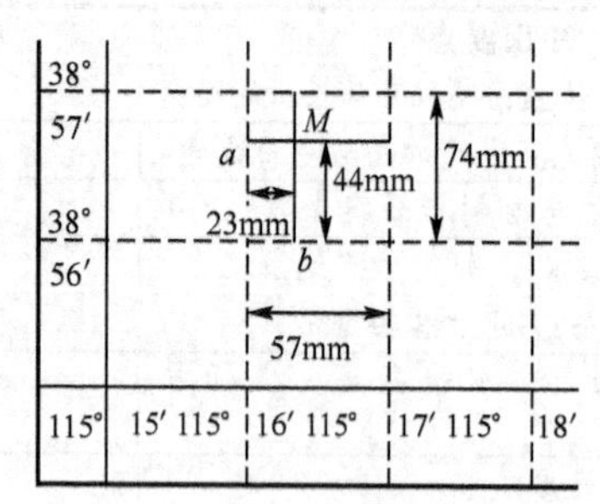

图 12.1 求 M 点的地理坐标

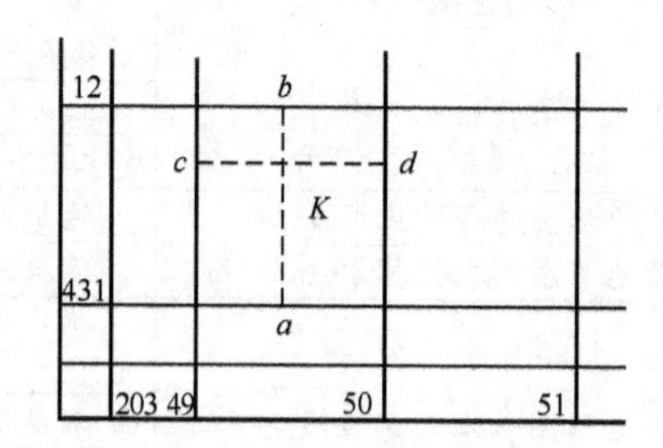

图 12.2 求 K 点的平面直角坐标

$$X_K = 4312\text{km} + 0.632\text{km} = 4312632\text{m}$$
$$Y_K = 349\text{km} + 0.361\text{km} = 349361\text{m}$$

为提高坐标计算精度，应考虑图纸伸缩的影响，故应先量千米网格，看其是否等于理论长度，如图 12.2 所示若考虑图纸的伸缩，K 的坐标应按如下计算方法计算

$$X_K = 431200 + \frac{aK}{ab} \times 1000\text{m}$$

$$Y_K = 349000 + \frac{cK}{cd} \times 1000\text{m}$$

特别提示

为提高坐标计算精度，应考虑图纸伸缩的影响，即应对量取的长度进行图纸伸缩系数 K 的改正。

2. 确定点的高程

1）点在等高线上

如果所求点恰好在等高线上，则该点高程等于所在等高线高程。如图12.3，m 点高程为37m。

2）点在等高线间

若所求点处于两等高线间，则可按平距与高差的比例关系求得。如图12.3所示，为求 B 点的高程，可过 B 点引一直线与两条等高线交于 mn，分别量 mn、mB 之长，则 B 点高程 H_B 可按式(2-1)计算

$$H_B = H_m + \frac{mB}{mn} \times h \qquad (12-1)$$

式中：H_m——m 点高程；

h——基本等高距。

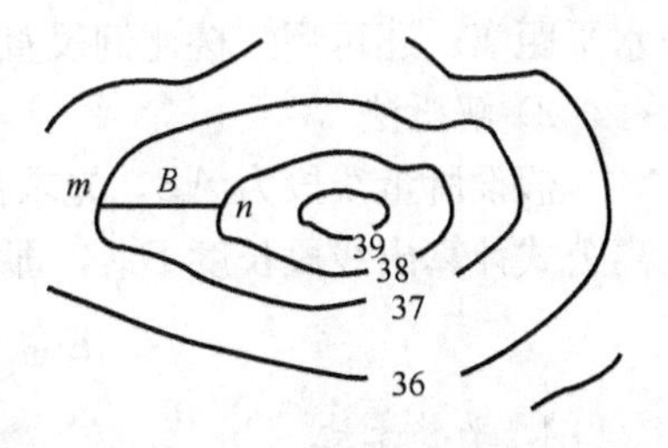

图 12.3 求等高线间点高程

特别提示

实际应用时，待求点的高程一般是依据上述原理用目估法求得。

3）在地形点之间

假如所求点位于山顶或凹地上，在同一等高线的包围中，该点高程即为最近首曲线的高程加上或减去半个基本等高距，山顶加，凹地减。

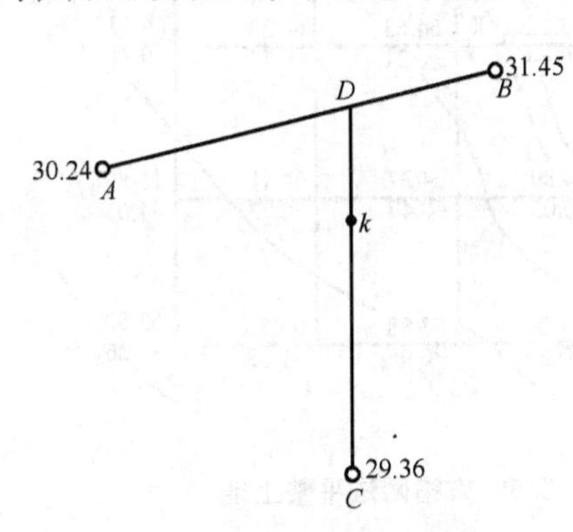

图 12.4 求地形点间点高程

假如所求点在道路、房屋等处没有等高线，而只以地形点来表示地面点高程，这时地势不一定平坦，仍可用比例内插法求得该点的高程。如图12.4所示，A、B、C 是已知地形点，欲求 k 点高程时，首先连接 AB，再连接 Ck 并延长与 AB 交于 D 点，根据 AB 方向的高差，在图上量取 AB 和 AD 的图上长度，用式(12-1)先计算出 D 点高程，再求 CD 的高差，量取 CD、Ck 的图上长度，再用式(12-1)，即可计算出 k 点的高程。例如

设 $\frac{AD}{AB}=0.64$，$\frac{Ck}{CD}=0.73$，则

$$H_D = H_A + \frac{AD}{AB} \times h_{AB} = 30.24\text{m} + 0.64 \times 1.21\text{m} = 31.01\text{m}$$

$$H_k = H_C + \frac{Ck}{CD} \times h_{CD} = 29.36\text{m} + 0.73 \times 1.65\text{m} = 30.56\text{m}$$

4）点在鞍部

可按组成鞍部的一对山谷等高线的高程，再加上半个基本等高距；或以另一对山脊等

高线的高程，减去半个基本等高距，即得该点高程。

3. 确定两点间的距离

确定两点间距离可采用图解法或解析法。

1) 图解法

欲求图上两点 AB 间的距离，可直接用直尺量取两点间的图上长度 d_{AB}，然后按比例尺换算为实际的水平距离 D_{AB}，即

$$D_{AB}=d_{AB}\times M \tag{12-2}$$

也可直接用卡规在图上卡出线段长度，再与图示比例尺比量，得出图上两点间的实地水平距离，还可用三棱比例尺直接量取。

2) 解析法

假设所量线段为 AB，先求出端点 A，B 的直角坐标$(x_A，y_A)$、$(x_B，y_B)$，然后按距离公式计算出线段长度 D_{AB}，即

$$D_{AB}=\sqrt{(x_B-x_A)^2+(y_B-y_A)^2} \tag{12-3}$$

4. 平整土地

在工程建设过程中往往要对场地进行平整，此项工作常常利用地形图进行填挖土石方量的估算，计算方法有多种，常用的方法有方格网法、图解法，现将这两种方法介绍如下。

1) 方格网法

方格网法适用于地形起伏不大、需要把场地设计为水平场地的地方。如图 12.5 所示为一块待平整的场地，比例尺为 1∶1000，等高距为 0.5m，需要在划定范围内平整为某一设计高程的平地，满足填方、挖方平衡的要求。具体步骤如下。

(1) 绘制方格网。在拟平整的范围内打上方格，方格的大小取决于地形的复杂程度和土方量估算的精度，方格的边长一般为实地的 10m、20m 和 50m。

(2) 求各方格顶点的高程。根据等高线利用内插法或目估法求出各方格顶点的高程，并注记于相应点的右上方。

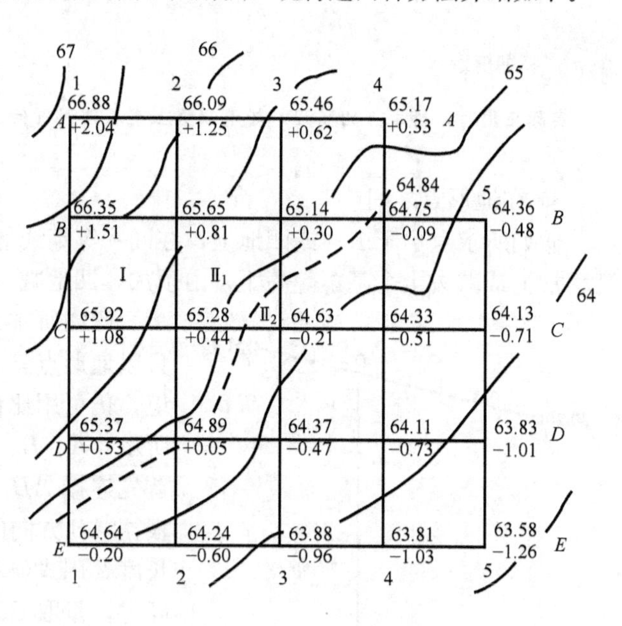

图 12.5 方格网法平整土地

(3) 计算设计高程。将每个方格四个顶点的高程相加除以 4，即可得每一方格的平均高程 H_i，再将每一方格的平均高程相加除以方格总数，即得设计高程。由设计高程的计算可知，方格网的交点 A_1(图 12.5 中横线 A 与纵线 1 的交点为 A_1，依此类推)，A_4，B_5，E_5，E_1 的高程用了 1 次，边线点 B_1，C_1，D_1，E_2，E_3，E_4，D_5，C_5，A_3，A_2 的高程用了 2 次，拐点 B_4 的高程用了 3 次，中点 B_2，B_3，C_2，C_3，C_4，D_2，D_3，D_4 的高程用了 4 次，故有

$$设计高程=\frac{角点高程之和\times\frac{1}{4}+边点高程之和\times\frac{2}{4}+拐点高程之和\times\frac{3}{4}+中点高程之和\times 1}{方格总数}$$

设计高程求出后，可利用内插法在图上绘出该高程的等高线，此线为不挖不填的位置，故称为填挖的分界线或零线，图12.5中所绘虚线即为设计高程为64.84m的填挖土方的分界线。

(4) 计算各方格顶点的填挖高度。根据设计高程和方格顶点的地面高程，计算每个方格顶点的填挖高度。

$$填(挖)高度=地面高程-设计高程$$

正号表示挖深，负号表示填高。将填挖高度写在相应方格顶点的右下方，如图12.5所示。

(5)计算填挖方量。填挖土方量(角点土方量$V_{角}$，边点土方量$V_{边}$，拐点土方量$V_{拐}$，中点土方量$V_{中}$)分别按式(12-4)计算：

$$\left.\begin{aligned} V_{角} &= h_{角}\times\frac{1}{4}P_{格} \\ V_{边} &= h_{边}\times\frac{2}{4}P_{格} \\ V_{拐} &= h_{拐}\times\frac{3}{4}P_{格} \\ V_{中} &= h_{中}\times\frac{4}{4}P_{格} \end{aligned}\right\} \tag{12-4}$$

式中：h——方格顶点的填挖高度；

$P_{格}$——每一方格内的实地面积。

由图12.5可知，挖方方格点有11个，填方方格点有13个，分别计算出各点处的填挖方量，再计算填挖方量总和，理论上填挖方量总和应基本相等。

2) 图解法

当地形起伏较大，场地平整时考虑排水需要，往往设计成具有一定坡度的倾斜场地，此时可用图解法估算土方量。如图12.6所示，在$AA'B'B$范围内由北向南设计一坡度为-5%的倾斜场地。设该图的比例尺为1∶2000，等高距为1m。估算土方量的步骤如下。

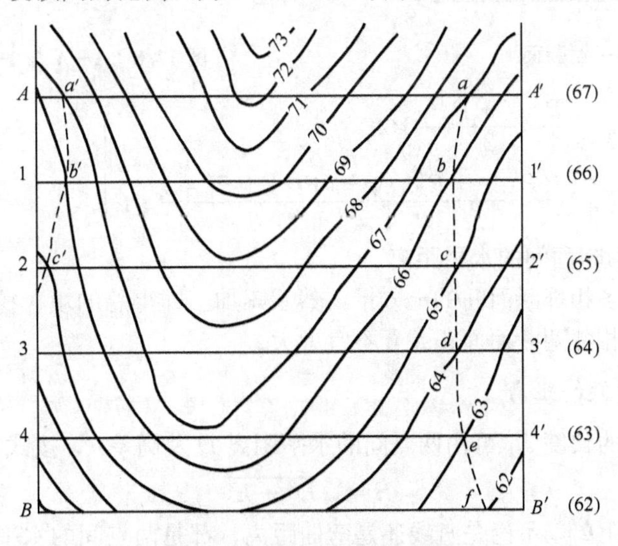

图12.6 图解法计算土方量

(1) 确定填挖分界线。先根据−5%的设计坡度计算高差为1m的图上平距d，即

$$d=\frac{h}{i\times M}=\frac{1\text{m}}{5\%\times 2000}=0.01\text{m}=1\text{cm}$$

再在图上作AA'的平行线，每条平行线间距为1cm，如图12.6所示分别为1—1′、2—2′、3—3′、4—4′，其相应高程分别为66m、65m、64m、63m，这即为场地设计的等高线。

设计等高线与原地面相同等高线的交点就是不填不挖点，将这些点连成虚线，此虚线就是填挖分界线。图上有a—b—c—d—e—f和a'—b'—c'两条虚线都是填挖分界线。

(2) 估算土方量。利用断面法估算土方量，具体步骤如下。

① 绘制断面图。根据各设计等高线与图上原有等高线，绘制各断面的断面图，此断面图以设计等高线高度为高程起点，高程为纵轴，横轴为图上各原有等高线与设计等高线交点间的平距，画法如图12.7所示(具体画法图12.13)。设计等高线与地表面所围成的部分即为填挖面积，位于设计等高线上方的是挖方面积，位于设计等高线下方的是填方面积。

② 计算各断面填挖方的面积。

③ 计算各相邻断面间的填挖方量。该土方量可以由两个相邻断面的面积取平均值，再乘以它们之间的实地平距而近似求出。根据(图12.8)，可估算出A—A'与1—1′之间的土方量如下。

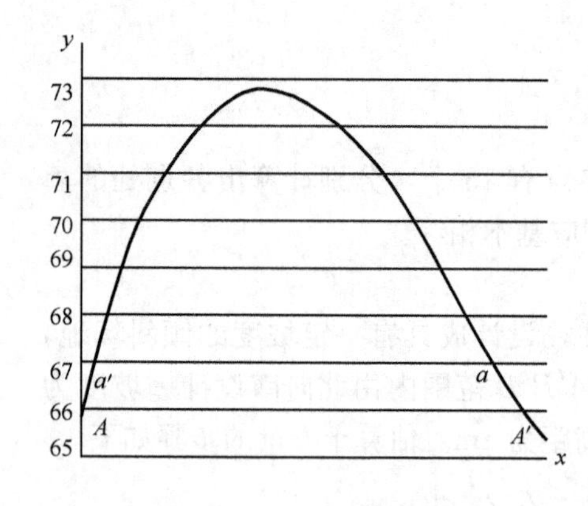

图12.7　A—A′断面

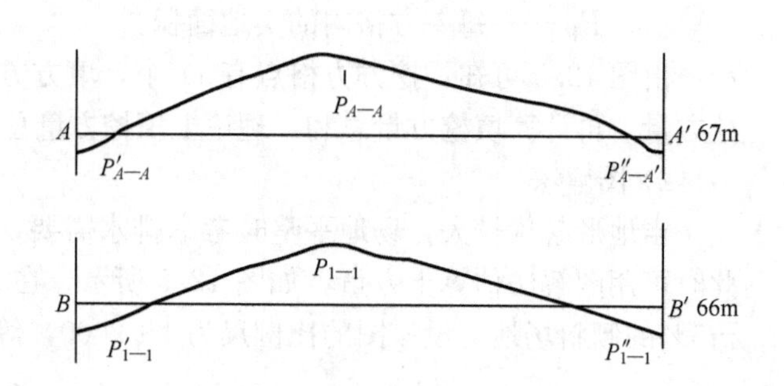

图12.8　A—A′与1—1′断面图

$$\left.\begin{aligned}&\text{挖方}\quad V_{A-1}=\frac{P_{A-A'}+P_{1-1'}}{2}\times L\\&\text{填方}\quad V'_{A-1}=\frac{(P'_{A-A'}+P''_{A-A'})+(P'_{1-1'}+P''_{1-1'})}{2}\times L\end{aligned}\right\}\qquad(12-5)$$

式中：L——两断面间的水平距离。

依照上法计算各相邻断面间的土方量，然后累加，即得总的填、挖土方量。在用断面法计算土方量时，相邻两断面面积差异不宜太大。

5. 地面点间的倾斜距离

实地倾斜距离的长度s，可由两点间的水平距离D及高差h，按式(12-6)计算

$$S=\sqrt{D^2+h^2}\qquad(12-6)$$

从图上量算的距离，不论是直线还是弯曲距离，都是两点间的水平距离。但地形起伏

会使斜矩离拉长，为了尽量接近实际情况，要加一改正数，根据测绘实际应用，常按平坦地距加10%～15%，丘陵地距加15%～20%，山地距加20%～30%，使用时应根据实际情况适当调整此数。

6. 确定直线的方向

1) 图解法

如图12.9所示，欲求地形图上某线段AB的坐标方位角，其步骤如下。

通过AB两点连接一条直线(若两点在同一方格内，应将连线延长与坐标纵线相交)。

当坐标方位角小于180°时，将量角器置于坐标纵线的右侧。圆心对准AB连线与坐标纵线交点，零分划线朝北，量角器0°刻度线与坐标纵线重合。

根据两点连线通过量角器边沿的分划，读出坐标方位角。如图12.9所示，量的坐标方位角为113°00′。

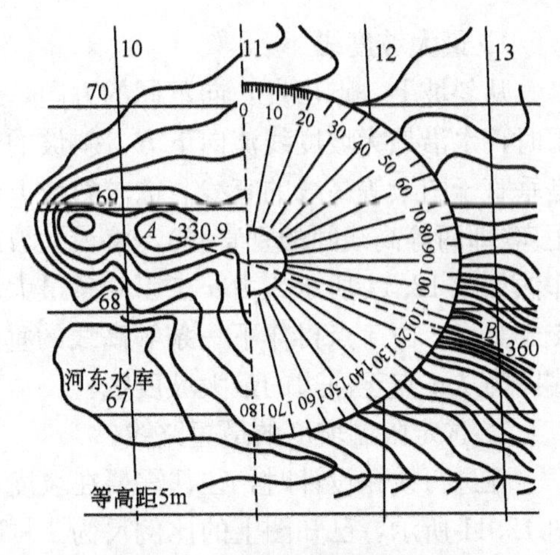

图12.9 图解法量算方位角

当坐标方位角大于180°时，应使量角器位于坐标纵线的左侧，使量角器的0°分划线朝南，读出方位角后再加180°。若需求AB的磁方位角或真方位角，可依磁偏角δ和子午线收敛角γ按公式换算。

2) 解析法

欲求一线段AB的坐标方位角，只需先求出两端点AB的平面坐标系的坐标，然后利用坐标反算式(12-7)，计算坐标方位角α_{AB}，即

$$\alpha_{AB}=\arctan\frac{y_B-y_A}{x_B-x_A} \tag{12-7}$$

根据式(12-7)直接计算出来的是象限角，需要根据直线所在象限，利用象限角和坐标方位角的关系进行换算。

7. 确定地面坡度

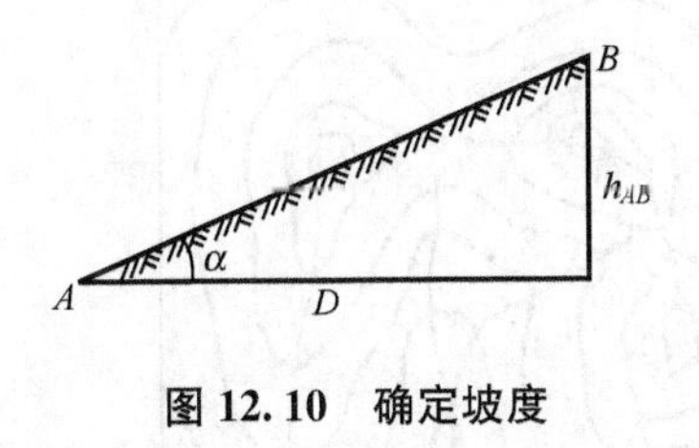

图12.10 确定坡度

直线坡度是指直线段两端点的高差与其水平距离的比值。在地形图上，如要确定某方向线AB的倾斜角α或坡度i，必须先测算A、B两点高程，计算A、B两点间的高差h_{AB}，再量测AB间的水平距离D，则可以计算出地面上AB连线的坡度i或倾斜角α(图12.10)，即

$$i=\tan\alpha=\frac{h_{AB}}{D}=\frac{h_{AB}}{d\times M} \tag{12-8}$$

式中：d——AB连线的图上长度；

M——比例尺分母；

α——AB连线在垂直面投影的倾斜角；

i——直线坡度，一般用百分率或千分率表示。

8. 确定等坡度的路线

1）最大坡度线

从斜坡上一点出发，向不同的方向，地面坡度大小是不同的，其中有一最大坡度。降雨时，水沿最大坡度线流向下方。斜坡的最大坡度线，是坡面上垂直于水平线的直线，也是垂直于图上等高线的直线。欲求斜坡上最大坡度线，就要在各等高线间找出连续的最短距离(即两等高线间的垂直线)，将最大坡度线连接起来，就构成坡面上的最大坡度线。其作法如图12.11所示，由a点引一条最大坡度线到河边，则从点a向下一条等高线作垂线交于1点，由1点再作下一条等高线的垂线交于2点，同法交出B点，则a，1，2，B连线即为从a点至河边的最大坡度线。

2）选定限制坡度的最短路线

在进行线路设计时，往往需要在坡度i不超过某一数值的条件下选定最短的线路，如图12.11所示，已知图上的比例尺为1∶10000，等高距h=1m，需要从河边A点至山顶修一条坡度不超过1%的道路，此时路线经过相邻两等高线间的水平距离为D，$D=\frac{h}{i}=\frac{1}{1\%}=100\text{m}$。$D$换算为图上距离$d$，则$d$=10mm，然后将两脚规的两脚调至10mm，自$A$点作圆弧交27m等高线于1点，再自1点以10mm的半径作圆弧交28m等高线于2点，如此进行到5点所得的路线符合坡度的规定要求。如果某两条等高线间的平距大于10mm，则说明该段地需小于规定的坡度，此时该段路就可以向任意方向铺设。

9. 确定汇水面积

在设计排水管道、涵洞、桥梁孔径大小及水库筑坝时，必须知道该地区的水流量，而水流量大小与汇水面积成正比。汇水面积是指降雨时雨水汇集于某溪流或湖泊的一个区域面积。

先找到地形图上设计的集水断面，如图12.12所示中的AB，然后从集水断面一端A起沿山脊线相互连接合围到集水断面另一端B，连成一条闭合线，闭合线内面积大小就是汇水面积的大小。如图12.12所示，用虚线连接的有关山脊线通过山顶、鞍部、集水断面AB所包围而形成的面积，即是流经M处的汇水面积。

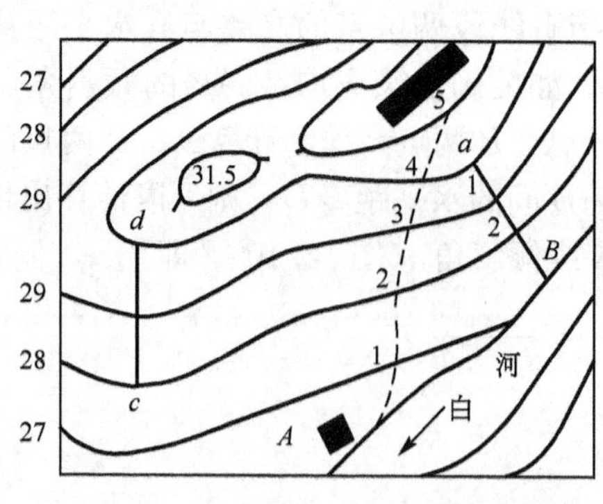

图12.11　求地面坡度和选定最短路线

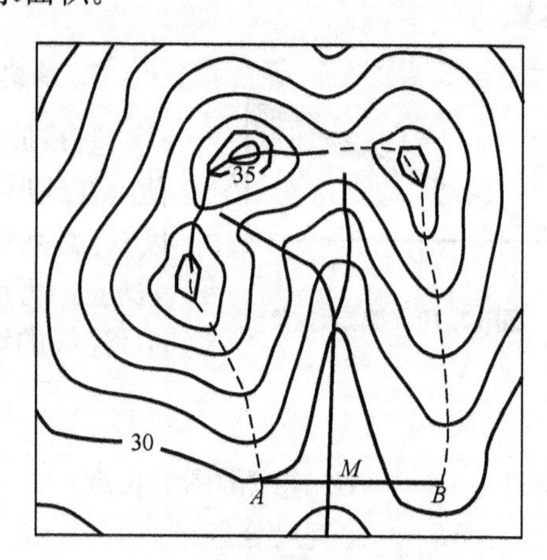

图12.12　确定汇水面积

10. 按一定方向绘制纵断面图

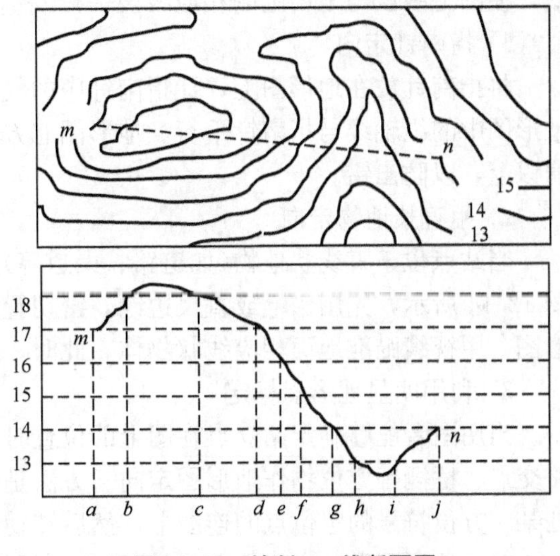

图 12.13 绘制 *mn* 线断面图

用铅垂平面与地面相截，其交线为断面线，其截面为断面，按断面线作的图叫断面图。断面图在公路、管线设计中有重要的意义。如果需要了解某一方向地面起伏的情况，则可以根据地形图绘出该方向的断面图，如图 12.13 所示为绘制 *mn* 方向的断面图，可先在地形图上连 *mn* 直线，*mn* 直线与各等高线交于 *a*，*b*，*c* 各点。另取一张毫米方格纸，以横轴表示水平距离，以纵轴表示高程，根据地形图上量出的 *ma*，*ab*，*bc*…各点间的水平距离，按规定的比例尺将各点表示在横轴上得 *m*，*a*，*b*，*c*…*n* 点，然后过这些点依选定的高程比例尺按各点的高程将各点表示在纵轴上，再将各点用光滑的曲线连起来，即得 *mn* 方向的断面图，为了能较清楚地表示出地形的变化，断面图上的高程比例尺往往比水平距离的比例尺大 10～20 倍。

12.1.2 地形图的野外应用

地形图的野外应用主要是进行野外调查和填图，也是作为用图者必备的知识与技能，根据野外用图的技术需求，在野外使用地形图须按准备、定向、定站、对照、填图的顺序进行。

1. 野外应用的准备工作

1) 器材准备

调查工作所需的仪器、工具和材料，视调查任务和精度要求而定。一般包括测绘器具(如直尺、圆规、量角器、指南针、绘图铅笔、橡皮等)，量算工具(透明方格片、计算器、曲线计)，各种野外调查手簿和内业计算手簿等。

2) 资料准备

根据调查地区的位置范围与调查的目的和任务，确定所需地形图的比例尺和图号，向测绘管理部门索取近期地形图及与地形图匹配的最新航片。此外，还要收集与调查任务有关的各种资料，例如进行土地利用现状调查，就需收集调查区的地理环境(如地貌、地质、气候、水文、土壤、植被等)和社会经济(如人口、劳力、用地状况、农林牧生产、乡镇企业等)等方面的地图、文字和统计资料。

3) 技术准备

整理分析资料和确定技术路线，对收集的各种资料进行系统的整理分析，供调查使用。在室内阅读地形图和有关资料，了解调查区域概况，明确野外重点调查的地区和内容，确定野外工作的技术路线、主要站点和调研对象。

2. 地形图的定向

野外使用地图时，首先要进行定向。地形图定向即使地形图上的东南西北与实地一致，使图上线段与地面上的相应线段平行或重合。地形图定向常用方法有以下几种。

1）指南针定向

将指南针放在地形图上，让指南针中的气泡居中，指针静止不动后，转动地形图，使地形图中的纵轴线与指南针平行、地形图北方向与指南针指北方向一致即可，一般操作两遍以上，以防出错。

2）用直长地物定向

当站点位于直线状地物(如道路、渠道等)上时，可依据它们来标定地形图的方向，如图 12.14 所示，先用铅笔或直尺边缘，密切置放在图上线状符号的直线部分，然后转动地形图，用视线瞄准地面相应线状物体，此时，地形图即已定向。

3）利用明显地形点标定

当用图者能够确定站立点在图上的位置时，可根据三角点、独立树、宝塔、烟囱、道路交点、桥涵等方位物作地形图定向。方法是：将铅笔或直尺密切置放在图上的站点和远处某一方位符号的定位点的连线上，然后转动地形图，当照准线通过地面上的相应方位物中心时，地形图即已定好方向，如图 12.15 所示。

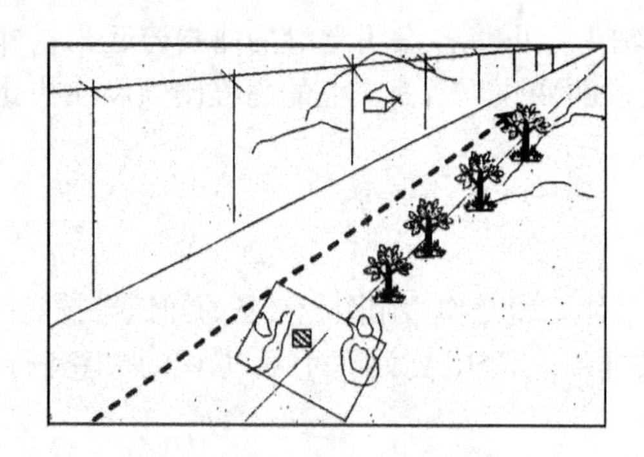

图 12.14　用直长地物定向

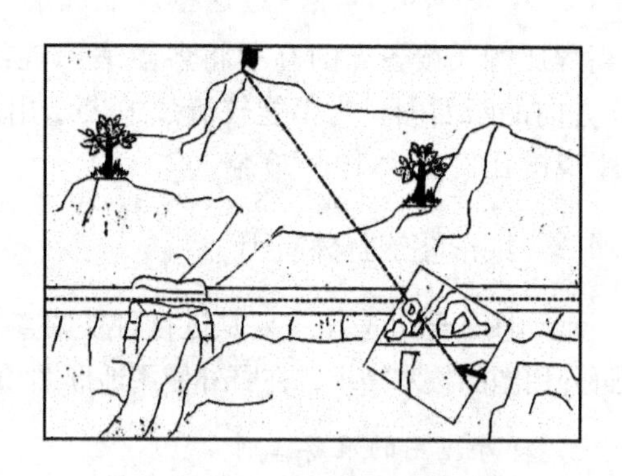

图 12.15　用明显地形点定向

4）利用太阳和手表标定

如果有手表，可根据太阳利用手表标定地形图的方向。方法是，先把手表放平，以时针所指时数(以每天 24h 计算)的折半位置对向太阳，表盘中心与“12”指向就是北方。如在某地 14 点标定，其折半位置是 7，即以“7”字对向太阳，“12”指向就是北方。定向的口诀是“时数折半对太阳，12 指向是北方”。把地形图置于“12”指向，定向就完成了。

图 12.16　比较判定法确定站点

3. 确定站立点在图上的位置

利用地形图进行野外调查或应用的过程时，随时要弄清调查者所处的位置。调查者安置图板或站立观测填图的地点叫做站立点，简称站点，确定站点的方法如下。

1）比较判定法

如图 12.16 所示，按照现地对照的方法比较站点四周明显地形特征点在图上的位置；再依它们与站立点的位置关系来确定站点在图上位置的方法，叫比较判定法。站点应尽量设在利于调绘的地形特征点上，从图上找到表示该特征点的符号定位点，就是站立点在图上的位置。

2）截线法

如图 12.17 所示，若站点在线状地形(道路、堤坝、渠道、陡坎等)上或在过两明显特征点的直线上，这时先按线状地形标定地形图方向。然后，在该线状地形侧翼找一个图上和实地都有的明显地形点，将铅笔切于图上该物体符号的定位点上，以此定位点为圆心转动铅笔照准实地这个目标，照准线与线状符号的交点即为站点在图上的位置。

3）后方交会法

如图 12.18 所示，地形图大致定向后，选择图上和实地都有的两个或三个目标，将铅笔或直尺切于图上该目标符号的定位点上，以此定位点为圆心转动铅笔照准实地目标，向后描绘方向线，同法照准其他目标画出方向线，其交点就是站点的图上位置。

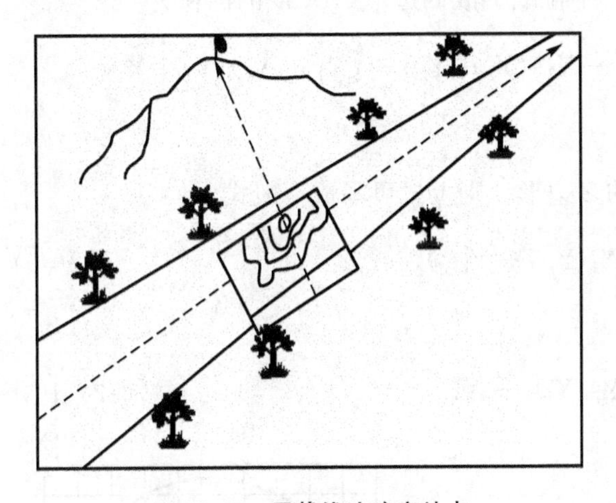

图 12.17 用截线法确定站点

图 12.18 后方交会法确定站点

4. 地形图与实地对照

确定了地形图的方向和站点在图上的位置后，将地形图与实地地物、地貌进行读图，即依照图上站点周围的地理要素，在实地上找到相应的地物和地貌；或观察地面站点周围的地物地貌，识别其在图上的位置和分布。图与实地对照读图的方法是：由左向右，由近及远，由点而线，由线到面；先控制后碎部，从整体到局部，由高级到低级，与测图过程一致。

识图时，先对照主要明显的地物地貌，再以它为基础依相关位置对照其他一般的地物地貌。作地物对照时，先对照主要道路、河流、居民地和突出建筑物；作地貌对照时，可根据地貌形态、山脊走向，先对照明显的山顶、鞍部，然后从山顶顺岭脊向山麓、山谷方向进行对照。若因地形复杂某些要素不能确定时，可用照准工具的直边切于图上站点和所要对照目标的符号定位点上，按视线方向及离站点的距离来判定目标物。

目标物到站点的实地距离可用简易测量方法，如用步测、目测的方法测定。

12.1.3 面积测算

计算面积的方法很多，主要有解析法、透明方格法、求积仪法等几种方法。下面主要介绍解析法与透明方格法。

1. 解析法

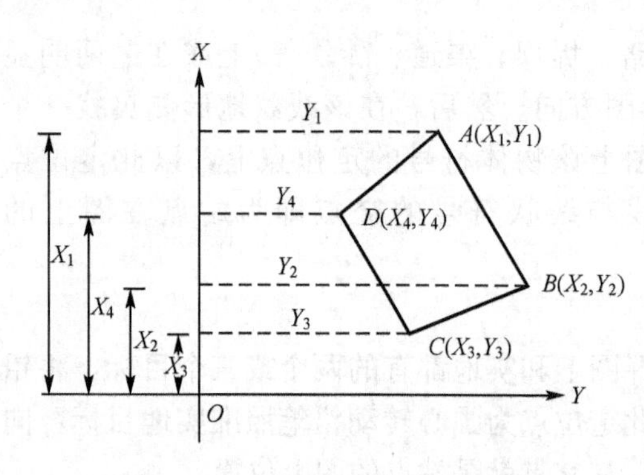

图 12.19　解析法求算面积示意图

利用闭合多边形顶点坐标计算面积的方法，称为解析法。其优点是计算面积的精度很高，如图 12.19 所示，四边形 $ABCD$ 各顶点坐标分别为：X_1，Y_1；X_2，Y_2；X_3，Y_3；X_4，Y_4。四边形的面积 S 等于四个梯形的面积的代数和：$S=$ □ABB_1A_1+□BCC_1B_1+□ADD_1A_1+□DCC_1D_1。

多边形相邻点 X 坐标之差是相应梯形的高；相邻点 Y 坐标之和的一半是相应梯形的中位线。故四边形 $ABCD$ 的面积为

$$S=\frac{1}{2}[(X_1-X_2)(Y_1+Y_2)+(X_2-X_3)(Y_2+Y_3)-(X_1-X_4)(Y_1+Y_4)-(X_4-X_3)(Y_4+Y_3)]$$

将上式化简并将图形扩充至 n 个顶点的多边形，则上式可写成一般式

$$S=\frac{1}{2}\sum_{i=1}^{n}X_i(Y_{i+1}-Y_{i-1}) \tag{12-9}$$

或推导出另一种形式

$$S=\frac{1}{2}\sum_{i=1}^{n}Y_i(X_{i-1}-X_{i+1}) \tag{12-10}$$

2. 透明方格法

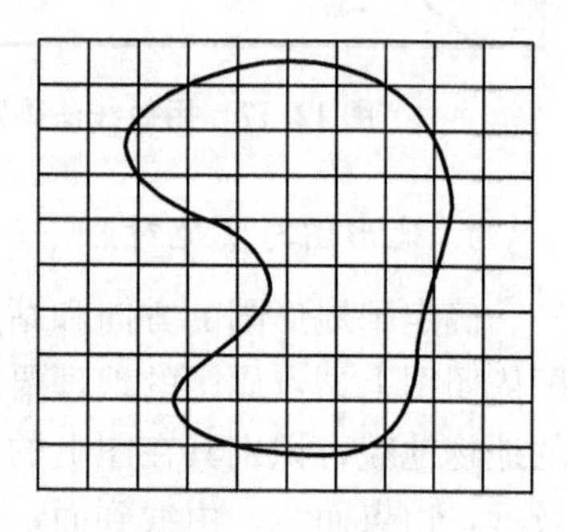

图 12.20　方格法

用透明纸或透明胶片，在上面刻划两组等距(间距可用 1mm、2mm、5mm)而又互相垂直的直线，从而构成方格网。在测量面积时，将透明方格网覆盖在地形图上，并予固定使它不能移动(图 12.20)。在各种比例尺中每个方格所代表的实地面积 S 可事先算出。统计出图形内的完整方格数(n_1)，在边界上图形的不完整方格，不管其大小一律当成 0.5 格，把不完整的方格数(n_2)折合成完整格数($n_2/2$)，用总格数($n=n_1+n_2/2$)乘上一方格所代表的面积 S，即为所求图形面积($A=n\times S$)。图 12.20 的图形比例尺为 1∶10000，小方格边长为 5mm，计算图内不规则图形面积具体步骤如下。

(1) 根据地形图的比例尺算出每个小方格代表的面积：

$$S=(5\times 10000)\text{mm}\times(5\times 10000)\text{mm}=50\times 50\text{m}^2=2500\text{m}^2$$

(2) 数出计算在图形内的完整小方格数 $n_1=25$。

(3) 数出在边界上图形不完整的小方格数 $n_2=32$。

(4) 把图形内及边界上小方格数的一半进行累加 $n=n_1+n_2/2=25+32/2=41$。

(5) 图形的实地面积为 $A=n\times S=41\times 2500\text{m}^2=102500\text{m}^2$。

任务12.2 数字地形图的应用

12.2.1 概述

在各项工程建设的规划、设计、施工、竣工阶段，都需要应用到工程建设区域的地形和环境建设等资料，这些资料均以地形图的形式提供，故地形图是工程建设的重要依据和基础资料。

传统纸质地形图通常以一定的比例尺并按图式符号绘制在图纸上，这种地形图具有直观性强、使用便捷等优点，但也存在不便保存、易损坏、难以更新的缺点。

随着电子计算机技术和数字化测绘技术的迅速发展，数字地形图已广泛地应用于国民经济建设当中，数字地形图与传统纸质地形图相比，有明显的优越性和广阔的发展前景，它主要有三大优点：①数字地形图可以根据应用需求生产各种比例尺的地形图、专题图、各类断面图和立体图；②随着时间的推移，数字地形图可保持精度不变；③数字地形图容易实现自动化和实时化管理，有利于地图更新。利用数字地形图，可以较容易地获取各种地形信息，如坐标量测，量测点与点之间的距离、方位角、坡度等，可以确定汇水面积，而且精度高，计算速度快。可以进行各种工程应用，例如绘制纵横断面图、土方量计算、公路曲线设计等。

数字地形图同样也是地理信息系统的基础资料，可用于土地利用现状分析、土地规划管理、林业管理、灾情分析等。在军事上可用于导弹制层。在工业上，利用数字地形测量的原理建立工业品的数字地面模型，能详细地表示出表面结构复杂的工业品的形状，据此可进行计算机辅助设计和制造。随着科技的发展，数字地形图将会发挥越来越大的作用。

数字地形图在一般工程上的应用，以CASS成图软件为例，利用该数字化成图软件中的“工程应用”等菜单功能，完成基本几何要素的查询、土方量计算、断面图的绘制、公路曲线设计、面积计算等操作。

12.2.2 数字地形图基本几何要素的查询

在工程建设规划设计时，往往需要在地形图上求出任意点的坐标和高程，确定两点之间的距离、方向与坡度，计算曲线的长度、闭合曲线围成的面积等，这与纸质地形图应用的基本内容一致。

1. 确定图上点的坐标

打开数字地形图后，用鼠标左键点取“工程应用→查询指定点坐标”菜单项，按屏幕底部命令区提示操作即可。

提示：指定查询点：用鼠标选择所要查询的点。

命令行显示：测量坐标：X＝xxxxm，Y＝xxxxm，H＝0.000m。

注意事项：高程不能按该方法查询，显示的“高程H＝0.000m”不是该点的实际高程；屏幕左下角所显示的坐标是CAD坐标系中的坐标，只是X和Y的顺序调了过来；选点时为了能精确地选择所要查询的点，可打开对象捕捉的相关设置。

2. 确定两点间的水平距离及坐标方位角

在打开的地形图上，用鼠标左键点取“工程应用→查询两点距离及方位”的菜单项，按屏幕底部命令区提示操作即可。

提示：第一点：用鼠标捕捉第一点。

第二点：用鼠标捕捉第二点。

两点间实地距离＝57.526m，图上距离＝115.051mm，方位角＝60°46′54.98″。

3. 确定曲线的长度

曲线的长度在纸质地形图上难以测量，在数字地形图上可采用鼠标左键点取“工程应用→查询线长”的菜单项，按屏幕底部命令区提示操作即可。

提示：请选择要查询的线状实体。

选择对象：用鼠标点取所要查询的线性地物。

系统会出现如图12.21所示的信息框。

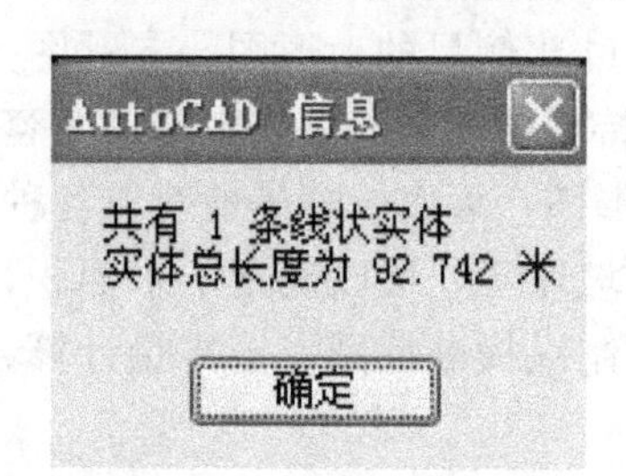

图12.21　线长查询信息框

注意：可多个曲线同时查询，但结果是多个曲线的总长，若想知道每一个曲线的线长，则反复利用该功能即可，再点击确定键。

4. 确定实体面积

在打开的数字地形图上，用鼠标左键点取“工程应用→查询实体面积”的菜单项，按屏幕底部命令区提示操作。

提示：(1)选取实体边线 (2)点取实体内部点 <1>直接回车则选(1)。

请选择实体：用鼠标点取面是封闭的实体，右键确认或回车。

实体面积为689.73m^2。

注意：(1)选取实体边线 (2)点取实体内部点 <1>如果选择(2)回车。

输入区域内一点：用鼠标点取区域内一点。

区域是否正确？(Y/N) <Y>：回车。

是否注记？(Y/N) <N>回车。

实体面积为4.99m^2。

5. 确定指定范围内的面积

在打开的数字地形图上，用鼠标左键选取“工程应用→计算指定范围的面积”的菜单项，按屏幕底部命令区提示操作。

提示：1. 选目标/2. 选图层/3. 选指定图层的目标<1>：若选(1)，直接回车。

选择对象：窗选，计算结果注记在地物重心上；若选(2)，用户需输层名，系统将计算该图层所有封闭复合线的面积并注记在地物重心上；若选(3)，用户需先输入图层名，再选择目标，选好后回车，系统将计算指定图层上被选中的封闭复合线的面积。

是否对统计区域加青色阴影线？<Y>：回车，青色阴影，输入N回车，则不加青色阴影。

总面积 ＝ 254.57m^2。

6. 统计指定区域的面积

功能：统计用计算并注记实地面积注记的面积总和。用鼠标左键点取“工程应用→统

计指定区域的面积”的菜单项，按屏幕底部命令区提示操作。

面积统计—— 可用：窗口(W.C)/多边形窗口(WP.CP)/…多种方式选择已计算过面积的区域：用鼠标点取要统计的区域后回车。

总面积 = XXXXm^2。

7. 指定点所围成的面积

用鼠标左键点取“工程应用→指定点所围成的面积”的菜单项，按屏幕底部命令区提示操作。

指定点：用鼠标按顺序指定想要计算的区域的各个顶点，底行将一直提示输入下一点，直到最后一点单击鼠标的右键或按回车确认指定区域封闭(起点与结束点并不是同一个点，系统将自动封闭)。

指定点所围成的面积=37.148m^2。

12.2.3 土方量的计算

1. 由DTM计算土方量

由DTM模型计算平整土地时的填挖土方量时，系统将显示三角网，填挖边界线和填挖土方量，由DTM计算土方量有根据坐标文件法，根据图上高程点，根据图上三角网法。

1) 根据坐标文件

根据坐标数据文件和设计高程计算指定范围内填方和挖方的土方量，计算前应先用复合曲线在数字地形图上画出所要计算土方量的区域，复合曲线一定要闭合，但不要拟合。

操作方法：点取“工程计算→由DTM计算土方量→根据坐标文件”后，请选择：(1)根据坐标数据文件(2)根据图上高程点：回车后，跳出如图12.22所示对话框。

本文以STUDY.DAT为例。选择该文件后，单击打开，选择计算区域边界线输入平场标高(设计平场标高，本例以495为例)，出现如图12.23所示土方计算参数设置对话框，单击“确定”按钮，出现对话框(图12.24)。单击“确定”按钮后，图上会出现已绘三角网和填挖边界线，如图12.25所示。

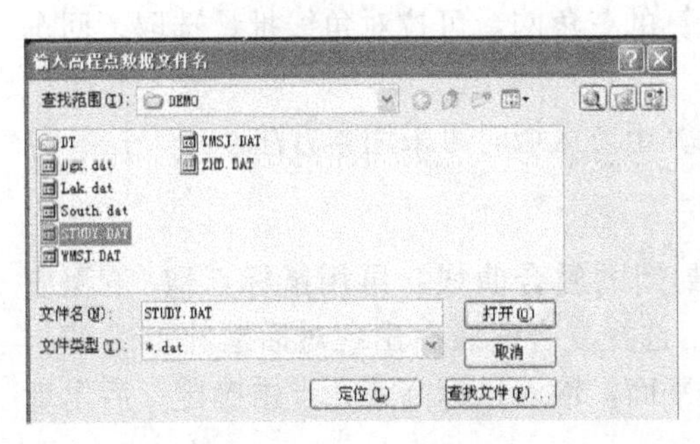

图12.22 “输入高程点数据文件名”对话框

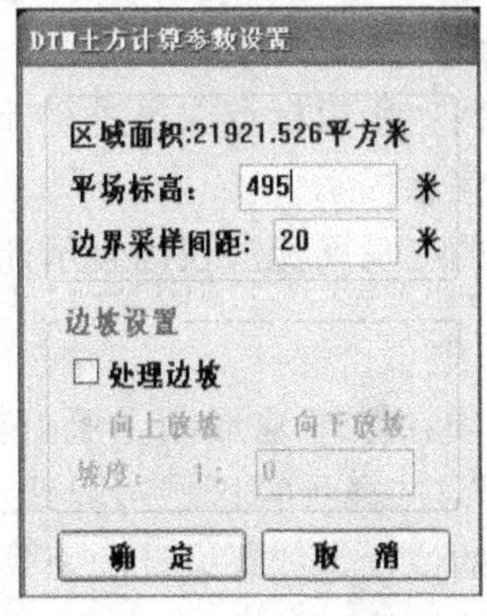

图12.23 参数设置

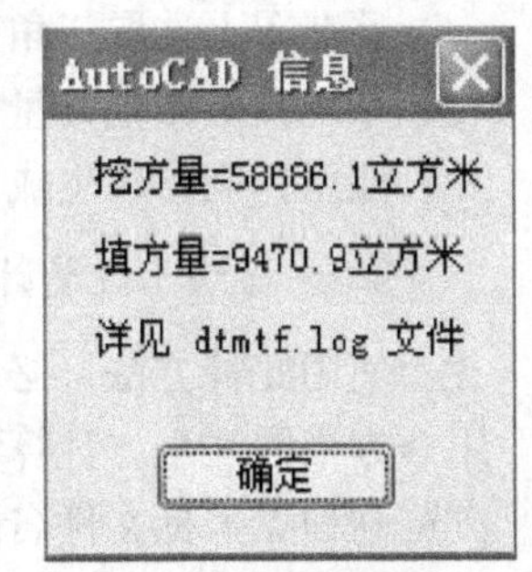

图12.24 计算信息

挖方量=58686.1m^2，填方量=9470.9m^2。

请指定表格左下角位置：＜直接回车不绘表格＞，若在图上指定点，则绘制如图12.26

所示。

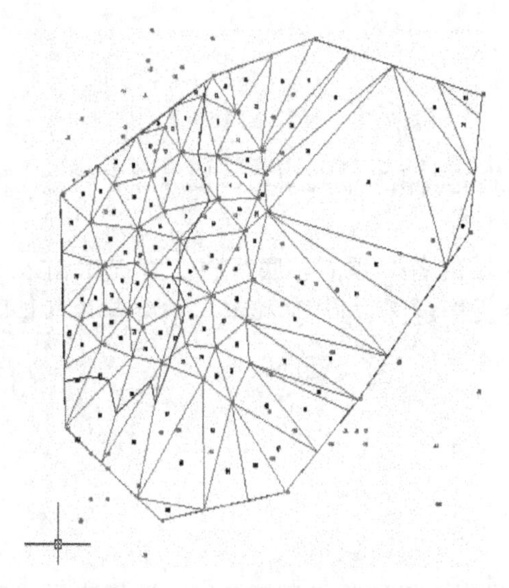

图 12.25　绘制三角网与填挖边界线图

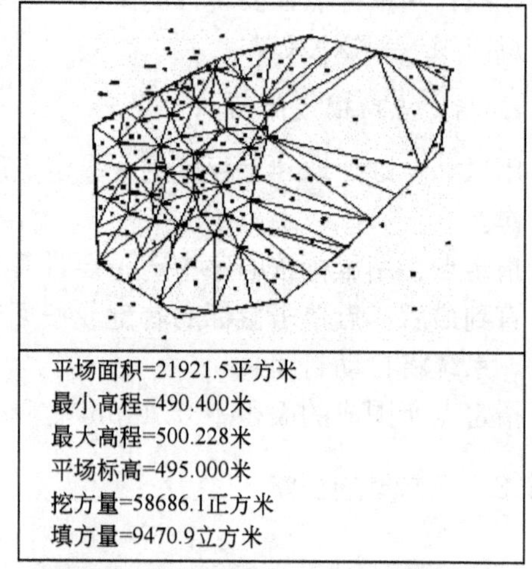

三角网法土石方计算
平场面积=21921.5平方米
最小高程=490.400米
最大高程=500.228米
平场标高=495.000米
挖方量=58686.1正方米
填方量=9470.9立方米
计算日期:2011年11月28日
计算人:

图 12.26　计算成果表

2) 根据图上高程点

根据图上已有的高程点计算土方量，应在数字地形图上展好高程点，计算前应先用复合线画出所要计算的区域。

操作过程按系统提示完成操作即可。

提示：(1)根据坐标数据文件(2)根据图上高程点：选(2)。

选择计算区域边界线：选择所画的复合线后，出现对话框(图 12.23)，输入平场标高后出现(图 12.24)。

挖方量＝58686.1m^3，填方量＝9470.9m^3。

请指定表格左下角位置：＜直接回车不绘表格＞。

3)根据图上三角网

根据图上已有的三角网计算土方量，操作过程按系统提示完成。

提示：平场标高(m)：输入设计高程。

请在图上选取三角网：用鼠标点取要进行计算的三角网，可拉对角线批量选取。回车后，系统弹出填挖方量信息提示。

注意：当自动生成的三角网无法正确表示计算土方区域时可采用本方法。

2. 方格法土方量计算

使用此种方法，必须在数字地形图上画好封闭的复合曲线，再用鼠标点取“工程应用→方格网法土方计算”，选择计算区域边界线：选择复合曲线后出现对话框(图 12.27)，浏览高程点坐标文件名的位置，如果设计的面是平面，输入目标高程，点击确定，后出现(图 12.28)。同时命令行出现：

最小高程＝490.400，最大高程＝500.228。

正在重生成模型。

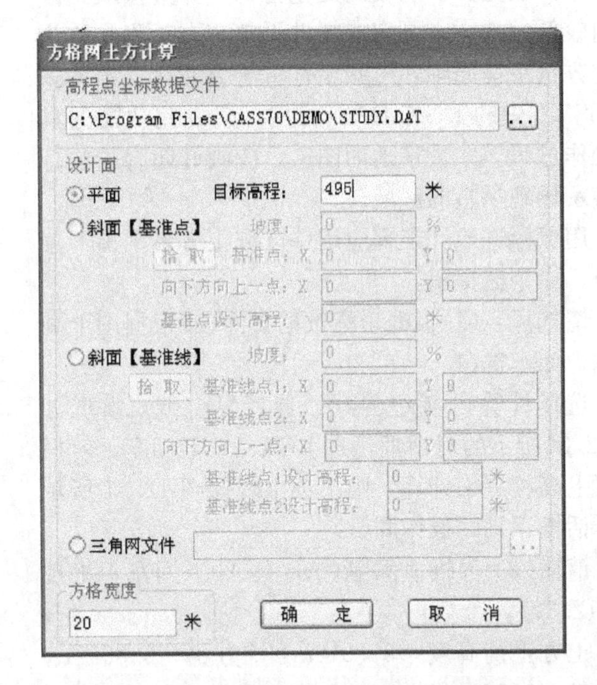

图 12.27 “方格网土方计算”对话框

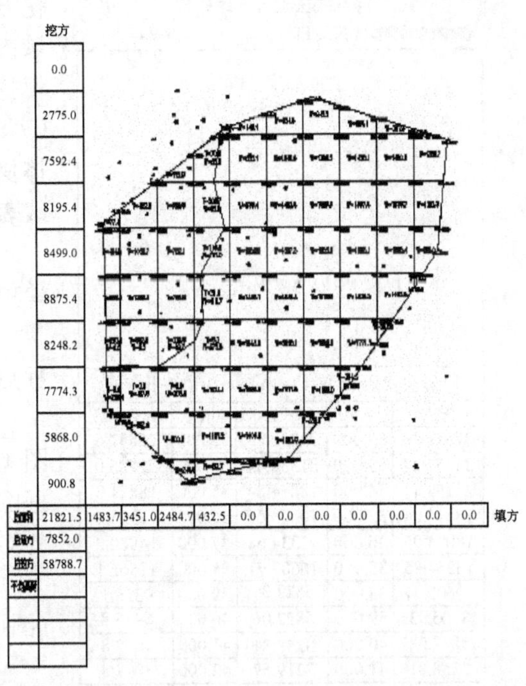

图 12.28 图上所画格网与土方量计算

总填方＝7852.8m³，总挖方＝58786.7m³。

如果设计的面是斜面(基准点)，需要输入坡度并点取基准线上的两个点及基准点的设计高程。

如要设计的面是斜面(基准线)，需要输入坡度并点取基准线上的两个点及基准线向下方向上的一点，最后输入基准线上两个点的设计高程即可进行计算。

3. 等高线法土方量计算

等高线法就是利用图上的等高线来计算土方量，用此方法计算任意两条等高线之间的土方量，但所选等高线必须是闭合的。由于两条等高线围成的面积可求，基本等高距已知，则可求出两条等高线围成的墩台形的土方体积。操作过程如下。

用鼠标选取“工程应用→等高线土方计算”的菜单项，命令区提示：

选择参与计算的封闭等高线：选择参与计算的等高线，可一条一条地选择，或用鼠标拖。

输入最高点高程：＜直接回车不考虑最高点＞：44，出现如图 12.29 所示的对话框，点击“确定”按钮。

请指定表格左上角位置：＜直接回车不绘表格＞：在图上空白区单击鼠标右键，系统将在该点绘出计算结果表格(图 12.30)。

图 12.29 土方量计算结果

4. 区域土方量平衡

土方平衡的功能常在场地平整时使用。当一个场地的土方平衡时，挖掉的土方量刚好等于填方。以填

等高线法土石方计算

计算日期：2011年11月28日　　　　计算人：

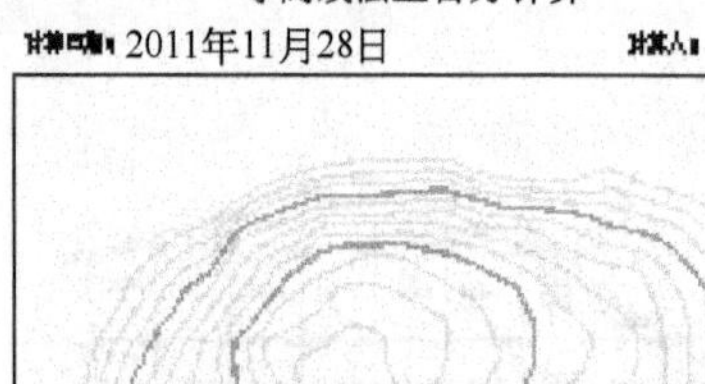

计算公式$V=(A1+A2+\sqrt{A1+A2})=(h2-h1)/5$

A1(平方米)	h2(米)	A2(平方米)	h1(米)	V(平方米)
27512.20	32.000	24257.24	33.000	25887.6
24257.24	33.000	21358.44	34.000	22783.0
21257.44	34.000	18814.84	35.000	18871.3
18814.04	35.000	18023.66	36.000	17503.1
18023.95	36.000	13334.68	37.000	14880.2
13354.85	37.000	10602.71	38.000	11562.1
10602.71	38.000	5822.05	39.000	9325.1
8105.93	39.000	5822.06	40.000	6985.8
5822.68	40.000	3258.81	41.000	4607.8
3358.81	41.000	2219.57	42.000	3047.8
2218.57	42.000	734.15	43.000	1410.1
734.15	43.000	0.00	44.000	244.7
合计				138478.6

图 12.30　等高线土方量计算

挖方边界线为界，从较高处挖得的土方直接填到区域内较低的地方，可完成场地平整，在工程中称为填挖方量平衡原则，可减少运输土方费用。本文以CASS7.0中的DGX.DAT为例，解说此功能的具体操作过程。在数字地形图上，应画好闭合的复合线表示场地平整的区域。

用鼠标选取“工程应用→区域土方量平衡”菜单项，命令区提示：

请选择：(1)根据坐标数据文件(2)根据图上高程点：回车选(1)。

选择计算区域边界线：选择复合线，出现如图12.31所示的对话框，选DGX.DAT回车。若根据图上高程点来计算，则不会出现如图12.31所示的对话框，别的操作同(1)。

请输入边界插值间隔(m)：＜20＞回车，出现(图12.32)。

土方平衡高度＝35.012m，挖方量＝69865m³，填方量＝69866m³。

请指定表格左下角位置：在图上用点空白处画(图12.33)。

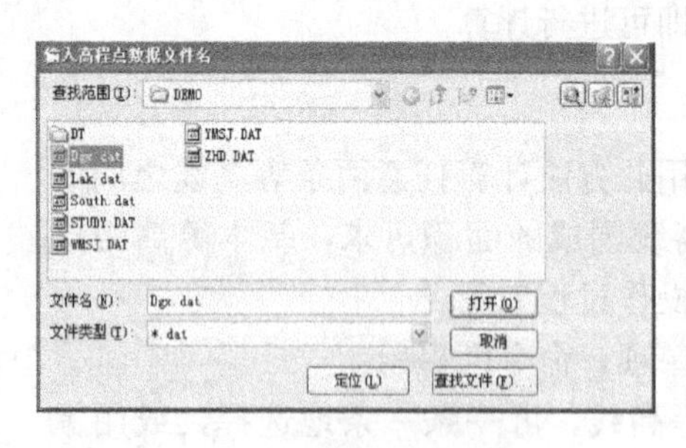

图 12.31　“输入高程点数据文件名”对话框

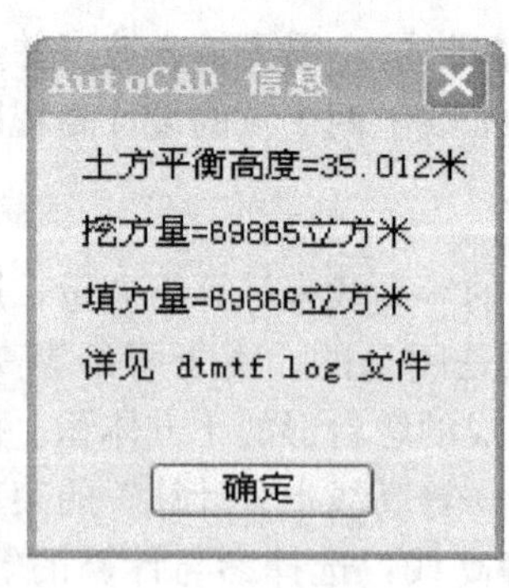

图 12.32　计算结果

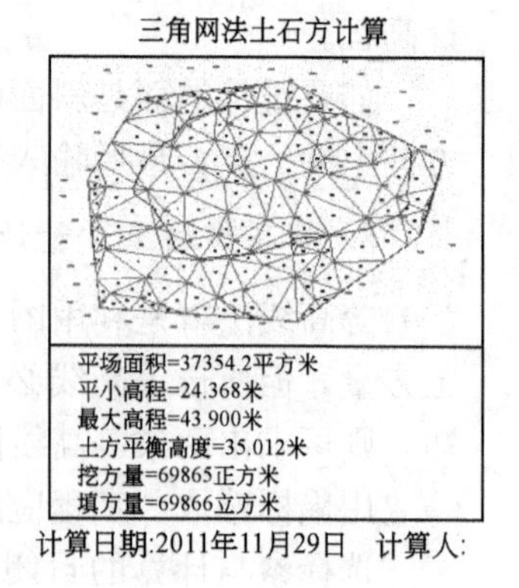

图 12.33　计算成果表

12.2.4　绘制断面图

在道路设计、管道设计和土方量计算中经常利用数字地形图绘制沿线方向的断面图，利用CASS7.0绘制断面图的方法有许多种，本文以STUDY.DAT文件为例，主要讲如何利用坐标文件和已经绘制等高线的数字地形图来绘制断面的方法。

1. 根据已知坐标文件

在打开的数字地形图上，画一条复合线，若绘制多个断面时，一定要注意每条复合线绘制方向要相同。操作方法如下。

用鼠标选取“工程应用→绘制断面图→根据已知文件”的菜单项，命令区提示：

选择断面线：用鼠标选择已画好的复合线后，出现如图 12.34 所示对话框，单击图上文件浏览框后，出现(图 12.35)，选择所用文件 STUDY.DAT 后，单击打开，再回到图 12.34 所示对话框单击“确定”。出现如图 12.36 所示的对话框，请指定断面图左下点：在图上空白处点画断面的位置后，再回到图 12.36 单击“确定”，则可在图上空白处画出断面(图 12.37)。

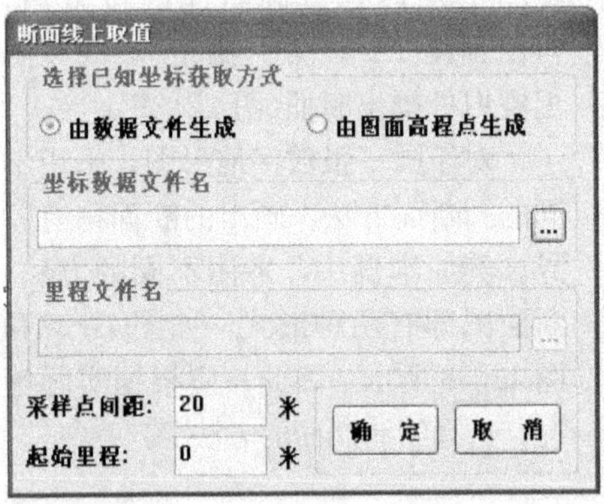

图 12.34 “断面线上取值”对话框

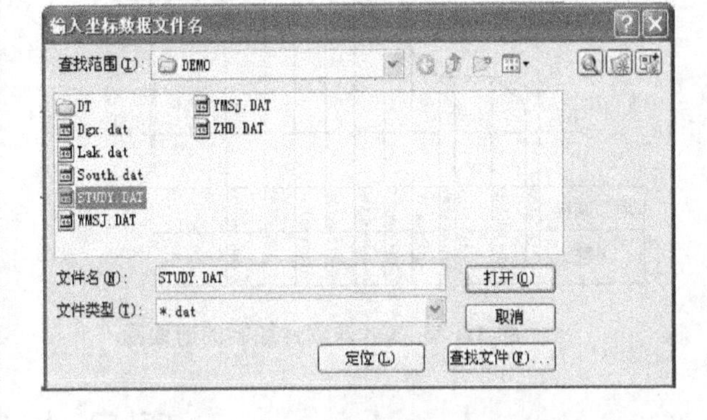

图 12.35 “输入坐标数据文件名”对话框

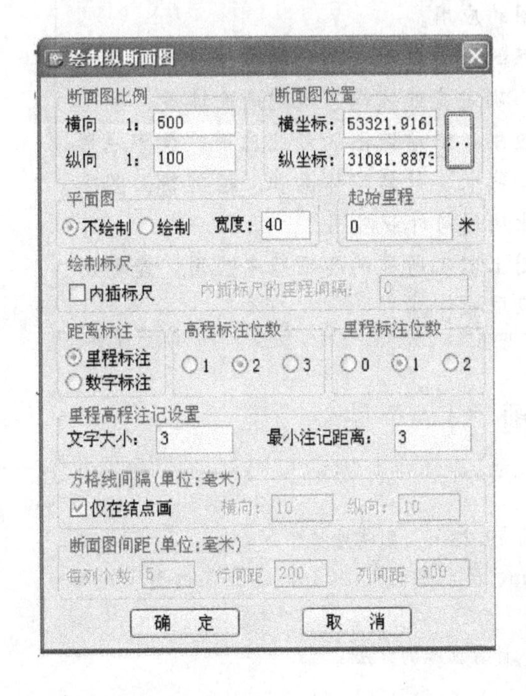

图 12.36 “绘制纵断面图”对话框

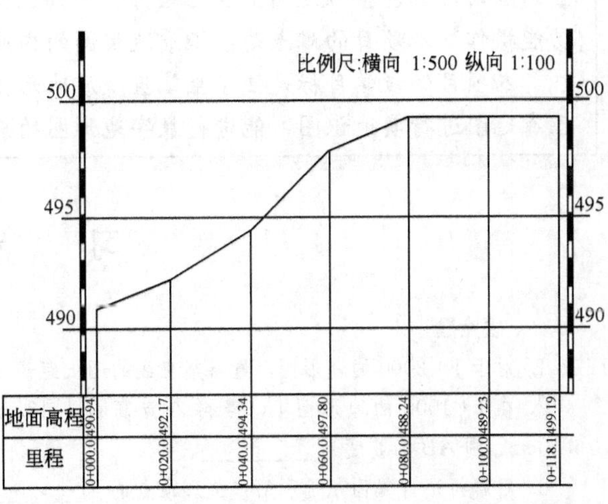

图 12.37 绘制的断面图

2. 根据等高线

在已画好等高线的数字地形图上，画好复合曲线，注意若绘制多个断面时，一定要注意每条复合线绘制方向要相同。操作方法如下。

用鼠标选取"工程应用→绘制断面图→根据等高线"的菜单项，命令区提示：

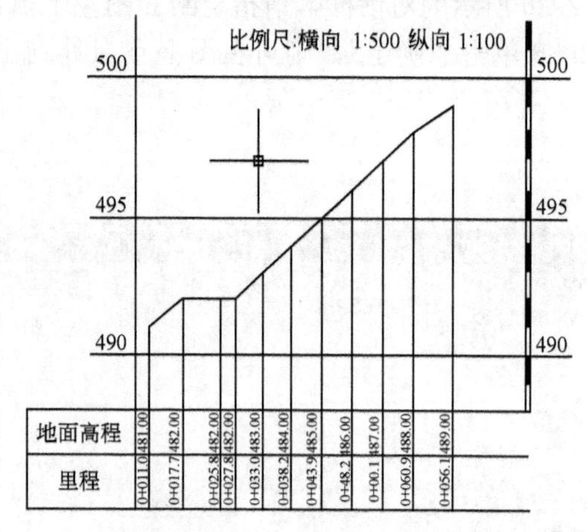

图 12.38 CASS 软件绘制的断面图

选择断面线：用鼠标选择已画好的复合线后，出现如图 12.36 所示的对话框，请指定断面图左下点：在图上空白处点画断面的位置后，再回到图 12.36 点"确定"，则在图上空白处画出断面(图 12.38)。

对于同一张数字地形图，采用不同的画断面方法，画出的断面稍有差异。例如本例中，采用不同的方法，断面图即有两种形式，如图 12.37和图 12.38 所示。因此，应根据实际情况，选择绘制断面的方法。

项目小结

本项目主要介绍了纸质地形图与数字地形图的应用。

本项目的重点内容是：纸质地形图中确定点的平面位置与高程的方法、确定两点间的距离、土地平整、确定两点间的倾斜距离、确定直线方向、确定地面坡度、确定汇水面积、按一定方向绘制纵断面图等内业的应用，纸质地图的外业应用；数字地形图的应用内容包括确定图上点的坐标、查询已知线长、计算实体面积、绘制断面图等功能操作。本项目的难点是：纸质地形图的内业应用与外业应用。

本项目的教学目标是使学生掌握纸质地形图上以上所举的各项基本应用，能利用已有地图进行实地识图，能进行数字地形图的应用操作。

习　题

一、填空题

1. 对于 1∶2000 的地形图，量得某直线的图上距离为 19.23cm，则实地长度为__________m。

2. 在 1∶1000 的地形图上，量得 A 点高程为 13.5m，B 点高程为 18.4m，两点间的图上距离为 16.33cm，则 AB 的坡度为__________。

3. 用解析法计算面积是利用多边形顶点的__________计算面积的方法。

4. 平整场地时，填挖高度是地面高程与设计高程之__________。

二、选择题

1. 在地形图上，量得 A、B 两点的坐标分别为 $X_a=2910.14\text{m}$，$Y_a=3133.78\text{m}$，$X_b=3110.14\text{m}$，$Y_b=2933.78\text{m}$，则 AB 的坐标方位角为(　　)。

A. 45°　　B. 135°　　C. 225°　　D. 315°

2. 在地形图上，量得 A 点高程为 21.17m，B 点的高程为 16.84m，AB 距离为 279.5m，则直线 AB 的坡度为(　　)。

A. 6.8%　　B. 1.5%　　C. −1.5%　　D. −6.8%

3. 在地形图上，量得 A、B 两点的高差 h_{AB} 为 6.12m，AB 两点距离为 438m，则 AB 的坡度为(　　)。

A. 1.4%　　B. 3.7%　　C. 5.1%　　D. 8.8%

三、简答题

1. 如何根据地形图绘制指定方向上的断面图?

2. 面积计算的常用方法有哪些?

3. 已知 1∶500 的地形图上有一矩形，图上长 1.5cm，宽 2cm，则实地矩形周长为多少米? 面积是多少平方米?

四、实训题

1. 利用 CASS 软件自带的数据文件 dgx.dat，用方格法计算将地面整理成高程为 32m 的水平面时的土方量。

2. 利用 CASS 软件自带的数据文件 dgx.dat，绘制断面图。

参考文献

[1] 潘正风，程效军. 数字测图原理与方法 [M]. 武汉：武汉大学出版社，2009.
[2] 杨晓明，王军德，等. 数字测图(内外业一体化) [M]. 北京：测绘出版社，2001.
[3] 张博. 数字化测图 [M]. 北京：测绘出版社，2010.
[4] 卢满堂. 数字测图 [M]. 北京. 中国电力出版社，2007.
[5] 冯大福. 数字测图 [M]. 重庆：重庆大学出版社，2010.
[6] 纪勇. 数字测图技术应用教程 [M]. 郑州：黄河水利出版社，2008.
[7] 梁勇，邱健壮，等. 数字测图技术及应用 [M]. 北京：测绘出版社，2009.
[8] 夏广岭. 数字测图 [M]. 北京. 测绘出版社，2012.
[9] 郭昆林. 数字测图 [M]. 北京. 测绘出版社，2011.
[10] 赵文亮. 地形测量 [M]. 郑州：黄河水利出版社，2005.
[11] 徐宇飞. 数字测图技术 [M]. 郑州：黄河水利出版社，2005.
[12] 王侬，过静珺. 现代普通测量学 [M]. 北京：清华大学出版社，2001.
[13] 覃辉. 土木工程测量 [M]. 上海：同济大学出版社，2005.
[14] 中华人民共和国国家标准. 工程测量规范(GB 50026—2007) [S]. 北京：中国建筑工业出版社，2011.
[15] 中华人民共和国行业标准. 城市测量规范(CJJ/T 8—2011) [S]. 北京：中国计划出版社，2008.

北京大学出版社高职高专土建系列教材书目

序号	书　　名	书　　号	编著者	定价	出版时间	配套情况
	"互联网+"创新规划教材					
1	建筑工程概论(修订版)	978-7-301-25934-4	申淑荣等	41.00	2019.8	PPT/二维码
2	建筑构造(第二版) (修订版)	978-7-301-26480-5	肖　芳	46.00	2019.8	APP/PPT/二维码
3	建筑三维平法结构图集(第二版)	978-7-301-29049-1	傅华夏	68.00	2018.1	APP
4	建筑三维平法结构识图教程(第二版) (修订版)	978-7-301-29121-4	傅华夏	69.50	2019.8	APP/PPT
5	建筑构造与识图	978-7-301-27838-3	孙　伟	40.00	2017.1	APP/二维码
6	建筑识图与构造	978-7-301-28876-4	林秋怡等	46.00	2017.11	PPT/二维码
7	建筑结构基础与识图	978-7-301-27215-2	周　晖	58.00	2016.9	APP/二维码
8	建筑工程制图与识图(第三版)	978-7-301-30618-5	白丽红等	42.00	2019.10	APP/二维码
9	建筑制图习题集(第三版)	978-7-301-30425-9	白丽红等	28.00	2019.5	APP/答案
10	建筑制图(第三版)	978-7-301-28411-7	高丽荣	39.00	2017.7	APP/PPT/二维码
11	建筑制图习题集(第三版)	978-7-301-27897-0	高丽荣	36.00	2017.7	APP
12	AutoCAD 建筑制图教程(第三版)	978-7-301-29036-1	郭　慧	49.00	2018.4	PPT/素材/二维码
13	建筑装饰构造(第二版)	978-7-301-26572-7	赵志文等	42.00	2016.1	PPT/二维码
14	建筑工程施工技术(第三版)	978-7-301-27675-4	钟汉华等	66.00	2016.11	APP/二维码
15	建筑施工技术(第三版)	978-7-301-28575-6	陈雄辉	54.00	2018.1	PPT/二维码
16	建筑施工技术	978-7-301-28756-9	陆艳侠	58.00	2018.1	PPT/二维码
17	建筑施工技术	978-7-301-29854-1	徐　淳	59.50	2018.9	APP/PPT/二维码
18	高层建筑施工	978-7-301-28232-8	吴俊臣	65.00	2017.4	PPT/答案
19	建筑力学(第三版)	978-7-301-28600-5	刘明晖	55.00	2017.8	PPT/二维码
20	建筑力学与结构(少学时版)(第二版)	978-7-301-29022-4	吴承霞等	46.00	2017.12	PPT/答案
21	建筑力学与结构(第三版)	978-7-301-29209-9	吴承霞等	59.50	2018.5	APP/PPT/二维码
22	工程地质与土力学（第三版）	978-7-301-30230-9	杨仲元	50.00	2019.3	PPT/二维码
23	建筑施工机械(第二版)	978-7-301-28247-2	吴志强等	35.00	2017.5	PPT/答案
24	建筑设备基础知识与识图(第二版) (修订版)	978-7-301-24586-6	靳慧征等	59.50	2019.7	二维码
25	建筑供配电与照明工程	978-7-301-29227-3	羊　梅	38.00	2018.2	PPT/答案/二维码
26	建筑工程测量(第二版)	978-7-301-28296-0	石　东等	51.00	2017.5	PPT/二维码
27	建筑工程测量(第三版)	978-7-301-29113-9	张敬伟等	49.00	2018.1	PPT/答案/二维码
28	建筑工程测量实验与实训指导(第三版)	978-7-301-29112-2	张敬伟等	29.00	2018.1	答案/二维码
29	建筑工程资料管理(第二版)	978-7-301-29210-5	孙　刚等	47.00	2018.3	PPT/二维码
30	建筑工程质量与安全管理(第二版)	978-7-301-27219-0	郑　伟	55.00	2016.8	PPT/二维码
31	建筑工程质量事故分析(第三版)	978-7-301-29305-8	郑文新等	39.00	2018.8	PPT/二维码
32	建设工程监理概论（第三版）	978-7-301-28832-0	徐锡权等	48.00	2018.2	PPT/答案/二维码
33	工程建设监理案例分析教程(第二版)	978-7-301-27864-2	刘志麟等	50.00	2017.1	PPT/二维码
34	工程项目招投标与合同管理(第三版)	978-7-301-28439-1	周艳冬	44.00	2017.7	PPT/二维码
35	工程项目招投标与合同管理(第三版)	978-7-301-29692-9	李洪军等	47.00	2018.8	PPT/二维码
36	建设工程项目管理（第三版）	978-7-301-30314-6	王　辉	40.00	2019.6	PPT/二维码
37	建设工程法规(第三版)	978-7-301-29221-1	皇甫婧琪	45.00	2018.4	PPT/二维码
38	建筑工程经济(第三版)	978-7-301-28723-1	张宁宁等	38.00	2017.9	PPT/答案/二维码
39	建筑施工企业会计（第三版）	978-7-301-30273-6	辛艳红	44.00	2019.3	PPT/二维码
40	建筑工程施工组织设计(第二版)	978-7-301-29103-0	鄢维峰等	37.00	2018.1	PPT/答案/二维码
41	律筑工程施工组织实训(第二版)	978-7-301-30176-0	鄢维峰等	41.00	2019.1	PPT/二维码
42	建筑施工组织设计	978-7-301-30236-1	徐运明等	43.00	2019.1	PPT/二维码
43	建设工程造价控制与管理（修订版）	978-7-301-24273-5	胡芳珍等	46.00	2019.8	PPT/答案/二维码
44	建筑工程计量与计价——透过案例学造价(第二版)	978-7-301-23852-3	张　强	59.00	2017.1	PPT/二维码
45	建筑工程计量与计价	978-7-301-27866-6	吴育萍等	49.00	2017.1	PPT/二维码
46	安装工程计量与计价(第四版)	978-7-301-16737-3	冯　钢	59.00	2018.1	PPT/答案/二维码
47	建筑工程材料	978-7-301-28982-2	向积波等	42.00	2018.1	PPT/二维码
48	建筑材料与检测(第二版)	978-7-301-25347-2	梅　杨等	35.00	2015.2	PPT/答案/二维码
49	建筑材料与检测	978-7-301-28809-2	陈玉萍	44.00	2017.11	PPT/二维码
50	建筑材料与检测实验指导（第二版）	978-7-301-30269-9	王美芬等	24.00	2019.3	二维码
51	市政工程概论	978-7-301-28260-1	郭　福等	46.00	2017.5	PPT/二维码
52	市政工程计量与计价(第三版)	978-7-301-27983-0	郭良娟等	59.00	2017.2	PPT/二维码

序号	书　名	书　号	编著者	定价	出版时间	配套情况
53	市政管道工程施工	978-7-301-26629-8	雷彩虹	46.00	2016.5	PPT/二维码
54	市政道路工程施工	978-7-301-26632-8	张雪丽	49.00	2016.5	PPT/二维码
55	市政工程材料检测	978-7-301-29572-2	李继伟等	44.00	2018.9	PPT/二维码
56	中外建筑史(第三版)	978-7-301-28689-0	袁新华等	42.00	2017.9	PPT/二维码
57	房地产投资分析	978-7-301-27529-0	刘永胜	47.00	2016.9	PPT/二维码
58	城乡规划原理与设计(原城市规划原理与设计)	978-7-301-27771-3	谭婧婧等	43.00	2017.1	PPT/素材/二维码
59	BIM 应用：Revit 建筑案例教程（修订版）	978-7-301-29693-6	林标锋等	58.00	2019.8	APP/PPT/二维码/试题/教案
60	居住区规划设计（第二版）	978-7-301-30133-3	张　燕	59.00	2019.5	PPT/二维码
61	建筑水电安装工程计量与计价(第二版) (修订版)	978-7-301-26329-7	陈连姝	62.00	2019.7	PPT/二维码
62	建筑设备识图与施工工艺(第 2 版)（修订版）	978-7-301-25254-3	周业梅	48.00	2019.8	PPT/二维码
“十二五”职业教育国家规划教材						
1	★建设工程招投标与合同管理(第四版)（修订版）	978-7-301-29827-5	宋春岩	44.00	2019.9	PPT/答案/试题/教案
2	★工程造价概论（修订版）	978-7-301-24696-2	周艳冬	45.00	2019.8	PPT/答案/二维码
3	★建筑装饰施工技术(第二版)	978-7-301-24482-1	王　军	39.00	2014.7	PPT
4	★建筑工程应用文写作(第二版)	978-7-301-24480-7	赵　立等	50.00	2014.8	PPT
5	★建筑工程经济(第二版)	978-7-301-24492-0	胡六星等	41.00	2014.9	PPT/答案
6	★建设工程监理(第二版)	978-7-301-24490-6	斯　庆	35.00	2015.1	PPT/答案
7	★建筑节能工程与施工	978-7-301-24274-2	吴明军等	35.00	2015.5	PPT
8	★土木工程实用力学(第二版)	978-7-301-24681-8	马景善	47.00	2015.7	PPT
9	★建筑工程计量与计价(第三版)（修订版）	978-7-301-25344-1	肖明和等	60.00	2019.9	APP/二维码
10	★建筑工程计量与计价实训(第三版)	978-7-301-25345-8	肖明和等	29.00	2015.7	
基础课程						
1	建设法规及相关知识	978-7-301-22748-0	唐茂华等	34.00	2013.9	PPT
2	建筑工程法规实务(第二版)	978-7-301-26188-0	杨陈慧等	49.50	2017.6	PPT
3	建筑法规	978-7301-19371-6	董　伟等	39.00	2011.9	PPT
4	建设工程法规	978-7-301-20912-7	王先恕	32.00	2012.7	PPT
5	AutoCAD 建筑绘图教程(第二版)	978-7-301-24540-8	唐英敏等	44.00	2014.7	PPT
6	建筑 CAD 项目教程(2010 版)	978-7-301-20979-0	郭　慧	38.00	2012.9	素材
7	建筑工程专业英语(第二版)	978-7-301-26597-0	吴承霞	24.00	2016.2	PPT
8	建筑工程专业英语	978-7-301-20003-2	韩　薇等	24.00	2012.2	PPT
9	建筑识图与构造(第二版)	978-7-301-23774-8	郑贵超	40.00	2014.2	PPT/答案
10	房屋建筑构造	978-7-301-19883-4	李少红	26.00	2012.1	PPT
11	建筑识图	978-7-301-21893-8	邓志勇等	35.00	2013.1	PPT
12	建筑识图与房屋构造	978-7-301-22860-9	贠　禄等	54.00	2013.9	PPT/答案
13	建筑构造与设计	978-7-301-23506-5	陈玉萍	38.00	2014.1	PPT/答案
14	房屋建筑构造	978-7-301-23588-1	李元玲等	45.00	2014.1	PPT
15	房屋建筑构造习题集	978-7-301-26005-0	李元玲	26.00	2015.8	PPT/答案
16	建筑构造与施工图识读	978-7-301-24470-8	南学平	52.00	2014.8	PPT
17	建筑工程识图实训教程	978-7-301-26057-9	孙　伟	32.00	2015.12	PPT
18	◎建筑工程制图(第二版)(附习题册)	978-7-301-21120-5	肖明和	48.00	2012.8	PPT
19	建筑制图与识图(第二版)	978-7-301-24386-2	曹雪梅	38.00	2015.8	PPT
20	建筑制图与识图习题册	978-7-301-18652-7	曹雪梅等	30.00	2011.4	
21	建筑制图与识图(第二版)	978-7-301-25834-7	李元玲	32.00	2016.9	PPT
22	建筑制图与识图习题集	978-7-301-20425-2	李元玲	24.00	2012.3	PPT
23	新编建筑工程制图	978-7-301-21140-3	方筱松	30.00	2012.8	PPT
24	新编建筑工程制图习题集	978-7-301-16834-9	方筱松	22.00	2012.8	
建筑施工类						
1	建筑工程测量	978-7-301-16727-4	赵景利	30.00	2010.2	PPT/答案
2	建筑工程测量实训(第二版)	978-7-301-24833-1	杨凤华	34.00	2015.3	答案
3	建筑工程测量	978-7-301-19992-3	潘益民	38.00	2012.2	PPT
4	建筑工程测量	978-7-301-28757-6	赵　昕	50.00	2018.1	PPT/二维码
5	建筑工程测量	978-7-301-22485-4	景　铎等	34.00	2013.6	PPT
6	建筑施工技术	978-7-301-16726-7	叶　雯等	44.00	2010.8	PPT/素材
7	建筑施工技术	978-7-301-19997-8	苏小梅	38.00	2012.1	PPT
8	基础工程施工	978-7-301-20917-2	董　伟等	35.00	2012.7	PPT

序号	书名	书号	编著者	定价	出版时间	配套情况
9	建筑施工技术实训(第二版)	978-7-301-24368-8	周晓龙	30.00	2014.7	
10	PKPM 软件的应用(第二版)	978-7-301-22625-4	王　娜等	34.00	2013.6	
11	◎建筑结构(第二版)(上册)	978-7-301-21106-9	徐锡权	41.00	2013.4	PPT/答案
12	◎建筑结构(第二版)(下册)	978-7-301-22584-4	徐锡权	42.00	2013.6	PPT/答案
13	建筑结构学习指导与技能训练(上册)	978-7-301-25929-0	徐锡权	28.00	2015.8	PPT
14	建筑结构学习指导与技能训练(下册)	978-7-301-25933-7	徐锡权	28.00	2015.8	PPT
15	建筑结构(第二版)	978-7-301-25832-3	唐春平等	48.00	2018.6	PPT
16	建筑结构基础	978-7-301-21125-0	王中发	36.00	2012.8	PPT
17	建筑结构原理及应用	978-7-301-18732-6	史美东	45.00	2012.8	PPT
18	建筑结构与识图	978-7-301-26935-0	相秉志	37.00	2016.2	
19	建筑力学与结构	978-7-301-20988-2	陈水广	32.00	2012.8	PPT
20	建筑力学与结构	978-7-301-23348-1	杨丽君等	44.00	2014.1	PPT
21	建筑结构与施工图	978-7-301-22188-4	朱希文等	35.00	2013.3	PPT
22	建筑材料(第二版)	978-7-301-24633-7	林祖宏	35.00	2014.8	PPT
23	建筑材料与检测(第二版)	978-7-301-26550-5	王　辉	40.00	2016.1	PPT
24	建筑材料与检测试验指导(第二版)	978-7-301-28471-1	王　辉	23.00	2017.7	PPT
25	建筑材料选择与应用	978-7-301-21948-5	申淑荣等	39.00	2013.3	PPT
26	建筑材料检测实训	978-7-301-22317-8	申淑荣等	24.00	2013.4	
27	建筑材料	978-7-301-24208-7	任晓菲	40.00	2014.7	PPT/答案
28	建筑材料检测试验指导	978-7-301-24782-2	陈东佐等	20.00	2014.9	PPT
29	◎地基与基础(第二版)	978-7-301-23304-7	肖明和等	42.00	2013.11	PPT/答案
30	地基与基础实训	978-7-301-23174-6	肖明和等	25.00	2013.10	PPT
31	土力学与基础工程	978-7-301-23590-4	宁培淋等	32.00	2014.1	PPT
32	土力学与地基基础	978-7-301-25525-4	陈东佐	45.00	2015.2	PPT/答案
33	建筑施工组织与进度控制	978-7-301-21223-3	张廷瑞	36.00	2012.9	PPT
34	建筑施工组织项目式教程	978-7-301-19901-5	杨红玉	44.00	2012.1	PPT/答案
35	钢筋混凝土工程施工与组织	978-7-301-19587-1	高　雁	32.00	2012.5	PPT
36	建筑施工工艺	978-7-301-24687-0	李源清等	49.50	2015.1	PPT/答案
	工程管理类					
1	建筑工程经济	978-7-301-24346-6	刘晓丽等	38.00	2014.7	PPT/答案
2	建筑工程项目管理(第二版)	978-7-301-26944-2	范红岩等	42.00	2016. 3	PPT
3	建设工程项目管理(第二版)	978-7-301-28235-9	冯松山等	45.00	2017.6	PPT
4	建筑施工组织与管理(第二版)	978-7-301-22149-5	翟丽旻等	43.00	2013.4	PPT/答案
5	建设工程合同管理	978-7-301-22612-4	刘庭江	46.00	2013.6	PPT/答案
6	建筑工程招投标与合同管理	978-7-301-16802-8	程超胜	30.00	2012.9	PPT
7	工程招投标与合同管理实务	978-7-301-19035-7	杨甲奇等	48.00	2011.8	ppt
8	工程招投标与合同管理实务	978-7-301-19290-0	郑文新等	43.00	2011.8	ppt
9	建设工程招投标与合同管理实务	978-7-301-20404-7	杨云会等	42.00	2012.4	PPT/答案/习题
10	工程招投标与合同管理	978-7-301-17455-5	文新平	37.00	2012.9	PPT
11	建筑工程安全管理(第 2 版)	978-7-301-25480-6	宋　健等	43.00	2015.8	PPT/答案
12	施工项目质量与安全管理	978-7-301-21275-2	钟汉华	45.00	2012.10	PPT/答案
13	工程造价控制(第 2 版)	978-7-301-24594-1	斯　庆	32.00	2014.8	PPT/答案
14	工程造价管理(第二版)	978-7-301-27050-9	徐锡权等	44.00	2016.5	PPT
15	建筑工程造价管理	978-7-301-20360-6	柴　琦等	27.00	2012.3	PPT
16	工程造价管理(第 2 版)	978-7-301-28269-4	曾　浩等	38.00	2017.5	PPT/答案
17	工程造价案例分析	978-7-301-22985-9	甄　凤	30.00	2013.8	PPT
18	◎建筑工程造价	978-7-301-21892-1	孙咏梅	40.00	2013.2	PPT
19	建筑工程计量与计价	978-7-301-26570-3	杨建林	46.00	2016.1	PPT
20	建筑工程计量与计价综合实训	978-7-301-23568-3	龚小兰	28.00	2014.1	
21	建筑工程估价	978-7-301-22802-9	张　英	43.00	2013.8	PPT
22	安装工程计量与计价综合实训	978-7-301-23294-1	成春燕	49.00	2013.10	素材
23	建筑安装工程计量与计价	978-7-301-26004-3	景巧玲等	56.00	2016.1	PPT
24	建筑安装工程计量与计价实训(第二版)	978-7-301-25683-1	景巧玲等	36.00	2015.7	
25	建筑与装饰装修工程工程量清单(第二版)	978-7-301-25753-1	翟丽旻等	36.00	2015.5	PPT
26	建筑工程清单编制	978-7-301-19387-7	叶晓容	24.00	2011.8	PPT
27	建设项目评估(第二版)	978-7-301-28708-8	高志云等	38.00	2017.9	PPT
28	钢筋工程清单编制	978-7-301-20114-5	贾莲英	36.00	2012.2	PPT
29	建筑装饰工程预算(第二版)	978-7-301-25801-9	范菊雨	44.00	2015.7	PPT

序号	书　名	书　号	编著者	定价	出版时间	配套情况
30	建筑装饰工程计量与计价	978-7-301-20055-1	李茂英	42.00	2012.2	PPT
31	建筑工程安全技术与管理实务	978-7-301-21187-8	沈万岳	48.00	2012.9	PPT
		建筑设计类				
1	建筑装饰 CAD 项目教程	978-7-301-20950-9	郭　慧	35.00	2013.1	PPT/素材
2	建筑设计基础	978-7-301-25961-0	周圆圆	42.00	2015.7	
3	室内设计基础	978-7-301-15613-1	李书青	32.00	2009.8	PPT
4	建筑装饰材料(第二版)	978-7-301-22356-7	焦　涛等	34.00	2013.5	PPT
5	设计构成	978-7-301-15504-2	戴碧锋	30.00	2009.8	PPT
6	设计色彩	978-7-301-21211-0	龙黎黎	46.00	2012.9	PPT
7	设计素描	978-7-301-22391-8	司马金桃	29.00	2013.4	PPT
8	建筑素描表现与创意	978-7-301-15541-7	于修国	25.00	2009.8	
9	3ds Max 效果图制作	978-7-301-22870-8	刘　晗等	45.00	2013.7	PPT
10	Photoshop 效果图后期制作	978-7-301-16073-2	脱忠伟等	52.00	2011.1	素材
11	3ds Max & V-Ray 建筑设计表现案例教程	978-7-301-25093-8	郑恩峰	40.00	2014.12	PPT
12	建筑表现技法	978-7-301-19216-0	张　峰	32.00	2011.8	PPT
13	装饰施工读图与识图	978-7-301-19991-6	杨丽君	33.00	2012.5	PPT
14	构成设计	978-7-301-24130-1	耿雪莉	49.00	2014.6	PPT
15	装饰材料与施工(第 2 版)	978-7-301-25049-5	宋志春	41.00	2015.6	PPT
		规划园林类				
1	居住区景观设计	978-7-301-20587-7	张群成	47.00	2012.5	PPT
2	园林植物识别与应用	978-7-301-17485-2	潘　利等	34.00	2012.9	PPT
3	园林工程施工组织管理	978-7-301-22364-2	潘　利等	35.00	2013.4	PPT
4	园林景观计算机辅助设计	978-7-301-24500-2	于化强等	48.00	2014.8	PPT
5	建筑・园林・装饰设计初步	978-7-301-24575-0	王金贵	38.00	2014.10	PPT
		房地产类				
1	房地产开发与经营(第 2 版)	978-7-301-23084-8	张建中等	33.00	2013.9	PPT/答案
2	房地产估价(第 2 版)	978-7-301-22945-3	张　勇等	35.00	2013.9	PPT/答案
3	房地产估价理论与实务	978-7-301-19327-3	褚菁晶	35.00	2011.8	PPT/答案
4	物业管理理论与实务	978-7-301-19354-9	裴艳慧	52.00	2011.9	PPT
5	房地产营销与策划	978-7-301-18731-9	应佐萍	42.00	2012.8	PPT
6	房地产投资分析与实务	978-7-301-24832-4	高志云	35.00	2014.9	PPT
7	物业管理实务	978-7-301-27163-6	胡大见	44.00	2016.6	
		市政与路桥				
1	市政工程施工图案例图集	978-7-301-24824-9	陈亿琳	43.00	2015.3	PDF
2	市政工程计价	978-7-301-22117-4	彭以舟等	39.00	2013.3	PPT
3	市政桥梁工程	978-7-301-16688-8	刘　江等	42.00	2010.8	PPT/素材
4	市政工程材料	978-7-301-22452-6	郑晓国	37.00	2013.5	PPT
5	路基路面工程	978-7-301-19299-3	偶昌宝等	34.00	2011.8	PPT/素材
6	道路工程技术	978-7-301-19363-1	刘　雨等	33.00	2011.12	PPT
7	城市道路设计与施工	978-7-301-21947-8	吴颖峰	39.00	2013.1	PPT
8	建筑给排水工程技术	978-7-301-25224-6	刘　芳等	46.00	2014.12	PPT
9	建筑给水排水工程	978-7-301-20047-6	叶巧云	38.00	2012.2	PPT
10	数字测图技术	978-7-301-22656-8	赵　红	36.00	2013.6	PPT
11	数字测图技术实训指导	978-7-301-22679-7	赵　红	27.00	2013.6	PPT
12	道路工程测量(含技能训练手册)	978-7-301-21967-6	田树涛等	45.00	2013.2	PPT
13	道路工程识图与 AutoCAD	978-7-301-26210-8	王容玲等	35.00	2016.1	PPT
		交通运输类				
1	桥梁施工与维护	978-7-301-23834-9	梁　斌	50.00	2014.2	PPT
2	铁路轨道施工与维护	978-7-301-23524-9	梁　斌	36.00	2014.1	PPT
3	铁路轨道构造	978-7-301-23153-1	梁　斌	32.00	2013.10	PPT
4	城市公共交通运营管理	978-7-301-24108-0	张洪满	40.00	2014.5	PPT
5	城市轨道交通车站行车工作	978-7-301-24210-0	操　杰	31.00	2014.7	PPT
6	公路运输计划与调度实训教程	978-7-301-24503-3	高福军	31.00	2014.7	PPT/答案
		建筑设备类				
1	水泵与水泵站技术	978-7-301-22510-3	刘振华	40.00	2013.5	PPT
2	智能建筑环境设备自动化	978-7-301-21090-1	余志强	40.00	2012.8	PPT
3	流体力学及泵与风机	978-7-301-25279-6	王　宁等	35.00	2015.1	PPT/答案

注：为“互联网+”创新规划教材；★为“十二五”职业教育国家规划教材；◎为国家级、省级精品课程配套教材，省重点教材。如需相关教学资源如电子课件、习题答案、样书等可联系我们获取。联系方式：010-62756290，010-62750667，pup_6@163.com，欢迎来电咨询。